Dr. Herbert Friedman war Direktor des raumwissenschaftlichen Programms am US-Marineforschungslabor und ist Träger der Nationalen Wissenschaftsmedaille, die ihm für seine Pionierarbeit auf dem Gebiet der Röntgenastronomie verliehen wurde.

Dieses Buch wurde auf chlor- und säurefreiem Papier gedruckt.

Vollständige Taschenbuchausgabe März 1994
Droemersche Verlagsanstalt Th. Knaur Nachf., München

Titel der Originalausgabe »The Astronomer's Universe«
Originalverlag W.W. Norton & Company, New York
Umschlaggestaltung Agentur ZERO, München
Umschlagfoto The Telegraph/BAVARIA;
Dr. Vehrenberg KG, Düsseldorf
Druck und Bindung Ebner Ulm
Printed in Germany
ISBN 3-426-77099-7

2 4 5 3 1

Herbert Friedman

Der Blick in die Unendlichkeit

Astronomie auf neuen Wegen

Aus dem Amerikanischen
von Hans-Georg Schmidt

Knaur®

Inhaltsverzeichnis

Vorbemerkung 9

Vorwort 11

Einführung - Das Universum des Astronomen 15
Von der Himmelsmechanik zur Astrophysik 16
Die Milchstraße und jenseits ihrer Grenzen 19
Das Expandierende Universum 23
Der Urknall 27
Materie und Antimaterie 30
Und Gott sprach: »Es werde Licht« 32
Ein Flüstern des Urknalls 33
Supernovae und ausgebrannte Sonnen 35
Pulsare - Leuchtfeuer in der Galaxis 38
Quasare am Rande des Universums 39
Astronomische Ausblicke im Weltraum 41
Frühe Fehleinschätzungen des Raumzeitalters 42
Das brodelnde Universum der Röntgen- und Gammaastronomie 44
Ist das Universum offen oder geschlossen? 45
Bis ans Ende der Zeit 47

Teil I:
Die Werkzeuge der Astronomie 49

1 Vom unbewaffneten Auge zum Weltraumteleskop 51
Die Herstellung von Sternkatalogen mittels Quadrant und Sextant 51
Astronomie in der Neuen Welt 57
Neuartige Fernrohre 68
Der ultraviolette Himmel 85

2 Das unsichtbare Universum der Radiowellen
und der Infrarotstrahlung 88
Die Radiopioniere des Zweiten Weltkriegs 94
Auf dem Weg zu immer größeren Parabolantennen und schärferen Radiobildern 96
Das kalte infrarote Universum 107

3 Das turbulente Universum der
Hochenergieastronomie 113
Die raketengestützte Kartierung des Röntgenhimmels 117
Gammaastronomie 127
Neutrinos - geisterhafte Reisende durch den Raum . . 138
Verwerfungen in der Krümmung der Raumzeit 144

Teil II: Astronomische Entdeckungen

Teil II: Astronomische Entdeckungen 151

4 Die Sonne 153
Von Galilei bis Einstein 155
Ein wenig unverzichtbare Statistik 162
Die Sonne im vorgerückten Alter 165
Die Sonnenaktivität 168
Der Sprung in den Weltraum 173
Auftakt zur solaren Röntgenastronomie 181
Die Suche nach solaren Röntgenstrahlen 185
Sonnenflares 189
Dunkelheit zur Mittagszeit - eine totale Sonnenfinsternis 197
Skylab 206
Die solar-stellare Verbindung 212

5 Rote Riesen, Weiße Zwerge und Supernovae 214
Galaktische und extragalaktische Supersterne 219
Heiße Weiße Zwerge 225
Wenn ein massereicher Stern in sich zusammenstürzt 234

Nach vier Jahrhunderten der Erwartung – die Supernova 1987A 241
Schwindende Lichter am explosiven Firmament 248
Die Erschaffung der Elemente des Universums 257

6 Ausgebrannte Sterne 261
Schnell rotierende Neutronensterne 261
Das unsichtbare Universum der Röntgenastronomie 270
Unsere Röntgengalaxis 282
Schwarze Löcher – nicht von dieser Welt 296
Existieren Schwarze Löcher ewig? 307

7 Welteninseln 308
Durch den Schleier unserer Galaxis 308
In der Milchstraße zu Hause 312
Kollidierende Welten 325
Quasare 338
Ins Herz der Finsternis 345
Wie Licht gewogen wird 349
Gravitationslinsen 354

8 Die kosmische Perspektive 361
Das Dunkel der Nacht 361
Form und Größe des Weltalls 364
Das expandierende Universum 366
Vom Erklimmen der kosmischen Entfernungsleiter 370
Das dunkle Universum der unsichtbaren Materie 380
Steady-State-Kosmologie und kontinuierliche Schöpfung 386
Der »Standard-Urknall« 388
Inflationskosmologie 398

9 Die Suche nach Leben im Weltall 406
Der Mars – Ein gescheitertes Lebensexperiment 409
Ferne Sterne und ihre Planeten 413

»Raumschiff Enterprise« – Science-fiction oder visionäre Zukunft? 417

Epilog – Reflexionen über Geist und Kosmos 431

Anhang 433

Danksagung 441

Weiterführende Literatur 443

Glossar 445

Register 461

Vorbemerkung

Die Wissenschaft hat im 20. Jahrhundert in jeder Hinsicht größere Fortschritte gemacht als in all den vorhergehenden Jahrhunderten menschlicher Forschungstätigkeit zusammengenommen. Das Tempo, in dem völlig neue Erkenntnisse gewonnen werden, hat sich in der zweiten Hälfte des Jahrhunderts noch mehr beschleunigt. Wenn wir zurückblicken, soweit das Auge und die geschichtliche Überlieferung reichen, hat es noch nie eine Zeit wie die heutige gegeben. Zu Gebieten, auf denen die Entwicklung besonders stürmisch voranschreitet, gehört auch die Astronomie.
Der Commonwealth Fund hat vor mehreren Jahren beschlossen, eine neue Buchreihe zu initiieren, in der aktive Wissenschaftler über ihren jeweiligen Forschungsbereich schreiben. Es besteht die Hoffnung, daß auf diese Weise zumindest ein Teil des öffentlichen Bedarfs an allgemeinverständlichen Informationen über die Ereignisse, die unser Bild von der Natur und der uns umgebenden Welt verändern, gedeckt wird.
Der vorliegende Band, den Herbert Friedman verfaßt hat, berichtet vom Stand der Dinge in bezug auf das größte aller Rätsel, das Universum. Der beratende Ausschuß für das Commonwealth-Fund-Buchprogramm, der die Förderung dieses Buches empfohlen hat, besteht aus folgenden Mitgliedern: Alexander G. Bearn, Donald S. Frederickson, Lynn Margulis, Maclyn McCarthy, Lady Jean Medawar, Berton Roueché, Frederick Seitz und Otto Westphal. Der Verlag wird vertreten durch Edwin Barber, Direktor der kaufmännischen Abteilung von W. W. Norton & Company. Suzanne H. Heyd fungiert als für die Verwaltung zuständige Assistentin. Die Präsidentin des Commonwealth Fund, Margaret E. Mahoney, hat die Arbeit des beratenden Ausschusses bei jeder Sitzung aktiv unterstützt.

Lewis Thomas, Direktor
Alexander G. Bearn, Stellvertretender Direktor

Für meine hellsten Sterne
Mali, Luke und Jed

Vorwort

> Ich habe den Verdacht, daß das Universum nicht nur sonderbarer ist, als wir vermuten, sondern daß es noch sonderbarer ist, als wir zu vermuten imstande sind.
>
> J. B. S. Haldane,
> *Possible Worlds and other Papers* (1927)

Das enge Verhältnis der Menschen zu den Sternen läßt sich bis zu den Anfängen der schriftlich dokumentierten Geschichte zurückverfolgen, doch die meiste Zeit über war es nahezu ausschließlich von kindlicher Romantik bestimmt. Das Universum, wie wir es im 20. Jahrhundert wahrnehmen, ist unvergleichlich größer, und die Wege seiner Erforschung sind noch viel geheimnisvoller, als dies frühere Generationen je hätten voraussehen können. Vor kaum hundert Jahren meinte Simon Newcomb, der größte amerikanische Astronom seiner Zeit: »Wir stehen wahrscheinlich kurz vor der Schwelle, an der wir über die Astronomie alles wissen.« Er bezog sich dabei natürlich auf die Himmelsmechanik, die seit den alten Griechen als vorrangiges Betätigungsfeld der Astronomen angesehen wurde. Man dachte sich die Sterne als bloße Punkte an einem kosmischen Wandteppich, der als zeitlos und unveränderlich galt. Die Astrophysik, also die Wissenschaft vom Leben und Tod der Sterne, sowie die moderne Kosmologie, die sich mit dem Ursprung und dem Schicksal des Weltalls beschäftigt, stehen für eine Entwicklung, die sich über kaum mehr als ein Menschenalter erstreckt.

Die Astronomie, die älteste Wissenschaft, ist zu einem Wunderwerk des Raumzeitalters geworden. Als die ersten kleinen Raketen damit anfingen, ihre mit Instrumenten bestückten Nasen über die Atmosphäre hinauszustecken, wurden ein paar abenteuerlustige Physiker zu Raketenastronomen. Durch die neuen Fenster im ultravioletten Band und im Röntgenbereich des elektromagnetischen Spektrums erblicken wir eine himmlische Szenerie voll katastrophaler Gewalten, die geprägt ist von massiven Gravitationszusammenbrüchen von Riesensternen zu Neutronensternen und Schwarzen Löchern und von Explosionserscheinungen, deren Dimensionen unsere Kernwaffen zur Bedeutungslosigkeit degradierten. Zur selben Zeit haben Radaringenieure ihre Kriegserfahrungen auf die Radioastronomie übertragen. Die Radioteleskope übertreffen heute die Bildauflösung aller anderen modernen astronomischen Werkzeuge und stoßen bis ins Herz der phantastischen Energiequellen, der Quasare und der Kerne dynamischer Galaxien, vor.

Das gegenwärtige explosionsartige Anwachsen des astronomischen Wissens stellt kein vorübergehendes Phänomen dar. In den vergangenen Jahrzehnten hat sich die Menge neuer Informationen beinahe exponentiell vermehrt, und bei unseren Bemühungen, ihre Bedeutung zu begreifen, stoßen wir an die Grenzen unseres Fassungsvermögens. Dürfen wir, wie der britische Historiker John Bagnell Bury fragt, »sicher sein, daß nicht irgendwann der Fortschritt in eine tödliche Erstarrung umschlägt, und zwar nicht deshalb, weil unser Wissen nicht mehr mit der Entwicklung Schritt hält, sondern weil unsere Ressourcen für die Forschungsarbeit erschöpft sind – weil beispielsweise die wissenschaftlichen Instrumente die Grenze der Perfektion erreicht haben, jenseits derer es nachweisbar unmöglich ist, weitere Verbesserungen zu erzielen« *(The Idea of Progress: An Inquiry into its Origins and Growth,* 1932).

Es wäre naiv anzunehmen, daß wir uns dem Abschluß der Naturwissenschaft nähern; solange wir uns darauf freuen können, die Fähigkeiten einer neuen Generation von Beobachtungseinrichtungen nützen zu dürfen, wird der astronomische Horizont weiter vor uns zurückweichen. Die voraussichtliche Rate des künftigen Fortschritts läßt sich nur mittels einer Hochrechnung auf der Basis vergangener Erfahrungen abschätzen – Erfahrungen, die von der Zeit, als Galilei mit einem primitiven Fernrohr die menschliche Sichtweite ausdehnte, bis zu den Weltraumsternwarten reichen. Jenseits hiervon liegt das Potential noch weitaus größerer Weltraumobservatorien, die für die Jahrhundertwende projektiert sind. Wir versuchen zu planen, was beobachtet werden sollte, und wir bemühen uns zu prognostizieren, welche Lektionen wir noch zu lernen haben, doch aller Wahrscheinlichkeit nach werden un-

sere sämtlichen rationalen Überlegungen durch nicht vorhersehbare Entwicklungen und Fügungen hinfällig werden.
In den späten dreißiger Jahren - ich stand kurz vor meinem Studienabschluß - erklärte einer der herausragendsten Physiker jener Zeit, die zukünftigen Wahrheiten der physikalischen Wissenschaft würden in der sechsten Stelle hinter dem Komma zu suchen sein. Die Astronomen und Kosmologen leiden nicht unter einer solch traurigen Beschränkung; sie empfinden bereits Genugtuung, wenn sie der Wahrheit bis auf eine Größenklasse nahe kommen (ein Faktor mit dem Wert 10), und die Menge der Erkenntnisse, die »im unendlichen Buch der Naturgeheimnisse« (Shakespeare) noch ihrer Entdeckung harrt, findet ihre Grenze allein in den Fähigkeiten des menschlichen Geistes.

Nichts ist zu wunderbar, um wahr zu sein.
Michael Faraday

In den folgenden Kapiteln werden wir einige der Höhepunkte in der Geschichte der Astronomie während der letzten paar hundert Jahre beleuchten. Die Lektion, die man hierbei lernen sollte, besteht darin, daß die Überraschung der Normalfall ist und daß es für die Wachstumsrate des Wissens keine andere Schranke gibt als die ständig steigenden Kosten für die notwendigen Einrichtungen und Instrumente. Das Challenger-Unglück im Jahr 1986 war sowohl ein katastrophaler Rückschlag für die Weltraumforschung als auch eine furchtbare menschliche Tragödie. Es schärfte den Blick für die ungeheuren Summen, die der Weltraumtransport verschlingt, und für die wachsenden Belastungen, die durch die stetig zunehmenden Anforderungen an die Zuverlässigkeit entstehen. Angesichts dieser Umstände haben die Worte von Sir Arthur Eddington, die er 1927 in seinem Buch *Stars and Atoms* formulierte, eine ganz besondere Bedeutung:

> In längst vergangenen Tagen verschafften sich zwei Aviatiker Flügel. Dädalus flog sicher durch den mittleren Luftraum und wurde nach seiner Landung gebührend geehrt. Ikarus stieg zur Sonne empor, bis das Wachs, das seine Flügel zusammenhielt, schmolz und sein Flug in einem Fiasko endete ... Die klassischen Autoritäten erzählen uns natürlich, daß er nur eine »Schaunummer« lieferte; ich ziehe es vor, in ihm denjenigen

zu sehen, der einen schwerwiegenden Konstruktionsfehler der Flugmaschinen seiner Zeit aufdeckte.
Ganz genauso ist es in der Wissenschaft. Der vorsichtige Dädalus wird seine Theorien erst dann anwenden, wenn er die Gewißheit verspürt, daß sie funktionieren; infolge seiner übertriebenen Vorsicht bleiben ihre verborgenen Schwächen jedoch unentdeckt. Ikarus dagegen wird seine Theorien bis zu dem Punkt ausreizen, an dem sich die schwachen Stellen zeigen. Tut er dies aus reiner Abenteuerlust? Vielleicht zum Teil – das ist die menschliche Natur. Sollte es ihm aber bestimmt sein, noch nicht die Sonne zu erreichen und ihren Aufbau zu entschlüsseln, so dürfen wir zumindest hoffen, seiner Reise ein paar Hinweise darauf entnehmen zu können, wie man einen besseren Flugapparat baut.

Einführung – Das Universum des Astronomen

> Verloren, zwischen hellen Sternen auf diesem unendlich öden finsteren Ascheklumpen verloren!
>
> Thomas Wolfe,
> *Schau heimwärts, Engel!*

Wie weit sind die Sterne entfernt? Wie groß ist der Weltraum? Als der Sputnik gestartet wurde, gingen die Vorstellungen, die sich die breite Öffentlichkeit vom Weltall machte, nur unwesentlich über den Stand der Weltsicht im antiken Griechenland hinaus. Ich erinnere mich an eine Taxifahrt zum New Yorker Hayden Planetarium, wo ich einen Vortrag über Raketen und Satelliten halten sollte. Als der Fahrer hörte, daß ich Astronom sei, gestand er mir seine Verwirrung hinsichtlich der Sterne und Satelliten. Wie war es möglich, daß der Sputnik da oben herumkreiste, ohne »mit all diesen Sternen zusammenzustoßen«? Schon im 3. vorchristlichen Jahrhundert nahm Aristarch von Samos ganz richtig an, daß die scheinbare Unbeweglichkeit der Sterne von ihrer gewaltigen Distanz herrührte.

Im Jahre 434 v. Chr. hielt der griechische Philosoph Anaxagoras unsere Sonne für einen Feuerball mit ungefähr 50 Kilometer Durchmesser, rund 6000 Kilometer über der Erde. Logik und Mathematik waren einwandfrei, doch das Bild wird getrübt durch seine Annahme, die Erde sei eine flache Scheibe. Zwei Jahrhunderte später vertrat Erathostenes die Ansicht, die Erde sei kugelförmig, und ermittelte einen Erdradius von 6000 Kilometern – ein Betrag, der dem richtigen Wert bemerkenswert nahe kommt. Kurze Zeit darauf erneuerte Hipparch, dessen Überlegungen auf der Vermessung von Finsternissen fußten, einen guten Wert für die Monddistanz – ungefähr 300000 Kilometer –, und davon ausgehend folgerte er, daß die Sonne noch 37mal weiter entfernt sein müsse. Obwohl diese Schätzung im Vergleich zur wirklichen Distanz viel zu gering ausfiel, blieb sie während der folgenden 17 Jahrhunderte praktisch unangefochten. Der korrekte Wert von 149 Millionen Kilometern wurde erst vor zwei Jahrhunderten auf Grund von Fernrohrbeobachtungen festgestellt. Die Entfernungen der Sterne sind dermaßen gewaltig, daß die Himmelsforscher sie in der Einheit eines Lichtjahrs beschreiben, der Strecke, die ein Lichtstrahl mit einer Geschwindigkeit von rund 300000 km/sec während eines Jahres zurücklegt (ein Lichtjahr mißt ungefähr neun Billionen Kilometer). Im Jahre 1840 gelang dem deutschen Astronomen und Mathematiker Friedrich Wilhelm Bessel die erste präzise Bestimmung einer Sterndistanz. Mittels der Messung der trigonometrischen Parallaxe eines Sterns (61 Cygni) - dies ist die größte Winkelabweichung, die von zwei einander gegenüberliegenden Extrempunkten der Erdbahn aus gesehen werden kann - ermittelte Bessel eine Entfernung von etwas mehr als vier Lichtjahren beziehungsweise von ungefähr 36 Billionen Kilometern. Bei Sternen ohne meßbare Parallaxe kann man die Distanzen nur noch erraten. Große Teleskope beobachten heutzutage Quasare in Entfernungen von bis zu 15 Milliarden Lichtjahren, deren Licht seine Reise zu uns während einer Zeit angetreten hat, als unsere Sonne und die Erde noch lange nicht existierten.

Von der Himmelsmechanik zur Astrophysik

Mit dem Teleskop Galileis fingen die Himmelsforscher an, das Weltall mit Methoden zu erkunden, an die vorher niemals zu denken gewesen war. Als Galilei im Jahre 1609 seinen Gönnern im venezianischen Senat ein Fernglas mit neunfacher Vergrößerung präsentierte, hob er listig dessen potentielle Bedeutung in Kriegszeiten hervor. Daraufhin eilte er nach Hause, um ein Instrument mit 20facher Vergrößerung zu konstruieren und dieses auf Mond, Sterne und Planeten zu richten. Sogleich entdeckte er die vier größten Jupitermonde sowie die Berge und Krater auf dem Mond. Das Band der Milchstraße konnte in zahllose Sternschwärme aufgelöst werden. Sein *Sternenbote*, eine Abhandlung, die im Jahre 1610 erschien, schilderte diese eindrucksvollen Beobachtungen und revolutionierte die Sicht des Weltalls. Doch in den folgenden 300 Jahren verharrte die Astronomie in dem simplen Verfahren, das Auge ans Fernrohr zu pressen und nach und nach

Abbildung 1. Cecilia Payne-Gaposchkin (1900-1979). Während eines Stipendiums an der Universität Cambridge wurde Cecilia Payne im Jahre 1919 von Sir Arthur Eddington veranlaßt, sich der Astronomie zu widmen. Für ihre Promotion schrieb sie sich am Observatorium des Harvard College ein, und zwei Jahre später erhielt sie die Doktorwürde. In ihrer Dissertation über »Sternatmosphären« kombinierte sie spektroskopische Daten aus dem Laboratorium mit Hunderten von photographischen Platten von Sternspektren, die sie selbst angefertigt hatte, und erschloß damit ein völlig neuartiges Forschungsgebiet. Sie ermittelte die Temperaturen und die elemantare Zusammensetzung jeder Spektralklasse zu einer Zeit, als die Kenntnisse von den Sternatmosphären noch völlig unzureichend waren. Im wesentlichen demonstrierte sie, daß die Sterne, die Sonne und auch die Erde aus den gleichen chemischen Elementen in ähnlichen Häufigkeitsverhältnissen bestehen. Auffallend waren dabei die hohen stellaren Konzentrationen von Wasserstoff und Helium. Nur wenige Jahre später erkannte man, daß die Sonnenatmosphäre aus nahezu reinem Wasserstoff und Helium besteht und nur Spuren schwererer Elemente aufweist.
Im Jahre 1956 erhielt Cecilia Payne-Gaposchkin als erste Frau eine ordentliche Professur an der Universität Harvard. 12 Jahre war sie Vorsitzende der Astronomischen Fakultät.

das himmlische Panorama zu katalogisieren. Die großen Zentren der astronomischen Forschung des 19. Jahrhunderts, vor allem die nationalen Sternwarten in Paris, Pulkowo, Greenwich und Washington, konzentrierten ihre Anstrengungen auf die Astronavigation. Die Frage, warum die Sterne eigentlich leuchten, lag jenseits des Begriffsvermögens, und unsere Milchstraße setzte man mit dem gesamten Universum gleich.

Mit der Entwicklung der Astrophysik verschob sich das Interesse von den Sternbewegungen zu den physikalischen Mechanismen. Die Spektroskopie, also die Analyse charakteristischer Wellenlängen, die von gasförmiger Materie emittiert und absorbiert werden, macht es dem Astrophysiker möglich, stellare Temperaturen, Druck, Dichte, chemische Zusammensetzung, Ionisationsgrad, Gravitationswirkung sowie elektrische und magnetische Feldstärken zu ermitteln, und gestattet es ihm, turbulente thermische Bewegungsabläufe zu charakterisieren. Die Spektrallinien, die bei Gasentladungen im Laboratorium erscheinen, lassen sich auch bei Sternen beobachten, die Tausende, ja Milliarden Lichtjahre weit entfernt stehen.

Der Einsatz der Spektroskopie für das Verständnis des Sternaufbaus machte einen großen Schritt nach vorn, als Cecilia H. Payne, eine junge Astronomiestudentin an der Sternwarte Radcliffe, die kurz zuvor aus England zurückgekommen war, 1925 eine epochale Abhandlung verfaßte. Diese Arbeit, die als die brillanteste Dissertation gilt, die jemals in der Astronomie geschrieben wurde, verhalf der Theorie einer kosmischen Verteilung der Elemente

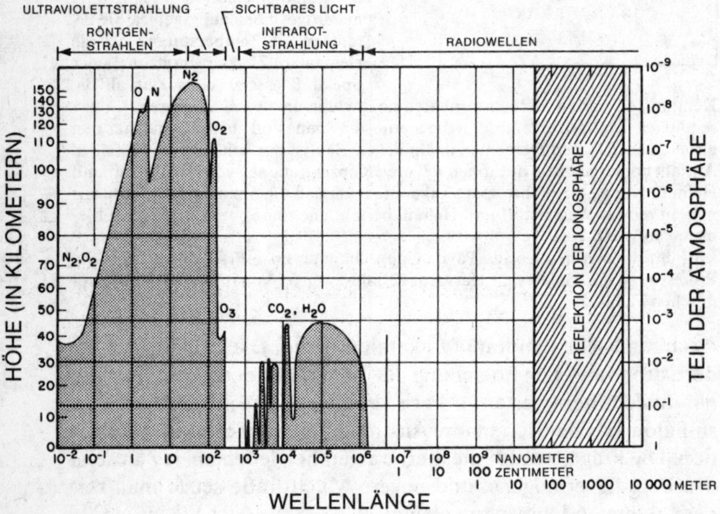

Abbildung 2. Das Eindringen von Strahlung in die Erdatmosphäre bis zu einem Niveau, auf dem sich die Intensität bis zu einem Verhältnis von 1:2,7 verringert hat. Das sichtbare Licht gelangt durch ein schmales Fenster im atmosphärischen Absorptionsspektrum bis zur Erdoberfläche. Kurzwellige Radiostrahlung erreicht ebenfalls den Boden, doch Strahlung größerer Wellenlänge wird an der Ionosphäre in den Raum zurückreflektiert. Kurzwelliges Ultraviolett, Röntgenstrahlung und Gammastrahlen lassen sich unterhalb von Höhen, in denen Ballons operieren, nicht nachweisen. Die absorbierenden Bestandteile der Atmosphäre sind in ihren effektiven Wellenlängen dargestellt.

endgültig zum Durchbruch; hierunter versteht man, daß die relativen Häufigkeiten der Elemente in den Sternen konstant sind und sich von denen in unserer Sonne nicht unterscheiden.
Die Atmosphäre ist mit Ausnahme des schmalen Regenbogenbandes des sichtbaren Lichts für kürzere und längere Wellenlängen weitgehend undurchlässig. Mittels Ballons, Raketen und Satelliten haben die Astronomen seit dem Zweiten Weltkrieg ihre Observatorien über die atmosphärischen Schleier hinausgehoben. Während die klassische Spektroskopie auf das sichtbare Licht sowie unerhebliche Bereiche des ultravioletten und infraroten Spektrums beschränkt blieb, erstreckt sich die moderne Spektroskopie über den gesamten Spektralbereich von den extrem kurzwelligen Gammastrahlen bis zu den langen Radiowellen. Ein völlig neuartiges Forschungsgebiet, die Astrochemie, ist im Umfeld der Radiomikrowellen-Technik entstanden. Mehr als 100 Moleküle, darunter so umfangreiche wie der Äthylalkohol, sind im interstellaren Gas entdeckt worden.

Die Milchstraße und jenseits ihrer Grenzen

In den letzten Jahren haben sich Raumschiffe weit hinausgewagt, um das Sonnensystem zu erkunden, und die Menschheit ist sich seiner gewaltigen Dimensionen nun ein wenig deutlicher bewußt. Doch die Reisen zu den Planeten sind im Vergleich zu einer Fahrt zum nächsten Fixstern lediglich kurze Ausflüge in die allernächste Umgebung. Pluto, am Rand unseres Sonnensystems, kreist in einem Abstand von ungefähr sechs Milliarden Kilometern um die Sonne. Proxima Centauri, die unserer Erde am nächsten stehende Nachbarsonne, ist 6000mal weiter entfernt. Im Jahre 1989 erreichte das Raumschiff Voyager 2 den Planeten Neptun, der sich mit einer Distanz von 4,5 Milliarden Kilometern oder ungefähr 242 Lichtminuten noch nicht allzuweit im Raum befindet, und dennoch dauerte die Reise immer noch elf unserer Kalenderjahre.
Im Jahre 1883 widmete sich ein holländischer Astronom, Jacobus Cornelis Kapteyn, der gewaltigen Aufgabe, die Positionen sämtlicher Sterne, die mit den Teleskopen des 19. Jahrhunderts beobachtet worden waren, festzuhalten. Er verfertigte die ersten primitiven Sternkarten unserer Galaxis, der Milchstraße, doch die wissenschaftlichen Vorstellungen haben sich seit der Zeit Kap-

teyns enorm verändert. Im Jahre 1918 führten die Ideen von Harlow Shapley zu einem großen Sprung nach vorn; in einem Geistesblitz kartierte er die Ausmaße der Milchstraße in Verbindung mit der Position aller 100 damals bekannten Kugelsternhaufen, die kompakte Zusammenballungen von bis zu 100 000 Sternen darstellen und in einem galaktischen Halo angeordnet sind. Er folgerte, daß diese Kugelsternhaufen als Außenposten unserer Galaxis fungieren und daß sie sich sphärisch um ein eigenes Zentrum herum gruppieren, das mit dem Zentrum der Milchstraße identisch ist. Hiermit verdrängte Shapley 400 Jahre nach Kopernikus die Sonne und die Erde aus ihrer privilegierten zentralen Lage in der Milchstraße und versetzte sie in die Randbezirke, gute 30 000 Lichtjahre vom galaktischen Kern entfernt, den wir im Lauf von 250 Millionen Jahren mit einer Geschwindigkeit von 250 km/sec einmal umkreisen.
Shapleys neues Bild der Milchstraße entfesselte stürmische Kontroversen. Sein renommiertester Widersacher war Heber D. Curtis, ein klassischer Gelehrter und Astronom. Die beiden gerieten am 26. 4. 1929 in der Akademie der Wissenschaften aneinander - dieser Disput wurde in wissenschaftlichen Kreisen als »Die große Debatte« bekannt. Curtis kritisierte heftig die Entfernungsbestimmungen von Shapley, doch dessen Konzept behielt die Oberhand. Andererseits befand sich Shapley bei einem wichtigen Aspekt der Debatte auf der Verliererseite, und zwar als es um die Bedeutung der nebligen Flecken ging, die vor den Sternfeldern der Milchstraße zu beobachten sind. Curtis war zu der Erkenntnis gelangt, daß diese Nebelflecken keine lokalen, zur Milchstraße gehörenden Gaswolken sind, sondern vielmehr sehr weit entfernte Galaxien, »Inseln im Universum«, wie sie schon der Philosoph Immanuel Kant postuliert hatte. Dennoch ließ sich Shapley von seiner Meinung, daß die Nebel am Rand unserer Milchstraße lägen, nicht abbringen.
Heute ist festzustellen, daß Shapley durch unzutreffende Beobachtungen, die der geachtete holländisch-amerikanische Himmelsforscher Adrian van Maanen veröffentlicht hatte, in die Irre geführt wurde. Van Maanen befaßte sich mit Rotationsmessungen an nebligen Objekten. Er stellte die Behauptung auf, die Rotation des Andromedanebels und mehrerer ähnlicher Spiralnebel sei eindeutig bewiesen. Falls eine solche Rotation zweifelsfrei belegbar wäre, müßten die Nebel eine nur geringe Ausdehnung besit-

zen und ziemlich eng benachbart sein. Shapley hatte van Maanens Ergebnisse übernommen, lange bevor sich deren Fehler herausstellte. Vermutlich wurde er das Opfer eines gar nicht so seltenen Syndroms, das Wissenschaftler etwas »finden« läßt, wonach sie Ausschau gehalten haben, auch wenn die Beweise dürftig sind. Die Auseinandersetzung wurde schließlich 1934 von Edwin Hubble beendet, der feststellte, daß sich die Entfernung des Andromedanebels auf ungefähr eine Million Lichtjahre beläuft (später auf zwei Millionen Lichtjahre revidiert), die Grenzen unserer Milchstraße also weit überschreitet.
Aus unserer heutigen Sicht ist die Milchstraße eine typische Spiralgalaxis und gleicht damit Milliarden anderer Galaxien im beobachteten Universum. Ihre gewundenen Arme umgrenzen eine sichtbare Scheibe, die annähernd 500 Lichtjahre dick ist und einen Durchmesser von 100000 Lichtjahren aufweist; in Richtung ihrer Mitte zeigt sich eine Verdickung. Die Gesamtheit von etwa 100 Milliarden Sternen umfaßt alle Altersstufen. Einige Sterne sind gerade erst geboren worden, das Alter etlicher anderer entspricht dem der Galaxis selbst und liegt bei ungefähr 15 Milliarden Jahren. (Unsere Sonne ist ein Stern der zweiten Generation und vor etwa 5 Milliarden Jahren entstanden.) Helle, junge Sterne mit hohen Temperaturen zieren die Spiralarme wie eine Kette aus Diamanten.
Eine Kluft voll verfinsterndem Staub, der sich eng an die Ebene der Galaxis schmiegt, verbirgt das Zentrum vor unseren Blicken; sie wird jedoch momentan von Radio-, Mikrowellen-, Infrarot-, Röntgen- und Gammateleskopen durchdrungen. Der Kern der Galaxis hat sich als ein wahrhaft geheimnisvoller Ort erwiesen. Aufgrund kürzlich erfolgter Radio-, Gamma- und Infrarotbeobachtungen einer starken Aktivität im Zentrum hegen die Astronomen den Verdacht, es könnte sich dort ein Schwarzes Loch mit einer Million Sonnenmassen aufhalten; zeitweise leidet es unter Hunger und ist bereit, jeden Stern, der in seine Nähe gerät, zu verschlingen, wobei eine große Flut neuer Energie erzeugt wird.
Mit der Inbetriebnahme weltraumgestützter Gammastrahlenteleskope mit einer wesentlich besseren räumlichen Auflösung, als sie die bislang benutzten Geräte aufweisen, könnten solche Vorstellungen schon bald entweder eine eindeutige Bestätigung finden oder verworfen werden.

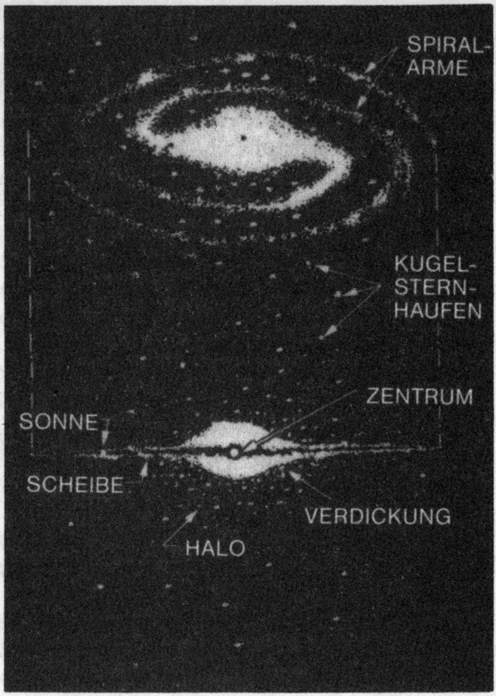

Abbildung 3. Die Milchstraße von oben und von der Seite. Spiralarme entspringen einer Nabe, einer kompakten zentralen Verdichtung von Sternen, und verflachen in Form einer dünnen Scheibe. Dunkelwolken aus Staub in der zentralen Ebene scheinen diese in zwei Hälften zu spalten. Schwache Sterne und Kugelsternhaufen hüllen die Galaxis in einen sphärischen Halo ein. Der Durchmesser der Milchstraße beträgt 100000 Lichtjahre, und die Position der Sonne liegt bei zwei Dritteln der Distanz zwischen Zentrum und Rand. Alles weist darauf hin, daß sich genau im Kernbereich ein massives Schwarzes Loch befindet.

Jenseits der Milchstraße liegt ein kosmischer Ozean mit furchterregenden Ausmaßen; er ist angefüllt mit vielleicht 100 Milliarden Galaxien, deren jede Dutzende und Aberdutzende Milliarden von Sternen enthält. Einige erscheinen als klar gegliederte, rotierende Spiralen ähnlich unserer Milchstraße und der Andromedagalaxis. Andere sind elliptisch oder irregulär geformt. Viele Galaxien haben aktive galaktische Zentren, Schauplätze, an denen energetische Prozesse ablaufen, die so heftig sind, daß sie unser Fassungsvermögen bei weitem überfordern. Die Magellanschen Wolken stehen mit der Milchstraße beinahe in direkter Verbindung und sind ihre beiden nächsten Nachbarn. Die entferntesten Galaxien, die unsere optischen Teleskope gerade noch untersuchen können, liegen fast 15 Milliarden Lichtjahre weit weg. Überträgt man diesen Entfernungswert in Kilometer, ergibt sich in etwa eine 1 mit 23 Nullen. Wenn wir diese Galaxien betrachten, erblicken wir Licht, das ein 15 Milliarden Jahre altes Bild vermittelt.

Das Expandierende Universum

In den zwanziger Jahren bemerkte Vesto Melvin Slipher vom Lowell-Observatorium in Arizona eine Wellenlängenverschiebung im Licht der fernen Galaxien, die schon bald zum Schlüssel für das Verständnis der Expansion des Universums wurde.
Er beobachtete ein Phänomen, das zum erstenmal von Christian Doppler 1842 in Wien beschrieben wurde und seitdem als Doppler-Effekt bekannt ist. Die Verschiebung einer Wellenlänge und der damit verbundenen Frequenz gilt für alle Wellenbewegungen, also gleichermaßen für den Schall und für das Licht. Die Pfeife eines herannahenden Zuges klingt höher, als wenn der Zug schon vorbeigefahren ist und sich von Ihnen entfernt.
Christoph Buys Ballot, einem holländischen Meteorologen, gelang einige Jahre später eine ungewöhnliche Bestätigung der Dopplerschen Theorie: Er postierte mehrere Musiker mit optimal gestimmten Instrumenten auf einem Bahnsteig, während eine Gruppe fleißig blasender Trompeter auf einem Zug an diesem Bahnsteig vorbeifuhr. Obwohl die Spieler vorher alle aufeinander abgestimmt worden waren, klang ihre Musik in den geübten Ohren der Zuhörer schrill und unharmonisch.

Abbildung 4. Albert Einstein (1879-1955). Als Beamter am Eidgenössischen Patentamt in Bern konzipierte Einstein in seiner Freizeit die Spezielle Relativitätstheorie, die er im Jahre 1905 veröffentlichte. Das vielleicht bekannteste Produkt dieser Theorie besteht darin, daß Materie und Energie gemäß der einfachen Gleichung $E = mc^2$ austauschbar sind. Aus dieser Beziehung wurde geschlossen, daß die Verschmelzung von Wasserstoff zu Helium die Sterne mit Energie versorgt. Zehn Jahre später lieferte die Allgemeine Relativitätstheorie eine völlig abweichende Erklärung der Beziehungen zwischen Masse, Raum und Zeit: Der Raum wird bei Anwesenheit von Masse gekrümmt, und die Gravitation muß man sich als Verwerfung im Raum-Zeit-Gefüge vorstellen. Einsteins Theorie beschreibt die Gestalt des Universums - geschlossen, offen oder flach - im Zusammenhang mit der Masse, die es enthält. Obwohl seine Feldgleichungen einen instabilen Zustand anzeigen, der das All entweder expandieren oder zusammenstürzen läßt, war Einstein so sehr von einem statischen Universum überzeugt, daß er ganz bewußt eine kosmologische Gravitationskonstante hinzufügte, um eine Expansion zu vermeiden. Damals hatte Hubble die fortschreitende Ausdehnung unseres Weltalls noch nicht entdeckt.
Einstein hatte eine Abneigung gegen die unkalkulierbaren Implikationen der Quantentheorie, die er in dem oft zitierten Satz zum Ausdruck brachte: »Gott würfelt nicht.« Die statistische Interpretation der Quantentheorie beinhaltet eine unterschwellige Unbestimmtheit in den physikalischen Gesetzen, die er nicht hinzunehmen vermochte. Nach seinem vierzigsten Lebensjahr widmete er sich der Suche nach einer umfassenden Theorie aller physikalischen Kräfte, doch war ihm kein Erfolg beschieden. Die Physiker unserer Zeit haben die elektromagnetischen und die Schwachen nuklearen Kräfte zusammengeführt und trachten immer noch danach, auch die Starken nuklearen Kräfte und die Gravitation in dieses Konzept zu integrieren. Einsteins Traum könnte also Realität werden.

Wenn sich eine Lichtquelle auf einen Beobachter zubewegt, werden die Wellen zusammengestaucht, und die Farbe erfährt eine Blauverschiebung. Ein Zurückweichen der Lichtquelle streckt die Wellen und verursacht eine *Rotverschiebung*. Bis zum Jahre 1936 hatte Edwin Hubble den Grad der Rotverschiebung jeder Galaxis mit ihrer Entfernung zur Erde verknüpft: je größer die Rotverschiebung, desto größer die Distanz. Daraus folgte, daß sich das

Abbildung 5. Alexander Alexandrowitsch Friedmann (1888-1925). Im Jahr 1922 verfaßte Alexander Alexandrowitsch Friedmann, ein junger Mathematiker und Meteorologe, einen Artikel mit dem Titel »Über die Krümmung des Raumes« und veröffentlichte ihn in der *Zeitschrift für Physik.* Damals gab es zwei kosmologische Modelle: das Modell Einsteins, bei dem die Materie einen statischen, in sich ruhenden Raum erfüllt, sowie de Sitters eigenartige Auflösung der Einsteinschen Gleichungen, die ein materieloses, expandierendes Universum postulierte. Friedmann fand heraus, daß die Feldgleichungen Einsteins ohne dessen willkürlich hinzugefügte kosmologische Konstante zu einem der beiden dynamischen Universen führen. Falls die durchschnittliche Dichte des Weltalls über einen kritischen Grenzwert - 5×10^{-30} g/cm^3 - ansteigt, muß die Gravitation das Universum in eine in sich geschlossene Krümmung zwingen und schließlich irgendwann eine Implosion einleiten. Eine geringere Dichte läßt das Weltall hingegen bis in alle Ewigkeit expandieren. Einstein war dermaßen auf sein statisches Universum fixiert, daß er in einer kurzen Zusammenfassung den Artikel Friedmanns zwar als mathematisch fehlerfrei, jedoch als physikalisch völlig belanglos kritisierte; nur wenig später mußte er seine Meinung grundlegend ändern.
Friedmann befaßte sich in der Hauptsache mit meteorologischen Beobachtungen von Heißluftballons aus. 1914 beobachtete er an Bord eines lenkbaren Ballons eine Sonnenfinsternis, und während des Ersten Weltkriegs war er mit Zielvermessungen für die Bomber der russischen Luftwaffe beauftragt. Im Jahre 1925 stellte er einen Höhenrekord für bemannte Ballons auf: 7600 Meter. Nur kurze Zeit später fiel er einer Typhus-Erkrankung zum Opfer. Die Anerkennung seiner kosmologischen Theorie durfte er nicht mehr erleben.

All seit einem ganz bestimmten Zeitpunkt, vor etlichen Jahrmilliarden ausdehnt und daß die entferntesten Galaxien zugleich die größte Fluchtgeschwindigkeit aufweisen. Diese Beziehung ist für das Konzept des »Urknalls«, eine zu Anbeginn der Zeit erfolgte Explosion, die die gesamte Masse des Universums in alle Richtungen auseinandereilen ließ, von fundamentaler Bedeutung. Da die Galaxien aus der davonrasenden Materie kondensierten, übernahmen sie auch deren hohe Geschwindigkeiten. Die Urknall-Theorie ist in der modernen Kosmologie so fest verankert,

daß es in der wissenschaftlichen Gemeinschaft einen gewaltigen Schock auslösen würde, wenn sie in Zweifel gezogen würde.
Das Konzept eines expandierenden Weltalls entwickelte sich nahezu ohne jedes Zusammenwirken von Theorie und Beobachtung. Albert Einstein legte seine Allgemeine Relativitätstheorie im Jahre 1916 vor, lange bevor man die Expansion des Universums erkannte. Obwohl seine Gleichungen ein dynamisches Weltall forderten, klammerte sich Einstein an die Theorie eines statischen, ewigen, unveränderlichen Universums. Nach reiflicher Überlegung führte er eine *kosmologische Konstante* ein, um sein Konzept aufrechterhalten zu können. In späteren Jahren bezeichnete er diese künstliche Einschränkung der Expansion als den größten Schnitzer seines Lebens.
1922 wies ein junger Mathematiker namens Alexander Friedmann nach, daß Einsteins Gleichungen am besten mit einem expandierenden All in Einklang zu bringen sind. Die russische Wissenschaft steckte während jener ersten Jahre nach der Oktoberrevolution in größten Schwierigkeiten, und man sagt, Friedmann habe seine Ideen zuerst in einer Zeitung seiner Heimatstadt Petrograd (Leningrad) publiziert, wo sie nur wenig Aufmerksamkeit erregten. Als er seine Abhandlung an die *Zeitschrift für Physik* sandte, weckte sie auch das Interesse Einsteins, der ihr zunächst freilich mit Argwohn und Geringschätzung begegnete. Noch im selben Jahr änderte Einstein seine diesbezüglichen Ansichten, wenn auch widerwillig. Friedmann starb 1925 an Typhus, und während der folgenden Jahre fand seine Arbeit wenig bis gar keine Beachtung. Seine Ideen wurden 1927 von dem belgischen Astrophysiker Abbé Georges Lemaître wieder aufgegriffen: Lemaître meinte, die gesamte Masse des Universums sei zu Beginn der Zeit in einem »Kosmischen Ei« komprimiert gewesen, das dann irgendwann einmal explodierte. Ungefähr ein Jahr danach entwickelte der amerikanische Kosmologe Howard Percy Robertson unabhängig von Lemaître dasselbe Konzept. Alle diese theoretischen Arbeiten scheinen an Hubble völlig spurlos vorübergegangen zu sein; nach wie vor wagte er es nicht, ausgehend von seinen Beobachtungen die Expansion des Weltraums zu verkünden. Erst Sir Arthur Eddington verknüpfte im Jahr 1929 die Theorie Lemaîtres mit den Beobachtungen Hubbles.

Der Urknall

> Falls mich der allmächtige Gott konsultiert hätte, bevor er sich auf die Schöpfung einließ, so hätte ich ihm etwas Einfacheres empfohlen.
>
> Alfons X. von Kastilien,
> ein mittelalterlicher Gönner der Astronomie
> (1221-1284)

Sobald sich der menschliche Verstand bemüht, von der Unermeßlichkeit des Weltalls eine Vorstellung zu gewinnen, hat er sich mit dem Konzept der Schöpfung auseinanderzusetzen, für das die althergebrachten Mythen zahlreiche Versionen liefern. Sie alle laufen im Grunde genommen auf den Übergang vom Chaos zur Ordnung hinaus. Die moderne Naturwissenschaft versucht nun die Entwicklung des Universums mit Hilfe der physikalischen Gesetze zu verstehen. Doch für die allerersten Anfänge ergibt sich nur ein vages Bild.

Die meisten Leute stellen sich den Beginn der Schöpfung, den Urknall, wie die Explosion einer gewaltigen Bombe vor, für die Allgemeine Relativitätstheorie jedoch handelt es sich dabei um die Expansion der mit unvorstellbar heißer Materie und Strahlung angefüllten Raumzeit. Die Astrophysiker suchen nach Hinweisen auf dieses früheste Geschehen mit Hilfe der Elementarteilchenphysik und der sogenannten »Grand Unified Theories« (GUTs) aller fundamentalen Naturkräfte.

Die Wissenschaftler fragten sich schon immer, woraus die Materie eigentlich besteht, doch bis zum 19. Jahrhundert unterschied man lediglich die Aggregatzustände: fest, flüssig oder gasförmig. Dann besannen sich die Forscher auf die Theorie eines alten Griechen, Demokrit, der die Auffassung vertreten hatte, daß sich die Materie letztendlich ihrerseits in unteilbare Atome zerlegen läßt. Zu Beginn des 20. Jahrhunderts hatte man bereits über 80 verschiedene Atome entdeckt, heute sind ungefähr 100 bekannt. Es war freilich viel zu beschwerlich, sich mit einem solch verwickelten System abzumühen, und die Physiker suchten nach einer noch grundlegenderen Aufspaltung der Materie in verhältnismäßig wenige, fundamentale Bestandteile. Als die Elektronen, Protonen und Neutronen entdeckt worden waren, erkannte man, daß sämtliche

chemischen Elemente aus diesen drei fundamentalen Partikeln zusammengesetzt werden konnten. Doch schon bald zeigte sich, daß diese nur einen Vorgeschmack einer ganz neuen Welt, der der Elementarteilchenphysik, darstellen.
Um die Radioaktivität zu verstehen, mußte die Existenz des Neutrinos postuliert werden, die sich in der Folge dann auch experimentell nachweisen ließ. Kosmische Teilchen, die, aus dem Weltraum kommend, herunterprasseln, kollidieren äußerst heftig mit den Molekülen der Hochatmosphäre und erzeugen Schauer neuartiger Partikel: Positronen, Myonen, Pionen und viele andere mehr. Neuentwickelte Beschleuniger imitieren das Bombardement der kosmischen Strahlung und erweiterten im Laufe der Zeit unsere Kenntnisse vom Zoo der Teilchen, der mittlerweile auch die Rhos, die Omegas und die Phis umfaßte. Die Zahl der neuentdeckten Partikel schwoll dermaßen rasant an, daß Enrico Fermi einmal meinte: »Wenn ich mich an die Namen all dieser Teilchen erinnern könnte, wäre ich ein Botaniker.«
Während der sechziger Jahre begann sich in der Teilchenphysik eine gewisse überschaubare Ordnung abzuzeichnen, denn es stellte sich heraus, daß es möglich ist, alle Kernbausteine aus einer kleineren Anzahl echter Elementarteilchen zu formen. Als ganz am Ende stehende Einheit fungierte nun das »Quark«, ein neuartiges Partikel, das sich als Konstrukt aus theoretischen Überlegungen von Murray Gell-Mann und George Zweig vom California Institute of Technology (Caltech) ergab. Das Proton und das Neutron beispielsweise bestehen jeweils aus drei Quarks. Gell-Mann entnahm diese Bezeichnung dem Roman *Finnegans Wake* von James Joyce, wo es an einer Stelle heißt: »Drei Quarks für Muster Mark.« (Die drei Quarks stehen für die drei Kinder des Mr. Finn, Titelheld dieses Werks.) Niemandem ist es bisher gelungen, ein freies Quark zu entdecken, und gemäß der Theorie sollte ein Quark außerhalb eines Kerns auch nicht zu finden sein; die indirekten Beweise für seine Existenz sind indes überzeugend.
Das Atom wird häufig als ein mikroskopisches Ebenbild unseres Sonnensystems beschrieben: Sein Kern besteht aus fest zusammengefügten Protonen und Neutronen und könnte der Sonne entsprechen; um ihn herum kreist ein System von Elektronen, die als Planeten anzusehen wären. In der Hierarchie der Strukturen (siehe Abbildung 6) vereinigt sich eine Anzahl Atome zu einem Molekül, das schwingt und rotiert und dabei Mikrowellen sowie

Abbildung 6. Der hierarchische Aufbau der Materie und die damit verbundenen Strahlungsprozesse. Die typischen Größen der Moleküle, Atome und Nukleonen sind in Metern dargestellt. Die Größe eines Quarks ist immer noch unbekannt; es könnte Strukturen aufweisen, aber auch punktförmig sein. Die Wellenlängen der Strahlung, die mit diesen Strukturen verknüpft ist, stehen mit dem Energiegehalt einer jeden dieser Konfigurationen in Verbindung.

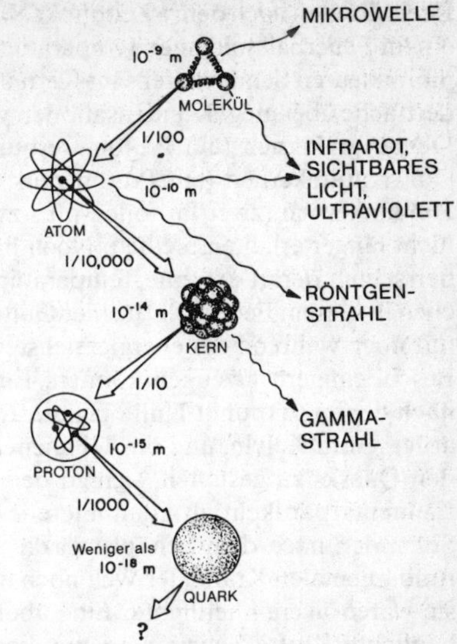

Infrarotstrahlung aussendet. Die Übergänge von Elektronen in einem Atom führen zur Emission und Absorption optischer Photonen und zu Röntgenstrahlung. Nukleare Übergänge verursachen Gammastrahlung. Die Ausdehnung einer Struktur und die Wellenlänge der damit verknüpften Strahlung liegen im großen und ganzen innerhalb einer Größenordnung.

Physiker und Kosmologen entwickeln derzeit Theorien, die es erlauben, sich bis auf winzigste Bruchteile einer Sekunde an den Augenblick des Schöpfungsaktes heranzuarbeiten. Ausgehend von Beobachtungen und theoretischen Überlegungen ist es möglich, den Weg bis zu jenem »Zeitpunkt Null« zurückzuverfolgen. Die Entstehung der Atome fand ungefähr 500 000 Jahre nach dem »Zeitpunkt Null« statt. Während dieser Epoche wurde das All von sichtbarem Licht, das die Atome ausstrahlten, durchflutet. Noch früher war es im Weltraum dermaßen heiß, daß die Elektronen einerseits sehr schnell in die Atome eingefügt, andererseits aber auch ebenso rasant wieder aus ihnen herausgerissen wurden. Zurück blieb ein finsteres Universum mit einem Ozean aus Atomkernen und Elektronen, die in heißer Röntgenstrahlung badeten.

Drei Minuten nach dem »Zeitpunkt Null« bestand das Weltall aus einem Feuerball mit einer Temperatur, welche die Hitze des thermonuklearen Schmelzofens im Kern unserer Sonne um das Hundertfache überstieg. Kondensationen von Atomkernen - z. B. von Deuteriumkernen (ein Proton, verbunden mit einem Neutron), von Tritiumkernen (ein Proton plus zwei Neutronen) und von Heliumkernen (zwei Protonen plus zwei Neutronen) - konnten nicht länger erhalten bleiben. Noch näher am »Zeitpunkt Null« herrschten derart extreme Temperaturen, daß die Elementarteilchen in diesem Feuerball zu einer Gattung gehörten, die wir heute nur noch während der energiereichsten Kollisionen in modernen Beschleunigern erzeugen können. Eine Millisekunde (10^{-3} sec) nach dem »Zeitpunkt Null« lag die Temperatur über 1000 Milliarden Grad Kelvin, und die Teilchenenergien waren zu groß, um den Quarks zu gestatten, sich zu den vielen hundert bekannten Elementarpartikeln zu kombinieren. Innerhalb der ersten 10^{-35} Sekunden nach dem Schöpfungsakt wirkten die uns vertrauten fundamentalen Kräfte der Welt noch nicht voneinander getrennt; sie waren »vereinheitlicht«. Eine übergeordnete »große, vereinheitlichte Kraft« beherrschte eine kosmische Ursuppe aus Elementarteilchen, die sich fortwährend bildeten und wieder zerfielen, und dies alles in einem Meer frühzeitlicher Strahlung. Das Ganze hatte lediglich das Volumen eines Tennisballs. Die theoretische Herausforderung unserer Tage besteht darin, dieses Reich der vereinheitlichten Kräfte in dem Zeitraum zwischen 10^{-43} und 10^{-35} Sekunden seit Anbeginn der Zeit zu verstehen. Im Augenblick wird eine Hypothese favorisiert, die eine »Phasenveränderung« in der frühzeitlichen Ursuppe zum Zeitpunkt 10^{-35} Sekunden postuliert, als sich die große Einheit der Naturkräfte auflöste, wo eine enorme Ausdehnung des Universums binnen kürzester Zeit eingeleitet wurde.

Materie und Antimaterie

Im Jahr 1930 stellte der englische Physiker Paul Adrien Maurice Dirac die Theorie auf, daß für jedes Teilchen - Elektron, Proton, Positron usw. - ein Geschwister-Partikel existieren muß, das zwar die gleiche Masse, jedoch die entgegengesetzte elektrische Ladung oder Drehrichtung besitzt. Diese Spiegelteilchen nannte man »Antimaterie«. So trägt beispielsweise das Elektron eine Einheit negativer Ladung und das Antielektron (Positron) eine Einheit positiver Ladung. Elementarteilchen verbinden sich und bilden die Atome unserer Alltagswelt. Ganz ähnlich können Antiteilchen Antimaterie formen. Eine Galaxis aus Antimaterie dürfte sich von weitem gesehen durch nichts von unserer Milchstraße unterscheiden. Ihre Schwerkraft und ihre atomaren Spektren würden wohl keinerlei Besonderheiten aufweisen. Doch wenn ein Materiepartikel seinem Antiteilchen begegnet, löschen die beiden einander unverzüglich aus. Ihre Masse wird vollständig zu Gammaphotonen zerstrahlt. Dieser »Annihilation« genannte Vorgang stellt eine perfekte Verwandlung von Materie in Strahlung dar, sein Wirkungsgrad beträgt ungefähr das 100fache von dem der Kernfusion. 12 Kilogramm Materie in Verbindung mit 12 Kilogramm Antimaterie würden vollauf genügen, um den Staat New York ein Jahr lang mit Strom zu versorgen.

Es gibt Wissenschaftler, die an eine fundamentale Symmetrie im Weltall glauben, die gleiche Anteile von Materie und Antimaterie erforderlich macht. Die Astrophysiker stellen sich die Frage, ob es in fernen Bereichen unseres Weltraums vollständige Galaxien aus Materie geben könnte, die niemals mit Milchstraßensystemen aus normaler Materie in Berührung kommen. Im Jahre 1955 verfaßte Harold Furth, heute ein führender Fusionsforscher, das folgende Gedicht, zu dem ihn ein Vortrag des Physikers Edward Teller, oftmals als Vater der Atombombe bezeichnet, inspiriert hatte:

Gefahren des modernen Lebens
Hoch über unseren Wolkenschichten
gibt es ein Land voller Starre und Sterne,
wo auf einem Streifen Antimaterie
Dr. Edward Anti-Teller lebte.

Fern vom Ursprung der Kernverschmelzung
lebte er ohne Fragen, ohne Kenntnisse
zusammen mit seinen Anti-Freunden und Verwandten
und behielt seine Schonbezüge auf den Stühlen.

Eines Morgens, beim Spaziergang am Meer
erblickte er ein Blech von monströsem Umfang,
das die drei Buchstaben A.E.C. trug.
Hervor trat ein Besucher von der Erde.

Dann, glücklich einander über den Sand zurufend,
trafen sich zwei, die in ihrer fremden Art
einander glichen wie ein Ei dem anderen. Ihre rechten
Hände berührten sich, der Rest bestand aus
Gammastrahlung.

Ballons entdeckten in der kosmischen Strahlung zuerst die von Dirac postulierten Positronen und kurz darauf auch die Antiprotonen, doch bis zum heutigen Tag gibt es keine Belege für schwerere Antiteilchen im Weltraum.

Und Gott sprach: »Es werde Licht«

Im Jahr 1986 bot der sowjetische Physiker Andrej Sacharow eine theoretische Lösung für das Problem des Ungleichgewichts von Materie und Antimaterie an. Er legte dar, wie sich die gesamte beim Urknall gebildete Antimaterie nahezu augenblicklich ausgelöscht haben könnte, als sich das neugeborene Universum auf eine Temperatur von einer Milliarde Milliarden Milliarden Grad abgekühlt hatte – ein einzig und allein aus Materie bestehender Kosmos blieb zurück. In dem Moment, in dem die kosmische Uhr die Marke 10^{-35} Sekunden erreicht hatte, hörte das Durcheinander in der frühzeitlichen Ursuppe schlagartig auf. Auf 10 000 000 000 Antimaterieteilchen kamen 10 000 000 001 Materiepartikel. Innerhalb von einer millionstel Sekunde löschten sich die Materie- und die Antimaterieteilchen gegenseitig aus und verursachten einen unbeschreiblichen Strahlungsblitz. Nur ein ganz winziger Bruchteil von Materieresten blieb übrig, und daraus entstand das gegenwärtige Universum mit all seinen Sternen und Galaxien. Diesem Szenario zufolge hätte also die Welt ihre Geburt beinahe nicht überlebt.
Als Sacharow seine Hypothese eines Ungleichgewichts von Materie und Antimaterie im frühzeitlichen Universum vortrug, wurde er nicht allzu ernst genommen, heute jedoch scheint sie im Rahmen der »großen Vereinheitlichung der Kräfte« (vgl. Seite 399) durchaus plausibel. Diese Auffassung fordert, daß die Protonen ein ganz klein wenig instabil sein müssen und nach einer durchschnittlichen Lebensdauer von 10^{31} Jahren in andere Teilchen und Strahlung zerfallen. Mehrere äußerst aufwendige Experimente, deren Ziel es ist, diesen Protonenzerfall nachzuweisen, sind

gegenwärtig im Gang. Sollte der Nachweis gelingen, würde die These der »großen Vereinheitlichung der Kräfte« im frühen Universum nachdrücklich gestützt, und es würde bedeuten, daß es im physischen Weltall nichts Unvergängliches gibt.

Ein Flüstern des Urknalls

Es scheint nahezu unbegreiflich, daß der Urknall, ein Ereignis, das sich vor 10 bis 20 Milliarden Jahren zugetragen hat, ein Zeichen am Himmel hinterlassen haben könnte, das sich noch heute beobachten läßt. Doch wie bei einem hellen, warmen Feuer, von dem nur noch ausgebrannte Kohle übrig ist, kann die restliche Wärme noch lange gefühlt werden, und Rückschlüsse auf die ehedem heiß lodernde Flamme sind nach wie vor möglich. Die Entdekkung der 3° K-Mikrowellenhintergrundstrahlung wird von den meisten Kosmologen als der stärkste Beleg für die Richtigkeit der Urknall-Theorie angesehen. Zudem ist sie ein wunderbares Beispiel für eine glückliche Fügung in der naturwissenschaftlichen Forschung.

Das theoretische Feld für diese Entdeckung war eigentlich bereits gegen Ende der vierziger Jahre bestellt, und zwar durch die Arbeiten von George Gamow, Ralph Alpher und Robert Herman. Doch die Wissenschaftler scheiterten viele Jahre lang bei dem Versuch, eine - in der Rückschau geradezu offenkundige - Verbindung herzustellen. Gamow und seine Studenten hatten sich bemüht, die Verteilung der Elemente im All aus der Nuklearsynthese zur Zeit des Urknalls abzuleiten. Diese theoretischen Anstrengungen waren zwar nicht von Erfolg gekrönt, doch Alpher und Herman kamen zu dem Schluß, daß die Hochtemperaturstrahlung dieser heißen Frühzeit der Expansion des Kosmos auch heute noch zu beobachten sein müßte, und zwar anhand der Rotverschiebung infolge der Ausdehnung des Weltalls in Form von Mikrowellen. Alpher trat an meine Kollegen von der Radioastronomie des US-Marineforschungslabors heran, doch diese gelangten zu der Überzeugung, daß der zu erwartende Strahlungsfluß viel zu schwach wäre, um von den Instrumenten der damaligen Zeit entdeckt werden zu können.

Erst im Jahre 1965 wurde die Theorie des »Kosmischen Eis« von Lemaître endlich ausgebrütet und die volle Bedeutung der Radio-

Abbildung 7. Arno Penzias (rechts) und Robert W. Wilson verwendeten die Hornantenne im Hintergrund bei der Entdeckung des kosmischen 3° K-Mikrowellenstrahlungshintergrunds, der vom Feuerball des Urknalls übriggeblieben ist. (Mit Genehmigung von AT&T)

hintergrundstrahlung als Beleg für den Urknall realisiert. In Holmdel, New Jersey, hatten Arno Penzias und Robert Wilson von den AT&T Bell Laboratories nach Quellen von Radiostrahlung in unserer Milchstraße gefahndet. Ihr sechs Meter großer Empfänger glich einem gewaltigen Hörrohr. Er war ursprünglich für den Betrieb des Telstar-Kommunikationssatelliten konstruiert worden und übermittelte Fernsehbilder und Funkgespräche über den Atlantik hinweg. Als Penzias und Wilson die Mikrowellen-Hornantenne übernahmen, hatte sie sich bereits seit zehn Jahren nicht mehr im Einsatz befunden. Die beiden Forscher bauten einen Maser-Verstärker ein und erhöhten dadurch die Empfänger-Empfindlichkeit ganz erheblich; sie erhielten von ihren Vorgesetzten die Erlaubnis, das Instrument sowohl für die Radioastronomie als auch für die Untersuchung von Übermittlungsproblemen zu verwenden.

Als Penzias und Wilson nach Radioquellen in unserer Milchstraße suchten, lieferte der Empfänger bei einer Wellenlänge von 7,35 cm trotz peinlich genauer Vorsichtsmaßnahmen ein stetiges Zi-

schen - dabei hatten sie ihn zuletzt auf die Temperatur flüssigen Heliums abgekühlt, um alle bekannten Störungsquellen auszuschalten. Auf der Suche nach irgendwelchen verborgenen Störfaktoren erinnerten sich Penzias und Wilson an ein Taubenpärchen, das im Rohr der Hornantenne Zuflucht gefunden hatte. Die Tauben wurden eingefangen und weit entfernt ausgesetzt - doch sehr bald kamen die Vögel zurückgeflattert. Selbst als wesentlich effektivere Meßmethoden die Tauben von jeglicher Schuld freigesprochen hatten, betrachtete Penzias immer noch voller Argwohn die Hinterlassenschaft der Tierchen, die er feinfühlig als »weißes, dielektrisches Material« bezeichnete. Das Antennenrohr wurde abgebaut und gründlich gereinigt, doch das rätselhafte Zischen blieb. So folgerten Penzias und Wilson schließlich, daß dieses Rauschen einen objektiven Ursprung haben muß. Es belief sich auf ungefähr 400 Mikrowellen-Photonen pro Kubikzentimeter Weltraum und war durch eine Temperatur von 2,5-4,5 Grad Kelvin charakterisiert. (Stellen Sie sich einmal hinaus ins Freie, und probieren Sie aus, wie es ist, wenn in jeder Sekunde eine Milliarde dieser uralten Photonen auf ihren Schädel prasselt.) So also wurde die wichtigste kosmologische Entdeckung der zweiten Hälfte unseres Jahrhunderts gemacht. Nur wenig später schlug eine Gruppe von Physikern an der Universität Princeton unter der Leitung von Robert H. Dicke die Brücke von der 3° K-Strahlung von Penzias und Wilson zu dem durch die Expansion des Alls um 5000° K rotverschobenen Licht des heißen frühen Universums.
Penzias und Wilson erinnern sich, daß sie sich der Tragweite ihrer Entdeckung erst so richtig bewußt wurden, als die Nachricht davon in den Schlagzeilen der *New York Times* prangte. 1978 erhielten sie den Nobelpreis für Physik. Diese Geschichte zeigt wieder einmal, wie schwierig es ist, auf lediglich theoretischen Wegen voranzukommen, und welch bedeutende Rolle der Zufall bei wissenschaftlichen Entdeckungen spielt. Doch »bevorzugt die glückliche Fügung einen vorbereiteten Verstand«, wie einst Louis Pasteur sagte.

Supernovae und ausgebrannte Sonnen

Huckleberry Finn denkt, auf dem Rücken liegend und in den Himmel starrend, darüber nach, ob die Sterne geschaffen wurden

oder ob sie nur zufällig da sind. Wie die Sterne entstehen und was in den darauffolgenden Jahrmillionen und Jahrmilliarden geschieht, interessiert die Astrophysiker in besonderem Maße. Zehn Milliarden Jahre beträgt die durchschnittliche Lebenserwartung eines sonnenähnlichen Sterns. Kleinere Sterne, die wesentlich zahlreicher sind, leben noch länger. Helle, blaue Riesensterne dagegen verheizen ihre Energie in verschwenderischer Maßlosigkeit und können ihre Lebenskraft während ein paar kümmerlicher Jahrmillionen erschöpfen.
Der Tod und die Umwandlung eines massiven Sterns gehen mit einer katastrophalen Konvulsion einher. Binnen einiger Sekunden kracht der ausgebrannte Kern in sich zusammen, und die reflektierte Schockwelle stülpt den Sternkörper von innen nach außen. Mehrere Tage lang erstrahlt dann das Licht dieser gigantischen Explosion - eine Supernova - viel heller als sämtliche Sterne in der Milchstraße zusammen. Die Überreste im Explosionszentrum stabilisieren sich zu einem Neutronenstern oder verschwinden in einem Schwarzen Loch. Im Februar 1987 blitzte in der Großen Magellanschen Wolke eine solche Supernova auf, der Erde näher als jedes vergleichbare Ereignis in den vergangenen 400 Jahren. Die Astrophysiker gewannen dadurch eine Reihe bemerkenswerter neuer Einblicke in die Physik stellarer Zusammenbrüche und Explosionen.
Die Konstruktion theoretischer Modelle vom Tod einer Sonne und von ihrem Weg zum Stadium eines Weißen Zwergs, eines Neutronensterns oder eines Schwarzen Lochs hat durch kürzlich erfolgte Verbesserungen auf dem Sektor der Beobachtung und der rechnerischen Fähigkeiten erheblichen Auftrieb erhalten. So weiß man heute, daß Sternen mit einer Anfangsmasse von 1,4 Sonnenmassen das Endstadium eines Weißen Zwergs vorgegeben ist. Wenn nach Jahrmilliarden ihr Wasserstoffvorrat aufgebraucht ist, brechen sie zusammen, bis sie sich bei ungefähr 10^9 g/cm^3 stabilisieren, einer Dichte, jenseits derer die Elektronen nicht weiter komprimiert werden können.
Während mehrerer zehn Milliarden Jahre strahlt der Weiße Zwerg noch seinen Hitzevorrat ab und endet dann als tote Schlacke im All. Bei Sternen, die zwischen 1,4 und ein wenig unter 3 Sonnenmassen aufweisen, genügt der Elektronendruck theoretisch nicht mehr, um den Kollaps zu stoppen, der dann weiter voranschreitet, bis bei einer Dichte von 10^{15} g/cm^3 die Grenze erreicht ist. Hier

werden die Elektronen in die Protonen gepreßt und bilden dabei Neutronen; es entsteht ein gigantischer Atomkern mit 10^{57} Neutronen - ein Neutronenstern mit einem Radius von knapp 10 Kilometern ist geboren.

Ein Neutronenstern stellt alle unsere physikalischen Theorien von den Extremzuständen der Materie auf eine harte Probe. Seine feste Kruste dürfte aus nahezu reinem Eisen bestehen, billiardenmal härter als irdischer Stahl. Unter diesem Panzer lagert eine dünne Schicht supraleitender Protonen, die an der Oberfläche ein Magnetfeld von nahezu 10^{12} Gauß aufrechterhalten (das Magnetfeld der Erde weist ungefähr 0,3 Gauß auf). In einem Neutronenstern kann eine hohe Rotationsgeschwindigkeit zusammen mit dem machtvollen Magnetfeld ein äußeres elektrisches Feld aufbauen, dessen Feldstärke in der Größenordnung von einer Billion Volt pro Kubikzentimeter liegen dürfte. Im Inneren schwappt ein eine Milliarde Grad heißes Neutronen-Superfluid ohne jede interne Reibung (Viskosität gleich Null!). Die Gravitation ist derart stark, daß sich die Oberfläche so glatt wie eine Billiardkugel zeigt. Sternbeben, bei denen sich die Oberfläche kaum mehr als einen tausendstel Millimeter hebt oder senkt, können in der Drehzahl Unregelmäßigkeiten auslösen, die sich über Entfernungen von mehreren tausend Lichtjahren bequem nachweisen lassen.

Sollte die Sternmasse drei Sonnenmassen übertreffen, so werden die Neutronen zerquetscht, und das Ganze kollabiert theoretisch zu einem Punkt unendlich hoher Dichte und unendlich geringer Ausdehnung. Das Schwerefeld ist dann so stark, daß nicht einmal mehr das Licht zu entrinnen vermag, und ein Schwarzes Loch bildet sich innerhalb einer Sphäre aus, deren Radius der kollabierten Masse direkt proportional ist. Dieses Gebilde bleibt für alle Ewigkeit vom übrigen Weltall isoliert und verrät sich nur noch durch seine Gravitation, durch sein Drehmoment und durch seine elektrische Ladung. Ein Schwarzes Loch, das die Masse unserer Sonne enthält, hätte einen Durchmesser von sechs Kilometern. Liegt seine Masse bei 10^8 Sonnenmassen, wie bei den Kernen einiger Galaxien zu vermuten, beträgt sein Radius immerhin 3×10^8 Kilometer. Schwarze Löcher im »Babyalter« mögen nicht größer als ein Atom sein, doch sogar diese könnten noch eine Masse von 10^{20} Gramm enthalten (ungefähr die Masse des Mount Everest!).

Wie diese schon sehr stark an Science-fiction erinnernden Theorien von kollabierten Sternen entstanden, wird in Zusammenhang mit den Pulsaren und Röntgensternen zur Sprache kommen (siehe Kapitel 5).

Pulsare – Leuchtfeuer in der Galaxis

Eine der großen Überraschungen in der Geschichte der Astronomie war die Entdeckung der Pulsare. Im Jahre 1967 beobachteten Antony Hewish und seine Mitarbeiter an der Universität Cambridge mit einer »Antennen-Farm« von 2040 zusammengeschalteten Dipolen die funkelnde Strahlung von Quasaren. Als Jocelyn Bell, eine junge irische Doktorandin, sorgfältig die entsprechenden Lochstreifen durchsah, bemerkte sie eine Folge hochpräziser Impulse mit einem Intervall von ungefähr 1,3 Sekunden. Die kurze Impulsdauer deutete auf eine Quelle hin, die nicht größer als ein kleiner Planet sein konnte. Ein wenig scherzhaft taufte die Gruppe diese Strahlungsquelle LGM, eine Abkürzung für »Little Green Men« (»kleine grüne Männchen«). Unmittelbar darauf wurden noch zwei weitere Pulsationsmuster entdeckt: Es handelte sich hier also eindeutig um ein rein natürliches Phänomen – aus war es mit den »kleinen grünen Männchen«!
Die Forscher warteten mit einer Vielzahl verschiedener Ideen auf, um die Pulsationen zu erklären, und einigten sich schließlich auf das scheinbar plausibelste Modell. Ein Neutronenstern, so meinten sie, würde mit hoher Drehzahl rotieren und dabei gebündelte Synchrotron-Radiowellen von Elektronen abstrahlen, die sich mit nahezu Lichtgeschwindigkeit in einem kräftigen Magnetfeld bewegen. Weil diese Strahlung hochgradig gerichtet sei, würde sie aus der Sicht unserer Erde wie ein Leuchtturmfeuer blinken. Beobachtungen im Weltraum haben gezeigt, daß dieses Synchrotron-Spektrum kontinuierlich erscheint und bei den Pulsaren im Crab-Nebel und im Sternbild Vela den gesamten bekannten Spektralbereich von den Radiowellen bis zur Gammastrahlung etlicher Milliarden Elektronenvolt umfaßt.
Mehr als 450 Radiopulsare sind inzwischen entdeckt worden. Theoretisch könnten sich Zehntausende von ihnen allein in unserer Galaxis befinden. Man vermutet, daß sich ihre Lebensdauer auf ein paar Jahrmillionen beläuft und daß sich durchschnittlich

alle dreißig Jahre ein neuer Pulsar bildet, sobald das Zentrum eines explodierenden Sterns zusammenbricht und sich in einen schnell rotierenden Neutronenstern - einen Pulsar - verwandelt. Die langsamsten Pulsare weisen Perioden von drei bis vier Sekunden auf; der schnellste dreht sich beinahe tausendmal pro Sekunde, und seine Außenbereiche bewegen sich dabei nahezu mit Lichtgeschwindigkeit - er steht kurz davor, auseinandergerissen zu werden. Pro Volumeneinheit ist die Energieabstrahlung eines Pulsars eine milliardenmal größer als die thermonukleare Energieproduktion im Zentrum unserer Sonne.

Quasare am Rande des Universums

Bei den Quasaren dürfte es sich um die energiereichsten Gebilde im Universum handeln. Ihre Entdeckung liefert ein schönes Beispiel für das Zusammenwirken traditioneller und moderner Astronomie und ist zur Richtschnur für das Studium der interessantesten Himmelsobjekte geworden. Auf alten photographischen Platten waren zahlreiche quasi-stellare Objekte zu erkennen, doch es gab zunächst keine einleuchtende Methode, sie von normalen Sternen in unserer Milchstraße zu unterscheiden. Um 1960 herum hatten die Radioastronomen eine Reihe von Quellen geortet, die wie flimmernde Sterne szintillierten. Sie bezeichneten diese als »Radiosterne« und glaubten, es handele sich dabei um Sterne unserer eigenen Galaxis, die aus irgendwelchen Gründen mehr Radioemission erzeugten als die gewöhnlichen Sterne oder unsere Sonne.
1962 richtete Cyril Hazard den 70-Meter-Radiospiegel des australischen Parkes-Observatoriums auf das Objekt 3C- 273 und verfolgte sein Verschwinden, als sich der Mond daran vorbeischob und es für kurze Zeit den irdischen Blicken entzog (eine sogenannte »Bedeckung«). Die Positionsbestimmung war ausreichend genau, um 3C- 273 als schwaches, bläuliches, sternförmiges Gebilde mit einem daraus hervortretenden, leuchtenden Gasstrahl (»Jet«) zu identifizieren. Ganz sicher hatte bis dahin kein bekannter Stern einen solchen Jet gezeigt; das Objekt mußte sich außerhalb unserer Galaxis befinden. Maarten Schmidt fertigte mit dem Hale-Telskop auf dem Mount Palomar ein Spektrum dieses blauen Sterns an und fühlte sich zunächst vom Muster der Spektrallinien stark verunsichert - bis ihm plötzlich die Erleuchtung kam, daß diese Linien wie

das Wasserstoffspektrum angeordnet, jedoch enorm rotverschoben waren. Diese Rotverschiebung plazierte 3C- 273 in eine Entfernung von zwei Milliarden Lichtjahren, wo es hundertmal mehr Energie abstrahlt als eine Galaxis normaler Helligkeit, und dies auch noch aus einem Volumen, das einen hunderttausendmal geringeren Durchmesser aufweist. Darüber hinaus wissen wir heute, daß dort im Röntgen- und Gamma- spektrum genausoviel Energie ausgesandt wird wie im optischen Spektralbereich.

Bis heute ist es den Beobachtern nicht geglückt, die Energiequelle der Quasare zu ermitteln. Theoretiker sprechen von einer Kettenreaktion etlicher Supernova-Explosionen, von einer Plasmawolke, die durch Rotation stabilisiert wird, oder von alles fressenden Schwarzen Löchern mit 100 Millionen Sonnenmassen, die sämtliche Sterne, die in ihren Einzugsbereich geraten, verschlingen oder aus einer nach innen spiralisierenden Gasscheibe einen stetigen Nahrungsstrom aufsaugen.

Obwohl die Vorstellung von den kosmischen Entfernungen der Quasare inzwischen immer mehr Zustimmung findet, gab es bis vor kurzem auch eine beachtliche Anzahl von Gegnern dieses Modells. Ihre Bedenken richteten sich vor allem gegen die Interpretation der Rotverschiebungen als eine Folge der Fluchtgeschwindigkeit. Weil die Quasare optisch nur als Punktquellen erscheinen, gibt es nur sehr wenige von der Rotverschiebung unabhängige Hinweise auf Distanzen.

Halton Arp von der Mount-Wilson-Sternwarte, ein anerkannter Verfasser von Katalogen besonderer Quasar-Assoziationen und anderer Hintergrundgalaxien, lieferte die schlagkräftigsten Argumente für die gegnerischen Ansichten bezüglich dieser Quasar-Rotverschiebungen (G.G. Field, Halton Arp und John N. Bahcall, *The Redshift Controversy*). Aus den Studien Arps wird ersichtlich, daß Halos aus schwachen Sternen, Gas und Staub weit über die scheinbaren Umrisse einiger Galaxien hinausreichen. Innerhalb dieser ausgedehnten Hüllen fand er in mehreren Dutzend Fällen Quasare. Ergab sich dieser Zusammenhang rein zufällig, oder steckte mehr dahinter? Falls er sich bestätigen sollte, würden diese Beobachtungen die Quasare in vergleichsweise überschaubare Entfernungen zu ihren Heimatgalaxien rücken. Die Forderung, daß Quasare mit der hundert- bis tausendfachen Energieausstrahlung unserer Milchstraße leuchten müßten, würde hinfällig werden, und die Theoretiker könnten die Notwendigkeit vergessen, für die Zentren der Quasare solch bizarre Energiequellen wie Schwarze Löcher mit hundert Millionen Sonnenmassen in Rechnung zu stellen. Heute herrscht eine so weitgehende Einigkeit über die kosmischen Entfernungen der Quasare, daß in der Forschergemeinschaft kaum noch jemand über den Fall diskutiert. Nach aktuellem Stand liegt die Zahl der bekannten Quasare über 5000, und die der Neuentdeckungen nimmt weiterhin rasant zu. Unterhalb und über einer Rotverschiebung von ungefähr 2,5 - eine Wellenlängenverschiebung von 250 % - nähert sich die Menge der Quasare dem Betrag Null. Dieser Befund datiert die Geburt der Quasare in eine Epoche nur wenige Jahrmilliarden nach dem Urknall.

Astronomische Ausblicke im Weltraum

Zu Beginn dieses Jahrhunderts gaben Ballons bereits einen Vorgeschmack auf die weltraumgestützten astronomischen Beobachtungen. So entdeckte Victor Franz Hess die kosmische Strahlung, ein für die Astrophysiker nachgerade historisches Ereignis. Doch mußten letztlich noch fast vierzig Jahre ins Land gehen, ehe die Astronomen die Bedeutung der kosmischen Strahlung für die energetischen Prozesse in unserer Galaxis erkannten. Hess, zur damaligen Zeit Mitarbeiter am Institut für Strahlenforschung in Wien, interessierte sich für die höhenabhängigen Veränderungen der atmosphärischen Elektrizität. Er war der Auffassung, die Entladung seiner Elektroskope auf der Erdoberfläche sei eine Folge der Radioaktivität innerhalb der Erde, und er dachte, daß die Luft seine Instrumente von der bodennahen Strahlung abschirmen würde, wenn er sie in eine Höhe von wenigstens fünf Kilometern bringen könnte. Zusammen mit zwei weiteren Männern, einem Ballonführer und einem meteorologischen Beobachter, erreichte Hess am 7. August 1912 an Bord eines Wasserstoffballons eine Höhe von 5000 Metern. Drei Monate danach berichtete er in der *Physikalischen Zeitschrift*, daß sich seine Beobachtungen am besten mit einer starken Strahlung aus Bereichen oberhalb der Atmosphäre erklären ließen. Hess hatte die kosmische Strahlung entdeckt und erhielt dafür 24 Jahre später den Nobelpreis.
Die Natur der kosmischen Strahlung bereitete Robert A. Millikan vom California Institute of Technology einiges Kopfzerbrechen. Bestand sie aus hochenergetischen Photonen, ähnlich der Gam-

mastrahlung radioaktiver Zerfallsprozesse, oder setzte sie sich aus sehr energiereichen, geladenen Teilchen zusammen, vielleicht aus Wasserstoff- und Heliumkernen? Um diese Frage zu klären, konzipierte Millikan einen Test. Falls die kosmische Strahlung aus geladenen Teilchen bestand, würden diese durch das Erdmagnetfeld abgelenkt werden. In der Nähe von Nord- und Südpol, wo das Magnetfeld zur Erde herabtaucht, könnten die Partikel ungehindert eintreten. Über dem Äquator dagegen würde das Magnetfeld die Teilchen abweisen.

Obzwar der Versuch, einen von der geographischen Breite abhängigen Effekt zu ermitteln, im Prinzip recht einfach aussieht, war ihm erst in den dreißiger Jahren Erfolg beschieden, als Millikan, Arthur H. Compton und viele andere Forscher auf der ganzen Welt ihre Instrumente auf Berggipfel installierten oder sie mit Ballons von Pol zu Pol transportierten. Schließlich zeigten die ballongestützten Experimente, daß die kosmische Strahlung aus geladenen Teilchen besteht, und zwar hauptsächlich aus Kernen von Wasserstoff (Protonen), Helium (Alphateilchen) und einigen schweren Atomen sowie aus Elektronen. Ungefähr 500 bis 1000 Gramm hiervon treffen pro Tag die Erde. Einige wenige, extrem seltene Partikel - drei oder vier pro Quadratkilometer Erdoberfläche im Jahr - erreichen Energien von zehn Millionen Billionen (10^{19}) Elektronenvolt, soviel Energie, wie in einem scharf geschlagenen Baseball enthalten ist. Heute haben wir Belege für kosmische Gammastrahlung einer Energie, die an die 10^{16} Elektronenvolt herankommt und die von einem Doppelstern tief in unserer Galaxis erzeugt wird. Diese Werte liegen um das Tausendfache über denen der energiereichsten Partikel, die der Mensch mit seinen Beschleunigern herzustellen vermag. Obwohl die kosmischen Strahlen relativ gering an Zahl sind, beträgt ihre durchschnittliche Energie ungefähr ein Elektronenvolt pro Kubikzentimeter, und dies entspricht nahezu der Energiedichte des Lichts sämtlicher Sterne in der Milchstraße.

Frühe Fehleinschätzungen des Raumzeitalters

Vor dem Zweiten Weltkrieg ahnte unter den Astronomen kaum jemand, daß eines Tages durch die Raketen- und Satellitentechnologie die Möglichkeiten, Beobachtungen vom Weltraum aus durchzuführen, revolutioniert werden könnten. Die frühen Raketen von Robert Goddard waren im Vergleich zu den V2, die Wernher von Braun in Hitlerdeutschland entwickelte, nur Spielzeug. Das folgende Zitat von Forest Ray Moulton, einem anerkannten Astronomen an der Universität Chicago, das sich auf das Projekt einer Reise zum Mond bezieht, kann als typisch für die Ansichten jener Zeit gelten:

> Es muß festgestellt werden, daß es für solch eine Reise nicht die geringste Chance gibt. Es ist keine Energiequelle in Sicht, die es uns ermöglichen würde, uns der Gravitationswirkung der Erde zu entziehen; und es existiert kein Konzept, wonach sich der Raum zwischen uns und irgendeiner anderen Welt durchqueren ließe, ungeachtet der Schwierigkeiten, den Abflug von der Erde in den Griff zu bekommen. Die Mengen an Sauerstoff, Wasser und Lebensmitteln, die für eine derart ausgedehnte Reise erforderlich wären, übersteigen das Maß dessen, was wir bewältigen können, und es gibt kein Verfahren, das es uns erlauben würde, unser Raumschiff sicher in einer anderen Welt zu landen, falls wir überhaupt in der Lage wären, mit einer so geringen Geschwindigkeit dorthin zu gelangen, daß seine Zerstörung ausgeschlossen ist. (*Consider the Heavens*, 1935, S. 107)

Unmittelbar nach dem Zweiten Weltkrieg wurden an die hundert V2-Projektile zum Raketenschießplatz White Sands in New Mexico gebracht. Der Gefechtskopf bot sich für Höhenforschungen an, während die Ingenieure die Antriebseigenschaften der Raketen studierten. Zum überwiegenden Teil waren die Forscher, die hier eine Gelegenheit sahen, Raketenastronomie zu betreiben, Physiker. Die Astronomen hingegen schienen - abgesehen von wenigen Ausnahmen wie etwa Lyman Spitzer, der das Zeitalter der Weltraumteleskope vorhergesagt hatte - mit Blindheit geschlagen, was das ungeheure Potential an Beobachtungsmöglichkeiten anging, das sich hier auftat. Als der Sputnik im Jahre 1957 die Erde umkreiste, kommentierte Präsident Eisenhower dies mit den Worten: »Die Russen haben lediglich einen kleinen Ball in die Luft geschossen«, und der britische Hofastronom Richard von der Riet Wolley äußerte sich ähnlich geringschätzig.

Das brodelnde Universum der Röntgen- und Gammaastronomie

Sobald sich die Gelegenheit bietet, den Kosmos in bislang unerforschten Spektralbereichen zu betrachten, sind überraschende Enthüllungen zu erwarten. Während der beiden vergangenen Jahrzehnte stand die Röntgenastronomie im Rampenlicht, nun sind die Gamma- und die Infrarotastronomie an der Reihe. Bisher sind über 1000 Röntgenquellen kartographiert worden: Sterne, Galaxien und Galaxienhaufen.

Lichtstarke Röntgensterne findet man vor allem in Doppelsternsystemen, wo von einer Riesensonne durch Gezeitenkräfte Gas auf einen kollabierten Begleiter, entweder einen Neutronenstern oder ein Schwarzes Loch, überströmt. Falls dieser Schwerkraftstrudel von einem Neutronenstern gebildet wird, dringt das Gas entlang dem Magnetfeld wie durch einen Trichter zu den Polen vor, wo es ein verdichtetes Plasma aufbaut, in dem die Temperatur derart ansteigt, daß Röntgenstrahlung ausgesandt werden kann. Doch auf welche Weise vermag ein Schwarzes Loch Röntgenstrahlung zu emittieren, wenn von dort theoretisch überhaupt keine Strahlung entrinnen kann? Falls ein heißer Begleitstern im Blauen-Riesen-Stadium fortwährend einen Wind hochverdünnter Gase ausströmt, der in Richtung des Schwarzen Lochs weht, wird die Gravitationswirkung das Gas in eine Umlaufbahn um das Loch zwingen, wo es sich in einer rotierenden »Akkretionsscheibe« ansammelt. Da dieses Gas sich in einer Spirale dem Loch immer mehr nähert, steigt seine Umlaufgeschwindigkeit kontinuierlich an – es reibt sich an den weiter außerhalb rotierenden Gasmassen. Diese Reibung heizt das Gas, bevor es im Schwarzen Loch verschwindet, auf zehn, ja bis auf mehrere hundert Millionen Grad auf. In einer solchen heißen, extrem verdichteten Gasscheibe, die ein Schwarzes Loch umkreist, wird intensive Röntgenstrahlung freigesetzt.

Die Beobachtungen am Röntgenstern Cygnus X-1 bestätigen die theoretischen Vorhersagen für ein Schwarzes Loch von zehn Sonnenmassen in einem Maße, daß sie beinahe jeden Zweifel an der Existenz von Schwarzen Löchern zerstreuen. Sollte Cygnus X-1 kein Schwarzes Loch sein, müßte es sich zumindest um ein ähnlich bizarres Gebilde handeln. Gewagte Hochrechnungen haben zu Modellen geführt, die Schwarze Löcher mit bis zu 100 Millionen

Sonnenmassen in den Zentren strahlungsstarker Quasare und Radiogalaxien annehmen.

Ist das Universum offen oder geschlossen?

Alle Fortschritte unseres Wissens vom Ursprung des Weltalls führen unausweichlich zu der Frage: »Wie wird das Universum enden?« Es gibt zahlreiche Anhaltspunkte dafür, daß der Weltraum die Expansion eines frühzeitlichen Feuerballs darstellt, doch wie hoch die Expansionsgeschwindigkeit ist, läßt sich nur äußerst schwer ermitteln. Sind alle Galaxien durch den Urknall davongefegt worden und nun der Ausdehnung des Raums in einem offenen Universum unterworfen, bei der das All auf immer und ewig weiterexpandiert? Oder wird das Schwerefeld des Universums die Expansion nach dem Ablauf etlicher Äonen bis zum Stillstand abbremsen? Ist der Weltraum offen oder geschlossen? Ein geschlossenes Universum würde die Eigengravitation seiner gesamten Materie und Energie erfordern. Die von der Theorie festgesetzte kritische Masse, oberhalb derer sich die Expansion eines fernen Tages in einen Kollaps umkehrt, liegt eine Größenordnung über der Masse, die von der gesamten leuchtenden Materie aller Galaxien abgeleitet worden ist. Die Astronomen suchen nun nach Beweisen für eine unbekannte, unsichtbare Materie. Sollten sich die Galaxien aus riesigen Gaswolken gebildet haben, dürfte der Kondensationsvorgang mehr oder weniger uneffektiv abgelaufen sein. Lediglich ein Bruchteil der Gesamtmasse des Weltalls hätte sich dann in sichtbare Sterne und Nebel umgewandelt. Spuren von Protogalaxien aus Dunkelmaterie könnten das Universum in Form von Gasfilamenten durchziehen, eingebettet in ein intergalaktisches Medium (IGM).
Nach diesem IGM wurde in allen Spektralbändern gefahndet – im Radiobereich wie im optischen Spektrum, in den Ultraviolett-, Röntgen- und Gammabereichen –, doch beweiskräftige Ergebnisse blieben bislang aus. Sollte ein IGM existieren, müßte es stark ionisiert und heißer als $10^{6\circ}$ K sein, und bei diesen Temperaturen hätte es Röntgenstrahlung auszusenden. Somit schien die schon recht früh erfolgte Entdeckung einer diffusen Röntgenhintergrundstrahlung die Existenz des IGM zu belegen. Unlängst angestellte Beobachtungen mit dem Einstein-Röntgenobservatorium

Abbildung 8. »Ich glaube, das Universum expandiert einen Tag lang, am nächsten Tag schrumpft es zusammen und bleibt dann eine Woche lang statisch; und dann geht wieder alles von vorne los.« (Zeichnung von Dedini im *New Yorker* aus dem Jahre 1981)

der NASA haben gezeigt, daß die Röntgenquasare mehr als 50 % zu dieser Hintergrundstrahlung beitragen. Zur gleichen Zeit wurde bei Röntgenbeobachtungen von Galaxienhaufen heiße intergalaktische Materie entdeckt. Doch lassen sich aus der Existenz intergalaktischer Materie in örtlich abgegrenzten Bereichen keine eindeutigen Schlußfolgerungen in bezug auf die weiter außen liegenden Regionen ziehen.

Wo also mag sich die verborgene Materie befinden? Einige Astronomen meinen, sie könnte in den ausgedehnten, aus sehr lichtschwachen Zwergsternen bestehenden Halos der Galaxien stekken, und die Physiker postulieren exotische Partikel, die während der Epoche der großen Vereinheitlichung aller Kräfte freigesetzt, bislang jedoch unentdeckt geblieben seien. Die Kosmologen argumentieren auch mit den unlängst bekannt gewordenen Belegen für Schwingungen der Neutrinos, wonach diese eine kleine, endliche Masse besitzen. Diese Theorie geht davon aus, daß im Universum genauso viele Neutrinos wie Lichtphotonen zu finden sind. Sollte jedes Neutrino nur über ein Zehntausendstel der Elektronenmasse verfügen, würden die Neutrinos einen ausreichenden Masseanteil liefern, um das Universum zu schließen. Zusätzlich stellt die Physik der Gravitationswellen die theoretische Behauptung auf, daß eine gewaltige Verdichtung von Schwerkraftwellen beim Kollaps von Schwarzen Löchern, von massiven Sternen, die bereits vor der Ausformung der Galaxien geboren wurden, und beim Urknall selbst stattgefunden hat. Die Äqivalentmasse einer solchen Hintergrundstrahlung könnte ebenfalls einen Beitrag zur Schließung des Weltraums leisten.

Bis ans Ende der Zeit

Was wir als Anfang sehen, ist oft das Ende,
An jedem Ende steht ein neuer Anfang.

T. S. Eliot, *East Coker* (1940)

Sollte das Weltall geschlossen sein, wäre seine Zukunft einigermaßen spektakulär. In 40 bis 50 Milliarden Jahren würde die Expansion zum Stillstand kommen und das Universum in sich zusammenstürzen. Die Strahlung der entfernten Galaxien bestünde dann nicht mehr aus rotverschobenem Licht, sondern zeigte sich mit einer Blauverschiebung. Die Galaxien würden aufeinander zurasen, die kosmische Mikrowellenhintergrundstrahlung würde sich verdichten und ins sichtbare Licht verschoben. Zu dieser Zeit wäre der Himmel in loderndes Licht getaucht. Dann würden die Sterne und Planeten zu einer universellen Suppe heißer Teilchen zusammenschmelzen. Der »Big Crunch«, der »Große Zusammenbruch«, ginge weiter, bis außer einem leeren Universum nichts mehr vorhanden wäre – eine Raumzeit-Singularität mit unendlich hoher Temperatur. Würde dieser Zusammenbruch bis zu einem endgültigen Abschluß fortschreiten, oder käme es zu einer erneuten Umkehrung? Der Druck könnte so gewaltig ansteigen, daß aus dem Kollaps eine erneute Expansion entstünde: Ein solcher Kreislauf könnte sich in einem oszillierenden Universum bis in alle Ewigkeit wiederholen. Würde jede Reinkarnation genauso aussehen wie die vorige? John Wheeler, ein früherer Mitarbeiter der Universität Princeton, meint, daß die Dauer der aufeinanderfolgenden Zyklen variieren könnte. Unser Zyklus dürfte ungefähr 100 Milliarden Jahre währen; der nächste fiele dann entweder wesentlich kürzer oder länger aus. Ein Universum, das seinen Zyklus in nur einer Million Jahre durchliefe, könnte wohl kaum Leben, wie wir es kennen, hervorbringen. Wheeler wirft die Frage auf, »wozu ein Universum ohne Leben gut sein soll«.

Wäre das Universum eben, wie es die Inflationstheorie fordert, oder gar offen, bestünde die Zukunft aus einer tiefen, eisigen Erstarrung. Die Sterne würden irgendwann einmal ausbrennen und verlöschen. Überall in der Galaxis liefe die Sternentwicklung unausweichlich auf ein schwerkraftgekoppeltes System aus Schwarzen Löchern, Neutronensternen, Schwarzen Zwergen und kalten Bruchstücken von Planeten, Asteroiden, Meteoriten und Staub hinaus. Weil das System Energie in Form von Gravitationswellen – während eines Zeitraums von ungefähr 10^{14} Jahren – abstrahlen würde, würden alle seine Bestandteile nach und nach in einem Schwarzen Loch mit 10^{11} Sonnenmassen und einem Radius von einem fünfzigstel Lichtjahr verschwinden – das abschließende galaktische »Großreinemachen«. Im weiteren Verlauf würden die Galaxienhaufen höchstwahrscheinlich über ihre Schwerkraft miteinander in Verbindung bleiben. Jede Galaxis dürfte sich zu einem Schwarzen Loch entwickeln – die übergeordneten Strukturen der Galaxienhaufen würden sich zu einem System von miteinander gekoppelten Schwarzen Löchern zusammenfinden. Schließlich, nach vielleicht 10^{30} Jahren, wäre nur noch ein einziges Schwarzes Loch von 10^{14} bis 10^{15} Sonnenmassen übrig. Ganz zuletzt würde die gesamte Materie in Strahlung zerfallen.

Nun lasset euch gemahnen eine Zeit,
Wo schleichend Murmeln und das späh'nde Dunkel
Des Weltgebäudes weite Wölbung füllt.

William Shakespeare,
König Heinrich V. IV. Prolog

Teil I: Die Werkzeuge der Astronomie

Vor Anbruch des zwanzigsten Jahrhunderts wurden die Werkzeuge für die Erforschung des Himmels in den meisten Fällen von Pharaonen und Sultanen, von Kaisern und Königen, von Sprößlingen schwerreicher Familien und von Industriemagnaten zur Verfügung gestellt. Sie waren von tiefer Neugier in bezug auf die Geheimnisse des Kosmos erfüllt und fasziniert von der Schönheit des Nachthimmels. In unserer Epoche reicht eine solche fürstliche Freigebigkeit nicht mehr aus, um den Bau größerer Sternwarten zu finanzieren. Die Herstellung der neuen Fernrohrgeneration geht einher mit den bemerkenswertesten technologischen Anstrengungen, und die Kostenvoranschläge haben Höhen erreicht, die es nur noch den vermögendsten privaten Stiftungen erlauben mitzuhalten. Wenn aber allein die Staatskasse den geforderten Preis bezahlen kann, wird die moderne Himmelsforschung im wahrsten Sinn des Wortes zu einer Angelegenheit jedes einzelnen Bürgers.
Sobald die Öffentlichkeit die Rechnung zu begleichen hat, stellen die Politiker die Frage: »Wozu soll das Ganze gut sein?« Durch alle Zeiten hindurch hat sich die Einschätzung des Wertes der Astronomie nur sehr wenig verändert. Der folgende Sokratische Dialog paßt genauso in die heutige wie in die damalige Zeit:

> Sokrates: Sollten wir uns bei unseren nächsten Studien der Astronomie annehmen? Was meinst du?
> Glaukon: Gewiß, ein besseres Verständnis der Jahreszeiten, der Monate und Jahre bringt einem jeglichen viel Gutes, den Heerführern ebenso wie den Bauern und Seeleuten.

Sokrates: Du machst mich lächeln, Glaukon. Du fürchtest dich so sehr davor, daß dich die Öffentlichkeit beschuldigen könnte, du würdest unnütze Studien empfehlen.

Platon, *Politeia* (370 v. Chr.)

Im Labor können die Physiker ihre Experimente von allen Seiten kontrollieren und überprüfen. Die Astronomen hingegen haben lediglich eine einzige Perspektive, immerhin aber steht ihnen das gesamte elektromagnetische Spektrum zur Verfügung. Die Astronomie besteht nicht länger einfach nur aus rein visueller Forschertätigkeit. Weltraumobservatorien umkreisen die Erde, um alle Strahlungen des elektromagnetischen Spektrums - von den ultrahohen Frequenzen der Gammastrahlung bis zu den sehr niederfrequenten Infrarotstrahlen - zu empfangen. Radioteleskope, so groß wie unsere Erde, dringen ins Innere der Quasare vor, um diese unglaublichen Energiemaschinen zu studieren. Eineinhalb Kilometer unter der Erdoberfläche diente ein den olympischen Normen entsprechendes Schwimmbecken, randvoll mit Reinigungsflüssigkeit, ein Jahrzehnt hindurch als Detektor für solare Neutrinos. Um noch energiereichere Neutrinos aus der Tiefe der Milchstraße einzufangen, hoffen die Physiker, eine Gitterstruktur aus nahezu 1000 Detektoren in einem Kubikkilometer Ozeanwasser errichten zu können.
Es ließ sich zeigen, wie Galaxien selbst als Gravitationslinsen dienen können und die internen Strukturen von noch wesentlich weiter entfernten Galaxien und Quasaren abzubilden vermögen. Und die von Albert Einstein in seiner Allgemeinen Relativitätstheorie vorhergesagten Gravitationswellen eröffnen möglicherweise schon bald die Möglichkeit einer vollkommen neuartigen Astronomie von heftigen Gravitationskatastrophen weit draußen im All.
Im ersten Teil dieses Buches soll der Entwicklung der astronomischen Observatorien vom primitiven Fernrohr Galileis bis hin zu den Großsternwarten unserer Zeit nachgespürt werden. Diese erstaunlichen modernen Hilfsmittel haben eine Lawine neuer Erkenntnisse ausgelöst, wodurch alle früheren Erwartungen bei weitem übertroffen wurden - und das Beste dürfte noch kommen.

1 Vom unbewaffneten Auge zum Weltraumteleskop

Die Herstellung von Sternkatalogen mittels Quadrant und Sextant

Tycho Brahe, im Jahre 1546 in Dänemark, dem Land Hamlets, 18 Jahre vor Shakespeare geboren, stieg, ohne ein Fernrohr verwenden zu können, zum berühmtesten Astronomen seiner Zeit auf. Er verdankte dies seiner lebenslangen Anstrengung, die Gestirne kontinuierlich über lange Zeiträume hinweg mit Hilfe einfacher, doch sehr präziser Instrumente zu beobachten. So diente ihm zur Messung der Höhenwinkel der Sterne ein Quadrant und zur Bestimmung ihrer gegenseitigen Winkelabstände ein Sextant. Diese Instrumente waren außergewöhnlich groß und wiesen die höchste Präzision auf, die den begabtesten europäischen Konstrukteuren erreichbar war. Tycho Brahe selbst fertigte einen bemerkenswert guten Sextanten aus Walnußholz an, der mit Bronzescharnieren, 180 Zentimeter langen Armen und äußerst sorgfältig gravierten Gradeinteilungen ausgestattet war. Während vieler Beobachtungsjahre erstellte er einen Katalog mit 777 Sternpositionen, die auf den Bruchteil eines Grades genau waren. »Hipparcos«, ein kürzlich an Bord eines Satelliten gestartetes astrometrisches Teleskop, kann als Vergleich dienen, um darzulegen, welche Fortschritte in den vier Jahrhunderten seit Tycho Brahe erzielt worden sind: Die europäischen Astronomen erwarten, daß »Hipparcos« ungefähr 100000 Sterngrößenklassen pro Jahr katalogisiert, und dies mit einer Positionsgenauigkeit von einer halben Millibogensekunde. (Unglücklicherweise geriet der Satellit kurz nach dem Start außer Kontrolle, und man versucht nun zu retten, was noch zu retten ist. Demnächst soll ein neuer Anlauf genommen werden.)
Die ebenso sorgfältige wie mühsame Kartierung des Sternenhimmels durch Tycho Brahe wurde durch zwei große Entdeckungen punktuell ergänzt, die den Übergang vom vorkopernikanischen, aristotelischen Weltbild zu den modernen Vorstellungen vom Universum erzwangen. Im Jahre 1572 beobachtete Tycho Brahe

eine Supernova und konnte damit den unwiderlegbaren Beweis antreten, daß die Sterne am Himmelszelt nicht von ewiger Dauer sind. Fünf Jahre darauf bemerkte er kurz nach Sonnenuntergang das Aufscheinen eines sehr hellen Sterns im Westen. Nach der Abenddämmerung wurde ein glänzender Schweif sichtbar, und Tycho Brahe erkannte sofort, daß es sich hier um einen Kometen handeln mußte. Mit Sextant und Oktant vermaß er von zwei etliche Kilometer voneinander entfernten Orten aus zusammen mit einem Assistenten seine Position; er konnte jedoch keine Winkelverschiebung entdecken. Aufgrund seiner Berechnungen stellte Tycho Brahe fest, daß sich der Komet jenseits der Venus befinden mußte und entgegengesetzt zur Bewegungsrichtung der Planeten um die Sonne herumlief.

Damals waren die Astronomen immer noch wie Aristoteles der Auffassung, daß die Planeten an durchsichtige, ineinander verschachtelte Kristallsphären geheftet seien. Tycho Brahe erkannte nun, daß diese Vorstellung nicht länger haltbar war, denn auf welche Weise hätte der Komet durch die Sphären hindurchstoßen können? Kühn folgerte er: »Es gibt am Himmel keine festen Sphären.« Jenseits der Planeten gab es nur noch den Raum, und die Sterne waren so weit entfernt, wie man nur schauen konnte. Auf diese Weise bereitete Tycho Brahe den Weg für eine Revolution, die so richtig freilich erst in Gang kommen sollte, als Galilei sein Fernrohr gen Himmel richtete.

Das Fernrohr wurde 1608 in Holland erfunden. Es heißt, daß eines Tages der Brillenmacher Hans Lippershey in jeder Hand eine Linse hielt und damit den Kirchturm seines Dorfes betrachtete. Zu seiner Überraschung bemerkte er, als er zufällig durch die beiden auf einer Linie liegenden Linsen spähte, daß der Wetterhahn auf der Kirchturmspitze näher gerückt zu sein schien. Um die beiden Linsen bequemer halten zu können, baute er sie in ein Rohr ein und konstruierte auf diese Weise ein Fernrohr. Gerüchte von dieser Erfindung kamen dem damals 45jährigen Galilei zu Ohren, als er im Jahre 1609 in Venedig weilte. Sobald er nach Padua zurückgekehrt war, stellte er unverzüglich entsprechende eigene Untersuchungen an.

Obwohl man schon 300 Jahre vor der Zeit Galileis Brillen verwendet hatte, beschränkten sich die Fähigkeiten der Brillenmacher darauf, Linsen zu schleifen. Galilei selbst war in der Lage, Linsen herzustellen. Er montierte ein konvexes Vergrößerungsglas an die

vordere Öffnung eines Bleirohrs und eine konkave Linse an das dem Auge zugewandte Ende und erreichte damit eine neunfache Vergrößerung. Als er am 25. August 1609 erneut Venedig besuchte, überbrachte er dem Dogen als Geschenk ein Fernrohr und ließ sich scharfsinnig über den potentiellen Nutzen des Instruments im Kriegsfall aus. Der Senat belohnte ihn mit einem Lehrstuhl auf Lebenszeit an der Universität Padua und verdoppelte sein Gehalt.
Galilei verwendete sein Fernrohr zunächst mehrere Monate lang nicht für ernsthafte Himmelsforschungen, sondern entwarf während dieser Zeit eine stabile Fernrohraufstellung und steigerte die Vergrößerungsleistung auf das 36fache. Als er das verbesserte Teleskop anhand einer Mondbeobachtung überprüfte, traute er seinen Augen kaum. Nacht für Nacht veränderten sich die Muster von Licht und Schatten ganz genau so, als ob sie von gebirgigen Erhebungen herrührten. Der Mond erwies sich als »rauh und uneben, genau wie die Erdoberfläche an jeglichem Ort mit riesigen Ausbuchtungen, tiefen Tälern und Klüften überzogen«, wie er im *Sidereus Nuntius* (»Sternenbote«, 1610) schrieb. Als nächstes beobachtete Galilei, daß die Venus genau dieselben Lichtphasen wie der Mond zeigte, und beim Blick durch sein Glas in Richtung Jupiter bemerkte er »drei Sterne, klein, aber sehr hell, in der Nähe des Planeten«. Als Galilei seine Nachtwachen fortführte, sah er, daß die Sterne den Jupiter umkreisten, und er entdeckte, daß »es nicht nur drei, sondern vier erratische Himmelskörper sind, die ihre Bewegungen um den Jupiter herum genau in der Weise ausführen, wie auch der Mond um die Erde läuft, während das gesamte System auf einer gewaltigen Umlaufbahn um die Sonne herum in einem Zeitraum von zwölf Jahren dahinzieht«. Es zeigte sich, daß es Myriaden von Sternen gab - unendlich viel mehr, als man mit freiem Auge sehen konnte. Galileis Begeisterung war grenzenlos; wenige Monate nach dem Bau seines ersten Teleskops wußte er über das Universum besser Bescheid als jedes andere menschliche Wesen vor ihm.
Johannes Kepler, Schützling und Mitarbeiter von Tycho Brahe, der Entdecker der Elliptizität der Planetenbahnen, war von den ersten Berichten über das Fernrohr und die Beobachtungen Galileis fasziniert. Er hielt das Teleskop für »wertvoller als ein Zepter«. »Wird nicht derjenige, der dich in der Hand hält, zu einem König und Meister über das Werk Gottes?« (Vorwort zu *Dioptrice*, 1611). Von der Kirche hingegen wurde Galileis Sicht der Dinge als

unnatürlich gegeißelt. Dieser hielt dagegen, es sei Gott gewesen, der ihm das Teleskop in die Hand gegeben habe.
Auch wenn sich Galilei dessen bewußt war, daß seine Beobachtungen und Vorstellungen der römisch-katholischen Lehre, die nach wie vor das kopernikanische Weltbild zurückwies und daran festhielt, daß die Erde das Zentrum des Universums bildete, zuwiderliefen, konnte er doch nicht voraussehen, daß er schon bald einer strengen Zensur durch das Heilige Offizium des Vatikans unterworfen wurde. All seine Bemühungen, den Entwurf eines heliozentrischen Planetensystems zu veröffentlichen und zu verteidigen, wurden hintertrieben. Als kranker, alter Mann schrieb er voller Verzweiflung: »Mein Leben verströmt sich in Sinnlosigkeit, und mein Werk ist dazu verdammt zu vermodern.« Schließlich sah er sich angesichts der Androhung einer gräßlichen Strafe gezwungen, seine Planetentheorie zu widerrufen: »Ich vertrete diese Meinung nicht und habe sie nicht vertreten, seit mir befohlen wurde, sie aufzugeben.« (Giorgio de Santillana, *The Crime of Galileo*, 1955, S. 162)
Galilei verbrachte die letzten Jahre seines Lebens in Florenz unter Hausarrest, den Papst Urban VIII. über ihn verhängt hatte. Blind und krank geworden, verfluchte er seine Richter und deren intellektuelle Unredlichkeit. Er starb im Jahr 1642. Es sollte zwar noch mehr als ein Jahrhundert vergehen, ehe der Vatikan den Wahrheitsgehalt seines Werkes anerkannte, doch Galileis Entdeckungen hatten eine umfassende Verbesserung der Fertigung wissenschaftlicher Instrumente zur Folge – die Astronomie blühte auf. Um freilich über den von Galilei erreichten Stand hinauszugelangen, brauchte man größere und leistungsfähigere Fernrohre – eine nicht gerade einfache Aufgabe. Die bis auf den heutigen Tag gültigen Prinzipien für den Bau großer Teleskope wurden von Sir Isaac Newton entwickelt. 1643 als neuntes Kind eines Landwirts geboren, wuchs Newton in dem beschaulichen englischen Landstädtchen Woolsthorpe auf. Er war kränklich, und sein überragender Intellekt trat erst in seinem 23. Lebensjahr in Erscheinung. Als die großen Pestepidemien über Europa hinzogen, studierte Newton am Trinity College in Cambridge. Die Universität wurde vom Herbst 1665 bis zum Frühjahr 1667 geschlossen, und Newton kehrte in die Abgeschiedenheit seiner Heimatstadt Woolsthorpe zurück. Während dieser 18 Monate brachte sein Genius die bemerkenswertesten Neuerungen auf den Gebieten der Mathematik

und der Physik hervor. Hierunter fielen die Entdeckung der Schwerkraft, die den Mond auf seiner Erdumlaufbahn hält, und die Enthüllung der Zusammensetzung des weißen Lichtes sowie des Ursprungs der Farben, Leistungen, die Newton weithin berühmt machten und ihm die ungeteilte Bewunderung der intellektuellen Welt einbrachten.
Unmittelbar nach seiner Rückkehr nach Cambridge im Jahre 1667 richtete sich sein Interesse auf die Konstruktion von Teleskopen. Er kam zu dem Schluß, daß lichtbrechende Linsen viel zu viele Probleme aufwarfen, wenn man damit ein größeres Fernrohr bauen wollte. Er erkannte, daß die Brechungseigenschaften des Glases mit der Farbe variieren und daß verschiedene Farben mittels einer einfachen Linse niemals zu einem einzigen Brennpunkt zusammengeführt werden können. Ein teleskopischer Spiegel dagegen würde keine Farbfehler aufweisen, da sämtliche Wellenlängen dem einfachen Gesetz folgen, daß der Reflexionswinkel immer dem Einfallswinkel gleich ist. Newton baute statt der Glaslinse am hinteren Ende eines Fernrohrtubus einen gekrümmten Spiegel ein. Ein vergrößerndes Okular, das der Betrachtung des fokussierten Bildes dienen sollte, kam ans vordere Ende. Als Spiegelmaterial wählte er eine Legierung aus Kupfer und Zinn, die unter dem Namen »Spekulum-Metall« bekannt war - ein hartes, sprödes Metall mit einer Reflektivität von 60 %. Er schliff und polierte die Oberfläche so lange, bis er damit die Jupitermonde aufzulösen vermochte. 1671 führte er der Royal Society sein kleines Teleskop vor, doch obwohl die Bilder, die es lieferte, ein wenig schärfer ausfielen als die des Galileischen Fernrohrs, zeigte es sich diesem kaum überlegen. Mit dem Spiegelteleskop Newtons wurden keine Entdeckungen von Belang gemacht, und beinahe ein ganzes Jahrhundert verstrich, ehe Friedrich Wilhelm Herschel wesentlich größere Teleskope anfertigte. Herschel, der größte Astronom seiner Zeit, hatte eine Ausbildung als Musiker durchlaufen; als Heranwachsender beherrschte er das Spiel auf der Oboe bereits so gut, daß er Mitglied einer Regimentskapelle wurde. Im Alter von 19 Jahren floh er vor der Besetzung seiner Heimatstadt Hannover durch die Franzosen nach England. 1766, im Alter von 28 Jahren, hatte er sich einen solchen Ruf erworben, daß er zum Organisten an der berühmten Octagon Chapel in Bath berufen wurde. Hier wandte er sich in seiner Freizeit dem Bau von Fernrohren zu. Mit 39 konstruierte Herschel ein Spiegelteleskop,

das einen Durchmesser von 30 cm und eine Brennweite von sechs Metern hatte. Ein paar Jahre darauf stellte er ein Teleskop fertig, das er »den großen 6-Meter-Reflektor« nannte und das mit einem 45-cm-Spiegel ausgestattet war. Es diente als Modell für die letzte große Errungenschaft Herschels, ein Fernrohr mit zwölf Metern Brennweite und einer Öffnung von 121 cm.

Das Interesse Herschels verlagerte sich rasch vom Fernrohrbau zur Astronomie, und er widmete sich der Katalogisierung von weitaus mehr Objekten, als alle Astronomen vor ihm zusammengenommen studiert hatten. Er beobachtete zum Beispiel über achthundert Doppelsterne und wies für etliche von ihnen nach, daß sich dort ein Stern um den anderen herumbewegt. Mit diesen Untersuchungen weitete er den Gültigkeitsbereich des Newtonschen Gravitationsgesetzes über die Grenzen des Sonnensystems auf weit entfernte galaktische Objekte aus.

1781 leitete Herschel eine neue Ära in der Planetenforschung ein. Am Abend des 31. März erblickte er ein Objekt, das ihm für einen Stern viel zu flächig erschien. Zunächst hielt er es für einen Kometen. Bald darauf stellte er jedoch fest, daß es sich um einen Planeten handeln mußte. Uranus war seit grauester Vorzeit der erste neuentdeckte Planet. Herschel wurde schlagartig zu einer international gefeierten Persönlichkeit und in die Londoner Royal Society gewählt. König George III. gewährte ihm eine Pension, mit der lediglich die Verpflichtung verbunden war, der königlichen Familie jederzeit als Hofastronom zur Verfügung zu stehen. Herschel konnte nun alle Kraft der Erforschung des Universums widmen. Zusammen mit seiner Schwester Caroline suchte er während der folgenden zwanzig Jahre den gesamten Himmel ab, wozu er sein 6-Meter-Spiegelteleskop verwendete. Aus diesen intensiven Bemühungen erwuchsen zwei Kataloge, die je 1000 galaktische Nebel verzeichneten und eine weitere Zusammenstellung von 500 anderen derartigen Gebilden. Zu jener Zeit bot das Studium der Nebel einen der faszinierendsten Aspekte der Himmelsforschung. Herschel interessierte sich vorrangig für jene geheimnisvoll glimmenden Scheiben mit einem in sie eingebetteten Stern, die er »planetarische Nebel« nannte. Heute weiß man, daß es sich dabei um expandierende Gashüllen handelt, die von den äußeren Schichten sich weiterentwickelnder Sterne abgestoßen werden.

Der englische Astronom William Parsons, der dritte Earl von Rosse, installierte 1845 auf seinem Grundbesitz ein Fernrohr, das einen Spiegel mit einem Durchmesser von 180 cm hatte und als »Leviathan von Parsonstown« bekannt wurde. Über 70 Jahre lang blieb dieses Instrument das größte Teleskop, das je gebaut worden war; es wurde wegen der anhaltend starken Bewölkung freilich kaum genutzt. Immerhin aber war Lord Rosse in der Lage, damit gelegentlich Spiralstrukturen zu beobachten, von denen man glaubte, sie seien Gasnebel innerhalb der Milchstraße; erst viel später erkannte man, daß es sich hierbei um andere Galaxien handelte.

Versilberte Glasspiegel mit 90% Reflexionsfähigkeit ersetzten bald darauf die Spekulum-Metallspiegel. In den dreißiger Jahren entwickelte der amerikanische Physiker John Strong ein Verfahren, mittels dessen die Spiegel durch Metallverdampfung im Vakuum mit einer Aluminiumschicht versehen werden konnten. Beim Kontakt mit der Luft oxidiert dieser dünne Aluminiumbelag zu einer harten, dauerhaften Oberfläche, die in ihrer Reflektivität derjenigen des Silbers über das gesamte Spektrum hin gleichkommt, ja, diese sogar übertrifft. Strong war zeitweise mit der Vergütung des großen 5-m-Teleskopspiegels der Mount-Palomar-Sternwarte beauftragt.

Astronomie in der Neuen Welt

Die Astronomie in Amerika reicht bis zu den frühesten Ansiedlungen in der Neuen Welt zurück. Im Jahre 1660 brachte dann John Winthrop Jr. sein Fernrohr aus England nach Connecticut mit und untersuchte das verschwommene Abbild des Saturn. Zwei Jahrhunderte lang blieb die Astronomie im wesentlichen ein Zeitvertreib wohlhabender Amateure. 1825 regte Präsident John Quincy Adams die Errichtung einer nationalen Sternwarte an, doch es gelang ihm nicht, den Kongreß zur Zustimmung zu bewegen, obwohl damals in Europa bereits weit über hundert Sternwarten in Betrieb waren. Nur wenige Jahre später jedoch entstanden die ersten Sternwarten, zunächst eine am Williams College und dann - u. a. - am Western Reserve College in Ohio und in West Point.

Eine erneute Initiative, eine nationale Sternwarte zu schaffen, führte zur Einrichtung des Marineobservatoriums auf dem Foggy Bottom Hill oberhalb des Potomac. Das Grundstück war ursprünglich von George Washington als Standort für eine nationale Universität

– ein Plan, der nie verwirklicht wurde – ausgewählt worden. Vor ungefähr hundert Jahren wurde das Observatorium weiter nach oben, an seinen heutigen Platz an der Massachusetts Avenue verlegt. An dem früheren Ort hatten die Angestellten beträchtlich unter Sumpffieber und Malaria zu leiden gehabt. Im Kongreß wurde damals heftig darüber debattiert, ob die Sternwarte ein staatliches oder ein Marine-Observatorium sein sollte. Ein Parlamentarier spöttelte, falls die Marine den Zuschlag erhielte, sei die Sternwarte all jenen Marineoffizieren von Nutzen, die bei Ozeanfahrten immer seekrank würden. Ein anderer hielt dagegen, daß zivile Wissenschaftler viel zu verschwenderisch mit öffentlichen Mitteln umgingen. Zuletzt wurde das Observatorium der Marine zugesprochen, und es behauptete seinen Platz neben europäischen Staatssternwarten wie Greenwich, Pulkowo oder Paris. All diese Institute befaßten sich vorrangig mit Stellarastronomie und mit der Erstellung von Grundlagen für die Navigation. Die Wissenschaft der Astronomie bestand in der Himmelsmechanik; die Astrophysik trat bis zum Ausgang des 19. Jahrhunderts nicht in Erscheinung. In der zweiten Hälfte des 19. Jahrhunderts entwickelte sich die Lick-Sternwarte in Kalifornien zum bedeutendsten Observatorium Amerikas. Ihr Name geht auf James Lick zurück, einen Schreiner, der in Südamerika als Klavierbauer sein Glück gemacht hatte und 1848 mit 30000 Dollar in peruanischen Golddublonen nach Kalifornien zurückkehrte. Als er in San Francisco an Land ging, fand er ein Dorf mit knapp 800 flegelhaften, verarmten Einwohnern vor, die in Hütten oder noch ärmlicheren Unterkünften hausten. Zweieinhalb Wochen danach entdeckte man in der Nähe des heutigen Sacramento einen Goldklumpen. Innerhalb weniger Wochen brach der Goldrausch mit ungezügelter Wucht aus. Als die Leute ihr Land verschleuderten, nur um zu den Goldfeldern zu gelangen, erwarb Lick binnen weniger Monate nahezu die Hälfte der zukünftigen Stadt San Francisco. Eine Inflation kam ins Rollen und erfaßte insbesondere die Grundstückspreise. Lick wurde zum weitaus reichsten Mann der gesamten Region, zuletzt stieg er sogar zum Multimillionär auf.
Lick hatte eine Leidenschaft für Blumenzucht und ganz allgemein für den Gartenbau. Sein Intellekt jedoch war fasziniert von den Geheimnissen des Universums. Er war erfüllt von einem mystischen Glauben an den Kosmos, den er als das Werk Gottes betrachtete, und er fühlte sich dazu berufen, eine Großtat zur

Abbildung 9. James Lick dokumentierte seine Liebe zu den Sternen dadurch, daß er in seinem Testament bestimmte, sein Sarg solle im Betonfundament des Teleskops bestattet werden, das er der Universität von Kalifornien gestiftet hatte. (Mary-Lee-Shane-Archiv der Lick-Sternwarte)

Förderung des Verständnisses des Weltalls zu vollbringen. Er soll gesagt haben: »Eines Tages werden Menschen zum Mond und wieder zurück reisen!« Im Alter von 77 Jahren verfaßte er ein Testament, in dem er sein Vermögen dem Volk von Kalifornien vermachte. Eine Klausel besagte, daß die Hauptsumme für den Bau des größten Teleskops der Welt verwendet werden sollte. Lick faßte sogar die Möglichkeit ins Auge, ein Observatorium als Gedenkstätte für sich selbst zu errichten, und sah dafür einen Platz an der Ecke 4. und Market Street in San Francisco vor. Nachdem man ihm den Bau eines Spiegelteleskops ausgeredet hatte, stimmte er der Errichtung des größten Refraktors der Erde auf dem Gipfel des Mount Hamilton zu. Das Fernrohr sollte einen Objektivdurchmesser von 91 cm haben. Im Jahr 1876 starb Lick; 1877 wurden seine sterblichen Überreste gemäß einer Anordnung in seinem Testament einem Grabmahl in San Francisco entnommen

Abbildung 10. George Ellery Hale (1868-1938) galt zu seiner Zeit als der bedeutendste Teleskopkonstrukteur. Viermal während seiner Laufbahn leitete er den Bau des größten Fernrohrs der Welt. Der 1-m-Yerkes-Refraktor am Ufer des Lake Geneva in Wisconsin wurde 1897 fertiggestellt. Noch bevor das Yerkes-Instrument in Betrieb ging, träumte Hale schon von größeren Reflektoren für die Stellarastronomie. Mit dem Geld seiner Familie erwarb er eine 151 cm große Spiegelscheibe und brachte Privatleute dazu, den Spiegel zu vollenden und 14 Jahre darauf eine Sternwarte auf dem Gipfel des Mount Wilson in Südkalifornien zu errichten. Auch für sein drittes Großfernrohr, den 252-cm-Hooker-Spiegel, erhielt er Unterstützung. Edwin Hubble wurde auf den Mount Wilson gelockt, um zum Herrn und Meister über das 252-cm-Teleskop zu werden, und entdeckte schon bald die Expansion des Universums. Zu jener Zeit bekam Hale Appetit auf ein noch weitaus größeres Fernrohr. Obwohl er von wilden Kopfschmerzen gepeinigt wurde und bis zum Stadium eines Nervenzusammenbruchs unter Depressionen litt, gelang es ihm, Gelder für die Errichtung eines 5-m-Teleskops auf dem Mount Palomar aufzutreiben. Zwar war es ihm nicht mehr vergönnt, dessen Fertigstellung zu erleben, doch das Fernrohr trägt seinen Namen.
Die folgenden Zeilen von Robert Browning aus *Das Begräbnis eines Gelehrten* (1855) geben eine passende Grabinschrift ab:

Ein geringer Mann strebt danach, etwas Kleines zu tun,
Er sieht es und führt es aus.
Ein großer Mann verfolgt eine gewaltige Sache
Und stirbt, ehe er sie kennt ...

und zu dem noch im Bau befindlichen Observatorium überführt. Dort wurde er im Betonfundament seines Fernrohrs bestattet.
Um zu einer Entscheidung in bezug auf das Teleskop zu gelangen, hatte Lick zwei führende amerikanische Wissenschaftler seiner Zeit, Joseph Henry und Simon Newcomb, konsultiert. Henry berichtete ihm vom Vermächtnis des Engländers James Smithson, aus dem später die Smithsonian Institution entstand. Newcomb kommentierte die Absicht Licks, ein großes Teleskop zu bauen, wie folgt:

> [Die Astronomie] scheint gerade auf diejenigen besonders anziehend zu wirken, die mit ihren Problemen nicht wirklich vertraut sind.
> Die Sichtweise dieser Leute ist ungetrübt von den Schwierigkeiten der technischen Details und von Gefühlen bestimmt, die die Wirkung der algebraischen Formeln weitgehend dämpfen, mit denen sich der Astronom herumzuschlagen hat, auch und gerade angesichts solch großartiger Erscheinungen der Schöpfung, die jeden, sei er nun für ihre Analyse ausgebildet oder nicht, in Verzückung geraten lassen. (*Harper's Magazine*, Februar 1885)

Viele große Sternwarten des 19. und frühen 20. Jahrhunderts wurden von wohlhabenden Männern, deren Motive Newcomb so zutreffend beschreibt, gestiftet.

Das Hauptverdienst an der Existenz der großen amerikanischen Fernrohre, die das Feld für die moderne Astrophysik bereiteten, kommt einem Mann namens George Ellery Hale zu. Nach ihm wurde später das 5-m-Spiegelteleskop auf dem Mount Palomar benannt. Viermal regte er den Bau neuer Fernrohre an, und jedes dieser Teleskope war zum damaligen Zeitpunkt das größte der Welt. Hale war der Sohn einer wohlhabenden Familie. Als Heranwachsender und als Student am Massachusetts Institute of Technology verwendete er seine Mittel dazu, seiner Leidenschaft für die Astronomie zu frönen. Der zwanglose Umgang mit reichen und mächtigen Leuten ermöglichte es ihm, Unterstützung für eine Serie von großen, neuartigen Sternwarten zu erhalten. In Chicago pflegte er Kontakt mit Charles Yerkes, einem Straßenbahn- und Immobilien-Magnaten mit dem Ruf, finsteren Geschäftspraktiken nicht ganz abgeneigt zu sein. Yerkes stellte Hale eine Blankovollmacht aus. »Bauen Sie die Sternwarte«, sagte er zu ihm. »Sorgen Sie dafür, daß es die größte Sternwarte der Welt wird, und schicken Sie mir die Rechnung!« (Helen Wright, *Explorer of the Universe*, 1966, S. 98). Hale nahm ihn beim Wort, obwohl sich der Umgang mit Yerkes zunehmend schwierig gestaltete. Zwar ließ sich Yerkes nie die eine Million Dollar entlocken, die er ursprünglich versprochen hatte, aber immerhin stellte er genügend Mittel zur Verfügung, daß das Projekt zu Ende geführt werden konnte. Im Alter von 29 Jahren errichtete Hale die Yerkes-Sternwarte in Williams Bay, Wisconsin, und stattete sie mit einem 100-cm-Re-

Abbildung 11. Andrew Carnegie in einem großen, schlechtsitzenden Mantel zusammen mit George Ellery Hale vor dem Mount-Wilson-Observatorium, als es im Jahr 1908 eingeweiht wurde. Carnegie erklärte: »Bevor ich abreise, möchte ich sichergestellt wissen, daß wir uns anschicken, dem Land einen Teil unserer Schulden zurückzuerstatten, und zwar dadurch, daß wir ihm die neuen Himmel mit einer nie dagewesenen Klarheit enthüllen.« (Hale-Observatorium)

fraktor aus. Dieses Fernrohr gilt nach wie vor als der größte Refraktor der Erde; alle seitdem gebauten noch größeren Teleskope sind Spiegelteleskope.
Hales Appetit auf immer größere Fernrohre ließ sich mit dem Geld stillen, das von seinem Vater gestiftet worden war. Er erstand einen 150-cm-Spiegel und wählte den Mount Wilson in Kalifornien als Standort für das Teleskop. Dort errichtete er eine Sonnensternwarte mit 30000 Dollar aus seinen eigenen Mitteln und aus Zuschüssen von Andrew Carnegie. Carnegie war ein Stahlmagnat, der die Carnegie Institution gegründet hatte. Noch bevor der 150-cm-Spiegel den Betrieb aufgenommen hatte, richtete Hale sein Augenmerk auf einen 250-cm-Spiegel. Carnegie ließ sich von der Begeisterung Hales derart mitreißen, daß er die finanzielle Ausstattung der Carnegie Institution verdoppelte, um die zusätzlichen Kosten für den Betrieb des 250-cm-Fernrohrs, des Hooker-Teleskops, zu decken. Den Standort des 250-cm-Spiegels, 1850 Meter über der Stadt Los Angeles, konnte man nur durch das Erklimmen eines anstrengenden, 17 Kilometer langen Maultierpfades von Pasadena aus erreichen. Mit der Fertigstellung der Mount-Wilson-Sternwarte begann eine bemerkenswerte Epoche von Entdeckungen, die die zwanziger Jahre hindurch bis in die frühen dreißiger hinein anhielt und in die von Edwin Hubble erneuerte Expansion des Universums fiel.
Hubble war ein ausnehmend begabter Astronom und obendrein ein tüchtiger Sportler. An der Universität von Chicago glänzte er als Boxer, Läufer und Basketballspieler. Nach seiner Promotion hatte er die Wahl zwischen einem Rhodes-Stipendium und der lukrativen Tätigkeit eines Boxveranstalters. Zum Glück entschied er sich für das Stipendium, doch während eines Auslandsaufenthalts trat er in einem Schaukampf gegen den Weltmeister im Halbschwergewicht, Georges Carpentier, an. Hubble studierte während seines Rhodes-Stipendiums Rechtswissenschaften und eröffnete nach seiner Rückkehr in die Vereinigten Staaten im Jahre 1913 eine Praxis in Louisville, Kentucky. Er war jedoch nicht für ein Leben als Rechtsanwalt geschaffen und gab die Praxis nach etwa einem Jahr wieder auf. Später erklärte er, daß »die Astronomie dem geistlichen Amt gleicht - ich wurde berufen«. Hubble kehrte an die Universität Chicago zurück.
1916 hatte Hale bereits Harlow Shapley auf den Mount Wilson geholt, der vielversprechende junge Hubble jedoch gab Hale ei-

Abbildung 12. Edwin P. Hubble (1889-1953). Edwin P. Hubble faßte eine Laufbahn als Berufsboxer oder als Rechtsanwalt ins Auge, bevor er sich ein Leben lang der extragalaktischen Astronomie und der beobachtungsgestützten Kosmologie verschrieb. Im Jahr 1926 entwickelte er mit Hilfe des 252-cm-Teleskops auf dem Mount Wilson ein Klassifikationsschema für Galaxien, das diese in Spiralgalaxien, elliptische Galaxien und irreguläre Systeme gliederte. Danach wandte sich Hubble Entfernungsmessungen zu und benutzte hierbei mit besonderem Geschick die Cepheidenveränderlichen als Standardkerzen. Im Jahr 1924 identifizierte er im Andromedanebel ein Dutzend Cepheidenveränderliche und ermittelte eine Entfernung von etwa einer Million Lichtjahren - eine Distanz, die so groß ist, daß sie letztlich den endlosen Streit darüber entschied, ob die Spiralnebel innerhalb der Milchstraße liegen oder Welteninseln weit jenseits von deren Grenzen darstellen.
Um 1929 herum hatte Hubble die Entfernungen von 22 Galaxien bis hinaus zum Virgohaufen ermittelt und konnte zeigen, daß eine lineare Beziehung zwischen der Distanz und der Rotverschiebung besteht, die seitdem als Hubblesches Gesetz bekannt ist und die Expansion des Universums enthüllte.

nen Korb. Hubble zog nach Frankreich, um dort in der Armee Dienst zu tun. Nach Ende des Krieges nahm er die Einladung Hales doch noch an und traf 1919 auf dem Mount Wilson ein - er sollte Herr über das 250-cm-Teleskop werden.

Obwohl Hale gesundheitliche Probleme hatte und von wiederholten Nervenzusammenbrüchen und unerträglichen Kopfschmerzen heimgesucht wurde, war er von der Idee besessen, noch weitaus größere Teleskope als das Hooker-Fernrohr zu bauen, mit Durchmessern zwischen fünf und siebeneinhalb Metern. Mit der ihm eigenen Überzeugungskraft erlangte er die Unterstützung des Rockefeller International Education Board und daran anschließend auch noch die des General Education Board - beide zusammen stellten ihm sechs Millionen Dollar für den Bau eines 5-m-Teleskops in Aussicht.

Die Saga vom Guß der 5-m-Spiegelscheibe quillt geradezu über von Episoden, die Beinahe-Katastrophen und brillante Lösungen

unerwarteter technischer Probleme zum Inhalt haben. Der Pyrexspiegel wurde am 2. Dezember 1934 in den Corning-Glaswerken aus 19 Tonnen Glas gegossen. Man verbrachte ihn für zwei Monate in einen Ausglühofen und kühlte ihn während acht Monaten langsam ab, bis die Scheibe für den Schliff bereit war. Der Spiegel wurde in ein Stahlgehäuse verpackt, durch Stahlplatten geschützt und aufrecht stehend auf einen flachen Eisenbahnwagen verladen; mit einer Dampflokomotive zog man ihn bis nach Kalifornien, und zwar mit solch geringer Geschwindigkeit, daß es zwei Wochen dauerte, ehe das Land durchquert war. Während des Tages versammelten sich große Menschenmassen entlang der Fahrstrecke, um dem vorbeifahrenden Spiegelrohling zuzujubeln. Nachts wurde die Scheibe auf Nebengleisen abgestellt und mit Scheinwerfern beleuchtet. Bewaffnete Posten riegelten diesen Bereich ab, um einem eventuellen Vandalismus vorzubeugen.
Hale starb 1938, während in den optischen Werkstätten des Caltech die Schleifarbeiten ihren Fortgang nahmen. Der Zweite Weltkrieg unterbrach die Arbeit; sie sollte erst im Jahre 1946 wieder aufgenommen werden. Während des Spiegelschliffs wurden unter Verwendung von 31 Tonnen Schleifmittel genau 5,25 Tonnen Glas abgetragen. Das Endgewicht betrug 14,5 Tonnen. 1948 wurde die Scheibe in einer Aluminiumkuppel installiert, die, sieben Stockwerke hoch, dem Pantheon in Rom in Ausmaßen und Form gleichkommt. Ihre parabolische Oberfläche wurde auf einen millionstel Zentimeter genau poliert und zuletzt mit einer dünnen Aluminiumschicht - lediglich 1000 Atome dick - vergütet. Am 3. Juni 1948 wurde das Instrument als »Hale-Teleskop« eingeweiht. Das »First Light«, wie die Astronomen den allerersten Blick durch ein neues Fernrohr nennen, fand am 26. Januar 1949 statt, als Edwin Hubble eine Photographie des Nebels NGC 2261 machte und unter der begeisterten Anteilnahme der Bevölkerung verkünden konnte, daß das Teleskop ein voller Erfolg sei. Seine lichtbündelnde Kraft war der jedes anderen Teleskops auf der Erde weit überlegen. In einer Zeit gebaut, zu der Radio und Tonfilm den Höhepunkt technischer Entwicklung darstellten, das Fernsehen beinahe, Düsenflugzeuge und Computer gänzlich unbekannt waren, galt das Hale-Teleskop als ein Wunder der optischen und mechanischen Ingenieurskunst.
Obwohl der massive Gittertubus und die jochartige Aufhängung mehr als 500 Tonnen wiegen, ruht das Ganze nahezu ohne jede

Abbildung 13a. Rückansicht der 5-m-Spiegelscheibe, wie sie gerade von Ingenieuren der Corning-Glaswerke im Staat New York inspiziert wird. Der größte Glasbrocken der Welt wurde in einer waffelartigen Form gegossen, um das Spiegelgewicht zu vermindern. (Corning Glass Works)

Abbildung 13b. Nach dem Schliff, der Politur und der Vergütung, die in der optischen Werkstatt des Caltech erfolgte, wird der 5-m-Spiegel auf den Mount Palomar hinaufgeschleppt. (California Institute of Technology)

Reibung auf Öldruckkissen und benötigt für die Nachführung der Sternbewegung nur einen kleinen Motor von 0,08 PS. Es ist nach wie vor das größte Teleskop, das den amerikanischen Himmelsforschern zur Verfügung steht - sie nennen es »Big Eye«.
Der Hale-Teleskopspiegel ist zwischenzeitlich von dem sowjetischen 6-m-Spiegel am Astrophysikalischen Observatorium Selen-

Abbildung 13c. Anläßlich der Einweihungszeremonie versammelten sich die Festgäste 1948 in der Kuppel des 5-m-Hale-Teleskops. (*Los Angeles Times*, Photographie von Gordon Wallace)

tschukskaja im Kaukasus übertroffen worden. Dieses Teleskop ist jedoch mit Mängeln behaftet und konnte die Erwartungen zu keiner Zeit erfüllen. Um die Spiegelform vor Belastungen durch die Schwerkraft zu bewahren, wenn das Fernrohr in verschiedene Stellungen ausgerichtet wird, nahmen sowohl die Ingenieure des Hale-Reflektors als auch die des sowjetischen Spiegels Zuflucht zu einer massiven, festen Auslegung des Spiegelkörpers. Der sowjetische Spiegel wurde aus einem 42-Tonnen-Glasblock herausgeschliffen und ist monolithisch; er verfügt über eine gewichtsparende Wabenstruktur und leidet gewaltig unter Temperaturschwankungen. Der Spiegel leistet den Tag/Nacht-Temperaturzyklen so langsam Folge, daß er zu keiner Zeit mit der benachbarten Umgebung in ein thermisches Gleichgewicht gerät. Sogar winzigste Temperaturveränderungen scheinen erhebliche Einbußen an Abbildungsqualität zu bewirken. Der heute im Einsatz befindliche Spiegel stellt bereits den dritten Versuch der Sowjets dar; der erste Spiegel zerbrach, der zweite wurde durch fehlerhafte Stellen so verunstaltet, daß diese eingeschwärzt werden mußten, was wiederum zu einem Verlust an Auflösung und Bildhelligkeit führte. Beim dritten Spiegel treten immer noch thermische Probleme auf. Generell ist zu sagen, daß die großen Teleskope der Erde allesamt hart an der Grenze dessen liegen, was mit massiv gegossenen Glasblöcken gerade noch möglich ist.

Neuartige Fernrohre

Es gibt auf der ganzen Welt ungefähr 28 Teleskope mit einer Öffnung von zwei Metern oder mehr, und nahezu zwei Drittel davon sind erst seit 1970 in Betrieb. Heute jedoch wenden sich die Astronomen den noch wesentlich größeren Teleskopen mit Mehrfachspiegeln zu, die dünn und leichtgewichtig angefertigt werden können und somit vergleichsweise billig kommen. Obwohl sie in unabhängig voneinander beweglichen Fassungen ruhen, können sie mit einem Rechner so genau kontrolliert werden, daß die kombinierten Einzelspiegel sich wie eine einzige, perfekte Oberfläche verhalten. Dieses Konzept läßt sich bis zu Erasmus Darwin (dem Großvater von Charles Darwin) zurückverfolgen, der im Jahre 1779 schrieb: »Angenommen, 20 Gläser oder Hohlspiegel werden so aufgestellt, daß alle ihre Bilder eines

Abbildung 14. Das Multiple Mirror Telescope (Mehrfachspiegelteleskop; MMT) auf dem Gipfel des 2606 m hohen Mount Hopkins südlich von Tucson in Arizona besteht aus einem »Sextett« identischer Fernrohre, das wie ein Einzelspiegel betrieben wird. Die Spiegel haben jeweils einen Durchmesser von 180 cm. Zusammengesetzt entspricht ihre Lichtsammelleistung derjenigen eines 444-cm-Teleskops. Das gesamte Fernrohr und alle seine peripheren Computer sind in einem fünfstöckigen Gebäude untergebracht, das 500 Tonnen wiegt. Der ganze Bau rotiert zusammen mit dem Teleskop. (Smithsonian Institution)

bestimmten Objekts an einem einzigen Brennpunkt gebündelt sind, so würde ein Bild mit einer Helligkeit entstehen, die diejenige einer einzelnen Linse oder eines einzelnen Spiegels um das Zwanzigfache übertrifft« (Sandra Blakeslee, »Astronomy from the Ground Up«, *Mosaic* 17 [2] 1986, S. 20). Zur Zeit des alten Darwin waren die mechanischen Schwierigkeiten, diese Idee in ein großes Teleskop umzusetzen, unüberwindlich. In den fünfziger Jahren begann die US-Marine damit, die größte vollbewegliche Radio-Parabolantenne der Welt zu errichten; sie sollte einen Durchmesser von 180 Metern haben und aus miteinander verbundenen Spiegelsegmenten bestehen. Das Projekt wurde verworfen, als den militärischen Anforderungen mit anderen Mitteln Genüge getan werden konnte und weil die Radioastronomie allein die gigantischen Kosten nicht rechtfertigte.
Seit 1980 ist auf dem Mount Hopkins, unweit von Tucson in

Arizona, ein Mehrfachspiegelteleskop im Gebrauch. Jeder seiner Einzelspiegel hat 180 cm Durchmesser. Miteinander gekoppelt erbringen sie eine Leistung, die einem einzigen hochauflösenden Spiegel mit 4,5 m Durchmesser entspricht. Dieser Tage wird das Teleskop auf einen 8-m-Spiegel in einer besonderen Leichtbauweise umgerüstet, doch hat sich das Mehrfachspiegelkonzept als so sinnvoll erwiesen, daß die Astronomen den Bau einer Reihe von Mehrfachspiegelteleskopen mit sehr großer Öffnung in Angriff nahmen, die dem neuesten Stand der Technologie entsprechen.

Zu diesen bereits im Bau oder im Stadium fortgeschrittener Planung befindlichen Instrumenten gehören das 10-m-Keck-Teleskop auf dem Mauna Kea auf Hawaii und das »Very Large Telescope« (VLT, »Sehr großes Teleskop«) der Europäischen Südsternwarte ESO. Letzteres soll aus vier Hauptspiegeln bestehen, von denen jeder einzelne größer als der 5-m-Spiegel auf dem Mount Palomar sein wird. Das Keck-Teleskop wird gerade in Zusammenarbeit vom Caltech und der Universität von Kalifornien erstellt, unterstützt durch eine 75-Millionen-Dollar-Spende der Keck Foundation. Sein segmentierter Spiegel gleicht einem Mosaik aus 36 Sechsecken, deren jedes von einem Rechner präzise ausgerichtet und fortwährend justiert wird.

In der Vergangenheit hatte man die Glasscheibe für einen Teleskopspiegel immer mit einer flachen Oberfläche gegossen, die dann erst später mühsam zu einer parabolischen Gestalt umgeschliffen wurde. Die Fertigung des Hale-Teleskops nahm elfeinhalb Jahre in Anspruch. Zu Beginn dieses Jahrhunderts zeigte der Physiker Robert W. Wood an der Johns-Hopkins-Universität, daß bei der Rotation von flüssigem Quecksilber in einem Becher die spiegelähnliche Oberfläche eine parabolische Form annimmt. Kürzlich nun kam dem Astronomen James Roger Angel von der Universität von Arizona der Gedanke, daß es mittels der Schwerkraft bei der Rotation eines geschmolzenen Glaskörpers in einem Behälter auf einem Drehtisch gelingen könnte, einen Glasspiegel von ähnlicher Form herzustellen.

Er überprüfte seinen Einfall mit Pyrexglas in einem zu Hause gebastelten Schmelzofen und fand heraus, daß die Sache funktionierte. Angel und seine Mitarbeiter machten sich alsbald daran, den Guß eines großen Spiegels in einem rotierenden Ofen zu wagen. Der Prototyp ihres Schmelzofens, der für den Guß von

Abbildung 15. Der rotierende Ofen, mit Wand- und Heizplatten zusammengebaut, um im Stewart-Spiegellaboratorium der Universität von Arizona einen Spiegel im Rotationsgußverfahren herzustellen. Der einen Durchmesser von 4,5 Metern aufweisende Deckel hängt an der Wand. (Photographie von Carl Matter)

Spiegelscheiben bis zu 180 cm Durchmesser ausgelegt war, ruhte auf einem Kugellager von 120 cm Durchmesser und drehte sich bis zu fünfzehnmal in der Minute. Sobald das geschmolzene Glas in Rotation versetzt wurde, floß es von der Mitte nach außen ab,

stieg an der Wand des Schmelzgefäßes empor und nahm damit die gewünschte parabolische Form an. Als der Glaskörper abgekühlt und in seiner endgültigen Form eingefroren war, mußte nur noch wenig Mühe auf die abschließende Politur verwendet werden.
Angel ging noch einen Schritt weiter, um das Gewicht ohne Preisgabe der Festigkeit zu verringern. Man verankerte am Boden des Schmelzgefäßes sechseckige, feuerfeste Pfropfen aus wasserlöslichen Aluminiumsilikatfasern, um damit einen Teil der Glasmasse zu verdrängen. Das geschmolzene Glas füllte die wabenartige Struktur zwischen den Pfropfen aus, strömte darüber hinweg und formte eine dünne Spiegeloberfläche. Sobald das Glas erstarrt und ausgekühlt war, konnte man die hitzefesten Propfen mit einem Hochdruckwasserstrahl bequem herausspülen. Das Endprodukt zeigte sich als leichtgewichtiger, hochstabiler Spiegel mit einer verblüffend guten Form. Beim ersten Test eines solchen Rotationsverfahrens stellte die Arbeitsgruppe Angels einen 80-cm-Spiegel her, der auf einen Millimeter exakt geformt war.
Um den Guß aus der Nähe zu überwachen, war ein »Ofenfahrer« erforderlich, der auf dem Drehofen mitrotieren mußte. Durch ein Fenster im Ofen behielt er die Temperatur im Auge, achtete darauf, daß sie innerhalb eines Toleranzbereichs von ein bis zwei Grad gleichblieb, und steuerte das Schmelz- und Gußprogramm gemäß dem geforderten Ablaufplan so lange, bis sich der Spiegel verfestigt hatte. Glücklicherweise fand sich in Angels Gruppe jemand, Dan Watson, der über den richtigen Magen für diesen Auftrag verfügte und zu einem geschickten »Ofenfahrer« wurde. In der Arbeitsgruppe war er der einzige, der auf dem Karussell mitfahren konnte, ohne gleich von Übelkeit und Orientierungsverlust heimgesucht zu werden. In Zukunft wird ein Automat die Tätigkeit des »Ofenfahrers« übernehmen.
Eine vollkommen andersartige Technik stellt das sogenannte »Dünne Mosaikverfahren« dar, das von der ESO bei einem Satz von 8-m-Teleskopen für La Silla in Chile angewandt wird. Jeder Spiegel soll aus einer nur wenige Zentimeter dicken Glasplatte bestehen, was ihn leicht und biegsam werden läßt. Um die Oberflächenform auf den Bruchteil eines Mikrometers genau zu halten, wird der Spiegel von einer Reihe mechanischer, kolbenartiger Stößel gestützt, die ihn, kontrolliert durch einen Rechner, exakt in

der Weise deformieren, wie dies für den Ausgleich der verzerrenden Gravitationswirkungen erforderlich ist.

Vom photographischen Film zu den Silizium-Pixels

Während des größten Teils der Astronomiegeschichte bezogen die Himmelsbeobachter aus dem Sternenlicht so wenige Informationen, daß es lediglich dazu reichte, sich als Astrologen zu qualifizieren. Nach der Erfindung des Fernrohrs begnügten sie sich mit der genauen Vermessung der *Sternörter*, mit dem Aufzeichnen ihrer Eindrücke beim Betrachten der Nebelflecke und mit dem Skizzieren von Marskanälen. Dann, während des 19. Jahrhunderts, löste die Photographie eine Revolution in der Astronomie aus. Die Astronomen konnten jetzt ihre photographischen Platten stundenlang belichten, um Bilder von schwachen Lichtquellen oder Spektren herzustellen.

Als das Hale-Teleskop 1948 seinen Betrieb aufnahm, registrierten die photographischen Emulsionen von 300 Photonen gerade eins. Trotz dieses geringen Wirkungsgrades bildete die Photographie mehr als 100 Jahre lang die Grundlage für die Herstellung astronomischer Bilder. Nun jedoch ist das Wunderwerk der elektronischen Bilderzeugung im Begriff, sie zu verdrängen. Die elektronischen Detektoren sind ungefähr zweihundertmal empfindlicher als die photographischen Platten der vierziger Jahre. Hales Besessenheit, immer größere Fernrohre zu bauen, lief letztlich darauf hinaus, immer mehr Licht zu sammeln und immer schwächere Objektive zu erreichen; doch sein photographischer Film ließ mehr als 99 % der darauf einwirkenden Photonen nutzlos verschwinden. Durch den, verglichen mit dem Mount-Wilson-Fernrohr, doppelt so großen Durchmesser konnte man beim Hale-Teleskop die lichtsammelnde Leistung um den Faktor vier verbessern, doch wenn Hale einen Detektor, wie man ihn momentan verwendet, zur Verfügung gehabt hätte, würde er dasselbe Ergebnis mit einem Fernrohr von lediglich 126 cm Öffnung erzielt haben.

Silizium, das neben Sauerstoff häufigste Element der Erdkruste, ist zum »Gold« der Astronomen geworden. Ein Silizium-Chip, wie er in den frühen siebziger Jahren aufkam, ist in der Lage, alle Fernrohre mindestens um das Zehnfache zu verbessern. Auf der lichtempfindlichen Oberfläche des Siliziums lassen sich Hunderttausende mikroskopisch kleiner Inselchen erzeugen, die man «Pixels« nennt und die den Netzhautzellen unserer Augen gleichen. Lichtphotonen, die auf diese Pixels treffen, werden mit einem Wirkungsgrad von bis zu 80 % registriert, sobald ein Chip auf niedrige Temperaturen abgekühlt wird. Die eintreffenden Photonen lösen im Silizium Elektronen aus, die sich elektronisch und digital innerhalb eines dynamischen Bereichs von Null bis zu einer Million auslesen lassen - im Vergleich dazu steht eine verwendungsfähige Dynamik zwischen 10 und 100 in einer photographischen Emulsion nicht allzu gut da. Durch die Verdoppelung der Belichtungszeit einer photographischen Platte erreicht man nicht zwangsläufig eine doppelt intensive Schwärzung bei der Entwicklung; mit anderen Worten: Die Schwärzung steht in keinem linearen Zusammenhang mit der Belichtungszeit. Um ein Himmelsobjekt vollständig und mit allen Details, die sehr verschiedene Inten- sitätsstufen aufweisen, erkennen zu können - beispielsweise eine Galaxis mit einem lichtschwachen Halo aus Sternen, einem hellen Zentralbereich und einem schwachen Gasstrahl («Jet«) -, sind mehrere Aufnahmen mit stark voneinander abweichenden Belichtungszeiten erforderlich. Die elektronischen Kameras hingegen nehmen sämtliche Informationen auf einmal in sich auf, und das Bild läßt sich über einen umfassenden Helligkeitsbereich aufbauen.

1978 wurde das sogenannte CCD (»Charge Coupled Device«) in die Astronomie eingeführt. Sage und schreibe 640000 Pixels wurden in einem 800x800-Gitter auf einem einzigen Chip von Briefmarkengröße integriert. Die Ladungen, die durch den lichtelektrischen Effekt induziert werden, ruft man Zeile für Zeile vom Chip ab; dies läuft ungefähr in der Weise ab, wie man bei der Feuerwehr Wasser in einer Eimerkette weiterreicht. Sobald das Bild elektronisch aufbereitet erscheint, zeigt es das aus Punkten zusammengesetzte Muster eines Zeitungsbildes oder eines Photodrucks in einer Illustrierten, ist aber der Qualität eines normalen Fernsehbildes bei weitem überlegen. Jedes Pixel hat eine Grauwertstufe gespeichert, die den abschließenden Bildkontrast sicherstellt - genauso, wie die Dichte eines jeden entwickelten Kornes in einer photographischen Emulsion die Grauwertstufen eines Photos definiert.

Durch die elektronische Bildaufbereitung hat sich die Arbeitswei-

se der Astronomen grundlegend verändert. Sie sitzen in der Regel nicht mehr am Fernrohr, sondern an einer Konsole in einem klimatisierten Raum weitab vom Teleskop. Über telephonisch zusammengeschaltete Computernetze könnte das Bild nun genausogut aus 2000 Kilometern Entfernung eintreffen. Der Astronom, der die Nachtkälte mit einem elektrisch beheizten Anzug bekämpft, während er am Brennpunkt seines Fernrohrs kauert, ist mehr und mehr zu einem Anachronismus geworden.
Die Einführung der Elektronik hatte auf den Umfang der Daten, die von astronomischen Forschungsprogrammen unserer Tage aufbereitet werden müssen, ungeheure Auswirkungen. Ein von einem CCD erstelltes astronomisches Bild beansprucht ungefähr 0,5 Megabyte (1 Megabyte entspricht einer Million Zeichen). Die normalerweise in einem Personalcomputer verwendeten Disketten können etwa 0,3 Megabyte speichern, also nicht einmal genug, um ein einziges CCD-Bild zu bearbeiten. Während einer normalen Beobachtungsnacht könnte ein Astronom den Wunsch haben, so um die 50 Bilder aufzunehmen. Dies entspräche einem Datenumfang von 25 Megabyte und würde 75 Disketten für deren Aufbereitung erforderlich machen. Es wäre äußerst unpraktisch, die enorme Datenflut, die von den Teleskopbeobachtungen verursacht wird, auf Disketten zu speichern. Statt dessen werden die meisten dieser Ergebnisse auf Magnetbändern festgehalten, pro Jahr kommen Tausende davon zusammen. Eine vielversprechende Alternative zum Magnetband könnten in Zukunft Laser-Disketten sein. Es dürfte möglich werden, 1000 Megabyte an Informationen auf eine einzige Laser-Diskette abzuspeichern. Somit könnte eine vergleichsweise geringe Anzahl solcher Disketten ausreichen, um dem gesamten weltweiten Datenaufkommen aus astronomischen Beobachtungen zu genügen.

Auf dem Weg zur äußersten optischen Empfindlichkeit und Bildschärfe

Die Astronomen bewerten die Helligkeit der Sterne nach einer logarithmischen Skala, die bereits Hipparch von Samos im antiken Griechenland verwendet hatte. Im Jahre 134 v. Chr. stellte Hipparch einen Katalog der hellsten Sterne zusammen. Jeder Stern wurde in einem System von Längen- und Breitengraden

Abbildung 16. »Er sagt, es öde ihn an, sich immer nur mit Dingen wie Inventuren und Lohnlisten zu befassen, und er wolle ein paar bahnbrechende Entdeckungen auf dem Gebiet der Astrophysik machen.« (Copyright © 1981 Sidney Harris - *American Scientist Magazine*)

kartiert und bekam den sechs Helligkeitsstufen entsprechend eine »Größenklasse« zugewiesen. Dabei gilt: je lichtschwächer das Objekt, desto höher die Größenklasse (dies ist genauso wie bei den Golfspielern, bei denen die Superstars das niedrigste Handicap haben). Die erste Größenklasse beinhaltet die 20 hellsten Sterne des Himmels, die sechste umfaßt an die 2000 der lichtschwächsten Sterne, die wir in einer mondlosen Nacht gerade noch mit freiem Auge sehen können. Die zweite, dritte und vierte Größenklasse liegen zwischen diesen Extremwerten. Jede Stufe in der modernen Größenklassenskala entspricht einem Helligkeitsfaktor von etwa 2,5; der Unterschied zwischen fünf Größenklassen beläuft sich somit annähernd auf den Faktor 100.
Noch bis in die sechziger Jahre hinein waren die Astronomen der Meinung, daß das lichtschwächste Objekt, das mit den größten Fernrohren geortet werden kann, ungefähr in der 21. Größenklasse angesiedelt werden müßte, das heißt, es wäre in etwa eine Million Mal lichtschwächer als das, was wir soeben noch mit unbewaffnetem Auge auszumalen vermögen. Die Grenze wird durch die Hintergrundhelligkeit des Himmels gezogen; bei idealen Bedingungen läßt sich eventuell gerade noch die 24. Größenklasse erreichen, unter Zuhilfenahme eines CCD sogar ohne wei-

teres die nächsthöhere. Weitere Verbesserungen werden nur möglich sein, wenn man die Fernrohre in den Weltraum hinaufbringt. Gleichgültig, welche Größe das Fernrohr besitzt, am Boden ist seine Auflösung immer durch die flimmernde Turbulenz der Atmosphäre begrenzt. Sir Isaac Newton beschrieb dieses Problem in seinen *Optics* wie folgt:

> Selbst wenn es gelänge, die Theorie der Herstellung von Teleskopen im Laufe der Zeit vollständig in die Praxis umzusetzen, bestünden immer noch gewisse Grenzen, jenseits derer die Teleskope keine ausreichenden Leistungen erbringen könnten, denn die Luft, durch die wir zu den Sternen emporblicken, befindet sich in ewiger Unruhe, was man anhand der zitternden Bewegung des Schattens hoher Türme oder des Funkelns der Fixsterne beobachten kann. Das einzige Mittel dagegen ist eine klare und ruhige Luft, so wie sie sich vielleicht auf den Gipfeln der höchsten Berge über dem dunstigen Nebelgewölk antreffen läßt.

Newton hatte nur teilweise recht. Die wirksamste Abhilfe schafft nämlich ein Verlassen des Luftraums selbst, eine Positionierung des Teleskops jenseits der Atmosphäre. Der berühmte Astronom Henry Norris Russell von der Universität Princeton meinte im Scherz, daß alle guten Astronomen nach ihrem Tod auf den Mond kämen, von wo aus sie das Universum betrachten könnten, ohne durch eine schmutzige Atmosphäre schauen zu müssen.

Die Auflösung des menschlichen Auges liegt nur bei ein paar Bogenminuten, und dies reicht aus, um ein Pfennigstück aus 30 Metern Entfernung ausmachen zu können. Der Mond erscheint in einer Distanz von 384000 Kilometern unter einem Winkel von einem halben Grad; das Auge kann seine Scheibe und etliche seiner kleineren Oberflächenformationen bequem auflösen. Wäre der Mond so weit entfernt wie die Sonne, würde er unter einem Winkel von nur noch sechs Bogensekunden zu sehen sein und erschiene eher verschwommen als scharf begrenzt. Die Sonne zeigt sich in einer Entfernung von 149 Millionen Kilometern ebenfalls unter einem Winkel von einem halben Grad, doch das Auge nimmt den Rand ihrer Scheibe und sogar noch kleine Sonnenfleckenpunkte deutlich wahr. Würde man jedoch die Sonne 4,5 Lichtjahre weit hinwegbefördern – dies entspricht der Entfernung des nächsten Sterns –, würde sie einen Winkel von lediglich 0,003 Bogensekunden beschreiben und nur noch als funkelnder Lichtpunkt erscheinen – selbst dann, wenn man sie durch das 5-m-Teleskop beobachten würde. Die Winkelauflösung ist direkt proportional abhängig vom Objektivdurchmesser des Teleskops und indirekt proportional von der Wellenlänge des Lichts, das beobachtet werden soll. Prinzipiell müßten die größeren Fernrohre feinere Details zeigen, doch die Turbulenzen der Atmosphäre stufen sie alle effektiv auf die Auflösung eines 30-cm-Spiegels zurück. Beobachtungsstandorte auf Berggipfeln verbessern das »Seeing« (die Luftruhe), aber auch an den besten Plätzen wird eine Auflösung von 0,5 Bogensekunden nur selten erreicht. Folglich liefert der 5-m-Spiegel keine schärfere Auflösung als ein Teleskop, dessen Durchmesser zehnmal kleiner ist. Auch mit den größten erdgebundenen Fernrohren dürfte sich unser Pfennigstück jenseits einer Distanz von sieben bis neun Kilometern nicht mehr erkennen lassen.

Das große Observatorium am Himmel

Das am Morgen des 24. April 1990 gestartete »Hubble Space Telescope« (HST) gilt als das ehrgeizigste Fernrohrprojekt, das je angegangen wurde. Sein Preis von mehr als 1,5 Milliarden Dollar übersteigt die Kosten für alle bisher fertiggestellten großen optischen Fernrohre auf der Erde zusammen genommen. Mit ihm erfüllen sich die Wünsche von Henry Norris Russell: An Bord eines erdumkreisenden Satelliten bleibt ein Teleskop genauso unbehelligt von der Atmosphäre wie auf dem Mond. Mit dem Teleskop müssen keine Astronomen mitreisen, denn durch elektronische Bilderfassung und Funktelemetrie werden die astronomischen Bilder direkt zur Erde übertragen.
Die angestrebten Leistungen des HST sollten die Fähigkeiten des großen Hale-5-m-Spiegels auf dem Mount Palomar bei weitem übertreffen. Man erhoffte sich eine Auflösung von 0,1 Bogensekunden oder besser; dies wäre ein Wert, der fünf- bis zehnmal über dem liegt, was irdische Fernrohre je erreicht haben. Aufgrund der hohen Konzentration bei der Abbildung eines Sterns erwartete man, daß der stärkere Kontrast zum Hintergrund die Auffindung von Objekten gestatten würde, die fünfzigmal schwächer und

Abbildung 17. Das Hubble Space Telescope wird in einer Halle der Lockheed Corporation zusammengebaut.

siebenmal weiter entfernt sind als alles, was von der Erdoberfläche aus beobachtet werden kann. Die Grenzgröße sollte bei 29.0 liegen, das ist ein ungefähr eine Milliarde Mal schwächeres Licht als das, das mit freiem Auge gerade noch wahrgenommen werden kann. Um das Fernrohr während der Belichtungszeiten zu stabilisieren, wird es Leitsterne bis hinunter zur 14,5ten Größenklasse heranziehen und bis auf 0,007 Bogensekunden ausgerichtet bleiben. Abgesehen von der Anfertigung unvergleichlich scharfer Bilder, sollte das HST weit in das ferne Ultraviolett hineinreichen, dessen Beobachtung von der Erde aus unmöglich ist.
Das HST war den Ausmaßen der Ladebucht des Space Shuttle angepaßt worden, es wurde von der Raumfähre in eine Höhe von etwa 600 km transportiert und dort als freifliegender Satellit ausgesetzt. Es ist geplant, daß es zunächst mindestens fünf Jahre in Betrieb bleibt, bevor sich seine Flughöhe durch die atmosphärische Reibung deutlich verringert. Dann soll das Space Shuttle es erneut in eine höhere Umlaufbahn hinauftragen; und dabei will man auch die gravierenden Abbildungsdefekte der Fernrohroptik

beheben. Inzwischen nämlich wurden etliche der hohen Erwartungen, die in das HST gesetzt worden waren, aufgrund von spürbaren Mängeln an den Teleskopspiegeln enttäuscht. Die Lebensdauer des HST wird vorläufig auf ungefähr 15 Jahre angesetzt, doch gibt es Möglichkeiten, sie erheblich zu verlängern.
Vor Inbetriebnahme des HST glaubte man, sein 2,4-m-Spiegel sei die beste Optik, die je hergestellt wurde - gerade auch angesichts der Tatsache, daß er im Vergleich zu anderen Spiegeln nicht sonderlich groß ausgefallen ist.
Das vom Hauptspiegel reflektierte Licht wird auf einen kleineren Fangspiegel, der etwa fünf Meter vor dem Hauptspiegel eingebaut ist, zurückgeworfen. Von dort aus wird das gebündelte Licht durch eine Bohrung im Hauptspiegel auf ein Sortiment allermodernster Instrumente weitergeführt. Diese Konfiguration ist als optisches »Cassegrain-System« bekannt. Der Tubus des Fernrohrs besteht aus einem Zylinder von 13 Metern Länge und 4 Metern Durchmesser und dient einzig und allein als Schutz gegen Streulicht. Der gesamte Innenbereich des Teleskops ist mit verschiedensten Streulichtblenden besetzt, um Lichtreflexe von Sonne, Mond, ja sogar von der Erde zu vermindern und auf diese Weise die äußerst empfindlichen Detektoren vor einer Überbelichtung zu bewahren. Das lange Öffnungsverhältnis von 1:24 hat recht große Abbildungen im Brennpunkt zur Folge. Der Mond beispielsweise würde mit einem Durchmesser von 50 cm abgebildet werden. Das größte Gesichtsfeld, das von den Detektoren in einem einzigen Moment erfaßt werden kann, hat jedoch nur einen Durchmesser von etwa drei Bogenminuten; dies ist in etwa ein Zehntel des Monddurchmessers.
Am Bau des HST war ein Heer von Wissenschaftlern, Ingenieuren und Technikern beteiligt, denen die fortgeschrittensten Technologien zur Verfügung standen. Weil die Bilder nicht durch atmosphärische Turbulenzen beeinträchtigt werden können, strebten die Fernrohroptiker nach noch nie dagewesenen Toleranzen in der Oberflächenbeschaffenheit und Spiegelkurve. Gleichzeitig hatte der Spiegel ein extrem geringes Gewicht aufzuweisen und durfte sich nicht für thermische Verformungen anfällig zeigen. Man verwendete ein »Ultra Low Expansion« (ULE)-Glas, also ein Glas mit außergewöhnlich geringem Ausdehnungskoeffizienten, um die Auswirkungen jeder Temperaturveränderung im Weltraum möglichst gering zu halten.

Das ULE-Glas besitzt eine weitere höchst erfreuliche Eigenschaft: Es läßt sich schweißen. Der Spiegelkern besteht aus einer 25 cm dicken Schweißkonstruktion mit Wabenstruktur und ist größtenteils hohl. An diesem Kernbereich ist vorne und hinten jeweils eine 25 mm dicke ULE-Glasplatte angeschweißt worden. Daher beträgt das Gesamtgewicht der Spiegelscheibe nur eine Tonne. Obwohl der HST-Spiegel einen Durchmesser von ungefähr 240 cm aufweist, ist er einer der leichtesten Großspiegel, die je hergestellt wurden. (Zur Erinnerung: Der 5-m-Spiegel des Hale-Teleskops wiegt 14 Tonnen.)
Die meisten großen Fernrohrspiegel werden mit einer Oberflächengenauigkeit von einer Lichtwellenlänge angefertigt. Warum also sollte man sich um eine noch größere Genauigkeit bemühen, da ja die Luftschlieren jeden Versuch, die Abbildung zu verbessern, zum Scheitern verurteilen? Doch für den Weltraumspiegel forderten die Spezifikationen eine Gesamtabweichung von einem Zwanzigstel der Lichtwellenlänge des roten Lichtes oder weniger, um eine optimale Fokussierung zu erreichen. Damit die Kombination von Haupt- und Fangspiegel zu einer solchen Präzision fähig war, mußte jeder Spiegel für sich nochmals mindestens doppelt so genau ausfallen. Weil das Sternlicht zuerst auf den Hauptspiegel trifft und von dort reflektiert wird, werden etwaige Auswirkungen eines Spiegelfehlers entlang des optischen Weges verdoppelt. Die Abweichungen von der idealen Spiegelform dürfen daher ein Achtzigstel einer Wellenlänge (0,0125) nicht überschreiten. Gewaltige Probleme warf die durch die Schwerkraft verursachte Durchbiegung des Spiegels auf. Obwohl das HST im Weltraum unter den Bedingungen der Schwerelosigkeit operiert, mußte sein Spiegel auf der Erde, wo die Erdanziehung sogar die stabilste Spiegelscheibe merklich durchsacken läßt, poliert werden. Sobald der Spiegel im Weltraum dem Zugriff der Gravitation entzogen wäre, käme es zu einer nicht hinnehmbaren Kurvenabweichung. Wenn der Spiegel während seiner Politur beispielsweise auf Stützen in seinem Randbereich ruhen würde, würde seine Mitte etwa 17 Wellenlängen tief durchsacken, also weit jenseits der Toleranzgrenze. Den Optikern stellte sich somit die Aufgabe, auf der Erdoberfläche Schwerelosigkeit zu simulieren. Deshalb konstruierte man eine Spiegelhalterung mit 138 Stützen, wobei jede dieser Lagerstützen mit einem genau definierten, nach oben gerichteten Druck auf die Spiegelrückseite einwirkte. Zusammen

übten diese Stützvorrichtungen eine der Gravitation exakt entgegengesetzte Kraft aus. 50 Ingenieure brauchten drei Jahre, um diesen Schwerelosigkeits-Simulator fertigzustellen.
Nachdem der Spiegel nach einem herkömmlichen Verfahren auf eine Wellenlänge genau poliert worden war, stellte sich das für die Optik verantwortliche Team der neuen Herausforderung, die Unebenheiten und Rauhigkeiten zu verringern, so daß der Wert von einem achtzigstel Wellenlängentoleranz unterschritten wurde. Für die abschließende Politur bediente es sich einer rechnergesteuerten Maschine, die ein Polierwerkzeug von ein paar Zentimetern Durchmesser betrieb. Während eines ein- bis zweitägigen Poliervorgangs bearbeitete die Maschine die gesamte Oberfläche und trug gemäß den Computerbefehlen die erhabenen Stellen ab. Man war besonders darauf bedacht, möglichst wenig Glas an den tiefer liegenden Zonen wegzupolieren: Glas kann zwar entfernt, aber nicht neu aufgetragen werden!
Nach einem solchen Polierprozeß wurde die Spiegelkontur mit einem Laserinterferometer überprüft. Diese Konturkarte diente dann zur Programmierung des nächsten Polierganges, wobei der Maschine mitgeteilt wurde, an welchem Ort die restlichen erhabenen Stellen zu finden waren. Nach 25 Polierzyklen, von denen jeder etwa eine Woche lang dauerte, wies die Spiegelform endlich eine Genauigkeit von ungefähr einem neunzigstel Wellenlänge auf - das Exakteste, was es in dieser Hinsicht je gegeben hatte.
Der letzte Schritt bestand in der Vergütung des Spiegels, zunächst mit Aluminium, daran anschließend mit Magnesiumfluorid. Vor der Vergütung war außerordentlich viel Sorgfalt aufgewandt worden, um den Spiegel zu reinigen. Diese Prozedur beanspruchte fünf Tage und bestand aus einem gründlichen Waschen mit 9000 Litern deionisiertem Wasser. Im Anschluß an diese Feuchtreinigung wurde der Spiegel in der für die spätere Vergütung vorgesehenen Kammer bei 121,1°C getrocknet. Nun unterzog man ihn einer elektrischen Glühentladung, die sämtliche noch verbliebenen Spuren organischer Verschmutzungen tilgte. Kraftvolle, mit 48 kW arbeitende Verdampferkanonen vergüteten den Spiegel mit einer 0,06 mm dicken Aluminiumschicht, darüber kam dann noch eine Lage aus Magnesiumfluorid. Das Magnesiumfluorid bewahrt das Aluminium vor einer Oxidation und steigert die Reflektivität für das ferne Ultraviolett auf etwa 70 %. All die fürsorgliche Hingabe, die dem Schliff, der Politur und der Vergütung des

Hauptspiegels zuteil geworden war, wiederholte sich bei der Anfertigung des Fangspiegels, obwohl dessen geringere Größe sämtliche Arbeitsschritte wesentlich einfacher gestaltete.
Sobald die Spiegel zum Einbau bereitstanden, begann die für den Zusammenbau verantwortliche Gruppe mit ihrer Tätigkeit. Die Aufrechterhaltung der präzisen Form des Spiegels während des Starts ließ sich nicht einfach dadurch erreichen, daß man den Spiegel fest in seiner Halterung verschraubte. Das mit dem Einbau betraute Team hatte sich dem Problem zu stellen, daß der Start unter Belastungen in der Größenordnung der dreifachen Erdbeschleunigung erfolgen würde und daß durch die Shuttle-Triebwerke starke Vibrationen auftreten würden. Es mußte einen Weg finden, die Spiegelhalterung so zu gestalten, daß eine Deformierung ausgeschlossen war. Es galt, eine möglichst enge Verbindung von Festigkeit einerseits und höchster Sensibilität andererseits anzustreben.
Die Spiegelhalterung besteht aus einem Gehäuse mit Gitterstruktur, das, wie der Spiegel, Justierungen in einem Schwerelosigkeitssimulator durchzustehen hatte, damit sichergestellt war, daß es sich nicht verzog, sobald die Wirkung der Schwerkraft nachließ. Innerhalb dieser Fassung wurde der Spiegel auf rostfreien Stahlrohren gelagert, die an sechs Punkten als Halterungen fungierten. Der Leiter des Teams, William Raiford, schildert die zu lösende Aufgabe so: »Wir mußten eine Seifenblase an sechs Punkten zusammenzwängen, ohne sie in irgendeiner Weise zu verformen« (zitiert nach Gary Watson, »Building the Space Telescope's Optical System«, *Astronomy* 14 [1], S. 21). Der Einbau dauerte eineinhalb Jahre. Als schließlich alles fertig war, zeigte der Spiegel bei der abschließenden Überprüfung eine Genauigkeit von etwa 0,014 Wellenlängen.
In der Erdumlaufbahn bleibt das Teleskop zwar von nahezu allen Gravitationseinflüssen frei, doch es unterliegt starken thermischen Beanspruchungen. Da es die Erde binnen 100 Minuten einmal umkreist, wird es während des Tages glühender Hitze und nachts grimmiger Kälte ausgesetzt. Bei den meisten herkömmlichen Baumaterialien würde es unter diesen Umständen zu einer enormen thermisch bedingten Ausdehnung und Kontraktion kommen; die Spiegel würden fortwährend aus ihrer präzisen Brennpunktjustierung herausdriften. Die Lösung bestand in einem Material namens »graphitfaserverstärktes Epoxidharz«. Die aus diesem Werkstoff gefügte Konstruktion ist 630 cm lang und

hat einen Durchmesser von 290 cm, wiegt aber verglichen mit dem 120 Tonnen schweren und 18 Meter langen Tubus des Hale-Teleskops wenig, nämlich lediglich 114 kg. Innerhalb einer möglichen Temperaturbandbreite von etwa 140° C im freien Raum erwartet man von der Gittertubuskonstruktion des HST eine Längenvarianz von weniger als 0,3 mm. Sechs winzige Stellmotoren sind an der Oberseite des Tubus befestigt und können sich in Schritten von 0,02 mm bewegen, um das Fernrohr scharf zu stellen. Obwohl Graphitepoxid aus der Atmosphäre Feuchtigkeit absorbiert, sollte das Fernrohr nach einigen Wochen in der Umlaufbahn völlig ausgetrocknet sein, perfekt im Brennpunkt liegen und nur ganz selten irgendwelche Justierungen benötigen. Um die thermische Stabilität des Teleskops zu sichern, hatte man 700 Heizkörper an die Rückseiten und die Außenkanten der Spiegel sowie an die Gittertubuskonstruktion und an die Instrumentenhalterungen in der Brennebene montiert. Die Temperatur innerhalb des Teleskops wird unter allen Bedingungen 21° C ± 1° C betragen.
Das »First Light« im HST auf der Erdumlaufbahn sollte den Höhepunkt einer wissenschaftlichen und technologischen Revolution im 20. Jahrhundert darstellen und das Tor zu einer Ära von »Großsternwarten im All« aufstoßen. Wie sich inzwischen leider gezeigt hat, läßt sich dieses ehrgeizige Ziel vorerst nicht erreichen – die optischen Leistungen des HST haben die in sie gesetzten Erwartungen nicht erfüllen können.
Es mutet paradox an, daß der Beginn des Zeitalters der Weltraumteleskope ein Wiederaufleben des Interesses an »adaptiven Optiken« mit sich brachte, mit dem Ziel, den Einfluß der atmosphärischen Verzerrungen in großen irdischen Teleskopen auszuschalten. Das Militär hatte für seine Spionagesatelliten sogenannte »Gummispiegel« entwickelt: Wenn sich die Wellenfront eines Sternlichtstrahls beim Eintritt in die Erdatmosphäre kräuselt, verzerrt sich das Bild in der Brennebene des Teleskops zu einem trüben, fleckigen Etwas. Der Trick besteht nun darin, diese Verzerrung zu ermitteln und sie den piezoelektrischen Halbleitern an der Spiegelrückseite mitzuteilen, damit diese dann die Spiegelform verändern und die Abweichungen von der Wellenfrontebene entsprechend korrigieren. Dieses Konzept sieht zwar recht einfach aus, die dazugehörende Technik aber ist äußerst schwer zu handhaben und bislang vor allem bei helleren Objekten erfolgreich angewandt worden.

Die Astronomen werden stets danach streben, die Grenzen ihres teleskopischen Horizonts immer weiter hinauszuschieben, somit immer weiter in die Vergangenheit vorzustoßen - bis zu jener Epoche, in der die Quasare noch nicht mit ihrer Strahlungsaussendung begonnen hatten. Edwin Hubble philosophierte vor mehr als 50 Jahren über diese Grenzen:

> Mit zunehmender Entfernung verblaßt unser Wissen, und es verblaßt sehr schnell. Irgendwann werden wir letztlich die dunkle Grenze erreichen - die äußersten Grenzbereiche unserer Teleskope. Dort messen wir Schatten, und wir suchen unter schemenhaften Meßirrtümern nach Marksteinen, die kaum noch gegenständlich sind.
> (*The Realm of the Nebulae,* 1937, S. 202)

Der ultraviolette Himmel

Das HST verfügt über eine beachtliche Leistungsfähigkeit im fernen Ultraviolett-Bereich, doch bemerkenswerte Fortschritte in der UV-Astronomie hat es bereits mit kurzlebigen, raketengestützten Instrumenten und einem bescheidenen, aber äußerst vielseitigen Satelliten, dem »International UV-Explorer« (IUE), gegeben. Die Geschichte der galaktischen UV-Astronomie nahm Mitte der fünfziger Jahre ihren Anfang, als meine Kollegen und ich mit Hilfe von Aerobee-Raketen galaktische Himmelsbeobachtungen im extremen UV (1/4 der Wellenlänge des sichtbaren Lichts) anstellten. Zu unserer großen Überraschung entdeckten wir, daß der gesamte Nachthimmel von Lyman-Alpha-Strahlung, der stärksten Spektrallinie des Wasserstoffs bei 1216 Ångström im fernen UV, überflutet wird. Dieses intensive Leuchten wurde bald darauf mit einem »Leewirbel« solarer Lyman-Alpha-Strahlung erklärt, die von einer riesigen Wolke atomaren Wasserstoffs, einer »Geokorona«, die sich bis etwa 80000 km von der Erde weg erstreckt, in den Schattenkegel des Nachthimmels gestreut wird. Bei Wellenlängen, die knapp über derjenigen der Lyman-Alpha-Linie liegen, war es möglich, in die Galaxis hinauszublicken und photometrische Erkundungen an den heißesten Sternen vorzunehmen. Systeme, die aus 10- bis 15-cm-Spiegelteleskopen mit Photonenzählern im jeweiligen Brennpunkt bestanden, wurden so montiert, daß sie durch die Beplankung der Rakete auf die vorüberziehende himmlische Szenerie blicken konnten. Gleichzeitig drehte sich die Rakete im Flug um ihre Längsachse. Diese ersten Flüge zeigten erwartungsgemäß, daß am UV-Himmel junge, heiße, blaue Sterne mit einer Temperatur von bis zu 50000 Grad vorherrschen und daß die normalen Sterne mit ihren 5700 Grad unsichtbar bleiben.

Eine wegweisende Errungenschaft der Raketenastronomie dieser ersten Jahre bestand in der Entdeckung von molekularem Wasserstoff im interstellaren Raum. George Carruthers vom US-Marineforschungslabor gelang es, einen raffinierten elektronischen Bildwandler-Spektrographen für den Einsatz an Bord einer Aerobee-Rakete zu bauen; hiermit zeichnete er die extremen UV-Spektren von Sternen auf, die durch kosmische Staubregionen hindurchschimmern. Er konnte beweisen, daß der molekulare Wasserstoff an der Zusammensetzung der interstellaren Dunkelwolken den größten Anteil hat. Die Radioastronomen hatten nur wenige Hinweise auf Radiostrahlung von atomarem Wasserstoff entdeckt, als sie diese Wolken absuchten. Die Theoretiker sagten indes voraus, daß man weitaus mehr molekularen Wasserstoff vorfinden würde. Sie vermuteten, daß Staubteilchen als Oberflächenkatalysatoren für die Kombination von Wasserstoffatomen zu Molekülen dienen könnten. Die Beobachtungen Carruthers gaben ihnen recht.

Der entscheidende Durchbruch in der UV-Astronomie ist dem »International UV-Explorer« (IUE) zu verdanken, der am 26. Januar 1978 gestartet wurde und mittlerweile mehr als ein Jahrzehnt erfolgreicher Arbeit hinter sich hat. Der Entwurf für den IUE wurde von dem britischen Physiker Robert Wilson am Culham-Laboratorium ausgearbeitet. Entwicklung und Betrieb des IUE sind ein Gemeinschaftsunternehmen der NASA, der Europäischen Weltraumorganisation ESA und des British Science and Engineering Research Council. Der Satellit befindet sich 36000 km hoch über dem Atlantik auf einer geostationären Umlaufbahn. Er umkreist die Erde im 24-Stunden-Rhythmus und scheint für die Astronomen in den USA und in Europa am Himmel still zu stehen. Ganz anders als die Satelliten, die die Erde auf einer niedrigeren Umlaufbahn umkreisen und die mit ausgefeilten Beobachtungszeitplänen programmiert werden müssen, weil sie sich während der meisten Zeit außerhalb der Reichweite ihrer Bodenstation befinden, kann man den IUE durch direkten Befehlsaustausch in Realzeit betreiben und mit ihm wie an einem typischen erdgebundenen Teleskop arbeiten. Es ist noch gar nicht so lange her, da erschien es als reines Hirngespinst, sich einen Astronomen vorzustellen, wie er auf der Erde an seiner Konsole sitzt und damit ein Fernrohr steuert, das 36 000 km über ihm im Weltraum kreist, und wie er mit ein paar kleinen Fingerbewegungen diesen Einsatz kontrolliert.

Der größte Teil der IUE-Beobachtungszeit wurde dem Studium heißer Sterne gewidmet, Sternen also, deren Temperaturen über 10 000° C liegen. Im Gegensatz zu unserer Sonne, die ein heißes, stark verdünntes Gas mit nur einigen Dutzend Kilometern in der Sekunde verströmt, brechen aus diesen heißen Sternen heftige Stürme mit Tausenden von Sekundenkilometern hervor. IUE entdeckte, daß bei zunehmender Strahlenintensität der gleißenden Oberfläche eines heißen Sterns die Stärke des Sturms entsprechend anschwillt. Einige Millionstel Sonnenmassen gehen dem Stern auf diese Weise alljährlich verloren. Dies mag auf den ersten Blick recht wenig erscheinen; angesichts der Dimensionen stellarer Lebenszeiten wirkt es sich jedoch einigermaßen drastisch aus. Der IUE verfolgte auch die Entwicklung der UV-Lichtkurve der Supernova 1987A. Zahlreiche überraschende Eigenheiten dieser Supernova konnten von den Theoretikern mit Hilfe der unterschiedlichen Häufigkeit bestimmter chemischer Elemente in den Magellanschen Wolken, wie sie der IUE enthüllt hatte, erklärt werden.

Der Erfolg des IUE hat den Plänen für ein Nachfolge-Observatorium beträchtlichen Vorschub geleistet. Dieses Observatorium soll Wellenlängen unterhalb von 1150 Ångström untersuchen, denn in diesen Bereich wird das HST aller Wahrscheinlichkeit nach nicht vordringen können.

Das neue Observatorium soll ebenfalls in eine geostationäre Umlaufbahn gebracht und ganz ähnlich wie der IUE betrieben werden.

2 Das unsichtbare Universum der Radiowellen und der Infrarotstrahlung

Das Tor zu neuen astronomischen Horizonten, zum unsichtbaren Universum, wurde 1933 auf höchst anspruchslose Weise aufgestoßen. Auf einem Kartoffelacker im Bundesstaat New Jersey lauschte Karl Jansky dem lärmenden Zischen der kosmischen Radiostrahlung. In der Zeit von Galilei bis zu den dreißiger Jahren blieb die Astronomie beschränkt auf das schmale Wellenlängenband desjenigen Lichts, das vom menschlichen Auge gesehen oder von einer photographischen Platte erfaßt werden kann. Dann, ganz plötzlich, erschloß sich in Form der Radiowellen ein vollkommen neuartiger Kosmos. Kurz darauf folgte der Beginn des Raumfahrtzeitalters, das das gesamte Spektralband von den kurzwelligen Gammastrahlen über die Röntgenstrahlen und das UV-Licht bis hin zum langwelligen Infrarot einbezog. Die Augenbinde unserer Atmosphäre wurde endgültig abgenommen, als die Raketen damit anfingen, astronomische Detektoren in das Beinahe-Vakuum des Weltraums zu bringen, und als die Astronomen entdeckten, daß das Universum noch weitaus mehr zu bieten hat als das, was das menschliche Auge zunächst erblickt.

Nachdem Heinrich Hertz im Jahr 1887 im Labor Radiowellen erzeugt hatte, versuchten englische, deutsche und französische Wissenschaftler vergeblich, solche Wellen auch in der Sonnenstrahlung nachzuweisen. Die ersten ernsthaften Bemühungen in den USA, diese solare Radiostrahlung zu identifizieren, werden Thomas Edison zugeschrieben. Seinen Denkansatz schildert ein 1890 von seinem Mitarbeiter Arthur E. Kennelly verfaßter Brief auf prägnante Weise. Er zeigt die wissenschaftliche Seite des Genius Edison, der gemeinhin zu wenig Beachtung geschenkt wird:

Professor E. S. Holden
Lick-Observatorium
Mount Hamilton

Sehr geehrter Herr Professor,
... darf ich erwähnen, daß Mr. Edison, der sich nicht auf eine

einzige Gedanken- oder Handlungslinie zu beschränken gedenkt, unlängst zu dem Entschluß gelangt ist, in New Jersey kommerziell abgebautes Eisenerz zu beschaffen, um es zur Erforschung der Physik unserer Sonne einzusetzen. Unsere Zeit im Laboratorium wird natürlich durch praktische Arbeit voll in Anspruch genommen, doch dieses Experiment soll einzig und allein wissenschaftlichen Zwecken dienen. Das Erz ist magnetisch, selber freilich nicht in dem Maße wie ein einzelner Stahlmagnet, es bezieht seinen Magnetismus vielmehr aus der Induktion infolge seiner Polarität. Nur einzelne, abgegrenzte Erzblöcke weisen in einem gewissen Umfang einen permanenten Magnetismus auf. In Verbindung mit den elektromagnetischen Störungen, die von der Sonne herrühren und die wir, wie Sie natürlich selbst wissen, als Licht und Wärme zu erkennen vermögen (entschuldigen Sie bitte, daß ich so geläufige Tatsachen anführe), ist die Vermutung keineswegs abwegig, daß es auch Störungen einer wesentlich größeren Wellenlänge geben könnte. Falls dies so wäre, könnten wir sie in Geräusche umsetzen. Der Plan von Mr. Edison besteht darin, um die Anhäufung von Erz herum Pfosten zu errichten und diese mit einem Kabel zu verbinden, das aus sieben sorgfältig voneinander isolierten Drähten besteht; dessen Enden werden an ein Telephon oder an ein ähnliches Gerät angeschlossen. Es wäre möglich, daß heftige Störungen in der Sonnenatmosphäre die normale Verteilung der magnetischen Kräfte unserer Erde beeinflussen, dergestalt, daß eine beträchtliche Veränderung im Fluß der magnetischen Induktion bewirkt wird, die von der Kabelschleife empfangen werden kann und die sich steigern und verstärken ließe. Dies könnte durch die magnetische Verdichtung und Leitfähigkeit des Eisenerzkörpers, der Millionen von Tonnen umfassen müßte, geschehen …

Hochachtungsvoll
A.E. Kennelly

Offensichtlich hat Edison seinen Plan nie in die Tat umgesetzt. Falls er das Experiment durchgeführt hätte, wäre es für die kurzwellige Radiostrahlung, die die Ionosphäre durchdringt, viel zu unempfindlich gewesen. Somit sollten noch mehr als vierzig Jahre vergehen, ehe Karl Jansky die folgenreiche Entdeckung der kosmischen Radiowellen gelang.

Dieses durch glückliche Umstände begünstigte Ereignis trug sich kurz nach Janskys Ankunft am Crawford Hill Institute der Bell-Laboratorien in Holmdel, New Jersey, zu. Man schrieb das Jahr 1928, Jansky war damals 22 Jahre alt. Ein Jahr zuvor waren von AT&T interkontinentale Funkverbindungen eingerichtet worden. Die Aufgabe Janskys bestand nun darin, die Kakophonie all der zischenden, krachenden Geräusche, die die transatlantischen Funkübertragungen störten, zu untersuchen und ihren Ursprung zu erkunden. Er baute einen Drehtisch, der sich auf einem kreisförmigen Schlackenpfad drehen ließ und auf vier Rädern ruhte, die einem ausgeschlachteten Ford Modell T entstammten. Auf dieser Basis errichtete er auf hölzernen Trägern eine 30 m lange Antenne, die er aus Messingrohren mit einer Gesamtlänge von 120 m zusammengebastelt hatte. Mit diesem grotesken, einem Karussell ähnlich sehenden Ding, das sich dreimal in der Sekunde drehte, hoffte Jansky feststellen zu können, woher die Funkstörungen kamen. Als die Antenne den Himmel absuchte, schien der Lärm aus allen Richtungen gleichermaßen einzutreffen. Jansky litt zwar unter einer chronischen Nierenerkrankung und war auch sonst gesundheitlich nicht auf der Höhe, doch andererseits brannte er vor Ehrgeiz. Nach vier Jahren geduldiger, nie erlahmender Bemühungen war er sich seiner Sache so weit sicher, daß er seine Untersuchungsergebnisse in einem Aufsatz mit dem Titel »Richtungsstudien atmosphärischer Störungen im Hochfrequenzbereich« in den *Proceedings of the Institute of Radio Engineers* (1932) veröffentlichte. Mit »atmosphärischen Störungen« sind Blitzentladungen und Gewitter gemeint, die einen ansehnlichen Beitrag zu den Radiostörungen liefern.

Als Jansky den Anteil der Gewitter abzog, blieb immer noch das Rauschen einer Reststörung übrig, die er keiner bestimmten Quelle zuzuordnen vermochte. Dieses Rauschen veränderte im Verlauf eines Tages seine Intensität, und die maximale Störung trat täglich jeweils vier Minuten eher auf. Hinter diesen vier Minuten verbarg sich der Schlüssel zum Geheimnis der Quelle: Sollten die Funkstörungen von den Sternen stammen, dann zeigten die tägliche Variation und die fortschreitende Verschiebung um vier Minuten exakt an, was man in diesem Zusammenhang erwarten würde. Die Sternzeit wird in bezug auf die Fixsterne bestimmt. Ein Sterntag

Abbildung 18. Mit diesem primitiven Instrument entdeckte Karl Jansky im Jahr 1932, daß das Herz der Galaxis eine starke Quelle von Radiowellen darstellt. Man beachte die Montierung auf Rädern des Ford-Modells T, wie sie auf einem Kreis von Schlackeblöcken ruhen. Das Bild rechts zeigt Karl Jansky. (Mit Genehmigung der AT&T Bell Laboratories)

dauert 23 Stunden 56 Minuten, und dies unterscheidet ihn deutlich vom Sonnentag, der ja 24 Stunden umfaßt. Selbst wenn sich die Erde nicht um ihre Achse drehen würde, würde sie im Laufe eines ganzen Jahres dennoch in bezug auf die Sterne auf ihrem Weg um die Sonne herum eine volle Umdrehung beschreiben. Eine Umdrehung pro Jahr bedeutet in etwa ein Grad pro Tag, und dies entspricht wiederum besagten vier Minuten.

Jansky hatte die »Sphärenklänge« entdeckt, Radiowellen, die von fernen Sonnen der Milchstraße ausgesandt werden und insbesondere vom Sternbild Schütze kommen, also aus der Richtung des Zentrums unserer Galaxis. Er war sich der Bedeutung seiner Entdeckung sehr wohl bewußt, doch gelang es ihm nicht, die Astronomen und Ingenieure, dafür zu interessieren. Möglicherweise waren die Forscher von der explosionsartigen Zunahme des Wissens in ihren eigenen Fachbereichen derart überfordert, daß sie anderen Forschungsgebieten nur wenig Aufmerksamkeit schenkten. (Im selben Jahr, 1932, entdeckte man auch das Deuterium, das Neutron und das Positron.)

Dennoch fand die Publizierung der Ergebnisse Janskys ein beachtliches öffentliches Interesse. Die Schlagzeile der *New York Times* vom 5. Mai 1933 lautete: »Neuartige Radiowellen aus dem Zentrum der Milchstraße aufgespürt«. Am 15. Mai übermittelte das NBC Blue Network in einer Direktübertragung das von Jansky entdeckte Rauschen ins New Yorker Studio und verbreitete es über das ganze Land. Presseberichten vom nächsten Tag zufolge hörte es sich an wie »Dampf, der aus einem Heizkörper entweicht«. Der *New Yorker* schrieb am 17. Juni: »Es wurde gezeigt, daß ein sehr leistungsfähiger Empfänger in New Jersey eine neue Art statischen Rauschens aus der Milchstraße empfangen kann. Man glaubt, daß dies die größte Entfernung ist, die je auf der Suche nach einer Störung zurückgelegt worden ist.«

Die Vorgesetzten Janskys an den Bell-Laboratorien wollten diesen Forschungen kaum wissenschaftliche oder praktische Bedeutung zubilligen – so verlor er den Mut zu weiteren entsprechen-den Untersuchungen. Während des Zweiten Weltkriegs arbeitete Jansky an Methoden, die Herkunftsrichtung von Radiosignalen zu ermitteln. Seine Krankheit verschlimmerte sich zusehends, und er erlag schließlich im Alter von 44 Jahren einem Schlaganfall.

Janskys Entdeckung weckte die Neugier eines Radioingenieurs namens Grote Reber, und dieser begann, das galaktische Rauschen zu untersuchen. Mit 2000 Dollar, die er von seinem sauer verdienten Geld abgezweigt hatte, und ohne jede weitere Unterstützung errichtete er eine schüsselförmige Antenne mit 9,33 m Durchmesser in seinem Garten in einem Vorort von Wheaton, Illinois. Ein Jahrzehnt lang setzte er seine astronomischen Bemühungen fort. Wenn er abends von seinem Arbeitsplatz im 50 Kilometer entfernten Chicago nach Hause kam, legte er sich ein paar Stunden aufs Ohr, um danach von Mitternacht bis 6 Uhr morgens zum »Hinterhof-Radioastronomen« zu werden. Seine einsamen Nachtwachen trat er immer dann an, wenn die Funkstörungen ihr Minimum erreichten. Reber bestätigte nicht nur Janskys Entdeckung einer Radiostrahlung aus der Richtung des Sternbilds Schütze, sondern er fand auch neue Quellen in den Sternbildern Schwan (Cygnus), Großer Hund und Cassiopeia. Besonders verwirrend war, daß einige dieser Signale aus Himmelsgebieten stammten, in denen keine hellen Sterne zu sehen sind; dies ließ auf Himmelsobjekte schließen, die mehr Energie im Bereich der Radiowellen abstrahlen als in dem des sichtbaren Lichts.

Rebers Parabolantenne und seine überraschenden Entdeckungen erregten zwar durchaus einiges Aufsehen, doch die finanzielle Unterstützung blieb aus. Schließlich bekam er Besuch vom Komitee einer Forschungsstiftung, das seinen Beobachtungen beizuwohnen wünschte. Ausgerechnet an diesem Tag war es bedeckt und regnerisch, so daß die Erwartungen in bezug auf mögliche Resultate nicht gerade hochgesteckt waren. Um so größer war die Überraschung, als Reber ihnen vorführte, wie geringfügig die Auswirkungen des Wetters auf Radiosendungen sind - eine Geldspende wurde genehmigt. 1940 legte Reber dem *Astrophysical Journal* seine erste wissenschaftliche Abhandlung vor. Damals war Otto Struve, ein angesehener Astronom, Herausgeber dieser Zeitschrift. Er und andere Astronomen der Yerkes-Sternwarte sahen sich nicht in der Lage, die Bedeutung der Daten Rebers richtig einzuschätzen. So etwas war ihnen noch nie zu Gesicht gekommen. Struve beschloß, eine Delegation der Universität Chicago zu Reber zu schicken. Als diese in Wheaton eintraf, konnte Reber seine Antennenschüssel zunächst nicht vorführen, da sie von seiner Mutter als Befestigung für ihre Wäscheleinen benutzt wurde. Doch schon bald gelang es ihm, die Experten davon zu überzeugen, daß er ganz genau wußte, was er mit seinen Experimenten bezweckte, auch wenn seinen theoretischen Erklärungen gegenüber immer noch Zweifel laut wurden. Rebers Schrift wurde von Louis G. Henye und Philip C. Keenan, zwei Astrophysikexperten, unter die Lupe genommen, und diese fanden eine plausible Erklärung für die beobachteten Radiosignale.

Die Radiopioniere des Zweiten Weltkriegs

Während des Zweiten Weltkriegs kam es zu einem umfassenden Einsatz von Radar, und dies hatte bedeutende Auswirkungen auf die Radioastronomie. Am 12. Februar 1942 erfuhren britische Radarexperten, daß die beiden deutschen Kriegsschiffe »Scharnhorst« und »Gneisenau« auf der Reise von Brest nach Kiel von den Alliierten fast völlig unbemerkt den Ärmelkanal passiert hatten. Die britischen Radaranlagen, die die Schiffe eigentlich hätten entdecken sollen, waren gestört worden. J. Stanley Hey, *der* Fachmann für die Behebung solcher Unstimmigkeiten, wurde damit beauftragt, die Ursachen dieser Störung zu erkunden. Innerhalb von zwei Wochen kam es zu einem weiteren, sehr ernsten Störfall. Diesmal waren die Radaranlagen einer Stellung mit Luftabwehrgeschützen betroffen. Zu der erwarteten Bombardierung kam es nie, und die Untersuchungen Heys enthüllten, daß derartige Störungen nur während des Tages und lediglich dann, wenn die Antenne in Richtung Sonne wies, gemeldet wurden. Die Störungen waren besonders stark, als am 28. Februar eine große Gruppe von Sonnenflecken den Zentralmeridian der Sonnenscheibe erreichte. Hey zog daraus den zutreffenden Schluß, daß die Störungen eine Folge der solaren Radiostrahlung waren. Er legte seine Erkenntnisse in einem geheimen Bericht dar, so daß dem größten Teil der wissenschaftlichen Gemeinschaft diese Neuigkeiten noch fast vier Jahre lang verborgen blieben.
In den Jahren nach dem Zweiten Weltkrieg nahm die Bedeutung der Radioastronomie rasch zu. Der geheimnisvolle Radiohimmel inspirierte 1946 den deutschen Astronomen Albrecht Unsöld zu der poetischen Bemerkung: »Der alte Traum einer drahtlosen Kommunikation im Weltraum ist nun in einer völlig anderen Weise Wirklichkeit geworden, als es viele erwartet hatten. Die Kurzwellen aus dem Kosmos übermitteln uns weder die Aktienkurse noch die Jazzmusik ferner Welten. Mit sanftem Rauschen

berichten sie vielmehr dem Physiker vom endlosen Liebesspiel zwischen Elektronen und Protonen.« In vielen Ländern wuchsen Antennen aus dem Boden, doch die Praktiker der Radioastronomie wurden von den optischen Astronomen als Amateure betrachtet. Otto Struve unterschied noch 1949 auf typisch gönnerhafte Weise zwischen »Astronomen« und »Radiotechnikern«. Derselbe Struve war während des letzten Jahrzehnts seines Lebens Direktor des National Radio Astronomy Observatory!

Das Firmament schien mit Flecken von Radioemission geradezu gesprenkelt zu sein, doch es gab keine Möglichkeit, ihre wahren Eigenschaften zu ergründen. Die Beobachtungen im Radiobereich glichen der Betrachtung eines schlechten, unscharfen Bildes. Es existierten Hunderte von sichtbaren Objekten in der engeren Umgebung eines jeden Radioflecks, doch es ließ sich nicht feststellen, welches optische Bild einer bestimmten Radioquelle zuzuordnen war. Die Auflösung der Radioteleskope reichte einfach noch nicht aus.

Die Entdeckung der ersten isolierten Radioquelle jenseits unserer Sonne erfolgte mehr oder weniger zufällig. Während sie die großräumige Verteilung der galaktischen Strahlung untersuchten, fanden Hey und seine Mitarbeiter ein Gebiet im Sternbild Schwan, das äußerst intensiv strahlte; mit der unzureichenden Auflösung ihres Teleskops vermochten sie die Quelle indes nicht zu lokalisieren. Die Helligkeit fluktuierte auf unregelmäßige Weise, und dies alle paar Sekunden. Später erkannte man, daß diese Fluktuationen nicht direkt an der Strahlungsquelle entstehen, sondern ein Flimmern darstellen, das von den sich verändernden elektrischen Feldern in der Hochatmosphäre herrührt. Die Erscheinung einer »Radio-Szintillation« war ein Analogon zum optischen Flackern der Sterne und ein Hinweis darauf, daß die Radioquelle sternartig sein mußte. Cygnus A wurde schon bald darauf als die hellste einzeln stehende Radioquelle des Himmels erkannt.

Der Katalog der Radioquellen wuchs nur äußerst zögernd. Um 1955, nach acht Jahren entsprechender Studien, waren erst acht Quellen mit ausreichender Zuverlässigkeit bekannt, doch versprach man sich von ihnen äußerst interessante Querverbindungen zu spektakulären optischen Quellen. Unter ihnen befand sich der Crab-Nebel, die Reste einer vor 1000 Jahren explodierten Supernova, Virgo A, eine gigantische elliptische Galaxis mit einem langgezogenen, dünnen, knotigen Jet, sowie Cassiopeia A, ein weiterer Supernova-Überrest, der aus einer kugelförmigen Masse schnell bewegter Filamente gebildet wird, und schließlich Cygnus A, zur damaligen Zeit als ein Paar sich rammender Galaxien angesehen und eine Milliarde Lichtjahre entfernt. Von diesen Quellen weiß man heute, daß ihre Radiointensität die Folge unvorstellbar heftiger Ereignisse ist; die Energie, die am Ende hier auf der Erde ankommt, gleicht freilich nur noch einem zarten Flüstern. Die vom Crab-Nebel auf die gesamte Erdoberfläche einwirkende Energie beträgt knapp 100 Watt; dies reicht gerade noch aus, um eine schlichte Glühbirne zum Leuchten zu bringen. Quasare, die mit der Energie von Hunderten normaler Galaxien strahlen, sind Milliarden von Lichtjahren entfernt und versorgen die Erde mit nicht einmal einem einzigen Watt. Nach zwei Jahrzehnten radioastronomischer Forschung schätzen die Wissenschaftler, daß alle Teleskope der Erde genausoviel Energie gesammelt haben, wie im Aufprall einer einzelnen Schneeflocke enthalten ist. Um derart schwache Signale registrieren zu können, haben die Radioastronomen danach getrachtet, immer größere Teleskope und ultrasensible Empfänger zu bauen.

Auf dem Weg zu immer größeren Parabolantennen und schärferen Radiobildern

Das Auflösungsvermögen eines Teleskops - das heißt die Anzahl der Details, die es gerade noch unterscheiden kann - ist dem Verhältnis seines Durchmessers zur beobachteten Wellenlänge direkt proportional. Das sichtbare Licht hat eine Wellenlänge von ein paar zehntausendstel Millimetern - dies ist mikroskopisch klein, insbesondere im Vergleich mit dem Durchmesser eines optischen Teleskopspiegels. Hier liegt auch der Grund dafür, daß man mit letzterem noch Strukturen mit den Ausmaßen einer Bogensekunde oder weniger erkennen kann, was einem kleineren Mondkrater oder den Nahtstichen in einem mehrere Kilometer entfernten Fußball entspricht.
Die Radiowellen sind etwa eine Million Mal länger als die sichtbaren Lichtwellen. Um die Auflösung eines optischen Teleskops zu erreichen, muß ein Radioteleskop also eine Million Mal größer ausfallen. Die ersten Radioteleskope waren kaum in der Lage, die Sternbilder am Himmel voneinander zu unterscheiden. Die Ent-

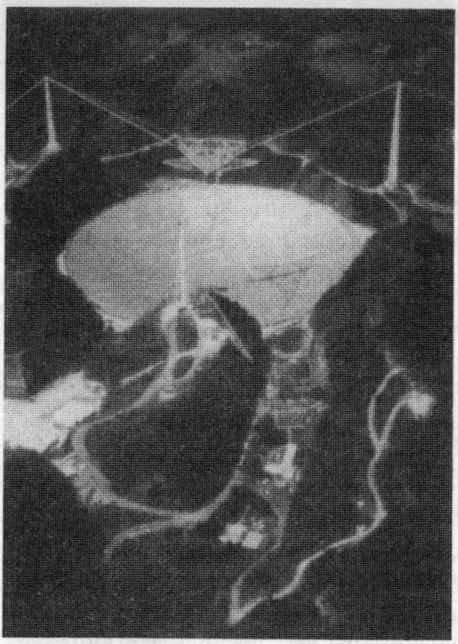

Abbildung 19. Die Parabolantenne des Radioteleskops von Arecibo auf Puerto Rico gilt als der größte fokussierende Spiegel der Erde. Sie ist in eine Aushöhlung im Karst eingebettet, mißt 304,8 m im Durchmesser und geht 50,9 m in die Tiefe. Eine 600 Tonnen schwere Plattform trägt verschiedene Einspeisungsantennen und hängt 129,8 m über der Spiegeloberfläche. (National Astronomy and Ionosphere Center)

wicklung der Radioastronomie bestand in einer stetig anwachsenden Winkelauflösung, die man einerseits durch die Vergrößerung der Radioantennenschüsseln und andererseits durch die Perfektionierung der Antennenoberflächen erreichte, was die Arbeit auch noch mit höchsten Radiofrequenzen gestattete. Der 304,8-m-Reflektor in Arecibo auf Puerto Rico gilt als der größte Reflektor der Welt mit einer in sich geschlossenen Fläche, doch er ist in eine natürliche Bodensenke eingepaßt und nicht voll steuerbar. Bei einer Wellenlänge von 21 cm - hier liegt die stärkste Radioemission des neutralen Wasserstoffs - weist er eine Winkelauflösung von etwa drei Bogenminuten auf; damit ist er nur halb so leistungsfähig wie Ihr Auge. Um mit den großen optischen Teleskopen, die in der Wellenlänge des grünen Lichts optimiert sind, konkurrieren zu können, müßte sich der Radioastronom einer Antennenschüssel mit einem Durchmesser von 16 bis 32 Kilometern bedienen. Immer größere Teleskope zu bauen und auf immer kürzere Wellenlängen überzugehen erweist sich sehr schnell als undurchführbar. Doch es gibt eine lange Liste von Beobachtungen, die sich am günstigsten mit großen, voll steuerbaren Parabolantennen anstellen lassen. Der prominenteste Verfechter eines großen Parabolspiegels in den fünfziger Jahren war der britische Astronom Sir Bernard Lovell. Seit dem Jahr 1945, als er seine ehemalige Militär-Radarausrüstung nach Jodrell Bank gebracht hatte, trat Lovell als entschiedener Fürsprecher immer größerer Teleskope auf. Viele Jahre lang galt sein riesiges 76-m-Mark-I-Teleskop als die größte bewegliche Parabolantenne der Welt. Doch während er in England um Unterstützung für den Bau eines noch größeren Teleskops, des Mark V, kämpfte, waren Wissenschaftler und Ingenieure in Deutschland gerade dabei, einen glänzend durchdachten neuen Entwurf für ein 100-m-Teleskop auszuarbeiten, das seine parabolische Form in jeder Elevationsausrichtung auf einen Millimeter genau beibehalten konnte.

Die deutschen Ingenieure erkannten, daß sich eine derart gewaltige Struktur durchbiegen und bei einer Drehung aus der gerade noch zulässigen Formtoleranz heraussacken mußte, ganz gleich, wie viele Stahlverstrebungen man zur Verbesserung seiner Steifigkeit auch hinzufügen mochte. Damals arbeitete Sebastian Hoerner, ein deutscher Wissenschaftler, am National Radio Astronomy Observatory von Greenbank in West Virginia. Mit Hilfe von Computermodellen zeigte er, daß es möglich war, Strukturen zu entwerfen, die starken Gravitationsbelastungen trotzen können und stets in einer beinahe perfekten, parabolischen Form verbleiben. Mit seinem sogenannten »homologischen Prinzip« führte er selbständige Justiervorrichtungen an der Oberfläche ein, die zwar eine Veränderung der Brennweite zuließen, die Reflektorform aber stets aufrechterhielten.

1968 wurden die deutschen Ingenieure damit beauftragt, das 100-m-Teleskop in Effelsberg, 40 km südwestlich von Bonn, nach diesem homologischen Prinzip zu errichten. Nach seiner Fertigstellung im Jahre 1970 reichte seine Oberfläche in allen Antennenpositionen an den wahren Paraboloid bis auf 0,22 mm heran, obwohl im Oberflächenbereich Durchbiegungen von bis zu 10 cm auftraten. Der Erfolg der Bonner Parabolantenne brachte Lovell zu der Überzeugung, daß sein geplantes Mark-V-Teleskop nicht mehr konkurrenzfähig war; die britischen Astronomen wandten sich dem Entwurf von Interferometern zu.

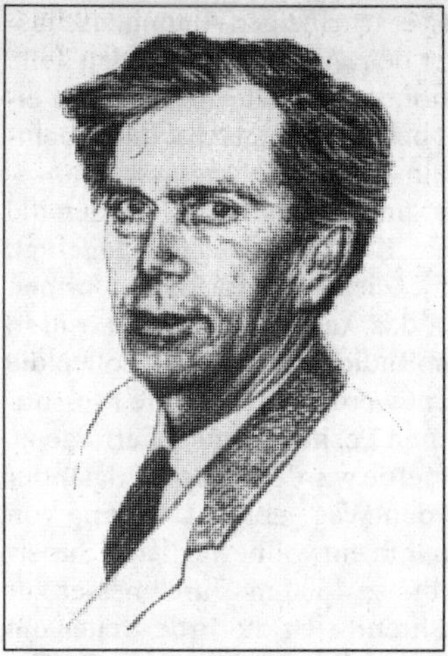

Abbildung 20. Martin Ryle (1918-1986). Martin Ryles Laufbahn wurde gekrönt durch die Entwicklung einer Radiointerferometrie mit bemerkenswert feiner Auflösung, wodurch letztlich mittels Apertursynthese äußerst detaillierte Abbildungen möglich wurden. Durch den Einsatz seines ersten, bescheidenen, aus zwei Elementen bestehenden Interferometers zeigte Ryle 1948, daß die sehr weit entfernte, kräftige Radioquelle im Cygnus eine äußerst geringe Winkelausdehnung aufweist. Zusammen mit einer Gruppe von Studenten baute er bald darauf ein empfindlicheres Interferometer und lokalisierte etwa 50 diskrete »Radiosterne«, die offenbar mit keinem bekannten optischen Objekt zusammenfielen.

Während die meisten Radioastronomen die Absicht verfolgten, immer größere Parabolspiegel zu bauen, fuhr Ryle fort, die Radiointerferometrie zu nutzen, und das mit vergleichsweise bescheidenen Mitteln. 1955 konstruierte er ein aus vier Elementen zusammengesetztes Interferometer mit parabolischen Trogreflektoren, die wiederum aus 36 Sektionen bestanden. Um das Gerät in Deklination zu steuern, mußten die Segmente durch drei Personen manuell justiert werden – durch Drücken, Ziehen und durch ein Einklinken in die gewünschte Position. Mit diesem relativ simplen Instrument erfolgte die eindrucksvolle 3C- (3. Cambridge) Durchmusterung. Im Jahr 1971 stellte Ryle sein leistungsfähigstes Instrument fertig, ein 5-Kilometer-Interferometer, das sich acht parabolischer Antennen bediente, von denen sich vier auf Eisenbahngleisen verschieben ließen. Seine Auflösung betrug 0,6 Bogensekunden, und es wurde damit eine Fülle feiner Details der Struktur von Radiogalaxien entschleiert. 1974 teilte sich Ryle mit Antony Hewish, der für die Entdeckung der Pulsare geehrt wurde, den Nobelpreis.

Aufspaltung und Rekombination des Radiobildes

Die Radiointerferometer waren ein geradezu phänomenaler Erfolg. Sie sind heutzutage in der Lage, Einzelheiten zu enthüllen, die tausendmal kleiner sind als diejenigen, die das beste optische Fernrohr zu erreichen imstande ist. Im Prinzip könnte man ein Radioteleskop in zwei Hälften zersägen und die beiden Fragmente weit voneinander entfernt wieder aufstellen. Wenn sich die Signale in ausreichender Qualität kombinieren ließen, würde das

zertrennte Teleskop die Auflösung einer einzigen Antennenschüssel aufweisen, deren Durchmesser dem Abstand der beiden Teile entspräche. Das einfachste Radiointerferometer besteht aus einem Antennenpaar, das in einem beträchtlichen Abstand voneinander aufgestellt und an ein gemeinsames Empfangssystem angeschlossen wird. Nach der Verstärkung und Filterung werden die Signale beider Antennen in einem Korrelator zusammengefügt. Wenn die zwei Antennen dasselbe Zielobjekt verfolgen, formen die Signale ein Interferenzmuster, das Angaben über die Position und die Struktur der untersuchten Radioquelle enthält. Sollen die Umrisse der Radioquelle bestimmt werden, müssen die Messungen unter zahlreichen verschiedenen Positionswinkeln erfolgen.
Das Konzept der Radiointerferometrie wurde von dem Engländer Martin Ryle entwickelt und auf den Weg gebracht. Er ging von folgender Überlegung aus: Wenn ihm ein vollbewegliches Superteleskop mit einer Öffnung von bis zu 1600 m Durchmesser zur Verfügung stünde, könnte er, während sich die Erde weiter um ihre Achse dreht, das Teleskop so ausrichten, daß sich eine Radioquelle aus sämtlichen Blickwinkeln so lange beobachten ließe, bis man schließlich eine detaillierte Karte ihrer Struktur hätte. Da sich ein einzelner Radiospiegel mit 1600 m Durchmesser selbstverständlich nicht realisieren läßt, zielte die Idee Ryles auf eine »Apertursynthese« ab, also auf den Einsatz zweier Teleskope für eine große Anzahl von Beobachtungen über etliche Tage hinweg, wobei diese Instrumente in alle möglichen Positionen innerhalb eines Gebiets von 1600 m Durchmesser gebracht werden sollten. Wenn die Teleskope umherkutschiert würden und dabei immer auf ein und dasselbe Radioobjekt ausgerichtet blieben, würden sie allmählich die Signale sammeln, die von einem einzigen Teleskop mit einer Öffnung empfangen werden könnten, die ihrem Aktionsbereich entsprach.
Bereits recht früh erhielt Ryle einen Zuschuß, um einen primitiven zylindrischen Parabolreflektor aus Drähten formen zu können. Durch die Plazierung eines kleineren Instruments an verschiedenen Orten in der Umgebung der ersten Antenne zeigte er, wie eine Folge kombinierter Beobachtungen die Leistung eines Teleskops mit einer wesentlich größeren Öffnung simulieren kann. Als nächstes erhielt er finanzielle Unterstützung für zwei 15,8-m-Paraboloide mit fester Aufstellung sowie für eine dritte, bewegliche Antenne, die man auf einem Eisenbahngleis hin- und herfahren

Abbildung 21. Das »Very Large Array« (die »Sehr große Anlage«, VLA) wird aus 27 identischen Radioparabolantennen, die jeweils 24,9 m Durchmesser aufweisen, gebildet. Zusammengenommen simulieren sie die Auflösung eines Teleskops mit einem Durchmesser von 32 km. Ein jedes Teleskop wiegt 215 Tonnen und wird auf Eisenbahnschienen verschoben, die auf dem Boden eines ausgetrockneten Sees in der Ebene von San Augustin (Neu-Mexiko) gemäß der Form eines »Y« verlegt worden sind (siehe oberes Photo). Hochgradig aufgelöste Radiobilder starker Quellen werden innerhalb von ein paar Minuten hergestellt - kein Vergleich also zu den mindestens 10 Stunden, die hierfür früher von Radiointerferometern benötigt wurden, die nur über einige wenige Parabolantennen verfügten. (National Radio Astronomy Observatory)

konnte. Er sagte voraus, es lasse sich damit eine Auflösung erzielen, die um das Zweihundertfache höher sei als alles, was bisher auf diesem Gebiet erreicht worden war. Nach seiner Fertigstellung wurde das Instrument unter dem Namen »One Mile Telescope« bekannt. In der endgültigen Ausführung wurden zwei Teleskope auf einer Ost-West-Linie im Abstand von 1520 Metern aufgestellt, und das dritte zog man mit einem Dieseltraktor auf einer Schiene dazwischen umher. Natürlich simulierten die beiden auf einer Linie stehenden Teleskope nur eine schmale synthetische Öffnung, doch während jeder der 24stündigen Rotationsphasen der Erde vollzogen die Fernrohrachsen eine ganze Umdrehung. Auf diese Weise ließ sich an jedem halben Tag ein ovaler Ring synthetisieren; um die gesamte Öffnung aufzufüllen, wurde das dritte Teleskop 64 Tage lang jeden Tag an eine andere Stelle gebracht.

Drei Jahre nach dem Baubeginn im Jahr 1962 war es Ryle möglich, die Richtigkeit seiner Vorhersagen zu demonstrieren. Sein Drei-Elemente-Interferometer bewährte sich glänzend. 1974 erhielt Ryle den Nobelpreis.

Heutzutage gilt das »Very Large Array« (VLA, die »Sehr große Anlage«) in der Wüste Neu-Mexikos als das leistungsfähigste Interferometer. Es handelt sich dabei vermutlich um das einzige Grundstück in den ländlichen Gegenden der Vereinigten Staaten, das wirklich bis zum letzten Winkel genutzt wird. Ein paar Dutzend Kilometer westlich der Stadt Socorro bietet sich dem Betrachter ein surrealistisches Bild: 27 schüsselförmige Antennen stehen über etliche Kilometer aufgereiht in der Wüstenebene von San Augustin. Verkehrspiloten, die das VLA überfliegen, haben es »Pilzplatz« getauft. Erstmals verfügen die Radioastronomen über eine hohe Winkelauflösung, und es sind ihnen Bilddetails zugänglich, die dem Besten gleichkommen, was optische Fernrohre zu liefern vermögen. Wenn die Teleskope in ihrer am weitesten aufgefächerten Konfiguration Aufstellung genommen haben, liegt ihre Auflösung unter einer Bogensekunde. Bei den kompakteren Arrangements dienen sie als eine Art Weitwinkelobjektiv, um ausgedehntere Objekte, wie beispielsweise Nebel, ohne Verlust an Empfindlichkeit zu beobachten.

Die Antennen des VLA lassen sich sehr schnell zu einer Apertursynthese zusammenfügen, um damit eine einzige Riesenantenne zu simulieren. Blickt man von weit draußen im Weltraum auf das

VLA herab, dann ist jede Antennenschüssel Bestandteil zahlreicher Paare. Die 27 Reflektoren bilden dann insgesamt 351 Paare (27 x 26 : 2). Im Laufe der Zeit rotiert das VLA auf der Erde mit, und seine Basislinien drehen sich weiter; sie füllen nach und nach ein Gebiet innerhalb der Anlage auf. Bereits nach wenigen Stunden synthetisieren Tausende verschiedener Basislinien-Richtungen eine Antenne, die die Auffangfläche eines Reflektors mit 130 m Durchmesser umfaßt, dabei jedoch die Auflösung eines Teleskops mit knapp 34 km Durchmesser aufweist.
Erst die Fortschritte in der Computertechnik haben die Arbeit des VLA möglich gemacht. In jeder Sekunde muß der Zentralrechner eine Million Bits an Daten entgegennehmen, die aus einem 64 km langen System aus Hohlleitern, die im Wüstenboden ruhen, heranströmen. Während einer typischen 12stündigen Beobachtungsperiode zeichnen drei Computermagnetbänder so viele digitale Informationen auf, daß man damit die Telephonbücher von einem Dutzend Großstädten füllen könnte.

Teleskope so groß wie die Erde

Der Winkel, unter dem die Kerne von Radiogalaxien erscheinen, beträgt weniger als eine tausendstel Bogensekunde; dies liegt um die Faktoren 100 bis 1000 unter der Grenze des Auflösungsvermögens des VLA. Um Radiobilder im Meßbereich von 10^{-3} Bogensekunden herstellen zu können, benötigt man Fernrohrdimensionen vom Ausmaß unseres Planeten.
Wählt man die Antennenabstände jedoch wesentlich größer als beim VLA, so steigen die Kosten für die Zusammenschaltung der Antennen mittels Überlandleitungen exorbitant an. Außerdem entsteht eine Reihe praktischer Hindernisse; zum Beispiel: Wie führe ich eine solche Leitung über Flüsse und Gebirge?
Eine Datenübertragung per Richtfunk ist im Prinzip ohne Einschränkungen denkbar, doch müßte ungefähr alle 50 km eine Relaisstation errichtet werden; wenn das Antennensystem einen ganzen Kontinent umspannen soll, steigen die Kosten ins Unannehmbare. Man könnte für diese Aufgabe auch einen Fernmeldesatelliten vorsehen, doch der Betrieb eines Antennensystems großer Bandbreite würde die volle Kapaziät eines modernen Kommunikationssatelliten mit Beschlag belegen. Das Problem

findet seine Lösung in der Trennung der einzelnen Interferometer-Elemente bei gleichzeitiger Aufrechterhaltung der Realzeitsynchronisation.
Ende der sechziger Jahre begannen Arbeitsgruppen in den Vereinigten Staaten und in Kanada mit Experimenten, die sich mit Signalen beschäftigten, die von weit auseinanderstehenden Teleskopen synchron auf Magnetband festgehalten worden waren. Diese Bänder wurden zu einem Zentralrechner gebracht und dort miteinander kombiniert. Man benötigte an jedem Antennenstandort extrem genaue Atomuhren, um sicherzustellen, daß die Aufnahmen im Toleranzbereich von einer Mikrosekunde miteinander synchronisiert werden konnten. Solche Atomuhren weichen im Lauf von Jahrmillionen um weniger als eine Sekunde ab. Jedes weniger präzise Gegenstück würde es unmöglich machen, ein brauchbares Bild herzustellen. Dieser Lösungsansatz dient als Grundlage für das Prinzip der »Very Long Baseline Interferometry« (VLBI, »Interferometrie mit sehr großen Basislängen«).
Kenneth Kellermann vom National Radio Astronomy Observatory in Greenbank, West Virginia, kann von den technischen und bürokratischen Hindernissen ein Lied singen, die zu überwinden waren, als eine Verbindung mit dem Astrophysikalischen Observatorium der Krim am Schwarzen Meer hergestellt werden sollte. Nur durch geradezu heroische Anstrengungen der Wissenschaftler konnte das Projekt trotz aller Schwierigkeiten verwirklicht werden. Auf dem Weg zur Krim fiel die Batterie in der aus den USA stammenden Atomuhr aus - die Uhr blieb stehen. Schwedische Radioastronomen reagierten sofort. Sie flogen mit einer Uhr von Stockholm nach Leningrad und händigten sie Kellermann aus.
Seit jenen Tagen sind zahlreiche Messungen durchgeführt worden, und man bediente sich der entliehenen Zeit wohl an einem halben Dutzend über Nordamerika und Europa verstreuter Antennenschüsseln. Die sehr großen Abstände simulieren eine Antenne von nahezu globalen Ausmaßen. Doch die Koordination verschiedener Teleskope - an einem Versuch wirkten sage und schreibe 18 mit! - kann sehr kompliziert werden, und die Aufbereitung und Korrelation der sich bis zu einer Billion Bits auftürmenden Datenmassen nimmt unter Umständen Wochen in Anspruch.
Das VLA mit seiner gut funktionierenden Automatik braucht für die Herstellung eines Bildcs etwas mehr als eine Stunde und eignet

sich am besten für die Kartierung der Gesamtstruktur einer Radiogalaxis. Das VLBI arbeitet erheblich langsamer, hat jedoch größere Reichweite und vermag feinere Einzelheiten in den Kernen von Radiogalaxien und Quasaren auszumachen – Gebieten mit einem Durchmesser von nur ein paar Lichtjahren. Die Auflösung läßt sich vergleichen mit der Fähigkeit, eine Zeitung aus 2000 km Distanz lesen zu können. Die Astronomen in den USA sind gerade dabei, die Konstruktion eines »Very Long Baseline Array« (VLBA, »Antennensystem mit sehr langen Basislinien«) in Angriff zu nehmen. Dieses VLBA soll 10 Parabolantennen umfassen und die gesamte Breite des Kontinents überziehen. Man plant das VLBA als ein Netz von 25-m-Teleskopen, wie man sie auch beim VLA findet, und zwar mit Beobachtungsorten auf Hawaii, in Washington, Kalifornien, Arizona, Neu-Mexiko, Iowa, Texas, Massachusetts sowie auf Puerto Rico. Jede Bewegung eines jeden Parabolspiegels wird von einem Hauptrechner in Socorro kontrolliert. Das Ziel besteht darin, mit diesem System eine Wellenlänge von 7 mm oder darunter zu erreichen. Je kürzer nämlich die Wellenlänge ist, desto weiter kann man in die Kerne der Galaxien vordringen. Die Konstrukteure hoffen, letztlich bis auf 3 mm heruntergehen zu können.

Wenn die Erde zu klein wird

Nachdem die irdischen Interferometer bis an die Grenzen unseres Planeten vorgestoßen sind, läßt sich eine weitere Steigerung des Auflösungsvermögens nur noch dadurch erreichen, daß man das VLBI in den Raum hinaus ausdehnt. Ein erster Schritt könnte in der Entwicklung einer Großantenne auf dem Space Shuttle bestehen, um zu demonstrieren, wie sich eine Antenne im Weltraum mit schon bestehenden Anlagen auf der Erde kombinieren läßt. Als nächstes könnte eine frei fliegende Antennen-Mission folgen, die man in Europa und den USA »Projekt Quasat« und in der Sowjetunion »Radioastron« getauft hat. Auf einer elliptischen Umlaufbahn, die sich bis zu 16000 km von der Erde weg erstreckt, könnte eine 15-m-Parabolantenne die gegenwärtige VLBI-Auflösung mindestens um den Faktor 3 verbessern; dies würde etwa einem Sechzigstel einer Bogensekunde entsprechen. Für die Erforschung der innersten Bereiche von aktiven Galaxien bräuchte

man eine Auflösung von einer millionstel Bogensekunde. Da dieses Orbitalteleskop um die Erde kreisen würde, könnte es die Funktion einer Vielzahl von verschiedenen Antennen übernehmen, die entlang der Umlaufbahn postiert sind, was eine äußerst hochwertige Bildsynthese gestatten würde.
Die Radioastronomen träumen schon heute von einem »Astro-Array«, doch es wird noch mehrere Jahrzehnte dauern, bis sich alle dafür benötigten Antennen im All befinden. 30 Radioantennen würden auf 96 000-km-Orbits um die Erde herumparadieren; sie befänden sich etwa auf einem Viertel des Weges zum Mond. Alle 30 Parabolantennen würden ihre Informationen kombinieren und somit einem einzigen Teleskop gleichen, das einen Durchmesser von 192 000 km hätte. So phantastisch eine solche Anlage auch erscheinen mag, die dafür erforderlichen Technologien sind im Prinzip lediglich Erweiterungen unserer aktuellen Möglichkeiten.
Wenn die Beschreibung von weit draußen im Weltraum arbeitenden Radioteleskopen wie eine Zukunftsvision anmuten mag, nimmt sie sich doch immer noch bescheiden aus im Vergleich zu radioastronomischen Projekten auf der Mondoberfläche. Pläne für bemannte Mondstationen werden vor allem von denjenigen geschmiedet, die eine von Astronauten ausgeübte Forschungstätigkeit als die Form von Raumfahrt betrachten, für die die breite Öffentlichkeit und die Politiker am ehesten zu erwärmen sind. Sie sehen den Weltraum als eine Arena an, in der ein prestigeträchtiger Wettkampf zwischen den Großmächten tobt. Doch die Radioastronomen wären schon froh, wenn sich die Gelegenheit ergäbe, von astronautischen Bautrupps Observatorien auf dem Mond für rein wissenschaftliche Aufgaben einrichten zu lassen. Diese Observatorien könnten, abgesehen von gelegentlichen Wartungsarbeiten, unbemannt betrieben werden. Während die durch Sauerstoff und Wasserdampf bedingte atmosphärische Absorption einer erdgebundenen Beobachtung im Bereich der Millimeter- und Submillimeterwellen Grenzen setzt, beseitigt das Vakuum auf dem Mond diese Hindernisse. Auf der Rückseite des Mondes wäre ein Radioteleskop von allen Funkstörungen, die die irdischen Regionen überfluten, abgeschirmt. Auf dem Mond finden sich zahlreiche Formationen, aus denen sich Vorteile ziehen ließen. Große Teleskope könnte man in Krater unweit der lunaren Pole einbetten, denn dort wären Schutzschilde gegen die Sonnenstrahlung zur Ver-

minderung thermischer Verformungen kaum noch nötig. Ein Mondkrater könnte eine Parabolantenne ähnlich der des Arecibo-Teleskops stützen. Man könnte sie in großen Segmenten bauen, ihre Form ließe sich durch einen Rechner kontrollieren. Das Material für den Reflektor des Teleskops - vor allem plastikverstärkte Kohlenstoff-Fasern - könnte auf dem Mond gewonnen und bearbeitet werden. Befürworter dieser Ideen glauben, daß sich mit einer aktiven Optik möglicherweise eine Oberflächengenauigkeit von ein paar Mikron erreichen läßt; damit wäre eine Auflösung von weniger als 0,1 Bogensekunden denkbar.

Im Augenblick freilich gehört die Astronomie auf dem Mond noch eher ins Reich der Phantasie als in das Gebiet realistischen Denkens. Zeitgenossen, die von einer Besiedlung des Mondes schwärmen, sollten sich davon nicht abschrecken lassen, sich, was die Verwirklichung ihrer Visionen angeht, jedoch bis nach der Jahrtausendwende gedulden.

Das kalte infrarote Universum

Die Infrarotstrahlung wurde im Jahre 1800 von Friedrich Wilhelm Herschel entdeckt und benannt. Er plazierte an den verschiedenen Farben des Sonnenspektrums ein Thermometer und bestimmte die entsprechenden Temperaturen. Zu seiner Überraschung traf auch jenseits der roten Grenze des sichtbaren Spektrums noch Wärme auf das Thermometer.

Thomas Alva Edisons Interesse an der Astronomie hatte sich bereits vor seinem abgebrochenen Versuch, mit dem er dem solaren Radiorauschen auf den Grund zu kommen gedachte und von dem weiter oben schon die Rede war, gezeigt. Er erfand einen empfindlichen Infrarotdetektor und stellte ihn in einem Hühnerstall in Wyoming auf, um die Sonnenfinsternis von 1878 zu beobachten. Doch als die Finsternis einsetzte, kamen die Hühner herein und warfen seine Pläne buchstäblich über den Haufen. Die Totalität ging vorbei, ohne daß er mehr als einen flüchtigen Blick davon erhaschen konnte.

Die Astronomen von heute studieren das gesamte Infrarotspektrum vom sichtbaren Rotlicht bis zu den Radiomikrowellen, also von 7000 Ångström (0,7 Mikron) bis zu einem Millimeter Wellenlänge. Im Vergleich zum sichtbaren Spektralband beinhaltet das

Infrarotlicht einen um das Tausendfache breiteren Wellenlängenbereich. Außerdem spielt bei ihm die höchst unterschiedliche spektrale Transparenz unserer Atmosphäre eine Rolle. Der »Smog« aus atmosphärischem Wasserdampf und Kohlendioxid ist Gift für die Infrarotastronomen, doch bleiben wenigstens ein paar einigermaßen durchsichtige »Fenster« bei verschiedenen Wellenlängen geöffnet.

Zwischen der optischen und der Infrarotastronomie gibt es keine grundlegenden Unterschiede, bis auf den, daß unser Auge jenseits von 0,7 Mikron blind ist. Sämtliche Objekte, welche Temperaturen sie auch haben mögen, senden Strahlung aus: Heiße Sterne strahlen im sichtbaren Spektralbereich, kalte Körper leuchten im Infraroten. Menschen senden durchschnittlich 50 Watt Wärme aus (langwelliges Infrarot), doch wir können einander nur im reflektierten, sichtbaren Licht erkennen; auch die Planeten sehen wir nur im reflektierten Sonnenlicht. Im photographischen Infrarot, von 0,7 bis etwa 1,1 Mikron, gleicht der Anblick des Himmels dem des im sichtbaren Spektrum erscheinenden Firmaments - nur sind die hellsten Sterne deutlich lichtschwächer.

Woher kommt das besondere Interesse an der Infrarotstrahlung? Der interstellare Raum enthält einen feinen Ruß, auf eine Million Kubikmeter Raum entfallen zwei Staubkörnchen. Dies scheint auf den ersten Blick nicht besonders viel zu sein, doch das sichtbare Licht wird auf seiner Reise vom galaktischen Zentrum bis zur Sonne (30000 Lichtjahre) um den Faktor 1 Billion schwächer. Der zentrale Bereich der Milchstraße ist somit unseren Blicken völlig entzogen. Bei den größeren IR-Wellenlängen kann die Strahlung die Entfernung vom Zentrum unserer Galaxis bis zur Sonne überwinden. Bereits bei der relativ kurzen IR-Wellenlänge von 2,2 Mikron beträgt die Trübung nur noch das Sechzehnfache.

Der Orionnebel ist eine Kinderstube voller soeben geborener Sterne, die in Kokons von Staub und Gas eingehüllt sind; diese Hüllen sind für sichtbares Licht absolut undurchlässig, doch eine Beobachtung im Infraroten ist ohne weiteres möglich. Dem Infrarot kommt insbesondere bei den entferntesten Galaxien und Quasaren zentrale Bedeutung zu, ist doch deren unvorstellbar grelles optisches und ultraviolettes Licht infolge des Dopplereffekts weit ins Infrarote verschoben. Ein weiterer Vorteil des IR besteht in der besseren Sichtqualität, denn die atmosphärische Verzerrung des Sternenlichts nimmt mit größeren Wellenlängen merklich ab.

Die avanciertesten Forschungen auf dem Gebiet der Infrarotastronomie lassen sich nicht mehr auf photographischem Wege durchführen; ihre Erfolge sind vielmehr den technologischen Fortschritten bei der Erfassung der IR-Strahlung zuzuschreiben. Unter den ersten Detektoren, die im nahen Infrarot zur Anwendung kamen, befanden sich die Bolometer. Moderne Bolometer sind eine Billion mal empfindlicher als handelsübliche Thermometer. Im Prinzip ist ein Bolometer ein Stückchen Materie, dessen elektrischer Widerstand sich mit der Temperatur verändert. Weil für seinen Betrieb sehr niedrige Temperaturen erforderlich sind, wird es in eine mit flüssigem Helium gefüllte Vakuumflasche plaziert. Das Sternenlicht tritt durch ein kleines Fenster in der Wandung dieser Dewar-Flasche ein und erhöht die Temperatur des Bolometers. Das vom Stern kommende Signal muß vom Himmelshintergrund und von der Eigenstrahlung der Teleskopstruktur unterschieden werden. Um den Anteil der Hintergrundstrahlung zu bestimmen, richtet man das Teleskop knapp neben das Objekt aus und mißt wieder das eintreffende Signal, das nun dem leeren Himmel, den Vorrichtungen, die den Detektor umgeben, und allen anderen Quellen, die zur »Verunreinigung« der ersten Beobachtung beigetragen hatten, entstammt. Nach der Subtraktion der zweiten Messung von der ersten ergibt das Resultat das Maß für das Objekt selbst. Leider läuft die Sache in der Praxis nicht ganz so einfach, wie es hier den Anschein haben mag. Jedes Staubkörnchen, das vor dem Fernrohr vorüberschwebt, strahlt im Infraroten. Insekten, wie zum Beispiel Motten, können äußerst starke Störsignale auslösen. Während einer IR-Mission des Space Shuttle driftete ein kleines, verirrtes Stückchen Mylar-Plastikfolienabfall ins Gesichtsfeld des Teleskops und legte mit seiner Infrarotstrahlung die Detektoren lahm.
Die moderne IR-Detektor- und Bilderfassungstechnologie galt bis vor kurzem noch als eine Domäne der Militärs; mittlerweile jedoch ist sie größtenteils aus der Geheimhaltung herausgefallen. Davon hat die Astronomie enorm profitiert. Halbleiter-Mikrochips von der Größe eines Fingernagels werden aus verschiedensten Substanzen hergestellt, die eine einzigartige Sensibilität bei verschiedenen Wellenlängen aufweisen (siehe auch Abbildung 22). Anordnungen von Chips wurden zu Abbildungsformaten von bis zu 64 x 64 Pixels zusammengestellt. Eine Sensibilität für ferne IR-Strahlung erreicht man durch Kristalle aus reinem Germani-

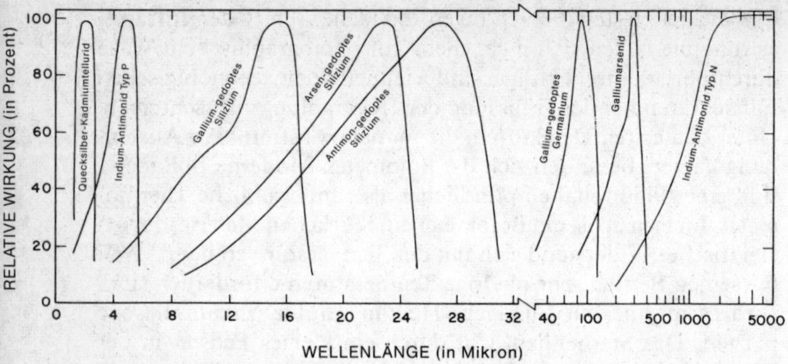

Abbildung 22. Hier sind die Materialien aufgeführt, die in Infrarotdetektorgeräten zum Einsatz kommen. Silizium, das mit verschiedenen Verunreinigungen »gedopt« worden ist, spricht auf das nahe und mittlere Infrarot an. »Gedoptes« Germanium deckt die Submillimeter-Wellenlängen ab.
Übersetzung der Begriffe in der Graphik von links nach rechts: Relative Wirkung (in Prozent); Quecksilber-Kadmiumtellurid; Indium-Antimonid Typ P; Gallium-gedoptes Silizium; Arsen-gedoptes Silizium; Antimon-gedoptes Silizium; Gallium-gedoptes Germanium; Galliumarsenid; Indium-Antimonid Typ N. Unten: Wellenlänge (in Mikron)

um, die mit Spuren von Kupfer, Quecksilber oder Gallium geimpft werden. Jede Beimengung liefert ganz charakteristische Wellenlängenmerkmale. Ein Herunterkühlen auf die Temperatur flüssigen Heliums drängt den thermischen Hintergrund weitestgehend zurück und ermöglicht eine enorme Verbesserung im Verhältnis Signal/Hintergrundrauschen.
Die unlängst abgeschlossene, ungemein erfolgreiche Mission des Infrared Astronomical Satellite (IRAS) war von einem mit US-Amerikanern, Holländern und Briten besetzten Konsortium vorbereitet worden. Der 1018,8 kg wiegende IRAS suchte den Infrarothimmel im Jahre 1983 zehn Monate lang ab und identifizierte mehr als 250000 himmlische IR-Quellen. Zweimal täglich überflog der Satellit die Bodenstation Chilton in England und lud dabei jedesmal Daten in der Größenordnung von 350 Millionen Bits ab. Gerry Neugebauer, einer der führenden Wissenschaftler bei diesem Teleskopprojekt, schätzte, daß IRAS über Kalifornien die IR-Emission eines Baseballs hätte registrieren können, falls es ihm – Neugebauer – gelungen wäre, diesen über New York in eine ausreichend große Höhe zu schleudern.

Abbildung 23. Der Infrared Astronomy Satellite (IRAS). Um die Detektoren vom Strahlungsfeld des Satelliten abzuschirmen, wurde das gesamte Teleskop in einer umfangreichen Dewar-Flasche voll flüssigem Helium auf Temperaturen heruntergekühlt, die knapp über dem absoluten Nullpunkt lagen. Eine goldbeschichtete Sonnenblende hielt die Sonnenwärme von den Detektoren fern. (Jet Propulsion Laboratory)

Als sich die IRAS-Optik auf den jungen, 27 Lichtjahre von der Erde entfernten Stern Wega scharf stellte, entdeckte sie etwas, was einem Protoplanetensystem ähnlich sah. Dieses System erstreckt sich bis in eine Entfernung von etwa 24 Millionen Kilometer von der Wega und hat die Form eines Rings aus »krümeligen« Teilchen verschiedenster Größe.

Insgesamt fand IRAS innerhalb einer Distanz von 75 Lichtjahren an die vierzig Sterne, die ähnlich wie die Wega Ringe aus protoplanetarischem Material aufweisen. Das Satellitenteleskop beobachtete auch Infrarot-Schweife an Kometen und erfaßte Signale von etwa 20000 Asteroiden. Neben vielen weiteren überraschenden Entdeckungen stieß man auf eigenartige »Infrarot-Cirrusformationen«, faserige Wolken interstellaren Staubs, die die galaktische Ebene durchziehen, und verschiedene weitere Objekte, die sich mit Begriffen wie »Strähnen«, »Finger«, »Knoten« und

»Klumpen« charakterisieren lassen. Galaxien voller berstender Sonnen tauchten auf, und ihre Helligkeit lag in den IR-Wellenlängen um eine oder mehrere Größenklassen über derjenigen des optischen Bereichs. Diese IRAS-Galaxien sind noch zahlreicher als die Quasare und zeigen eine ganz ähnlich Energieabstrahlung. Eine außerordentliche Bedeutung für zukünftige astronomische Missionen dürfte dem »Large Deployable Reflector« (LDR, »Der große zusammenzubauende Reflektor«) zukommen. Er ist für die Arbeit im fernen Infrarot und in den Submillimeterbereichen vorgesehen. Das gigantische Teleskop weist 20 bis 30 m Durchmesser auf und wird aus 96 strukturellen Sektionen sowie aus einem Mosaik von 49 Glasspiegelsegmenten zusammengefügt. Um sämtliche Bauteile des Teleskops in die Umlaufbahn zu bringen, wären fünf Shuttle-Flüge erforderlich; und es müßten 100 Tage Bauzeit für eine damit verbundene Raumstation veranschlagt werden.

Der LDR würde die Lichtsammelleistung im Vergleich zu den meisten heute im Einsatz befindlichen 1-m-Teleskopen um das Vierhundert- bis Neunhundertfache steigern. Er wäre außerdem hervorragend geeignet für das Studium der im fernen Infrarot liegenden Spektralbereiche, die einige der energiereichsten Emissionsgebiete am Himmel umfassen. Des weiteren erhofft man sich vom LDR die Möglichkeit, Unregelmäßigkeiten der Hintergrundstrahlung untersuchen zu können, die von den neuartigen Modellen eines »inflationären Universums« vorhergesagt werden (worauf im Kapitel 7 näher eingegangen wird). Diese Diskontinuitäten kommen entlang schmaler Fasern (»Strings«) oder im Bereich von Gebietsabgrenzungen vor, die sich über ungeheure Entfernungen durchs Universum hinziehen. Eine andere Aufgabe für den LDR wäre die Untersuchung von Dunkelwolken, von denen einige Forscher glauben, sie hätten entscheidenden Anteil an der unsichtbaren Masse in unserer Galaxis und in extragalaktischen Systemen. Quasare und Galaxien, die sich in den frühesten Epochen gebildet haben, dürften im IR-Erfassungsbereich des LDR am hellsten erscheinen.

3 Das turbulente Universum der Hochenergieastronomie

Einem klassischen Astronomen aus der Zeit vor 1945 wäre die Vorstellung, daß etliche der dramatischsten Entwicklungen in der Astronomie etwas mit Röntgenstrahlen zu tun haben könnten, wohl mehr als abwegig erschienen. Die überraschenden Entdeckungen auf diesem Gebiet in den sechziger Jahren versetzten sogar die zuversichtlichsten Pioniere der Raketenastronomie in Erstaunen. Weil die Röntgenstrahlen eine hochenergetische Form der elektromagnetischen Strahlen darstellen, war selbstverständlich anzunehmen, daß sie heftigen Prozessen in der Umgebung von Supersternen, kollabierten Sonnen und Schwarzen Löchern entstammen. Doch die Entdeckung eines unsichtbaren, »heißen« Universums voller Röntgenquellen, die millionenmal heller strahlen als im sichtbaren Licht, kam völlig unerwartet. Unsere Sonne, vor 1962 der einzig bekannte Röntgenstern, ist im Röntgenbereich normalerweise eine Million Mal lichtschwächer als im sichtbaren Licht. Ganz anders als der ewig unveränderliche Himmel der sichtbaren Sterne, flackert, blitzt und pulsiert der Röntgenhimmel mit einer weiten Varianz sämtlicher Zeitskalen von Mikrosekunden bis zu Jahren. In den wirbelnden Teilchenansammlungen, die auf Neutronensterne und Schwarze Löcher hinunterstrudeln, und in den weiten Ozeanen aus Gas, die die Räume zwischen den großen Galaxienhaufen ausfüllen, wurden Temperaturen von mehreren zehn bis zu Hunderten von Millionen Grad gemessen.

Die im Labor erfolgte Entdeckung der Röntgenstrahlen durch den deutschen Physiker Wilhelm Röntgen wird sich demnächst zum hundertsten Mal jähren. Dazu passend wurde das neueste Röntgenobservatorium ROSAT, die Abkürzung für »Röntgen-Satellit«, getauft; der Start dieses Satelliten erfolgte am 1. Juni 1990, also fünf Jahre vor dem großen Jubiliäumstermin.

1894 richtete Röntgen sein Interesse auf Experimente mit Kathodenstrahlröhren, und ein Jahr darauf entdeckte er die nach ihm benannten Strahlen.

Mehrere Jahrzehnte hindurch blieben die Kathodenstrahlen, die man mittels der sogenannten Crookesschen Röhre erzeugen konnte, ein beliebtes Studienobjekt. Diese Röhre bestand aus einer einfachen Anordnung zweier Elektroden in einem evakuierten Glasbehälter; an die Elektroden konnte eine hohe Spannung angelegt werden. Es handelte sich dabei um einen primitiven Vorläufer unserer modernen Kathodenstrahl- und Fernsehröhren. Die Elektronen wurden von der negativ geladenen Platte zur positiv geladenen hin beschleunigt und erzeugten beim Aufprall auf die gläserne Wandung ein fluoreszierendes Leuchten. Als Röntgen mit seinen Versuchen begann, wußte man bereits, daß ein mit Bariumplatincyanid beschichteter Schirm fluoreszierte, sobald man ihn in die Nähe einer Crookesschen Röhre brachte, die mit einem dünnen Aluminiumfensterchen ausgestattet war. Durch die massiven Wände der Glasröhren hindurch war dieses Phänomen aber noch nicht beobachtet worden. Röntgen vermutete, daß diese externe Fluoreszenz auch ohne solch ein dünnes Fensterchen entdeckt werden könnte, wenn man nur genügend Sorgfalt dafür aufwenden würde, das kräftige Glühen der Glaswand selbst abzuschirmen. Die Schilderung des Röntgenschen Experiments folgt dem Buch von Otto Glasser *Wilhelm Conrad Röntgen und die Geschichte der Röntgenstrahlen* ([1]1931):

> Er wählte eine birnenförmige Röhre aus, holte sie vom Regal herunter und ummantelte sie mit schwarzen Kartonstücken, die er sorgfältig zuschnitt und zu einer Schutzhülle zusammenklebte ... und dann schloß er die Röhre an die Elektroden einer Rühmkorff-Spule an. Nachdem er den Raum verdunkelt hatte, um die Lichtundurchlässigkeit der schwarzen Papierhülle zu prüfen, setzte er die Induktionsspule in Gang und schickte eine Entladung hoher Spannung durch die Röhre. Zu seiner Genugtuung drang durch die Papphülle nicht ein einziger Lichtschimmer.
>
> Er schickte sich gerade an, den Strom zu unterbrechen, um den Schirm für das entscheidende Experiment aufzustellen, als er plötzlich ungefähr einen Meter von der Röhre entfernt ein schwaches Leuchten wahrnahm, das von einer kleinen Werkbank in der Nähe herüberdrang. Es sah so aus, als ob ein Lichtstrahl oder ein winziger Funken von der Induktionsspule von einem Spiegel reflektiert worden wäre. Er konnte nicht glauben, daß dies möglich war, und schickte eine weitere Folge von Entladungen durch die Röhre. Wieder erschien die Fluo-

reszenz; diesmal sah sie aus wie schwache grüne Wellen, die sich im Einklang mit den fluktuierenden Entladungen der Spule bewegten. Voller Aufregung zündete Röntgen ein Streichholz an und fand zu seiner großen Überraschung, daß die geheimnisvolle Lichtquelle aus dem kleinen Bariumplatincyanidschirm bestand, der auf der Werkbank lag.

Die mysteriösen Strahlen durchdrangen ungehindert ein dazwischengehaltenes Buch. Weil es bereits sattsam bekannt war, daß Kathodenstrahlen die Wände einer Crookesschen Röhre nicht durchdringen können, geschweige denn ein außerhalb befindliches Hindernis, erkannte Röntgen, daß er eine neue Art von Strahlen mit hoher Durchschlagskraft entdeckt hatte. Um ihre geheimnisvolle Natur zu unterstreichen, nannte er sie »X-Strahlen«.
Röntgen stellte fest, daß die X-Strahlen genau dort entstanden, wo die Kathodenstrahlen auf die Wandung oder die Anode der Röhre trafen. Die Strahlen ließen sich von einem Magneten nicht ablenken und wurden um so nachhaltiger geschwächt, je dichter das von ihnen durchdrungene Medium war. Eine dicke Bleiplatte blieb undurchlässig, ein Holzklotz hingegen war relativ durchscheinend. Röntgen schaffte es nicht, die X-Strahlen mit einer Linse zu bündeln, doch er konnte mittels Lochprojektion nachweisen, daß sich die Strahlen entlang gerader Linien ausbreiteten. Sobald er eine schwere Metallplatte, beispielsweise aus Platin, als Anode einsetzte, fiel die Strahlungsintensität wesentlich höher aus als bei einem Aluminiumtarget. Mit diesen einfachen diagnostischen Tests machte Röntgen schon viele der wesentlichen Eigenschaften der X-Strahlen ausfindig.
Ein paar Tage vor dem Weihnachtsfest 1895 richtete Röntgen seine X-Strahlen durch die gespreizte Hand seiner Frau hindurch auf eine photographische Platte. Die Strahlen durchliefen das Muskelgewebe, wurden aber von den Knochen zurückgehalten. Diese X-Strahlen-Photographien des Knochengerüsts wurden in wissenschaftlichen Kreisen wie auch in der breiteren Öffentlichkeit zu einer Sensation. Den Medizinern eröffnete die X-Strahlen-Radiographie eine verheißungsvolle Zukunft. In der populären Presse erschienen finstere Geschichten von Voyeuren, die sich der X-Strahlen bedienten, um durch die Kleider hindurchschauen zu können - eine Fiktion, die bereits dem Röntgenblick von »Superman« nahe kommt. In den Vereinigten Staaten wurden Gesetze

erlassen, die den Gebrauch von X-Strahlen in Operngucker untersagten.

Obwohl Röntgen nur wenige Jahre nach seiner Entdeckung der erste Nobelpreis für Physik zuerkannt wurde, gaben die geheimnisvollen Strahlen den Physikern weiterhin Rätsel auf. Alle Versuche, die für die elektromagnetischen Wellen so typischen Interferenzeffekte zu beobachten, schlugen fehl. Erst 17 Jahre später fand der deutsche Physiker Max von Laue heraus, daß die X-Strahlen an den regelmäßig angeordneten atomaren Schichten eines Kristalls gebeugt werden. Tatsächlich läßt sich die Wellenlänge der X-Strahlen mit den Atomabständen in einem Kristallgitter vergleichen; sie ist mindestens tausendmal kürzer als die Wellenlänge sichtbaren Lichts.

Nachdem er den an die Französische Akademie der Wissenschaften ergangenen Bericht Röntgens über dessen Kathodenstrahlexperimente vernommen hatte, mutmaßte Henri Becquerel, daß das fluoreszierende Material selbst als Quelle von X-Strahlen dienen könnte. Becquerel spezialisierte sich auf das Studium von Lichtabsorption in Kristallen. Zu der Zeit, als Röntgen die X-Strahlen-Photographien der Hand seiner Gattin vorlegte, arbeitete Becquerel gerade mit einem stark phosphoreszierenden Salz aus Kaliumuransulfat. Eingedenk dessen, daß die Röntgenstrahlen aus einem grünlich fluoreszierenden Fleck an der Glaswandung seiner Crookesschen Röhre zu entspringen schienen, vermutete Becquerel, daß dieses fluoreszierende Material die eigentliche Quelle der X-Strahlen sein könnte.

Becquerels Uransalzkristalle fingen an zu phosphoreszieren, sobald sie dem Sonnenlicht ausgesetzt wurden. Er bedeckte seine leuchtenden Kristalle mit Metallfolien und plazierte sie neben einer fest verpackten Photoplatte, in der Hoffnung, daß eine neue Art von Strahlen, ganz ähnlich wie die Röntgenschen X-Strahlen, aus dem phosphoreszierenden Salz entweichen, durch Metallfolie und Papier hindurchdringen und die Photoplatte schwärzen würde. Becquerels Verdacht schien sich zu bestätigen, denn als er die Platte entwickelt hatte, war sie völlig geschwärzt. Am 24. Februar 1896 verständigte er die Académie Française, daß er Röntgenstrahlen reproduziert habe, ohne sich elektrischer Entladungen zu bedienen, sondern allein dadurch, daß er seinem Salz die Absorption von Sonnenlicht und eine daran anschließende Fluoreszenz im unsichtbaren und sichtbaren Licht gestattete.

Einige Tage später machte sich Becquerel daran, sein Experiment mit Schachteln voller Uransalzkristalle zu wiederholen. Doch da es fortwährend trübe und bedeckt war, hatte er keine Möglichkeit, seine Salze dem Sonnenlicht auszusetzen, um eine Phosphoreszenz anzuregen. Er verstaute die Schachteln in einer Schublade, die zufällig auch eine Packung photographischer Platten enthielt, und wartete ein paar Tage auf Sonnenschein. Hier nun demonstrierte Becquerel seine wissenschaftliche Objektivität: Obwohl es seiner eigenen Theorie zuwiderlief, die er gerade erst vor einer Woche seinen Kollegen an der Akademie unterbreitet hatte, beschloß er, die photographischen Platten zu entwickeln, bevor sie den phosphoreszierenden Kristallen ausgesetzt wurden. Es konnte ja, unwahrscheinlich genug, der Zufall eingetreten sein, daß sich auf den Platten irgendein Einfluß bemerkbar machte, obwohl die Kristalle noch nicht leuchteten. Zu seinem Erstaunen fand er auf den Photoplatten, die unter den Kristallen gelegen hatten, deutliche Abbilder dieser Kristalle vor. Die Strahlung des Urans war noch viel durchdringender als die Röntgenstrahlen, denn sie schwärzte den Film noch, nachdem sie mehrere Metallplatten passiert hatte. Becquerel hatte die radioaktiven Strahlen entdeckt, Strahlen, deren Wellenlängen noch tausendmal kürzer sind als die der Röntgenstrahlen.

Die raketengestützte Kartierung des Röntgenhimmels

Die Physik der Röntgen- und Gammastrahlen sowie ihre praktische Anwendbarkeit wurden während der ersten Hälfte unseres Jahrhunderts intensiv untersucht, und eine Reihe von Nobelpreisen wurde für wegweisende Entdeckungen auf diesem Gebiet verliehen. Doch es gab nicht den allerkleinsten Hinweis darauf, daß die Astronomie von diesen Entwicklungen betroffen sein könnte. Die Astronomen ignorierten die Möglichkeiten, die sich hier für sie auftaten, und die Physiker, die sich mit dem Verhalten der elektrisch geladenen oberen Atmosphäre, der Ionosphäre, befaßten, rätselten, welche Art solarer Strahlung für diese Ionisation verantwortlich sein könnte. Obzwar die Ionosphäre von der Morgendämmerung bis zum Einbruch der Dunkelheit mit der Wanderung der Sonne über den Himmel sich erst verdichtete, um dann wieder abzunehmen, war keine plausible Wechselwirkung

mit dem sichtbaren Licht oder gar mit der nahen ultravioletten Strahlung zu erkennen. Der Verdacht wurde zwar geäußert, daß etwaige solare Röntgenstrahlen die Ursache sein könnten, doch da die Sonnenscheibe eine Temperatur von nur 5800 °C aufweist, kann sie selbst keine Röntgenstrahlen erzeugen. Die ersten Hinweise ergaben sich bei Studien an der sehr schwachen, weitausgedehnten Sonnenkorona. Die Produktion dieses hochionisierten koronaren Plasmas erfordert Temperaturen von mindestens einer Million Grad; ein derart hocherhitztes Gas müßte dann aber auch Röntgenstrahlen aussenden. Als die Raketenastronomie nach dem Zweiten Weltkrieg quasi in die Szene hineinplatzte, eröffnete die frühe Entdeckung der solaren Röntgenstrahlung (siehe Kapitel 3) den Zugang zum hochenergetischen Universum der galaktischen und extragalaktischen Röntgenastronomie.
Die fünfziger Jahre waren gekennzeichnet durch intensive Anstrengungen, die solare Röntgenstrahlung und die UV-Emission unserer Sonne zu untersuchen. Die Erfolge bei der Sonnenbeobachtung beflügelten das Vorhaben, die Suche auf Gebiete jenseits unserer Sonne bis zu den fernen Abgründen des galaktischen Raumes auszuweiten. Ein Durchbruch wurde 1962 erzielt, als eine kleine, mit Geigerzählern bestückte Aerobee-Rakete über die Atmosphäre emporstieg und Röntgenstrahlen aufspürte, die aus dem Raum jenseits unseres Sonnensystems stammten. Die ersten Entdeckungen in der Röntgenastronomie glückten mit verhältnismäßig kleinen Geigerzählern und Proportionalzählern (mit einer Fensterfläche von 10 bis 1000 cm^2). Diese Instrumente arbeiteten ohne Unterstützung durch ein Teleskop, das den Anblick der Strahlungsquellen hätte fokussieren können.
Die Detektoren betrachteten den offenen Himmel durch mechanische Sichtblenden in Form von Jalousien oder »Eierschachteln«, wabenartigen Strukturen, die das Gesichtsfeld auf ein paar Grad eingrenzten. Sie kartierten den Himmel, indem sie eine Rakete um ihre Längsachse rotieren ließen, wobei der Kollimator über die Sterne hinwischte. Sobald für die Raketen Lagekontrollsysteme entwickelt waren, wurde es möglich, die Beobachtungen auf einzelne Quellen zu konzentrieren, während der Kollimator das Hintergrundrauschen unterdrückte. Mit Hilfe dieser einfachen Techniken entdeckten die Pioniere der Röntgenastromonie intensive, diskrete Röntgenquellen in unserer Galaxis; diese Strahlungsquellen sind in ihrer Röntgenemission tausend- bis

millionenfach energiereicher als normale Sterne in ihrem gesamten visuellen Spektralbereich. Seyfert-Galaxien und Quasare mit äußerst aktiven Kernen zeigen sich im Röntgenbereich noch weitaus heller. Der Pulsar im Crab-Nebel ist im Röntgenlicht eine wesentlich energiereichere Strahlungsquelle als im Bereich der Radiowellen. Seine Röntgenemission liegt um das Zehntausendfache über seiner Radioemission.
Der erste Röntgensatellit wurde von Kenia aus am 12. Dezember 1970, dem Unabhängigkeitstag dieses Landes, gestartet. Das neue Observatorium trug zu Ehren dieses Anlasses den Namen »Uhuru«, das Suaheliwort für »Freiheit«. »Uhuru« war der erste Satellit einer Serie von kleinen NASA-Flugkörpern, die »Explorer« hießen. Er wog 68 kg. Der Satellit rotierte relativ langsam, nämlich in 12 Minuten einmal, um seine Achse und konnte so den gesamten Himmel abtasten. Gegen Ende des Jahres 1972 hatte »Uhuru« einen Katalog von fast 200 Quellen zusammengestellt. Von da an konnten Röntgensterne über längere Zeiträume und nicht mehr nur während der paar kurzen Minuten eines Raketenflugs überwacht werden. Mehrere Quellen wurden als Neutronensterne in engen Umlaufbahnen um blaue Riesensterne identifiziert; diese Neutronensterne saugen Ströme hocherhitzten Gases von ihren Partnern ab und pressen sie in wirbelnde Akkretionsscheiben hinein; dabei werden Temperaturen von etlichen zehn Millionen Grad freigesetzt. Für ein Objekt Cygnus X-1 ließ sich mit hoher Wahrscheinlichkeit nachweisen, daß es sich hier um ein Schwarzes Loch handeln dürfte. Jenseits unserer Milchstraße füllen gigantische Wolken hocherhitzten Gases den Raum innerhalb der Galaxienhaufen aus.
Nach »Uhuru« folgte eine Reihe wesentlich größerer Satelliten, die »High Energy Astronomical Observatories« (HEAO). Diese wurden von riesigen, 40 m hohen, an die 165 Tonnen schweren Atlas-Centaur-Raketen in die Erdumlaufbahn gebracht. Das HEAO-1-Raumfahrzeug selbst, der größte und schwerste Satellit vor Beginn des Space-Shuttle-Zeitalters, besaß eine Länge von 5,77 m; dies entspricht in etwa einem Kleinlaster. Sein Gewicht betrug 3,5 Tonnen. Die Detektoren bestanden aus zahlreichen miteinander verbundenen Proportionalzählern, die zusammen etwa fünfzigmal mehr Empfindlichkeit aufwiesen als die Sensoren von »Uhuru«. Monatelange technische Probleme gingen dem Start des HEAO-1 voraus, und während der letzten paar Stunden

Abbildung 24. HEAO-1, 1977 gestartet, war das größte und schwerste Raumfahrzeug der dem Space Shuttle vorausgehenden Ära. Ein System von Proportionalzählern ergab zusammengenommen eine Gesamtempfangsfläche von ungefähr 3 m^2, was etwa um den Faktor 50 über den Ausmaßen der Sensoren von »Uhuru«, dem Vorgänger von HEAO-1, liegt (NASA)

ergaben sich noch ein paar besondere Schwierigkeiten. Als der Zeitpunkt für den Countdown in der Nacht des 11. August 1977 heranrückte, zog über Cape Kennedy ein Gewitter auf und verzögerte den Start um eine Stunde. Dann fiel der Computer des Raumfahrzeugs aus – er mußte mit einem Notverfahren vom Goddard-Raumflugzentrum aus neu programmiert werden. Währenddessen steuerten mehrere Fischerboote auf den voraussichtlichen Absturzbereich der Rakete zu. Alle Versuche, sie über Funk zu erreichen und sie zu bitten, das Gebiet zu verlassen, schlugen fehl. Hubschrauber stiegen auf, um Botschaften abzuwerfen, doch die Besatzungen waren wegen des Sturms unter Deck gegangen. Dann endlich klarte es auf, und die Fischerboote verließen den Gefahrenbereich. Zuletzt wurde die Rakete gestartet, und alles klappte reibungslos.

Als dem ersten Röntgenobservatorium mit hochauflösender Bilderfassung war HEAO-2 ein geradezu spektakulärer Erfolg beschieden. Kleine Röntgenteleskope hatten kurzzeitig bereits bei einigen früheren Raketenstarts zur Abbildung unserer Sonne Verwendung gefunden; auch bei der Skylab-Mission war ein solches Gerät an Bord. Der große HEAO-2-Teleskopspiegel jedoch erwies sich als immenser technologischer Fortschritt, mit dessen Hilfe die Abbildung galaktischer Quellen im Röntgenlicht auf ein Niveau angehoben wurde, das dem der optischen Bilderfassung gleichkam. Aber nicht nur die Spiegeltechnologie war einzigartig, es wurde darüber hinaus auch eine ganz neue Art von bilderzeugenden Röntgendetektoren entwickelt.

Sobald Röntgenstrahlen unter einem steilen Winkel auf einen Spiegel treffen, werden sie nicht reflektiert, sondern dringen in die Oberfläche ein und werden in genau derselben Weise absorbiert wie eine Geschoßgarbe, die in eine Holzwand hineinkracht. Dagegen prallen Geschosse, die im flachen Winkel auf eine Wand treffen, als Querschläger ab. Ebenso werden Röntgenstrahlen, die polierte Glasspiegeloberflächen streifen, mit hohem Wirkungsgrad reflektiert.

Der deutsche Physiker Hans Wolter befaßte sich in den fünfziger Jahren mit Röntgenspiegeln, um ein auf Röntgenstrahlung beruhendes Mikroskop zu konstruieren. Der diesem Projekt zugrundeliegende Spiegelentwurf wurde im wesentlichen auf die Röntgenteleskope übertragen.

Ein Röntgenteleskop weist kaum noch Ähnlichkeit mit einem

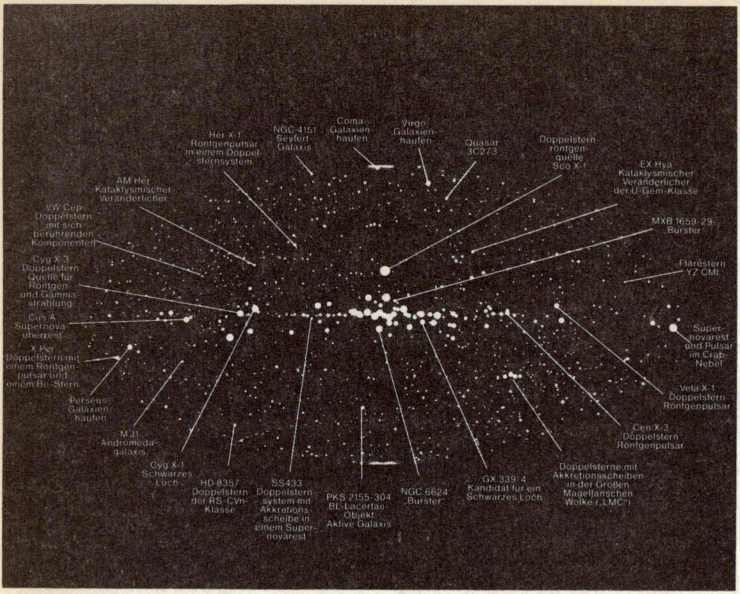

Abbildung 25. Die Karte des Röntgenhimmels in galaktischen Koordinaten, wie sie mittels der großflächigen Proportionalzähler an Bord von HEAO-1 ermittelt wurden. Größere Punkte zeigen stärkere Quellen an. Die Quellen umfassen aktive galaktische Zentren, Supernovareste, Röntgendoppelsterne, Galaxienhaufen, stellare Koronen und überwiegend Objekte, deren Natur bis heute ungeklärt geblieben ist. (U. S. Naval Reserarch Laboratory)
Übersetzung der Begriffe in der Graphik von oben (Mitte) im Uhrzeigersinn: Coma-Galaxienhaufen; Virgo-Galaxienhaufen; Quasar 3C273; Doppelsternröntgenquelle SCO X-1; EX Hya, Kataklysmischer Veränderlicher der U-Gem-Klasse; MXB 1659-29-»Burster«; Flarestern YZ CMI; Supernovarest und Pulsar im Crab-Nebel; Vela X-1, Doppelstern, Röntgenpulsar; Cen X-3, Doppelstern, Röntgenpulsar; Doppelsterne mit Akkretionsscheiben in der Großen Magellanschen Wolke (»LMC«); GX 339-4, Kandidat für ein Schwarzes Loch; NGC 6624, »Burster«; PKS 2155-304, BL-Lacertae-Objekt, Aktive Galaxis; SS 433, Doppelsternsystem mit Akkretionsscheibe in einem Supernovarest; HD 8357, Doppelstern der RS-CVn-Klasse; Cyg X-1, Schwarzes Loch; M 31, Andromedagalaxis; Perseus-Galaxienhaufen; X Per, Doppelstern mit einem Röntgenpulsar und einem Be-Stern; Cas A, Supernovaüberrest; Cyg X-3, Doppelstern, Quelle für Röntgen- und Gammastrahlung; VW Cep, Doppelstern mit sich berührenden Komponenten; AM Her, kataklysmischer Veränderlicher; Her X-1, Röntgenpulsar in einem Doppelsternsystem; NGC 4151, Seyfert-Galaxis.

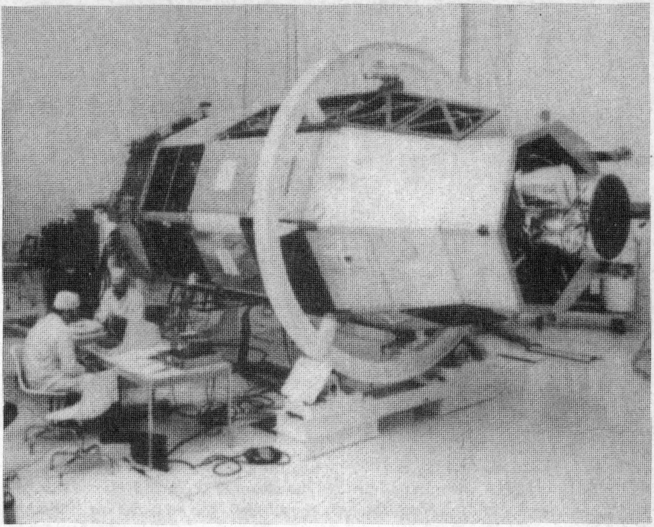

Abbildung 26 a. Das Einstein-Observatorium durchläuft hier gerade die letzte Integrationsphase vor dem Start. Die Ausmaße sind der 3,44 m langen Brennweite und der 58 cm großen Öffnung der ineinandergeschobenen Spiegel angepaßt. (NASA)

optischen Fernrohr auf. Insgesamt sieht es eher wie ein länglicher, sich leicht verjüngender Zylinder aus. Röntgenstrahlen, die entlang der Längsachse in das Teleskop gelangen, treffen unter einem flachen Winkel auf die innere Spiegelfläche und werden ein wenig in Richtung Zentralachse abgelenkt. Weiter hinten auf dieser Achse, ein ganzes Stück jenseits des Zylinders, erreichen die abgelenkten Röntgenstrahlen die Brennebene. Das Wolter-Teleskop vermag ein scharfes Bild ohne jede Verzerrung zu liefern. Es hat aber auch einen gravierenden Nachteil: Der streifende Lichteinfall führt dazu, daß sich in der Nähe der Zylinderwand nur ein dünner Ring von Röntgenstrahlen bildet. Der größte Teil der einfallenden Strahlen muß durch eine zentrale Blende abgeblockt werden, um zu verhindern, daß sie ohne jede Reflexion durch den Tubus hindurchlaufen und das fokussierte Bild auslöschen.
Das Röntgenteleskop an Bord des Einstein-Observatoriums der NASA (HEAO-2) besaß einen Durchmesser von 60 cm, und seine

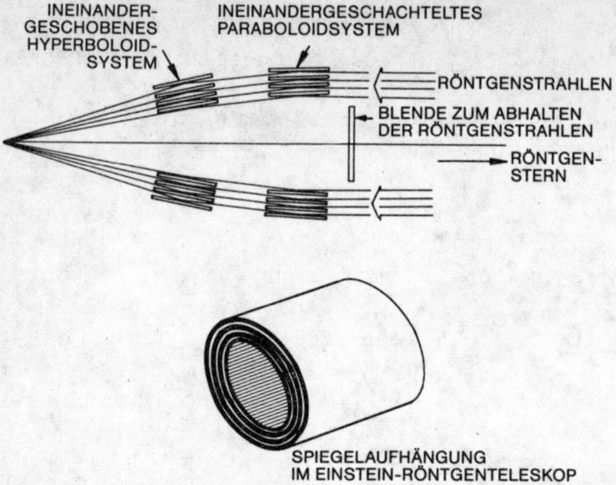

Abbildung 26 b. Beim Einstein-Observatorium (HEAO-1), das in den Jahren 1978-1981 eingesetzt wurde, fanden zwei aufeinanderfolgende Reflexionen Anwendung, zuerst die an den parabolischen und dann die an den hyperbolischen Spiegelsegmenten, die die Strahlung zu einem gemeinsamen Brennpunkt führten. Durch die Doppelreflexion werden Abbildungsfehler vermieden. Weil sich die Röntgenstrahlen nur unter einem sehr flachen Winkel spiegeln lassen, ist das gesamte Teleskop wie ein sich leicht verjüngender Kegel geformt. Vier konzentrische Spiegelsysteme wurden zur Erzeugung eines einzigen Brennpunkts ineinandergeschoben, um die Gesamtreflexionsfläche zu vergrößern.

räumliche Auflösung lag unter drei Bogensekunden. Die Glasspiegel waren zunächst mit einem Diamantschliff in ihre annähernde Gestalt gebracht worden, danach wurden sie poliert, mit Chrom und Nickel vergütet, ausgerichtet und an einer Stützkonstruktion befestigt. Die Oberflächen mußten intern poliert werden, was weitaus schwieriger ist als die Fertigstellung eines typischen, nahezu flachen Spiegels. Außerdem gab es keine Möglichkeit, mit konventionellen Methoden die Rauhigkeit der Oberfläche zu messen. Unebenheiten von mehr als etwa einem millionstel Millimeter konnten nicht akzeptiert werden, da eine rauhere Oberfläche zu einer Streuung des Röntgenlichts geführt und das Bild verschmiert hätte. Besonders problematisch war es, die Rundheit der Spiegel zu messen, denn diese waren äußerst biegsam und verformten sich schon unter ihrem Eigengewicht.

Die abschließende Messung der Rundheit wurde daher so durchgeführt, daß der Spiegel während der Prozedur in einem Bottich voll Quecksilber schwamm.
Obwohl die kleinen Röntgenteleskope, die nach ihrem Flug auf einer Rakete am Fallschirm zurückgekehrt waren oder von den Astronauten der Skylab-Raumstation zurückgebracht wurden, auf photographischem Film Bilder guter Qualität geliefert hatten, benötigte das unbemannte HEAO-2 ein vollständiges elektronisches System für die Bildübertragung mit Hilfe der Funktelemetrie. Zwei Bilderfassungsdetektoren wurden für die Mission des Einstein-Observatoriums entwickelt: der »Imaging Proportional Counter« (IPC, Proportionalzähler für die Bilderfassung) und der »High Resolution Imager« (HRI, Bilderzeuger mit hoher Auflösung). Der IPC war für mäßige Auflösung im Bereich von Bogenminuten ausgelegt, der HRI dagegen sollte die Auflösung des Teleskops von einer bis zwei Bogensekunden voll ausschöpfen. Der Bau des letzteren stellte insofern eine besondere Herausforderung dar, als dazu eine Technik erforderlich war, die weit über den damaligen Stand hinausging.
Die Kombination von Spiegel und IPC war äußerst empfindlich; Quellen, deren Helligkeit um das Vieltausendfache unter der der schwächsten Vertreterin des »Uhuru«-Katalogs lag, ließen sich zwar bequem erreichen, doch die Abbildungsqualität war angesichts der hohen Auflösung des Teleskops äußerst unbefriedigend. Unter Inkaufnahme eines fünffachen Verlustes an Empfindlichkeit entwickelte man den HRI, um die Auflösung des Spiegels voll ausnützen zu können und um Bilder zu erhalten, die etwa dreißigmal schärfer waren als die IPC-Abbildungen. Kein herkömmlicher Gasentladungsdetektor konnte diese Anforderungen erfüllen. Der HRI war der elektronischen Bildverarbeitungstechnologie entlehnt worden, die man ursprünglich für die UV-Strahlung entwickelt hatte. Er bestand aus einer Mikrokanalplatte, im Prinzip eine Bündelung von Millionen engstens zusammengepackter, feiner Glasröhrchen. Jedes Röhrchen arbeitet als Bildwandler, der die eintreffende Röntgenstrahlung in elektrischen Strom umsetzt; jedes hiervon ausgehende Signal entspricht einem Bildpunkt des vollständigen Röntgenbildes.
Der Fortgang der Arbeiten am HRI bestand aus einer endlosen Folge von Versuchen und Querelen. Wertvolle Unterstützung leisteten die britischen Wissenschaftler Kenton Evans und Ken

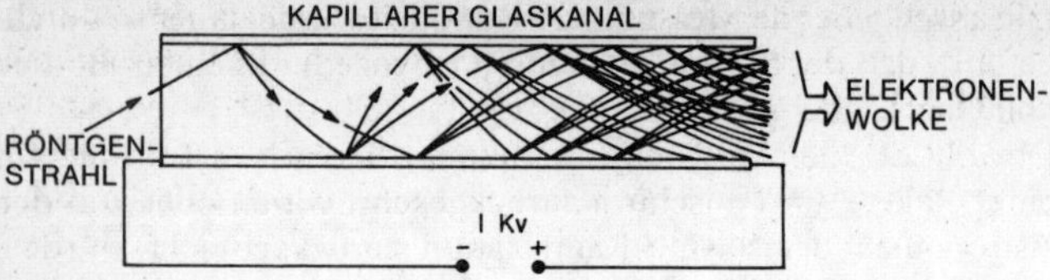

+

Abbildung 27 a. Das »Channeltron«. Eine einzige Glasfaser formt den einfallenden Röntgenstrahl in eine Lawine von Elektronen um, die am gegenüberliegenden Ende austritt.

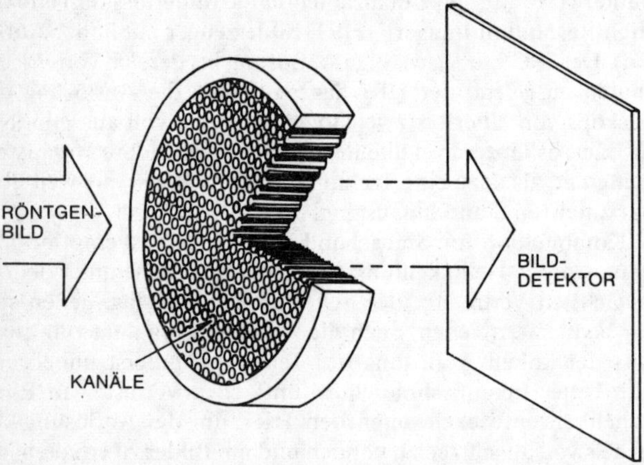

Abbildung 27 b. Der »High Resolution Imager« (HRI). Eine Mikrokanalplatte besteht aus Millionen von feinen Glaskapillaren. Die Plattendicke liegt bei etwa einem Millimeter, und der Durchmesser kann 100 Millimeter übersteigen. Die austretenden Elektronen reproduzieren ein umfassend verstärktes Abbild des Röntgenstrahlenmusters.

Pounds, die von Anfang an mit der Entwicklung solcher Röntgenstrahlen-Mikrokanalplatten befaßt waren. Sie arbeiteten mit der Gruppe von Riccardo Giacconi am Smithsonian Astrophysical Observatory eng zusammen, denn die Zeit wurde immer knapper und es sah so aus, als sei wegen des HRI eine ernstliche Verzögerung des Starttermins zu befürchten. Als der Prototyp fertiggestellt

war, mußte er selbstverständlich erst einmal einen Testflug auf einer Rakete hinter sich bringen. Was nun kam, war eine unglaubliche Serie von Pannen, an denen keinesfalls der HRI die Schuld trug. Beim ersten Versuch versagte ein Hochspannungsrelais; beim nächsten Mal funktionierte die Lagekontrolle für die Raketennutzlast nur unzureichend; der dritte Versuch scheiterte, weil die Tür an der Rakete klemmte und sich nicht mehr öffnen ließ, um den Detektor freizugeben; und dann fiel wieder ein anderer Schalter aus und hintertrieb den Test des HRI-Prototyps ein weiteres Mal. Am Ende ließ sich nur ein einziger Testflug durchführen - bis zum Starttermin waren es nur noch wenige Monate.
Als der exzellente Spiegel und der anstandslos funktionierende HRI schließlich die Arbeit aufnahmen, war die Röntgenastronomie endgültig den Kinderschuhen entwachsen. Die Abbildungsqualität kam den optischen Bildern irdischer Teleskope durchaus nahe. In einem Zeitraum von lediglich 16 Jahren hat die Röntgenastronomie größere Fortschritte gemacht als alle anderen astronomischen Forschungszweige im 20. Jahrhundert. Das Einstein-Observatorium konnte nicht nur die ausgesprochen energierei- chen Quellen untersuchen, die in den sechziger Jahren mittels schlichter Raketennutzlasten aufgespürt worden waren, sondern es vermochte auch die Röntgenstrahlung aus den Korona-Bereichen schwacher Zwergsterne zu orten, die in der Galaxis so normal sind wie unsere Sonne.
Die erfolgreiche Anwendung des Einstein-Spiegels war wegweisend für die Generation der Röntgenspiegel; besonders bemerkenswert sind hier die Missionen ROSAT und AXAF (»Advanced X-Ray Facility«, »Fortschrittliche röntgenastronomische Einrichtung«) der NASA. Der AXAF-Spiegel wird aus einem Satz von sechs Reflektoren mit einem Gesamtdurchmesser von 120 cm bestehen, also doppelt so groß wie der Einstein-Spiegel sein. Seine polierte Gesamtfläche beträgt das 6,7fache des HST-Spiegels, und seine Oberfläche wird auf eine Toleranz von unter fünf Wasserstoffatom-Durchmessern geglättet sein.

Gammaastronomie

Nukleare Prozesse spielen in der Astrophysik eine bedeutende Rolle; sie reichen von den Reaktionen vergleichsweise niedriger

Energien, die die stellare Energieversorgung sichern, über die Vorgänge, die mit Sternexplosionen einhergehen, bis hin zu den extrem hochenergetischen Wechselwirkungen zwischen der kosmischen Strahlung und dem interstellaren Medium. Weil die Gammastrahlen eine einzigartige Kennzeichnung aller nuklearen Prozesse gestatten, erwartete man, daß der Gammaastronomie eine ganz besondere Bedeutung in der neuen Ära der Weltraumobservatorien zukommen würde. Bereits vor den ersten Erfolgen der galaktischen Röntgenastronomie äußerten Eugene Feenberg und Henry Primakoff von der Washington University in St. Louis die Vermutung, daß hochenergetische Elektronen auf ihrer Reise durch den interstellaren Raum mit Lichtphotonen kollidieren würden und damit die Photonenenergien in den Gammabereich hinauftreiben könnten. Der Prozeß ist als »Compton-Effekt« bekannt. Im Jahre 1958 regte Philip Morrison vom Massachusetts Institute of Technology (MIT) an, nach Gammastrahlen aus einer Vielfalt von Quellen zu fahnden. Er wies darauf hin, daß sich immer dann, wenn ein Elektron seinem Antimateriepartner, einem Positron, begegnet, die beiden einander vernichten und dabei ein Paar Gammaquanten mit einer Energie von einer halben Million Elektronenvolt (eV) freisetzen. Der Nobelpreisträger Hideki Yukawa hatte sogar schon viel früher vorhergesagt, daß die neutralen Pi-Mesonen (»Pionen«) - dies sind kurzlebige Teilchen, die bei der Kollision von kosmischer Strahlung mit interstellarem Wasserstoff entstehen - unter Aussendung von Gammastrahlung einer enormen Bandbreite mit einem Maximum bei etwa 70 Millionen eV zerfallen. Die gesamte galaktische Scheibe sollte im Licht der Gammastrahlung leuchten.

Die Energien der Gammaphotonen erstrecken sich ausgehend von den Röntgenstrahlen bis zu Millionen und Milliarden eV. Eine Einzelquelle, Cygnus X-3, ist dafür bekannt, daß sie Photonen mit einem Energiegehalt von einer Billarde eV abstrahlt. Wir charakterisieren die Gammastrahlung mit dem Begriff »hart« und meinen damit ihre ungeheure Durchschlagskraft. Üblicherweise ist der Experimentator bei Laborversuchen mit Gammastrahlen durch eine Wand aus Bleiziegeln geschützt. In einer Hinsicht ist die Bezeichnung »durchdringend« jedoch irreführend, denn die kosmischen Gammastrahlen erreichen zu keiner Zeit die Erdoberfläche, wie dies bei den Sonnenstrahlen oder beim Sternenlicht der Fall ist. Die meisten himmlischen Gammastrahlen dringen kaum bis in die dünnen stratosphärischen Luftschichten vor, eine Zone, in denen Ballons noch Auftrieb erhalten und ein U-2-Aufklärungsflugzeug noch operieren kann. Die frühesten Versuche, Gammastrahlung aus dem All zu beobachten, wurden von Ballons aus unternommen, die in Höhen zwischen 20 und 30 km vorstießen.

Gammastrahlen werden unterschiedslos von allen Materialien absorbiert. Es gibt - anders als beispielsweise im Bereich des sichtbaren Lichts, wo eine dünne Metallfolie im Gegensatz zu einer dicken Glasplatte steht - keine relativ undurchlässigen oder durchscheinenden Stoffe. Entscheidend ist alleine die Anzahl der Elektronen. Die Gammastrahlen machen keinen Unterschied zwischen einem Stück Blei und einem Holzklotz oder einem Klumpen Erde - es kommt lediglich auf die Elektronendichte an. Manche unter uns werden sich vielleicht noch an das früher übliche Verfahren der medizinischen Röntgenfluoroskopie erinnern, bei dem Verbindungen aus Zink, Sulfiden und Phosphor zur Anwendung kamen. Das prüfende Auge des Arztes ist nun weitgehend von elektronischen Bildröhren abgelöst worden. In ganz ähnlicher Weise stellen die Kombinationen von lichtelektrischen Röhren und fluoreszierenden Kristallen ein Mittel dar, mit dem harte Röntgen- und Gammastrahlen in Bereichen von bis zu 10 Millionen eV entdeckt und gemessen werden können.

Ein dünner, fluoreszierender Schirm ist für die Röntgenstrahlen mittlerer Energie gut geeignet, doch er kann Röntgen- und Gammastrahlung höherer Energien nicht mehr wirksam genug absorbieren. Kristalle aus Thallium-aktivierten Alkalihaliden wie beispielsweise Natriumjodid und Caesiumjodid fluoreszieren unter Bestrahlung sehr kräftig; man kann sie ausreichend groß züchten, um auch noch hochenergetische Gammastrahlen zu absorbieren. Sobald ein Gammaphoton in einen Natriumiodid-Kristall eindringt, tritt es mit den Atomen in Wechselwirkung und setzt energiereiche Elektronen frei, die ihrerseits ihren Energieinhalt äußerst rasch über eine Unmenge sekundärer Kollisionen in die Aussendung ganz normalen Lichtes umsetzen. Der dabei entstehende Lichtblitz läßt sich mit einer empfindlichen Photomultiplierröhre orten und in einen elektronischen Impuls umformen. Ein hochenergetisches Gammaphoton verursacht einen stärkeren Impuls als ein Photon geringerer Energie. Durch das Auszählen der Impulse und durch die Messung ihrer Helligkeit erhalten wir ein Maß für die Intensität des Photons und seine spektrale Energieverteilung. In den fünfziger und sechziger Jahren sind zahlreiche Szintillations-Detektoren in Ballons mitgefahren, und erfolgreiche Beobachtungen gelangen zuerst an Sonnenflares und später an den Pulsaren im Crab-Nebel sowie im Sternbild Vela. Doch die räumliche Auflösung dieser Geräte war kümmerlich.

Gammastrahlen-Observatorien im Weltraum

Die Verheißung einer Gammaastronomie mit Bilderfassungsgeräten wurde 1968 Wirklichkeit, auch wenn das bei diesem Flug verwendete Instrument noch recht bescheiden war. Das Gerät wog nur ein paar Kilogramm und befand sich an Bord des »Orbiting Solar Observatory«-Satelliten (OSO) der NASA. Es konnte gerade noch die Gammahintergrundstrahlung unserer Milchstraße wahrnehmen. Übereinstimmend wird berichtet, daß es während seiner gesamten Lebensdauer nur 621 Gammaphotonen registriert hat. Der »Small Astronomy Satellite« (SAS 2, »Kleiner astronomischer Satellit«) wurde 1972 gestartet und sammelte während einer Flugzeit von acht Monaten 8000 Photonen. COS-B, eine von der ESA im Jahr 1975 gestartete Satellitenmission, führt etwa 90 kg instrumentelle Nutzlast mit und arbeitete fast sieben Jahre lang fehlerfrei; in dieser Zeit registrierte sie mehr als 100 000 Photonen. Bei jeder dieser Missionen entsprach der wissenschaftliche Erkenntnisgewinn in etwa der Anzahl der eingefangenen Photonen. Die räumliche Auflösung von COS-B betrug ungefähr zwei Grad. Sein Auftrag bestand in der Messung der diffusen galaktischen Strahlung, und man erwartete nicht, daß er starke Einzelquellen finden würde. Tatsächlich stellte sich heraus, daß die Ebene unserer Milchstraße im Licht von Gammastrahlen mit einem Energiebereich um die 100 Millionen eV hell leuchtet. Diese Strahlung hat ihren Ursprung in Kollisionen von energiereichen kosmischen Strahlen, die durch die Galaxis schweifen, und dem stark verdünnten Wasserstoffgas, das sich in Richtung auf die galaktische Scheibe anreichert. Der Mechanismus dieser Energieumwandlung schließt auch die Freisetzung von Pi-Mesonen mäßiger Energie mit ein; Pi-Mesonen sind vergängliche Partikel, die unter Aussendung von Gammastrahlen sehr schnell wieder zerfallen. COS-B lieferte den eindeutigen Beweis für eine direkte Beziehung zwischen der Dichte der interstellaren Materie

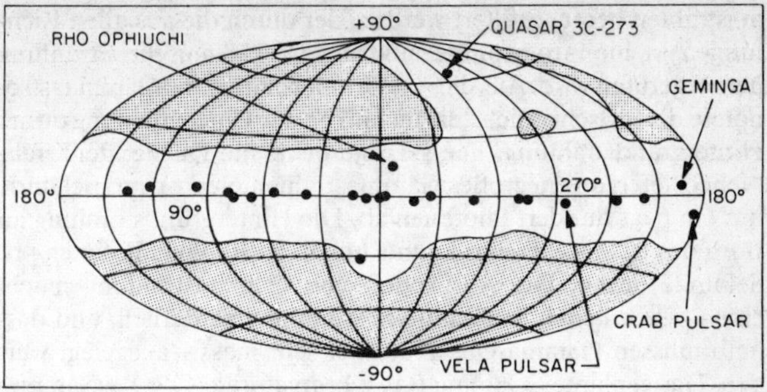

Abbildung 28. Das Universum im Licht der Gammastrahlung aus der Perspektive des Satelliten COS-B. Der Himmelsausschnitt, der von COS-B nicht abgetastet wurde, ist schattiert wiedergegeben; die Punkte markieren die Positionen diskreter Quellen. Der Crab- und der Vela-Pulsar lassen sich durch die zeitliche Vermessung ihrer Pulsationen in einzigartiger Weise identifizieren. Weit oberhalb der galaktischen Ebene liegt in einer Distanz von 2500 Millionen Lichtjahren der hellste Quasar, 3C-273. Seine Gammastrahlenleuchtkraft übertrifft seine Leistung im Röntgenbereich und im optischen Spektralband. Rho Ophiuchi ist eine gigantische molekulare Wolke, in der Kollisionen zwischen kosmischen Strahlen und interstellarem Gas Gammastrahlen auslösen. Die meisten anderen Quellen halten sich eng an die galaktische Ebene, was darauf hinweist, daß sie mit jüngeren Objekten in Verbindung stehen. Doch bis vor kurzem ist nicht eine davon mit irgendeinem bekannten sichtbaren Objekt oder einer Röntgenquelle identifiziert worden. Jetzt gibt es einen Hinweis darauf, daß Geminga auch eine Röntgenquelle sowie ein Stern der 25. Größe sein dürfte; dies ist die lichtschwächste optische Entsprechung einer hochenergetischen Quelle, die je gefunden wurde. Praktisch ihre gesamte Energie wird in Form von Röntgen- und Gammastrahlen emittiert. Man hat vorgeschlagen, daß es sich bei Geminga um einen jungen Pulsar handeln könnte, dessen »Leuchtturm-Scheinwerferkegel« die Erde verfehlt - deshalb ließen sich seine Pulsationen nicht beobachten. Auch die anderen, nicht identifizierten COS-B-Objekte dürften Pulsare sein, deren Richtstrahlen nicht an der Erde vorüberwischen. (Europäische Weltraumagentur)

und der Intensität der kosmischen Gammastrahlung. Doch diese von COS-B gelieferten Ergebnisse lösten keine allzu große Aufregung aus. Weit mehr Aufsehen erregte die überraschende Entdekkung vieler offenbar diskreter Gammastrahlungsquellen völlig neuartiger Himmelsobjekte, die den größten Teil ihrer Strahlung im Gammabereich aussenden.

Jedes Gamma-Signal einer diskreten himmlischen Strahlungsquelle muß aus einem allgegenwärtigen Hintergrund von Gammastrahlen herausgefiltert werden, der durch die aus allen Richtungen in die Atmosphäre eindringende kosmische Strahlung hervorgerufen wird. Aus diesem Grund benötigt die Gammaastronomie die fortschrittlichsten Techniken zur Unterdrückung dieser Hintergrundstrahlung. Die stärkste bekannte Quelle, der Crab-Nebel, liefert an ein großes Gammastrahlenteleskop pro Sekunde nur ein paar hundert Photonen ab. Die Hintergrundstrahlung an Bord des Raumfahrzeugs könnte bei bis zu 100000 Photonen pro Sekunde liegen. Die Absorption von Gammastrahlung macht einen beachtlichen Aufwand an Material erforderlich, und deshalb müssen Gamma-Observatorien sehr massiv ausgelegt werden. Das geplante »Gamma Ray Observatory« (GRO, »Gammastrahlen-Observatorium«) der NASA wird zwar die zehnfache Empfindlichkeit von COS-B aufweisen, doch selbst dieses Instrument gilt angesichts der Anforderungen der Gammaastronomie nur als mittelgroßes Gerät. GRO wird jedoch die ersten Beobachtungen mit hoher Empfindlichkeit (bei mäßiger Auflösung) im gesamten Gammastrahlenband von etwa einer Million bis zu einer Milliarde eV erlauben. Mit 6795 kg instrumenteller Nutzlast stellt GRO wahrscheinlich das Äußerste dar, was mit den aktuellen Nutzlastmöglichkeiten erreichbar ist. Doch eine ganze Anzahl verbesserter Instrumente ist bereits in der Entwicklung und soll bei späteren Gammastrahlen-Missionen zum Einsatz gelangen.

Gammastrahlen bringen die Luft zum Leuchten

Mit zunehmender Energie nimmt die Anzahl der kosmischen Gammaphotonen, die die Atmosphäre treffen, ab. Um sie zu entdecken, werden immer noch größere Instrumente gebraucht, und irgendwann werden deren Ausmaße unannehmbar. Doch auch die Atmosphäre selbst kann als Detektor fungieren, und wie bei der Instrumentengröße zieht hier nur noch der Himmel die Grenze.

Hochenergetische Gammastrahlen, die in die obere Atmosphäre eindringen, lösen eine Kaskade von Sekundärteilchen sowie Gammastrahlen geringerer Energien aus. Diese Schauer setzen in einer Höhe von etwa 20 km ein. Bei der ersten Wechselwirkung formt sich der Gammastrahl gewöhnlich in ein Elektron-Positron-Paar um; jedes dieser Teilchen übernimmt die Hälfte der ursprünglichen Gammaphotonen-Energie. Nach einer kurzen Flugstrecke kommt es bei jedem dieser Partikel zu einer Begegnung mit einem Gasmolekül, wodurch ein neues Paar von Gammaphotonen freigesetzt wird. Diese in geometrischer Folge eskalierende Progression wird in der Atmosphäre durch eine stetig steigende Zahl energetischer Teilchen und Photonen gestützt, bis der Schauer auf Tausende von Teilchen und Photonen angewachsen ist, die sich nun über Hunderte von Quadratmetern auf dem Erdboden verteilen.

Auf ihrem Weg durch die Lufthülle erzeugen die Schauerpartikel kurze Blitze eines bläulichen Lichts, die nur ein paar Nanosekunden lang andauern. Der sowjetische Physiker Pawel Tscherenkow entdeckte 1934 diese Lumineszenz. Sie tritt immer dann auf, wenn ein Teilchen hoher Energie durch Luft oder ein noch dichteres Medium wie beispielsweise Wasser hindurcheilt, und zwar mit einer Geschwindigkeit, die über der Lichtgeschwindigkeit innerhalb dieses Materials liegt. Noch genauer gesagt, wird das Licht von den Elektronen des Mediums, das Störungen durch die Passage der hochenergetischen Strahlung erfährt, ausgestrahlt. Diese Tscherenkow-Strahlung bildet das elektromagnetische Analogon der Schockwelle, die sich an der Spitze eines Geschosses bildet, oder der Bugwelle, die von einem Schnellboot aufgeworfen wird, das sich rascher als die Wellenausbreitungsgeschwindigkeit im Wasser dahinbewegt. In der Luft werden zwischen 200 und 300 Photonen pro Zentimeter Flugstrecke freigesetzt. Die Ausbreitungsrichtung der Strahlung wird von einem nur schmalen Winkel umgrenzt, ganz so, als ob jeder Gammastrahl einen winzigen Scheinwerfer mit sich führte, der ihm den Weg ausleuchtet.

In mondlosen Nächten lassen sich diese Tscherenkow-Blitze mit einem optischen Teleskop, dessen Spiegel das Licht in eine photoelektrische Röhre führen, unschwer orten. Am Whipple-Observatorium in Arizona ergänzt sich eine Ansammlung von 248 Parabolspiegeln zu einer gewaltigen Lichtfalle, die mit einem Durchmesser von 10 Metern die Strahlung auf ein sechseckiges System aus 37 lichtelektrischen Röhren zusammenführt (siehe Abbildung 31 auf Seite 139). Die Intensitätsverteilung läßt sich für den Querschnitt eines Tscherenkow-Blitzes genau kartieren - die Einfallsrichtung kann man dabei bis auf weniger als 0,25 Bogengrad bestimmen.

Eine der größten Überraschungen der letzten Jahre bestand in der

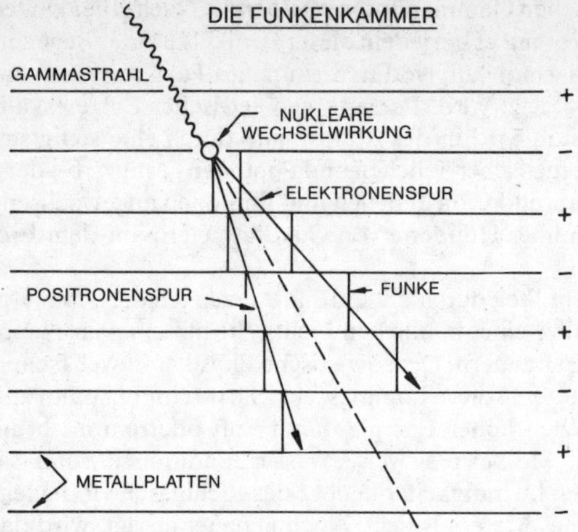

Abbildung 29 a. Eine Funkenkammer besteht aus einer Reihe von Metallplatten, die in einem mit Neongas gefüllten Behälter aufgehängt sind. Sobald man an die Platten abwechselnd eine Hochspannung anlegt, verursacht der Durchflug eines geladenen Teilchens Funken, die an der Ionisationsspur zwischen den aufeinanderfolgenden Plattenpaaren entlangspringen.

Entdeckung extrem energiereicher Strahlung aus der Quelle Cygnus X-3. Cygnus X-3 war bei einem Raketenflug im Jahre 1966 als Röntgenquelle identifiziert worden, doch sein Anteil an weicher Röntgenstrahlung trat kaum in Erscheinung – Symptom für eine Absorption, die daher rührt, daß die Strahlung eine Distanz von etwa 40 000 Lichtjahren zurückgelegt hat. Man konnte Cygnus X-3 im Infrarot-Spektralbereich, aber nicht im sichtbaren Licht ausfindig machen, denn er befindet sich in einer ganz besonders dichten Staubregion unserer Milchstraße. Als die NASA 1970 den Röntgenastronomiesatelliten gestartet hatte, entdeckte man, daß sich zahlreiche Röntgenquellen, darunter auch Cygnus X-3, periodisch verändern; dies könnte darauf zurückzuführen sein, daß sich Sternpaare in Doppelsternsystemen eng umeinander herumbewegen. Die periodischen Schwankungen lassen sich am besten als Bedeckungseffekt deuten, die immer dann auftreten, wenn die Sternpaare einander umkreisen. Bei Cygnus X-3 beträgt die Periode 4,8 Stunden.

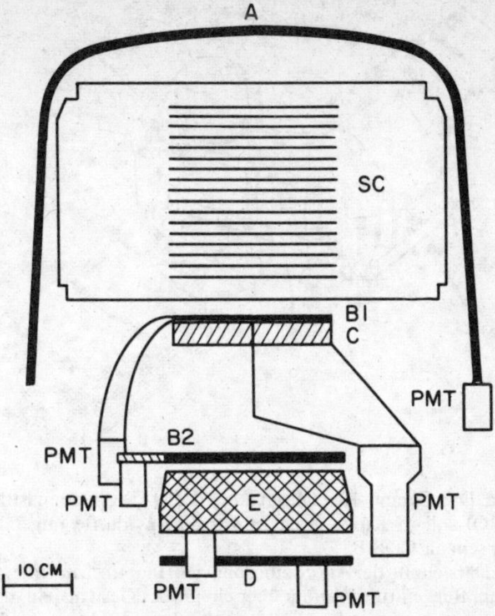

Abbildung 29 b. Die Funkenkammer des COS-B-Satelliten. Die Gammastrahlen wurden in einer der 12 Tungsten-Platten in Elektronen-Positronen-Paare umgewandelt und in den oberen 12 Zwischenräumen gestreut. Die Partikel laufen beinahe in die gleiche Richtung wie die eintreffenden Gammastrahlen. Jeder Zwischenraum wurde durch zwei rechtwinklige Gitter aus parallelen Drähten begrenzt. Zwischen den Gitterpaaren kam eine Hochspannung mit mehreren Kiloelektronenvolt zur Anwendung, um Funkenentladungen auszulösen, mit denen sich die Teilchenspuren markieren ließen. Die Funkenkammer wurde innerhalb einer Mikrosekunde immer dann aktiviert, wenn zeitgleiche Signale vom Teleskop, das aus dem Tscherenkow-Zähler (C), dem Szintillationszähler (B 2) und dem Totalabsorptionszähler (E) bestand, registriert wurden.
Ein Plastikszintillator, der als Schutzzähler (A) arbeitete, unterdrückte Triggersignale, die von geladenen Teilchen im Hintergrund stammten. Die sensitive Fläche maß 24 mal 24 Zentimeter. (Europäische Weltraumagentur)

Insoweit gab es zunächst keinen Anlaß, Cygnus X-3 besondere Aufmerksamkeit zu schenken. Dann aber, am 2. September 1972, war ein bemerkenswerter Ausbruch von Radiostrahlung zu verzeichnen. Philip C. Gregory vom Algonquin Radio Observatory in Ontario richtete seine Antenne gelegentlich auf Cygnus X-3, während er auf den Aufgang des eigentlichen, für diesen Abend

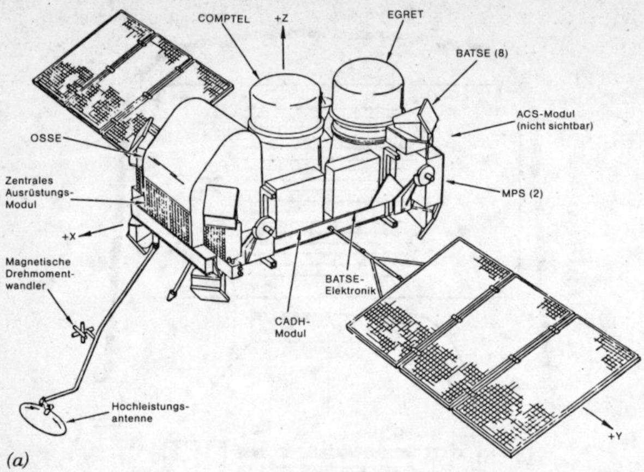

(a)

Abbildung 30a. Das Gamma Ray Observatory der NASA (Gammastrahlenobservatorium, GRO) soll in Kürze gestartet werden; es dürfte ungefähr zehnmal empfindlicher sein als COS-B.
Schematische Darstellung der Anordnung der vier Hauptinstrumente: (1) EGRET (Goddard-Raumflugzentrum) verfügt über ein großes Gesichtsfeld, das auf einer Funkenkammer beruht, die im Bereich von 20 bis 3 mal 10^4 Millionen Elektronenvolt arbeiten soll. (2) Comptel (Max-Planck-Institut und Universität von New Hamsphire) besteht aus einem zweifachen Compton-Teleskop, das den Bereich zwischen 1 und 30 Millionen Elektronenvolt abdeckt und mit einem Wert von weniger als einer Bogenminute die größte räumliche Auflösung liefert. (3) Das »Oriented Scintillation Counter Experiment« (OSSE; Ausgerichtetes Szintillationszähler-Experiment) des US-Marineforschungslabors wird aus vier großen »Phoswich« -(= phosphoreszierendes Sandwich«) Szintillationsdetektoren gebildet, die in Gabelmontierungen aufgehängt sind, um die Instrumente nach Wunsch ausrichten zu können. Seine energetische Auflösung liegt bei 0,66 Millionen Elektronenvolt um 8 %. (4) BATSE (Marshal-Raumflugzentrum) ist ein »Burst and Transient Spectrometer«-Experiment (ein Spektrometerexperiment für Ausbrüche und kurzzeitige Phänomene), das einen großen Himmelsbereich fortlaufend überwacht. (NASA)

ins Auge gefaßten Beobachtungsobjektes wartete. Zu seiner Verblüffung hatte Cygnus X-3, der als eher unscheinbare Radioquelle galt, seine Leuchtkraft um das Tausendfache gesteigert und war zu einer der stärksten Radioquellen des Himmels geworden.

Dieser Vorfall löste eine internationale Beobachtungskampagne aus. Gregory verständigte per Telefon Robert Hjellming vom National Radio Astronomy Observatory in Green Bank, West

Virginia, der die Beobachtung des Kanadiers, umgehend bestätigte. Die beiden Astronomen riefen nun jedes erreichbare Observatorium an, und innerhalb weniger Tage richteten alle Radioastronomen der Erde ihr Hauptaugenmerk auf Cygnus X-3. Die Überraschung wurde noch größer, als man einen Ausbruch von Röntgen- und Gammastrahlung entdeckte. Tscherenkow-Strahlungsblitze, die von sowjetischen Beobachtern auf der Krim gesichtet wurden, setzten für die Gammastrahlen außerordentlich hohe Energiegrenzwerte von über 10^{12} eV; dies lag weit jenseits dessen, was man in von Menschenhand gefertigten Teilchenbeschleunigern je erreicht hatte. Die Ergebnisse der Sowjets waren so verblüffend, daß die meisten Astronomen sie nur mit großer Skepsis aufnahmen. Doch wurden während der letzten Jahre mit Tscherenkow-Teleskopen an anderen Observatorien Energien registriert, die an die 10^{16} eV heranreichten. Diese hohen Energien

Abbildung 30b. Das fertiggestellte OSSE-Instrument. Vier identisch abgeschirmte und kollimierte Szintillatorkristalle stellen eine sensitive Gesamtfläche von 2310 cm^2 sicher, was einem Gesichtsfeld von 3,8° mal 10 ° entspricht. Die Gabelmontierungen gestatten simultane Messungen direkt an den Quellen und unmittelbar daneben, um den Hintergrund zu subtrahieren. Der Energiebereich erstreckt sich von 0,1 bis 10 Millionen Elektronenvolt. (U. S. Naval Research Laboratory)

lassen sich mit althergebrachten Modellen der Akzeleration kosmischer Strahlung nicht mehr erklären. Es könnte sein, daß wenige Punktquellen wie Cygnus X-3 für die gesamte kosmische Strahlung höherer Energien in unserer Galaxis verantwortlich sind; hiermit wäre das Problem ihrer Herkunft gelöst.

Neutrinos – geisterhafte Reisende durch den Raum

Das Neutrino gilt als das am wenigsten greifbare Teilchen in der Natur; es ist in der Lage, das Massenäquivalent einer lichtjahredicken Bleiplatte ohne jede Wechselwirkung zu durchdringen. Dennoch hat man raffinierte Detektoren für die Neutrinoastronomie entworfen. Bisher stand die solare Neutrinoastronomie im Mittelpunkt der Bemühungen. Die Kernfusion von Wasserstoff sollte in Sternen wie unserer Sonne Ströme von Neutrinos geringer Energie (etwa eine Milliarde eV) auslösen. Man nimmt an, daß in jeder Sekunde 70 Milliarden Neutrinos, von der Sonne kommend, jeden einzelnen Quadratzentimeter der Erde treffen.

Die Neutrinos sind eine recht junge Errungenschaft des Teilchenzoos. Wolfgang Pauli postulierte ihre Existenz im Jahre 1930, um Beobachtungen an einer radioaktiven Erscheinung namens »Betazerfall« erklären zu können; bei diesem radioaktiven Zerfallsprozeß verwandelt sich ein Neutron spontan in ein Proton und ein Elektron. Während das Proton im Atomkern gebunden bleibt, wird das Elektron (das »Betateilchen«) ausgestoßen. Sollten keine weiteren Teilchen emittiert werden, müßte das Elektron – gemäß dem Gesetz von der Erhaltung der Energie – eine ganz bestimmte Energie bergen. Statt dessen zeigten die Elektronen ein Energiespektrum zwischen Null und dem vom Energieerhaltungssatz vorhergesagten Maximalwert. Der von Pauli gewiesene Ausweg aus diesem Dilemma bestand in der Postulierung eines noch nicht entdeckten Teilchens – des Neutrinos –, das die fehlende Energie mit sich davonträgt. Fast scherzhaft forderte Pauli, dieses Teilchen dürfe keine elektrische Ladung haben, nur eine sehr kleine Restmasse aufweisen oder müsse gar masselos sein – alles Eigenschaften, die ein Neutrino nahezu unauffindbar machen. In der Tat glaubte Pauli, daß niemand dieses imaginäre Teilchen je entdecken würde. 1931 sagte er zu seinem Freund, dem Astronomen Walter Baade: »Was ich getan habe, ist das Schlimmste, was einem theoretischen

Abbildung 31. Der 10-m-Reflektor des Whipple-Observatoriums auf dem Gipfel des Mount Hopkins in Arizona ist die größte Kamera der Erde. Er besteht aus 248 Spiegeln, die das Licht auf ein System von 37 Photoröhren fokussieren. Man kann damit Blitze des Tscherenkow-Lichts, die von Strahlungsschauern in der Luft verursacht werden, kartieren, um die Einfallsrichtungen von Gammastrahlen, die diese Schauer auslösen, zu ermitteln. (Smithsonian Institution, Whipple Observatory)

Physiker passieren kann; ich habe etwas erfunden, was niemals experimentell nachgewiesen werden kann.«

Pauli bezeichnete »sein« Teilchen ursprünglich als »Neutron« (das Neutron war damals noch nicht entdeckt). Der Name »Neutrino« stammt von Enrico Fermi, der während einer Konferenz im Jahre 1933 erklärte, im Unterschied zu den 1932 von Sir James Chadwick entdeckten Neutronen seien die Teilchen Paulis sehr klein und sollten deshalb »Neutrinos« genannt werden; die Endung -ino ist im Italienischen eine Verkleinerungsform, wie beispielsweise bei dem Wort *bambino.* Ganze zwanzig Jahre zogen ins Land, ehe eine experimentelle Bestätigung glückte. Frederick Reines, Clyde L. Cowan und ihre Mitarbeiter beobachteten Neutrinos in einem sehr intensiven Teilchenstrom, der aus dem Kern-

Abbildung 32. Wolfgang Pauli (1900-1958). Das Pauli-Prinzip postuliert im wesentlichen, daß zwei Elektronen in einem Atom niemals im selben Zustand existieren können. Die Folgen dieses einfachen Prinzips sind für die Astrophysik von großer Tragweite und machen es möglich, den »Entartungsdruck« zu verstehen, der einen Weißen Zwerg abstützt, sobald dessen interne Wärmerzeugung vollständig zum Stillstand gekommen ist. Wolfgang Pauli erhielt für seine Theorie im Jahr 1945 den Nobelpreis.
1931 beschäftigte sich Pauli mit dem Problem des radioaktiven Beta-Zerfalls, bei dem die emittierten Elektronen eine breite Energieverteilung zeigen. Er folgerte, es müsse ein elektrisch neutrales Teilchen mit einer vernachlässigbaren oder gar keiner Masse geben, das Energie und Drehmoment mit sich davonträgt, um den Anforderungen an den Erhalt der Energie und des Drehmoments zu genügen. Enrico Fermi entwickelte die Vorstellungen Paulis weiter und nannte die geheimnisvollen, noch nicht entdeckten Partikel Neutrinos. Als Pauli die Hypothese der Existenz der Neutrinos aufstellte, hatte niemand auch nur die geringste Vorstellung, wie sie experimentell nachgewiesen werden könnten. Das Neutrino blieb hypothetisch, bis 1953 Fred Reines und Clyde L. Cowan ihren Detektor in einem für die Produktion nuklearer Stoffe vorgesehenen Reaktor aufstellten, der Neutrinos in einer solchen Fülle lieferte, daß sie aufgespürt werden konnten.

reaktor am Savannah-Fluß in Georgia austrat. Neutrinostrahlen stehen inzwischen an verschiedenen Beschleunigern reichlich zur Verfügung, und von Neutrinos eingeleitete Reaktionen werden in großem Umfang zugesichert.
Experimentelle Befunde weisen auf die Existenz dreier verschiedener »Geschmacksrichtungen« bei den Neutrinos hin. Die Physiker erwarten, daß es Myon- und Tau-Neutrinos wie auch Elektronen-Neutrinos gibt, entsprechend dem Elektron, das zwei schwere Verwandte, das Myon und das Tauteilchen, besitzt. Darüber hinaus stellt die Theorie die Prognose, daß die Neutrinos auf ihrer Reise millionenmal in der Sekunde von einer Form in die andere oszillieren und daß sie winzige, aber endliche Massen aufweisen. Sollte dies tatsächlich der Fall sein, könnten die Neutrinos einen wesentlichen Beitrag zur Masse unseres Universums leisten.

Wenn die Neutrinoastronomen versuchen, ihre kaum greifbaren Teilchen einzufangen, müssen sie ihre Teleskope tief in der Erde vergraben, um alle Störungen auszuschließen, die von der kosmischen Hintergrundstrahlung verursacht werden. Zehn Jahre lang betrieb Raymond Davis Jr. vom Brookhaven National Laboratory einen gewaltigen Detektor-Tank, der sich 1600 Meter unter der Erdoberfläche in der Homestake-Goldmine in Süd-Dakota befand. Davis verwendete als Targetmaterial Chlor, das in 378 500 Litern Reinigungsflüssigkeit, Perchloräthylen, gebunden war. Die zugrundeliegende Nachweisreaktion bestand in dem Einfangen eines Neutrinos durch ein Chlor-37-Atom und einer daraus resultierenden Umformung in ein Argon-37-Isotop. Dieses Argonisotop ist mit einer Halbwertzeit von 35 Tagen radioaktiv und kann durch Auszählen der Elektronen mit einem Proportionalzähler bequem nachgewiesen werden. Zunächst jedoch muß das Isotop durch das Ausspülen des Tanks mit Helium herausgeholt werden. Dieser Vorgang, so konnte gezeigt werden, hatte einen Wirkungsgrad von mehr als 90 %.
In jeweils drei Tagen wird nur ein einziges Argon-37-Atom gebildet, was lediglich einem Drittel des theoretisch Vorhergesagten entspricht. Diese Diskrepanz hat die Sonnenphysiker in Verwirrung gestürzt und die Frage aufgeworfen, ob die allgemein anerkannten Modelle des Sternaufbaus und der Neutrinophysik überhaupt stimmen. Wäre die Sonnentemperatur um eine Million Grad niedriger als in den gültigen theoretischen Modellen angenommen, würde die theoretische Unstimmigkeit verschwinden. Doch es ist kaum möglich, eine solch eklatante Abweichung von der berechneten Kerntemperatur mit den Beobachtungen der solaren Photosphärentemperatur in Einklang zu bringen. Weil der Davis-Detektor nur auf Elektronen-Neutrinos ansprach und nicht auf die Myon- und Tau-Neutrinos, haben einige Theoretiker die Ansicht geäußert, daß sich die Elektronen-Neutrinos im Lauf ihrer achtminütigen Reise von der Sonne zur Erde in eine der beiden anderen Formen umwandeln. Nahezu alle hochenergetischen Elementarteilchen sind nur sehr kurzlebig, und deshalb ist es nicht überraschend, daß die Theoretiker Gründe finden, ein solches Verhalten der Neutrinos zu prognostizieren. Doch alle Bemühungen, diese Neutrino-Oszillationen im Labor zu demonstrieren, sind bis heute gescheitert.
Das Chlor-Experiment läßt nach wie vor viele Fragen offen, und

Abbildung 33. Enrico Fermi (1901-1954). Enrico Fermi war sowohl auf dem Gebiet der theoretischen Physik als auf dem der Experimentalphysik ein Genie. 1938 erhielt er den Physiknobelpreis für seine Entdeckung, daß ein Neutron Radioaktivität induzieren kann, wenn es in einen Atomkern geschossen wird, und insbesondere für seine Studien an nuklearen Reaktionen, die von langsamen Neutronen ausgelöst werden. 1926 entwickelte Fermi ausgehend vom Pauli-Prinzip eine Theorie bezüglich der statistischen Mechanik eines in Festkörpern auftretenden »Elektronengases«. Der Elektronengasdruck Fermis reicht aus, um einen Weißen Zwerg gegen einen weiteren Kollaps abzustützen, sobald die Dichte im Sternzentrum bei etwa vier Tonnen pro Kubikzentimeter liegt. In einem Neutronenstern ist es dieser Neutronendruck, der den Stern stabilisiert. Im Jahr 1933 löste Fermi das Problem des Betazerfalls, des Ausstoßes hochenergetischer Elektronen aus einem Atomkern während eines radioaktiven Prozesses. Er berücksichtigte dabei die Rolle eines hypothetischen Neutrinos. Fermi machte den Vorschlag, daß sich ein Neutron genau wie ein Atom, das sich durch die Emission eines Photons von einem höheren Energiezustand zu einem niedrigeren Energiezustand bewegt, in einem höheren Energiezustand befindet und sich in ein Proton (niedriger Energiezustand) verwandeln kann, wenn es ein Elektron (Betateilchen) und ein Neutrino aussendet, das für die Erhaltung der Energie und des Drehmoments erforderlich ist. Fermis Idee war dermaßen unkonventionell, daß die Herausgeber der Zeitschrift *Nature* seinen Artikel zu diesem Thema zurückwiesen.
Fermis grundlegende Theorie des Beta-Zerfalls führte eine neue Kraft ein, die Schwache Wechselwirkung, die das Quartett der fundamentalen physikalischen Naturkräfte vervollständigte: die über große Entfernungen wirksamen Kräfte der Gravitation und des Elektromagnetismus sowie die Starken und Schwachen Kräfte, die sich innerhalb des Atomkerns entfalten.

die Neutrinoastronomen haben sich mittlerweile einem Gallium-71-Detektor zugewandt. Gallium spricht auf die zahlreichen schwachenergetischen Neutrinos von der Sonne an, während die Neutrinos höherer Energien eher von Chlor eingefangen werden. Es gibt jedoch ein ziemlich großes, praktisches Hindernis: Um pro Tag ein Neutrino zu erhaschen, braucht man 50 Tonnen Gallium, das entspricht in etwa der Weltjahresproduktion – das Ganze

würde etwa 25 Millionen Dollar verschlingen. Ungeduldige Sonnenphysiker haben schon mit dem Gedanken gespielt, den gesamten Galliumvorrat aufzukaufen, ihre Experimente während einiger Jahre abzuwickeln und nach Beendigung der Versuche das Gallium wieder auf den Weltmarkt zu werfen. Auch andere Targetentwürfe wurden schon untersucht, und zwar die Verwendung von Lithium 7, Brom 81, Technetium 99 sowie Indium 115. Jedes dieser Isotope spricht auf einen anderen Energiebereich an. Die Hoffnung ist nicht ganz unbegründet, daß schließlich alle diese Targets für die Neutrino-Spektroskopie wie auch für den einfachen Neutrinonachweis gesetzt werden können.
Während die solare Neutrinoastronomie in eine Sackgasse geraten ist, konnte die galaktische Neutrinoastronomie einen äußerst eindrucksvollen Erfolg verbuchen, als im Februar 1987 in der Großen Magellanschen Wolke die Supernova 1987A explodierte. Dabei wurde nämlich ein starker Neutrinoblitz registriert; er traf die Instrumente, die für ein gänzlich anderes wissenschaftliches Experiment gedacht waren, völlig unvorbereitet. Die vollständige Geschichte der Supernova 1987A folgt in Kapitel 4.
Um die extrem hochenergetischen Neutrinos aus unserer Galaxis nachzuweisen, wird momentan ein äußerst ehrgeiziges Projekt geplant. Es heißt *Dumand* für »Deep Underwater Muon- and Neutrino Detector« und soll in einem riesigen Wasservolumen betrieben werden. *Dumand* würde wie ein Würfel aussehen, und jede Seite hätte die Länge von drei Fußballfeldern. 756 Photomultiplier sollen in Abständen von 25 m entlang von 36 senkrechten Leinen installiert werden, 21 Multiplier pro Leinenelement. Jedes dieser Elemente wäre von seinem Nachbarn 50 m entfernt. Diese ausgedehnte Apparatur würde sich mit der Beobachtung der Tscherenkow-Strahlung befassen, die von Wechselwirkungen zwischen hochenergetischen Myonen und Neutrinos ausgelöst wird. Es ist vorgesehen, das Ganze vor der Küste Hawaiis in einer Tiefe von etwa 5000 m im Pazifik zu stationieren. Diese gewaltige »Himmelsüberwachungskamera« könne für die Astronomie hochenergetischer Neutrinos sowohl aus Wechselwirkungen von kosmischen Strahlen als auch von einzelnen kosmischen Quellen wie beispielsweise Supernovae eingesetzt werden. Die mechanischen Probleme, die dadurch entstehen, daß das *Dumand-System* so tief im Ozean versenkt werden soll, wo es den Launen ozeanischer Strömungen ausgesetzt ist, die das filigrane Liniengitter

durcheinanderbringen könnten, stellen für die Tiefseeingenieure eine gewaltige Herausforderung dar.

Verwerfungen in der Krümmung der Raumzeit

Sichtbares Licht, Radiowellen und Röntgenstrahlen sind Kräuselungen in einem elektromagnetischen Feld, die durch beschleunigte elektrische Ladungen erzeugt werden. Auf Grund eines Analogieschlusses dürfen wir von beschleunigten Massen die Freisetzung von Gravitationswellen erwarten. Und ebenso, wie die elektromagnetischen Wellen geladene Teilchen tanzen lassen, sollten die Gravitationswellen eine beschleunigende Wirkung auf Massen ausüben. Nach der Allgemeinen Relativitätstheorie Einsteins schwingen Schwerkraftwellen senkrecht zu ihrer Ausbreitungsrichtung und bewegen sich genau wie die elektromagnetische Strahlung mit Lichtgeschwindigkeit. In der Sprache der Relativitätstheorie: Eine Gravitationswelle kräuselt die Krümmung der Raumzeit und verformt jede Masse, die sie durchdringt. Die gravitationsbedingte Wechselwirkung zwischen zwei normalen Massen ist im Vergleich zu deren elektrischen Wechselwirkungen unvorstellbar schwach. Stellen Sie sich zum Beispiel zwei Elektronen im Abstand von einem Millimeter vor. Um die hier auftretenden elektrischen Kräfte auf die vergleichbare Stärke ihrer Gravitationsanziehung zu verringern, müßte man die beiden Elektronen auf einen gegenseitigen Abstand von 100 Lichtjahren bringen. Oder denken Sie sich eine Lokomotive, die in eine riesige Zentrifuge gesteckt wird und darin so schnell rotiert, daß sie kurz vor dem Zerbrechen steht; die im Bereich der Schwerkraftwellen abgestrahlte Energie würde immer noch weit unterhalb der Nachweisbarkeitsgrenze liegen. Die Gravitation wird erst dann zu einer ernst zu nehmenden Kraft, wenn die Massen die Dimensionen der Sonne und der Planeten erreichen. Während die Erde die Sonne umkreist, erglimmt sie zart in Gravitationsstrahlung; doch die Gesamtenergie beläuft sich auf lediglich 200 Watt; das entspricht der Energie, die eine Zimmerlampe abstrahlt. Man bräuchte die Masse unserer Sonne, die auf die Größe eines Neutronensterns zusammengequetscht sein müßte und die an ihrer Oberfläche beinahe mit Lichtgeschwindigkeit zu rotieren hätte, um die Schwerkraftwellenstrahlung feststellen zu können.

Trotz dieser Schwierigkeiten erwarten die Physiker innerhalb der kommenden ein bis zwei Jahrzehnte, daß die Astronomie der Schwerkraftwellen zur Astronomie des elektromagnetischen Spektrums ergänzend hinzutreten wird. Weil die Erde für Gravitationsstrahlung beinahe völlig durchsichtig ist, wird den Detektoren zu jeder Zeit ein praktisch uneingeschränkter Blick auf den Himmel gestattet sein. Doch lassen sich Schwerkraftwellendetektoren nur sehr schwierig entwickeln, solange unser Wissen über den Himmel im Bereich der Schwerkraftwellen noch derart begrenzt ist. Ehe uns über die stärksten Schwerkraftstrahlungswellen keine aufschlußreicheren Befunde vorliegen, sind optimale Detektoren hierfür kaum zu entwerfen. Wir können zwar intelligente Fragen stellen, etwa die, welche Strahlungsquellen die mit höchster Wahrscheinlichkeit energiereichsten Gravitationswellenstrahler sind und auf welchen Frequenzen sie senden; die Realität indes dürfte einige Überraschungen bereithalten.
1916 versuchte Einstein selbst die Gravitationsstrahlung eines Doppelsterns zu berechnen. Er folgerte, daß »der Energieverlust infolge der Schwerkraftstrahlung dermaßen gering ausfällt, daß er in sämtlichen vorhersehbaren Fällen einen vernachlässigbaren praktischen Effekt hat« (Stephen Boughn, »Detecting Gravitational Waves«, *American Scientist* 68, 1980, S. 174). Damals war dies ganz plausibel, denn kompakte Objekte wie Weiße Zwerge oder Neutronensterne kannte man noch nicht. Die kürzesten Doppelstern-Umlaufzeiten, von denen man seinerzeit wußte, lagen in der Größenordnung von Tagen. Seitdem sind Doppelsterne mit Umlaufperioden, die sich in Minuten bemessen, entdeckt worden. Weil die Rate der Energieverluste auf dem Weg der Gravitationswellen mit der sechsten Potenz der Frequenz variiert, macht es einen enormen Unterschied, ob die Umlaufzeiten lang oder aber sehr kurz sind.
Die Forscher glauben, daß die Beobachtung von Gravitationswellen ein neues astronomisches Fenster öffnen und bedeutsame Informationen über exotische Quellen liefern könnte - wie zum Beispiel kollabierende Sternzentren, kollidierende Neutronensterne, Schwarze Löcher, zerfallende Doppelsternsysteme oder auch ganz andere Objekte, deren Natur bis heute noch unbekannt ist. Während bei unserer Erde nur ein schwacher gravitatorischer Schimmer zu konstatieren ist, müßte der Zusammenbruch eines massereichen Sterns zu einem Schwarzen Loch über die gesamte

Milchstraße hin einen heftigen Ausbruch von Schwerkraftwellen auslösen. Der Kollaps läuft theoretisch binnen Sekundenbruchteilen ab und setzt das gewaltige Energieäquivalent einer Sonnenmasse frei. Auf einer Frequenz von etwa 1000 Hz könnte die Gravitationsenergie, die von einem kollabierenden Schwarzen Loch aus einer Entfernung von bis zu 1000 Lichtjahren auf der Erde eintrifft, der elektromagnetischen Energie gleichkommen, die im Laufe eines Tages von der Sonne auf unseren Planeten abgestrahlt wird: Dies wäre ein wahrhaft ungeheures Gravitationssignal und ließe sich dennoch nur äußerst schwer messen.
1974 entdeckten Joseph H. Taylor und Russell A. Hulse während einer Beobachtung am Arecibo-Radioteleskop auf Puerto Rico innerhalb eines Doppelsternsystems einen Pulsar (PSR 1913+16). Die Radioimpulse stammten von einem Neutronenstern mit 1,4 Sonnenmassen und einer Rotationsperiode von 17 Umdrehungen pro Sekunde (Dauer einer Rotation = 0,059 Sekunden). Er fungiert als präzise Uhr in der Umlaufbahn seines unsichtbaren Begleiters, von dem man annimmt, es könnte sich auch bei ihm um einen Neutronenstern handeln.
Unter den ersten 200 Radiopulsaren, die entdeckt wurden, befanden sich nur drei, die Teil eines Doppelsternsystems waren. Der von Taylor identifizierte Pulsar war etwas ganz Besonderes, denn seine Umlaufperiode dauerte lediglich 7,75 Stunden - das läßt auf einen sehr geringen Abstand der Sterne zueinander schließen. Die Allgemeine Relativitätstheorie sagt voraus, daß zwei sich auf derart engen Umlaufbahnen rasend schnell umkreisenden Sterne erstaunlich hohe Mengen an Schwerkraftstrahlung aussenden. Der Energieverlust müßte zu einem langsamen, aber stetigen Zusammenbruch der Umlaufbahnen führen, was sich wiederum mit einer Verringerung der Umlaufzeiten belegen ließe. Mit anderen Worten: Im weiteren Verlauf umkreisen die Sterne einander immer schneller. Weil eine »Pulsar-Uhr« in vier Jahren weniger als eine milliardstel Sekunde falsch geht, konnten Taylor und seine Kollegen die Umlaufperiode mittels des Dopplereffekts in den Signalen mit äußerster Präzision bestimmen. Während beinahe eines Jahrzehnts betrug die Geschwindigkeitszunahme 72 Mikrosekunden. Dies stimmt mit Einsteins Theorie exakt überein und stellt den besten Beweis für die Existenz einer Quelle von Gravitationswellen dar, über den wir verfügen, auch wenn er nur indirekt ist. Während die beiden miteinander in einer stetig fester

zupackenden Schwerkraftwirkung verbundenen Neutronensterne ihrer Kollision immer näher rücken, erzeugen sie eine zirpende Abstrahlung von Gravitationswellen. Die Frequenz wird sich von einem tiefen, subsonischen Dröhnen mit ein paar Zyklen pro Sekunde zu einem Kreischen mit etwa 1000 Zyklen in der Sekunde steigern. Diese Todesqualen werden jedoch erst in etwa 100 Millionen Jahren einsetzen.

In den fünfziger Jahren unternahm Joseph Weber von der Universität von Maryland einen ernsthaften Versuch, die praktischen Probleme bei der Ortung von Schwerkraftwellen zu lösen. Seine erste Gravitationswellenantenne baute er 1967; sie bestand aus einem 1300 kg schweren Aluminiumzylinder, der mit piezoelektrischen Halbleitern bestückt war, um winzige Längenveränderungen des Blocks in elektrische Signale umsetzen zu können – genauso, wie dies an einem keramischen phonographischen Tonabnehmer geschieht. Ein solcher Aluminiumbarren neigt dazu, wie eine Orgelpfeife in seiner Resonanzfrequenz bei etwa 1660 Hz zu vibrieren.

Die Energie, die von einer Schwerkraftwelle übertragen wird, läßt sich durch die Verformung, die sie beim Eintritt in ein massives Objekt verursacht, charakterisieren. Diese Verformung wird definiert als die Längenveränderung dividiert durch die Gesamtlänge. Eine Supernovaexplosion in unserer Milchstraße dürfte eine Verformung von 10^{-17} auslösen. In einem festen, einen Meter langen Barren würde dies zu einem Beben von lediglich 10^{-15} und somit etwa dem Hundertfachen des Durchmessers eines Atoms führen. Doch selbst wenn eine solche phantastische Empfindlichkeit jemals erreicht werden sollte, würde sie einen Gravitationswellenastronomen kaum zufriedenstellen. Da in der Milchstraße bloß ungefähr alle dreißig Jahre eine Supernova auftritt, würden sich nur wenige Physiker auf das Glücksspiel einlassen, ein Phänomen zu orten, auf das man eventuell jahrzehntelang zu warten hätte. Um für den Astronomen eine ausreichende Anzahl von Ereignissen bereitzustellen, muß der Detektor in der Lage sein, Supernovae in fernen Galaxien zu erfassen. Im Virgohaufen, der etwa 2500 Galaxien enthält, könnte eine Supernovaexplosion praktisch jede Woche oder jeden Monat stattfinden. Weil aber die Entfernung zwischen der Erde und dem Virgohaufen ungefähr tausendmal größer ist als die Distanz zum Milchstraßenzentrum, würde die Ortung einer Supernova im Virgohaufen einen Detektor mit einer

Empfindlichkeit erforderlich machen, die um das Einmillionenfache über der des eben beschriebenen Instruments liegen müßte. Momentan sind die Forscher voller Optimismus, was die Fähigkeit angeht, Supernovaausbrüche im Virgohaufen mit einer Verformungsempfindlichkeit von 10^{-21} überwachen zu können.

Wie man seinen Empfänger auf die Gravitationswellen einstellt

Eine interessante Möglichkeit, eine sehr hohe Empfindlichkeit zu erreichen, besteht in der Abstimmung einer Gravitationsantenne auf eine Quelle mit bekannter Periode und Phase, wie beispielsweise auf einen schnellen Pulsar. Bis vor ein paar Jahren galt der Pulsar im Crab-Nebel mit einer Periode von 33 Millisekunden als der schnellste seiner Gattung. Dann entdeckte man einen Radiopulsar mit einer Periode von nur 1,6 Millisekunden, den PSR 1937 + 214, dessen Umdrehungsgeschwindigkeit mit einer Rotationsfrequenz von 642 Hz korrespondiert. Falls er noch ein wenig schneller rotieren würde, also mit einer Periode von annähernd einer Millisekunde, geriete er in den Bereich relativistischer Instabilität, in dem die Oberflächengeschwindigkeit an die Lichtgeschwindigkeit heranrückt. Trotz der phantastischen Festigkeit seiner Kruste könnte er dann, wenn sein Äquator Lichtgeschwindigkeit erreicht, den übermächtigen Kräften nicht mehr widerstehen. Zitternd und bebend würde er im Bereich der Gravitationswellen enorme Energien aussenden. Ein momentan in Betracht gezogener Plan besteht darin, einen Proportionalzähler mit einer ausnehmend großen Öffnung zu bauen - so um die hundert Quadratmeter -, der sich an einer Raumstation befestigen ließe. Mit einer Zeitmeßgenauigkeit im Mikrosekundenbereich könnte er den Himmel nach sehr schnellen Röntgenpulsaren absuchen. Die Entdeckung solcher Objekte dürfte den Frequenzschlüssel liefern, mit dem den erdgebundenen Schwerkraftwellendetektoren eine gezielte Fahndung nach damit gekoppelter Gravitationswellenstrahlung ermöglicht würde.

Einige Experimentatoren erheben den Anspruch, bereits Signale geortet zu haben, die als Gravitationswellen aufgefaßt werden könnten - doch ihre Verlautbarungen geben zu Zweifeln Anlaß. Das Auftreten kaum wahrnehmbarer Signale wird auch weiterhin

Kontroversen auslösen, und zwar so lange, bis eines Tages an unserem Himmel eine Supernova in der Milchstraße aufflammt und weltweit zu einer simultanen Registrierung von kräftigen Reaktionen mehrerer Schwerkraftwellendetektoren führt. Die Supernova 1987A in der Großen Magellanschen Wolke war ungefähr hundertmal zu weit entfernt, um den Gravitationsphysikern das zu bescheren, worauf sie schon so lange warten. Nicht ein einziger Gravitationswellendetektor der Erde lieferte irgendein eindeutiges Signal.

Beflügelt von den Fortschritten bei Teleskopen, Sensoren und in der Weltraumtechnologie, sind die Astronomen nun gerüstet für einen beispiellosen wissenschaftlichen Angriff auf die Geheimnisse des Universums. Die Worte Goethes aus dem Faust verleihen dieser Herausforderung Ausdruck:

> Was heute geschieht, ist morgen nicht getan,
> Und keinen Tag soll man verpassen;
> Das Mögliche soll der Entschluß
> Beherzt sogleich beim Schopfe fassen.

»Vorspiel auf dem Theater«

Teil II: Astronomische Entdeckungen

4 Die Sonne

> Deine Sonne ist zugleich Auge und Seele dieser großen Welt.
>
> John Milton, *Das verlorene Paradies* (1667)

Seit der Zeit der frühesten Spekulationen über moderne Raketen träumten die Astronomen davon, die Sonne vom freien Weltraum aus beobachten zu können. Dieser Traum begann Wirklichkeit zu werden, als 1946 deutsche V-2-Raketen, die man im Zweiten Weltkrieg erbeutet hatte, von den Wüsten Neu-Mexikos aus mit astronomischen Instrumenten in ihren Bugspitzen zum Himmel aufstiegen. Ich wurde durch das Abenteuer der raketengestützten Höhenexperimente aus einem beschaulichen Laborbetrieb herausgelockt und blieb seinem Zauber ein Leben lang verfallen. Die Sonne bot eine glänzende Gelegenheit, um ein neues Kapitel in der Weltraumastronomie aufzuschlagen, und bereits die ersten, noch recht unbeholfenen Anstrengungen führten zu bedeutenden wissenschaftlichen Entdeckungen. Der größte Teil meiner Ausführungen über die Sonne beruht auf persönlichen Erinnerungen, in denen schon sehr früh Raketen eine entscheidende Rolle spielten.

Die Sonne ist sozusagen der Stein von Rosette der Astronomen (falls man einen Gasball als Stein bezeichnen kann), auf dem sich Hinweise auf die Natur von Milliarden von Sternen unserer Galaxis finden lassen. Nur 149 Millionen Kilometer von ihr entfernt, fühlen wir die Wärme ihrer Strahlung, während alle anderen Sterne nur kalte, funkelnde Juwelen in ferner Abgeschiedenheit zu sein scheinen. Das Antlitz unserer Sonne ist uns so nahe, daß wir die meisten feineren Einzelheiten und die Erscheinungen des turbulenten Wetters, das ihre Oberfläche aufwühlt, unterscheiden können. Als die Sonne noch sehr jung war, gingen orkanartige Stürme von ihr aus. Heute weht ein sanfter Sonnenwind zu uns herüber, und gelegentliche Sonnenböen rauschen im Erdmagnetfeld und entfachen die wunderschönen Polarlichter. Die Schwärze des Nachthimmels vermittelt ein Gefühl von der Leere der unvorstellbaren Abgründe zwischen den Sternen. Doch der kosmische Raum ist nicht völlig leer; verglichen mit dem besten Vakuum, das sich in unseren Labors auf der Erde erzeugen läßt, ist er lediglich von extrem verdünnter Materie erfüllt. Deren wichtigste Bestandteile sind Wasserstoff, Helium und Staubschwaden, die sich zu Wolken zusammenballen, den Embryonen neuer Sterne. Diese Kondensationen bergen auch die Reste längst verhallter Sternexplosionen und sorgen auf diese Weise für eine Reinkarnation des Vergangenen. Unsere Sonne beispielsweise ist ein Stern der zweiten Generation, und wir selbst bestehen aus all den Elementen, die schwerer sind als Wasserstoff und Helium und die in den stellaren Vorfahren unserer Sonne synthetisiert wurden. Vor etwa fünf Milliarden Jahren wurde die Sonne in einer gigantischen Wolke aus Staub und Gas erbrütet - diese Wolke hatte einen Durchmesser von ungefähr 1,6 Billionen Kilometern und schwebte in einer abgrundtiefen Leere zwischen den Sternen unserer Milchstraße. Die in der Wolke wirksame Schwerkraft brachte jene dazu, sich zusammenzuziehen, genauso, wie die Erdgravitation alle Gegenstände auf den Erdboden herabzieht. Der Kollaps der Wolke, einmal begonnen, setzte sich fort - möglicherweise war dabei auch noch die Schockwelle einer benachbarten Supernovaexplosion im Spiel. Während die Gas- und Staubteilchen immer näher aneinanderrückten, nahmen ihre gegenseitigen gravitativen Anziehungskräfte stetig zu - der Kollaps beschleunigte sich. Im Zentrum der Wolke stieg der Druck immer mehr an, ein dichter Kernbereich entstand. Sollte irgendein geringes Drehmoment in der ursprünglichen Wolke gesteckt haben, so verstärkte es sich nun, da sich die Wolke weiter zusammenzog. Fliehkräfte sorgten für eine zunehmende Abplattung der Wolke, bis sie die Form eines Spiegeleis angenommen hatte. In der Mitte blieb eine Verdickung, aus der sich später die Sonne herausbilden sollte. Eine allmählich immer dünner werdende Scheibe erstreckte sich von der Sonne weg und kondensierte schließlich zu einer Horde von Planeten. Der Kollaps erzeugte Wärme genau in der Weise, wie sich Luft in einer Fahrradpumpe erhitzt, wenn man sie in den Reifen preßt. Die Temperaturen stiegen in Richtung des Zentrums der Kondensation immer mehr an, bis der Staub schmolz und verdampfte. Etwa zehn Millionen Jahre nach der Zeit, zu der die Kontraktion

einsetzte, geriet die Schwerkraftwirkung in ein Gleichgewicht mit dem Druck des heißen Gases, der zehn Milliarden Mal stärker gewesen sein mag als der uns umgebende atmosphärische Luftdruck. Die Geschwindigkeit der Kontraktion verringerte sich. In diesem Stadium hatte sich die Protosonne gebildet; sie verbarg sich hinter einem dichten Kokon aus kühlerem Gas, das die sichtbare Strahlung restlos verschluckte und nur einem infraroten Schimmer das Entweichen gestattete. Etliche Jahrmillionen hindurch strahlte der Protostern weiter Wärme ab, doch er kühlte dabei nicht aus, denn durch den Prozeß der Abstrahlung baute er den Druck auf, der erforderlich war, um den Gravitationskollaps abzubremsen; und genau dies hielt ihn warm.
Zehn Millionen Jahre lang stieg die Temperatur im Kern der Protosonne stetig weiter. Und dann erfolgten im Zentrum Kernreaktionen: Ein vollentwickelter Stern war geboren. Mit dieser gewaltigen neuen Quelle thermonuklearer Energie stand nun all die Hitze zur Verfügung, die die Sonne benötigte, um einen weiteren Kollaps zu vermeiden. Ab diesem Zeitpunkt sorgte der nukleare Schmelzofen unserer Sonne für einen Gleichgewichtszustand, bei dem genau die Hitze erzeugt und exakt der Druck aufgebaut wurde, die zum Abstützen der darüberliegenden Schichten erforderlich waren. Die Zeit verging, und das Staub- und Gasmaterial, das die neugeborene Sonne umhüllte, dünnte sich aus und wurde für sichtbares Licht nach und nach durchscheinend. Langsam trat das Sonnenlicht aus dem Kokon hervor, in dem sich unser Stern gebildet hatte. Hundert Milliarden Sterne in der Galaxis sind in einem solchen Prozeß entstanden. Weit jenseits der Milchstraße gibt es vermutlich 100 Milliarden Galaxien, und jede enthält eine ähnliche Menge an Sternen.

Von Galilei bis Einstein

Die Sonnenforschung nahm mit der Erfindung des Fernrohrs durch Galilei ihren Anfang, doch ein wissenschaftliches Verständnis der Natur der Sonne entwickelte sich in den folgenden 200 Jahren nur sehr zögernd. Erst zu Beginn des 19. Jahrhunderts äußerte Friedrich Wilhelm Herschel, der bedeutendste Astronom seiner Zeit, die Vermutung, die Sonnenstrahlung könnte von einer heißen, dünnen Wolkenschicht ausgehen. Gelegentliche Wolkenlücken würden es den Astronomen gestatten, die darunterliegenden kühleren Gebiete zu sehen, und diese Bereiche, so glaubte er, seien die dunklen Sonnenflecken, die Ausschnitte der eigentlichen Sonnenscheibe darstellten. Er vertrat die Überzeugung, die Sonne sei ein Festkörper, der von der darüberliegenden intensiven Hitze durch niedriger hängende Wolken abgeschirmt sei. Dies ließ es denkbar erscheinen, daß die Sonnenoberfläche Temperaturen bieten könnte, die eine Besiedlung möglich machten. Herschels Ansehen war so groß, daß sich derart bizarre Ansichten noch bis ein halbes Jahrhundert nach seinem Tod halten konnten. Bis zum Anbruch des Atomzeitalters bestanden die Versuche, dem Ursprung der Sonnenenergie auf die Spur zu kommen, zumeist aus wilden Spekulationen. 467 v. Chr. nahm der griechische Philosoph Anaxagoras an, daß ein großer Eisenmeteorit, der auf den Peloponnes gefallen war, von der Sonne stamme – er machte dies zur Grundlage seiner Meinung, die Sonne bestünde aus geschmolzenem Eisen. Der Erzbischof James Ussher rechnete im 17. Jahrhundert aus, daß die Welt genau im Jahre 4004 v. Chr. geschaffen worden sein müsse, ein Datum, das bis vor etwa 100 Jahren in weiten Kreisen akzeptiert wurde. Im 19. Jahrhundert hielten viele Astronomen die Sonne immer noch für eine Masse brennender Kohle, obwohl doch eine chemische Verbrennung die Aufrechterhaltung ihres Energiestroms nur für einige wenige Jahrtausende sichergestellt hätte. Erst 1869 trat Jonathan Lane, ein amerikanischer Physiker, mit der Theorie an die Öffentlichkeit, daß die Sonne ein Gasball sei, der durch die Schwerkraft zusammengehalten und von einer zentralen Energiequelle gestützt werde. Da es auch Vermutungen gab, wonach die Sonne aus einem riesigen Nebel aus Gas und Staub kondensiert war, der kollabiert und dabei immer heißer geworden war, lag es nicht allzu fern, daß einige Wissenschaftler des 19. Jahrhunderts dachten, daß die fortwährende Strahlung der Sonne auch nach ihrer Entstehung auf eine ständige Schrumpfung zurückzuführen sei. Der deutsche Physiker Hermann von Helmholtz und sein britischer Kollege Lord Kelvin nahmen an, die Sonne könne aus ihrer eigenen Kontraktion genügend Energie beziehen, um mit beständiger Helligkeit zu scheinen. Sie berechneten, daß dafür eine bescheidene Verringerung des Durchmessers von nur 50 m pro Jahr ausreichend wäre. Solch eine geringe Kontraktion ließe sich während des Zeitraums der Geschichte der menschlichen Zivilisation kaum wahrnehmen, doch würde sie es der Sonne gestatten, mit ihrer gegenwärtigen Intensität etwa 22 Millionen Jahre lang zu scheinen.

Diese Kontraktionstheorie enthielt jedoch einige schwerwiegende Widersprüche. Falls die Sonne einige zehn Millionen Jahre lang in der geforderten Weise geschrumpft wäre, wäre sie ursprünglich so groß gewesen, daß sich die Erde in ihrem Innern hätte befinden müssen. Die Erde hätte sich erst bilden können, als die Sonne wesentlich kleiner als die Erdumlaufbahn geworden war. Somit könnte die Erde unmöglich älter als etwa zehn Millionen Jahre sein. Andererseits hielten die Geologen und Biologen bereits damals beweiskräftige Befunde dafür bereit, daß die Erde - und damit notwendigerweise auch die Sonne - ein Alter von mehr als etlichen hundert Jahrmillionen haben mußte. Eine weitere Theorie vermutete, daß beim Einfangen von Kometen Energien frei würden, die die Sonne aufheizen könnten - doch auch sie wurde bald verworfen. Und selbst wenn die Planeten in Spiralen von der Sonne angezogen und nacheinander von ihr verschlungen würden, könnte die dabei entstehende Energie die Sonne für höchstens weitere 50000 Jahre scheinen lassen.

1861 gelang es dem schwedischen Physiker Anders Jonas Ångström zum erstenmal, mittels der dunklen Spektrallinien Wasserstoff in der Sonne zu identifizieren. Geraume Zeit wurden die Forscher jedoch von dem Umstand irritiert, daß das Spektrum vergleichsweise schwach erschien und auf einen geringen Wasserstoffgehalt hindeutete. Im Jahre 1929 erklärte der amerikanische Astronom Henry Norris Russell, daß die Temperaturen der Photosphäre nicht ausreichten, um eine kräftige, sichtbare Wasserstoffemission anzuregen. Er bestimmte die Zusammensetzung der Sonne wie folgt: etwa 75% Wasserstoff und 25% Helium. (Wasserstoff und Helium sind die beiden einfachsten Atome. Auch alle schwereren Elemente kommen in der Sonne vor, doch ihr Gesamtanteil summiert sich zu nicht einmal 1% der Sonnenmasse.) Wenn die Sonne hauptsächlich aus Wasserstoff und Helium bestehen sollte, wäre die einzig mögliche nukleare Reaktion, die die Energieversorgung sichern könnte, eine Verschmelzung von Wasserstoff zu Helium. Alle Sterne, die in der Brennphase ihres Lebenszyklus stehen, befinden sich, so sagt man, »auf der Hauptreihe«. Nahezu 85% der Sterne unserer Galaxis entwickeln sich der Hauptreihe entlang und erzeugen ihre Energie in genau derselben

Weise wie unsere Sonne. Riesensterne verschwenden ihre Energievorräte so schnell, daß sie als normale Sterne auf der Hauptreihe nur wenige Jahrmillionen verbleiben können. Sehr kleine Sterne haben eine erheblich geringere Wasserstoffverbrauchsrate und vermögen mehr als 100 Milliarden Jahre zu leuchten.

Entscheidenden Anteil an der Entwicklung einer Sterntheorie hatte im frühen 20. Jahrhundert Sir Arthur Eddington. Auf der Grundlage einfachster physikalischer Prinzipien beim Gegenspiel thermischer Expansionskräfte und gravitativer Kontraktionswirkungen entwarf er ein Bild vom inneren Aufbau der Sonne. Weil dafür im Zentrum eine Temperatur von etwa 40 Millionen Grad erforderlich war, postulierte er 1920, daß im solaren Schmelzofen eine bestimmte Form nuklearer Energie bei diesen hohen Temperaturen wirken müsse. Mit einer plausiblen Hypothese, die dies alles erklärt hätte, konnte er jedoch nicht aufwarten. Er schrieb mit geradezu unheimlicher Prophezeiungsgabe: »Sollte tatsächlich die subatomare Energie innerhalb der Sonne in reichlicher Fülle für das Schüren ihrer großen Schmelzöfen zur Verfügung stehen, scheint unser Traum seiner Verwirklichung ein wenig näher zu kommen, daß wir uns dieser latenten Kraft bemächtigen werden - sei es zum Nutzen der menschlichen Rasse oder für ihren Selbstmord.« (*Observatory* 43, 1920, 353).

Doch die Zeitgenossen Eddingtons glaubten, die Atomkerne würden einander abstoßen, es sei denn, die Kernenergien überträfen die theoretisch geforderten 40 Millionen Grad um etliche Größenordnungen. Sie bezweifelten die Möglichkeit einer Kernverschmelzung. Eddington verteidigte seinen Standpunkt verbissen und konterte gereizt: »Man hat beispielsweise eingewandt, die Sterntemperaturen seien nicht hoch genug, um eine Umformung von Wasserstoff in Helium zu gestatten ... doch dieses Helium existiert, und es hilft diesem Kritiker auch nicht viel, wenn er darauf hinweist, daß die Sterne dafür nicht heiß genug sind, es sei denn, er ist in der Lage, uns einen heißeren Ort vorzuführen« (»The Source of Stellar Energy«, *Nature*, Mai 1926, (Anhang) Nr. 2948, S. 30).

Auf dem Gebiet der Physik nuklearer Transmutationen wurden in den zwanziger Jahren im Cavendish-Labor von Cambridge unter der Leitung von Lord Ernest Rutherford stürmische Fortschritte gemacht. George Gamow, ein junger sowjetischer Physiker, der mit Rutherford zusammenarbeitete, entwickelte die Theo-

Abbildung 34. Vierzig Jahre lang hatte Sir Arthur Stanley Eddington den »Plumian Chair of Astronomy« an der Universität Cambridge inne; hier betätigte er sich als Vorkämpfer der Astrophysik. Er entwickelte ein grundlegendes Modell vom inneren Aufbau der Sterne und stützte sich, bereits lange bevor der Proton-Proton-Zyklus bei der Fusion von Wasserstoff zu Helium im einzelnen bekannt war, auf Begriffe, die die Umwandlung von Masse in Strahlung beschrieben. Seine Theorie einer im Zentrum der Sonne vorherrschenden hohen Temperatur trug der Bedeutung des Strahlungsdrucks und des hochionisierten Zustands des Gases Rechnung. Eddington war einer der führenden Verfechter der Einsteinschen Theorie der allgemeinen Relativität. Er organisierte auch die Expedition, die einen der spektakulärsten Beweise für ihre Richtigkeit lieferte: die Beobachtung der Krümmung des Lichts bei der totalen Sonnenfinsternis des Jahres 1919. Weiterhin rechnete er aus, daß die Materiedichte in einem Weißen Zwerg so groß sein müsse, daß man eine Tonne »in eine Streichholzschachtel packen könnte«. 1924 brachte er Walter S. Adams dazu, die Verschiebung der Spektrallinien von Sirius B zum roten Bereich hin zu messen, und das Ergebnis bestätigte die Vorhersage Einsteins bezüglich einer gravitationsbedingten Rotverschiebung.

rie des »Tunnels«, durch den die Protonen mit der vergleichsweise geringen Energie der Eddingtonschen solaren Zentrumstemperatur die klassische Barriere von etlichen zehn Milliarden Grad überwinden und einander nahe genug kommen könnten, um miteinander zu verschmelzen. Als Sir James Chadwick das Neutron entdeckte, zeigte er, wie sich bei Temperaturen, wie sie im Kern der Sonne herrschen, Neutronen bilden können, nämlich durch Kollisionen von Elektronen und Protonen, und ebenso, daß sich zwei Protonen und zwei Neutronen zu einem Heliumkern (Alphateilchen) zusammenfinden. Bei letzterem Prozeß lassen sich die daran beteiligten Massen nicht exakt aufaddieren, und 0,7% der an der Fusion mitwirkenden Teilchen wird in thermonukleare Energie umgewandelt. Die Energiefluten aus unserer Sonne bezeugen den Wahrheitsgehalt des Einsteinschen Gesetzes von der Äquivalenz von Masse und Energie: $E = mc^2$ (Energie ist gleich dem Produkt aus Masse mal dem Quadrat der Lichtgeschwindigkeit). Die Kernfusion setzt das Zehnmillionenfache der Energie frei, die durch chemische Verbrennung einer gleich großen Menge an Kohle erzeugt wird. Obwohl man 10 Billionen Kernfusionen bräuchte, um die Energie aufzubringen, die eine 50-Watt-Glühbirne eine Sekunde lang leuchten läßt, brennt der solare Glutofen mit solcher Macht, daß etwa zwei Billionen Billionen Billionen Wasserstoffatome in jeder Sekunde zerstrahlt werden. Der dabei entstehende Energiefluß liefert der Erde ungefähr 200 Billionen Kilowatt Sonnenschein. Obwohl die Sonne schon vor 4,5 Milliarden Jahren im sichtbaren Licht zu strahlen begann, sind erst etwa 4% ihres Wasserstoffs in Energie umgesetzt worden. Mit dieser Rate könnte sie noch mehr als 100 Milliarden Jahre lang weiterscheinen, doch eine Reihe anderer Faktoren begrenzen ihre Lebensdauer auf ungefähr 10 Milliarden Jahre.

Gammastrahlen und Neutrinos werden im Zentrum der Sonne durch die Energie der Kernreaktionen erzeugt. Die Neutrinos entweichen aus der Sonne praktisch unbehelligt mit nahezu Lichtgeschwindigkeit, die Gammastrahlen hingegen müssen sich auf einem anstrengenden Weg nach draußen bemühen: Sie sind an unzähligen Kollisionen beteiligt, ehe sie dem Sonneninneren entkommen. Während die Gammastrahlen von einer atomaren Begegnung zur nächsten gestoßen werden, verschiebt sich ihre durchschnittliche Wellenlänge immer mehr zum roten Ende des Spektrums hin, also ausgehend vom Bereich der Röntgenstrahlen zum Ultravioletten, zum sichtbaren Licht und zur Infrarotstrahlung. Das Getümmel von Teilchen- und Wellenwechselwirkungen im Sonnenkern, das zu der zögernden, chaotischen, nach außen gerichteten Diffusion der Gammastrahlen führt, wurde von Eddington in seinem 1927 erschienen Buch *Stars and Atoms* höchst lebendig geschildert:

> Wir können uns eine Art Bild vom Innern eines Sterns machen – ein Tohuwabohu von Atomen, Elektronen und Ätherwellen. Zerrupfte Atome rasen mit 160 km/sek dahin; die zugehörigen Elektronenhüllen sind ihnen in diesem Tumult entrissen worden. Die abhanden gekommenen Elektronen flitzen noch hundertmal schneller umher, um neue Rastplätze zu finden …
> Und wozu soll nun dieses ganze Treiben gut sein? Eigentlich ist es damit nicht sonderlich weit her – die Atome und Elektro-

nen gelangen in all ihrer Hektik nirgendwohin: Sie tauschen nur ihre Plätze. Die Ätherwellen dagegen bilden den einzigen Bevölkerungsteil, der etwas Dauerhaftes zu erreichen vermag. Obwohl sie scheinbar unterschiedslos in sämtliche Richtungen pfeilschnell auseinanderstreben, befinden sie sich in der Regel auf einem langen Weg nach draußen. Eine nach außen gerichtete Bewegung der Atome und Elektronen gibt es nicht, dafür sorgt schon die Schwerkraft. Doch nach und nach sickern die eingesperrten Ätherwellen wie durch ein Sieb nach draußen. Eine Ätherwelle eilt von einem Atom zum nächsten, vorwärts, rückwärts, wird hier absorbiert und dort wieder in eine neue Richtung geschleudert; sie verliert ihre Identität, doch sie lebt in ihrer Nachfolgerin weiter. Mit ein bißchen Glück wird sie sich nach einer nicht allzu langen Zeit (zwischen 10 000 und 10 Millionen Jahren, je nach der Masse des entsprechenden Sterns) nahe der äußeren Grenze wiederfinden. Sie verwandelt sich bei der hier herrschenden niedrigeren Temperatur von einem Gammastrahl in einen Lichtstrahl. Bei jeder neuen Wiedergeburt wird sie ein wenig verändert. Schließlich ist sie der Grenze so nahe, daß sie hinausschnellen und in Frieden einige Jahrhunderte dahinziehen kann.

Die spezifischen Einzelheiten der Kernreaktionen, die sich im Zentrum der Sonne abspielen, sind 1938 von Hans Bethe und Charles Critchfield in den USA und von Carl Friedrich von Weizsäcker in Deutschland herausgearbeitet worden. Unter den 15 Millionen Grad-Temperaturen des Sonnenkerns dominiert der sogenannte Proton-Proton-Zyklus. Der erste Schritt besteht in der Verschmelzung zweier Protonen zu einem Deuteriumkern (ein Kern aus »schwerem« Wasserstoff, bestehend aus einem Proton und einem Neutron). Er wird begleitet von der Freisetzung zweier subatomarer Teilchen, eines Positrons (Antielektrons) und eines Neutrinos. Beim nächsten Schritt verschmilzt das Deuterium mit einem weiteren Proton und bildet einen leichten Heliumkern (He 3, zwei Protonen plus ein Neutron). Zuletzt fusionieren zwei leichte Heliumkerne zu einem einzigen normalen Heliumkern (He 4, Alphateilchen); gleichzeitig werden zwei überzählige Protonen frei, mit denen das Ganze von neuem beginnen kann. Wenn man die Massen zu Anfang und am Ende des Prozesses miteinander

vergleicht, wird ein winziger Massenbetrag fehlen. Er ist in thermonukleare Energie umgewandelt worden.
Raymond Davis' Jagd nach den flüchtigen Neutrinos wurde bereits in Kapitel 2 geschildert. Zum Mißvergnügen aller Optimisten vermochte das Davis-Experiment nicht die Antwort zu geben, die sie erwartet hatten. Der Neutrinofluß enthält lediglich ein Drittel des von der Theorie vorhergesagten Neutrinoaufkommens. Das Dilemma könnte bereinigt werden, wenn die Temperatur im Sonnenzentrum statt bei 15 nur bei 14 Millionen Grad liegen würde. Doch die aus den solaren Gewichts- und Volumendaten abgeleiteten Temperaturwerte lassen hierfür kaum Spielraum. Es sind in diesem Zusammenhang verschiedene spekulative Hypothesen aufgestellt worden. Womöglich oszilliert die Temperatur des Sonnenkerns, und die heutige Sonnenleuchtkraft entwickelte sich bereits vor Jahrmillionen bei höheren Temperaturen, während die Neutrinos unverzüglich entweichen und die momentane Kerntemperatur anzeigen. Äußerst bizarr klingt der Vorschlag, im Herzen der Sonne könnte sich ein Schwarzes Loch befinden, das die Energie mittels eines nichtnuklearen Prozesses liefert - eine Theorie, für die es natürlich keinerlei direkten Beweis gibt.

Ein wenig unverzichtbare Statistik

Weil uns die Sonne so nahe ist, erscheint sie als größtes und hellstes Objekt am Firmament. In Wirklichkeit gehört sie nur zur Klasse der gelben Zwergsterne des Spektraltyps G2, also zu den kleineren und schwächeren Zwergsternen unserer Galaxis. Die Sonne weist einen Durchmesser von ungefähr 1,392 Millionen km auf, dies entspricht etwa dem 109fachen Erddurchmesser. Manche Riesensterne haben einen hundertmal größeren Durchmesser, etliche Zwergsterne hingegen dürften nicht wesentlich umfangreicher als die Erde sein. Die Masse der Sonne beträgt $2x10^{33}$ Gramm oder $2x10^{27}$ Tonnen, das ist das 330000fache der Erdmasse. Obwohl sie in ihrem gesamten Volumen als Gasball anzusehen ist, entspricht ihre durchschnittliche Dichte dem 1,4fachen der Dichte von Wasser. In ihren äußeren Schichten ist die Dichte der Sonnenatmosphäre wesentlich geringer als die der irdischen Luft, doch im Zentrum beträgt sie das 160fache der Dichte von Wasser oder ungefähr das 60fache von normalem Felsgestein. Die innersten

Abbildung 35. Diese Photographie zeigt einen Sonnenfleck und das körnige Aussehen der Sonnenoberfläche in seiner Umgebung; sie wurde am 17. August 1959 in einer Höhe von 24384 m mit einem Teleskop gemacht, das an Bord eines Ballons installiert war. (Mit Genehmigung von Martin Schwarzschild, Universität Princeton)

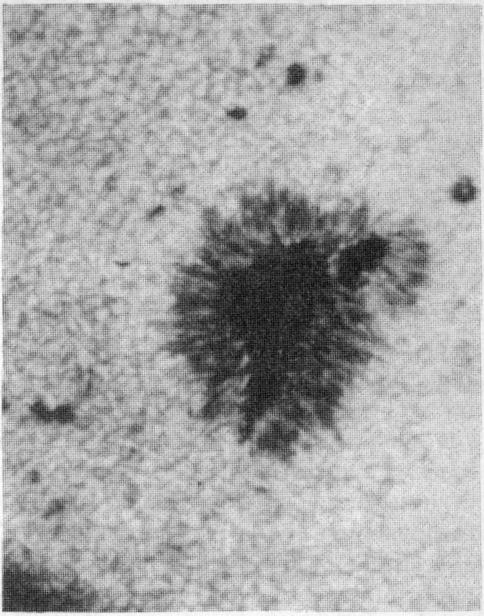

3% der Sonne enthalten zwei Drittel ihrer Gesamtmasse, und dort ergänzen sich Temperatur und Dichte in der Weise, daß alle Voraussetzungen für den Ablauf thermonuklearer Reaktionen gegeben sind.

Innerhalb der Sonne lassen sich drei Hauptbereiche unterscheiden: Das thermonukleare Zentrum umfaßt ein Viertel des Sonnenradius; die Strahlungszone, in der die Energie vom Kern in Form von Röntgenstrahlen und UV-Strahlung abgeleitet wird, erstreckt sich bis zu 80% des Radius; und dann ist da noch die Konvektionszone, die die Wärme durch turbulente Bewegung abführt und die äußersten 20% umschließt. Die Energie, die zur Photosphäre emporbrodelt, wird erneut in Strahlung umgewandelt, die schließlich von der Sonne wegflutet. Eine Konvektion findet man nur bei denjenigen Sternen, die wie unsere Sonne Oberflächentemperaturen von weniger als 8000° K aufweisen. Bei höheren Temperaturen wird der Wasserstoff vollständig ionisiert und dermaßen durchscheinend, daß sich die Konvektion mit dem Strahlungstransfer nicht mehr messen kann. In kleinen Hauptreihensternen mit Oberflächentemperaturen von weniger als 3000° K muß die Konvektionszone beinahe das gesamte Innere des Sterns ausfüllen. Dieses konvektive Aufwühlen des elektrisch leitfähigen Plasmas erzeugt in Sternen wie unserer Sonne intensive Magnetfelder.

Die Photosphäre der Sonne, beziehungsweise ihre sichtbare Oberfläche, ist eine Zone von körniger, »granulierter« Beschaffenheit, die dem Muster von Reiskörnern in einem Suppentopf ähnelt. Sie ist nur einige wenige hundert Kilometer mächtig und weist eine Temperatur von etwa 6000° K auf; dies ist viel zu heiß, als daß dort noch irgendeine feste oder flüssige Materie Bestand haben könnte. Es mag verwundern, daß eine Gaskugel eine »Oberfläche« haben kann. In normaler Luft zeigt Gas praktisch nie eine »Opazität« (Undurchsichtigkeit) für sichtbares Licht, doch sobald die Luft auf 6000° K erhitzt würde, gäbe es nur noch eine Sichtweite von wenigen Metern. Obwohl das heiße Gas an der Sonnenoberfläche extrem verdünnt ist, ist seine Opazität dermaßen groß, daß der Sonnenrand scharf begrenzt erscheint.

In einem Topf voll kochenden Wassers steigen die Bläschen auf Zickzacklinien empor, stoßen miteinander zusammen, verschmelzen zu größeren Blasen und zerplatzen schließlich an der Oberfläche. Man vermutet, daß die grob gesprenkelte Sonnenoberfläche eine Konvektionszone überlagert, in der in ganz ähnlicher Weise heißes Gas brodelt. Dieses Gas wallt bei Temperaturen von Tausenden von Grad und steigt in säulenförmigen Strukturen auf, um an der Oberfläche Wärme abzugeben. Danach sinkt das abgekühlte Gas ab und heizt sich erneut auf. Die Ausmaße einer solaren Gasblase dürften bei 1300 km liegen. Zu jedem beliebigen Zeitpunkt ist die Sonne mit etwa einer Million Blasen überzogen, die mit mehreren tausend km/h aufsteigen und in ein paar Minuten zerfallen.

Spektroskopische Beobachtungen mit Teleskopen zeigen, daß die Oberfläche der Sonne in einer Vielfalt von Erscheinungsformen »zittert« und »bebt«. Diese Schwingungen sind sehr fein und komplex. Am auffallendsten ist ein Bewegungsablauf mit einer Periodizität von ungefähr fünf Minuten, bei dem sich die Oberfläche um 1000 bis 2000 km hebt. Doch wird davon nicht die gesamte Photosphäre gleichzeitig erfaßt. Ganz ähnlich wie bei einem aufgewühlten Meer brodeln kleine, engumgrenzte Gebiete unabhängig voneinander, und die fünfminütige Periode ist nur ein grober Durchschnittswert. Kürzlich angestellte Untersuchungen weisen auch auf langperiodische Schwingungen mit geringer Amplitude hin. Theoretische Modelle prognostizieren solche Bewegungen und beziehen sie auf die inneren Strukturen der Sonne, so wie Erdbeben, die seismische Wellen erzeugen, für Aussagen über das Erdinnere herangezogen werden können. Wenn sämtliche Schwingungserscheinungen der »Pulsschläge« unserer Sonne entschlüsselt sind, dürfte es möglich sein, die Massenanteile schwerer Elemente im Inneren annähernd zu bestimmen und zu eruieren, wie sich Dichte und Temperatur mit der Tiefe verändern. Bei einigen Sonnenphysikern regt sich mehr und mehr der Verdacht, daß die konventionellen Vorstellungen vom Sonneninneren von einem zu statischen Zustand ausgehen und daß Modelle, die eine größere Dynamik zugrunde legen, die fehlenden Neutrinos erklären können. In den gegenwärtigen Konzepten ist nicht der geringste Platz für irgendeine Durchmischung der äußeren Schichten mit dem Kernbereich, in dem das nukleare Feuer brennt. Sollte ein derartiger Materieaustausch stattfinden, könnte sich die Helligkeit der Sonne in Zeiträumen von einer bis zehn Millionen Jahren verändern.

Die Sonne im vorgerückten Alter

Die Sonne befindet sich momentan in einem gesetzten, mittleren Alter. In ungefähr fünf Milliarden Jahren wird sie zwei dramatische Umformungen durchlaufen haben. Verhältnismäßig kurz nacheinander wird sie sich zuerst zu einem Roten Riesen aufblähen und dann zu einem Weißen Zwerg kollabieren. Die Oberfläche der Sonne erscheint uns mit ihren 6000° K weißglühend. Ein roter Stern weist gewöhnlich eher eine Temperatur von 3000° K auf. Sollte es sich bei dem Stern um einen Roten Zwerg von der Größe unserer Sonne handeln, muß er notwendigerweise erheblich lichtschwächer sein. Die Helligkeit etlicher roter Sterne läßt sich nur erklären, wenn man sie als Riesensterne betrachtet. Um ihre geringe Oberflächenhelligkeit - das ist das vergleichsweise kleine Aufkommen an Licht, das pro Flächeneinheit abgestrahlt wird - kompensieren zu können, müssen sie wesentlich größer sein als die Sonne. Zu dieser Klasse rechnet man die bekannten Roten Riesen Beteigeuze und Antares.
Wie wird aus der Sonne ein Roter Riese? Im Laufe von Milliarden

von Jahren wird sie den Wasserstoff in ihrem Zentrum aufbrauchen; das bei der Kernfusion gebildete Helium wird sich zum Kern hin immer mehr anreichern. Obwohl in den äußeren Schichten noch viel unverbrannter Wasserstoff übrigbleibt, gibt es keine nach innen gerichteten Strömungen, die diesen Brennstoff in die Fusionszone des Kerns transportieren. Wegen Treibstoffmangels sinkt die Leistung des nuklearen Ofens ab, und der Kernbereich beginnt unter dem Gewicht der auf ihm lastenden Schichten zu kollabieren. Das durch die Wasserstoff-Fusion entstandene Helium sinkt zum Zentrum ab, doch die Temperatur steigt nicht gleich weit genug an, um die Heliumfusion auszulösen.
Während sich das Helium im Zentrum mehr und mehr anreichert, wird es immer mehr aufgeheizt, bis Temperatur und Druck die Schwelle zur Heliumfusion überschreiten, bei der die schwereren Atomkerne von Kohlenstoff, Stickstoff und Sauerstoff entstehen. Bei der sich immer mehr beschleunigenden Heliumfusion wird stetig zunehmende Hitze an die äußeren Gebiete des Sterns abgegeben. Dann bewegt sich die Expansion in anderen Dimensionen: Die Sonne verläßt die Hauptreihe und bläht sich zu einem Roten Riesen.
Wenn sich die äußeren Zonen der Sonne ausdehnen und dabei abkühlen, nehmen sie eine rötliche Färbung an. Und obwohl die Emission pro Flächeneinheit zurückgeht, vergrößert sich die Oberfläche dermaßen schnell, daß dies die Abkühlung mehr als ausgleicht. Wenn der Durchmesser der Sonne um das Hundertfache zugenommen hat, wird die Sonnenoberfläche 10000mal größer sein; die gesamte Energieabstrahlung wird wesentlich höher liegen als zu der Zeit, als sich die Sonne im Stadium des Wasserstoff-Brennens befand - und dies trotz der Tatsache, daß ihre Oberfläche eine niedrigere Temperatur aufweist.
Die Verschmelzung von Heliumkernen liefert erheblich weniger Energie als die vorhergehende Phase der Wasserstoffverbrennung, und der Vorrat an Helium geht wesentlich schneller zur Neige, als dies ehedem beim Wasserstoffvorrat der Fall gewesen war. So liegt letztlich die Energieausbeute der Heliumfusion bei nur 5% von derjenigen des Wasserstoff-Brennens. Doch der Rote Riese strahlt seine Energie derart ungestüm ab, daß er nicht allzulange überleben kann - vielleicht ein oder zwei Millionen Jahre. Aufgrund ihrer kurzen Lebensdauer ist die Zahl der Roten Riesen begrenzt; sie beläuft sich auf lediglich 1% der Gesamtheit der Sterne.

Sobald die nuklearen Brennstoffvorräte erschöpft sind und keine Wärmequelle mehr existiert, die den Stern gegen seine Eigengravitation im Gleichgewicht hält, muß er in sich zusammenstürzen. Der Rote Riese tut dies innerhalb sehr kurzer Zeit. Während er kollabiert, steigt seine Temperatur an. Alles, was noch an Wasserstoff in den äußersten Randbereichen übriggeblieben ist, dürfte nun genügend erhitzt und zusammengepreßt sein, um eine Kernverschmelzung auszulösen. Sobald dies geschieht, schleudert eine heftige Explosion die äußeren Teile des Sterns in den Raum hinaus, und eine expandierende Gashülle, die man als »Planetarischen Nebel« bezeichnet, umgibt den kollabierenden Stern. Diese Hülle erscheint am hellsten, wenn wir durch ihre Randbereiche hindurchschauen, wo sie am meisten verdichtet ist – ihr Aussehen erinnert an einen riesigen Rauchring.
Der Kern der Sonne wird weiter schrumpfen und immer heißer werden, bis sich ein strahlend heller blau-weißer Zwergstern gebildet hat. Sein Strahlungsdruck wird anhalten und den Planetarischen Nebel weit in den Raum hinausdrängen, bis dieser sich schließlich auflöst und im stark verdünnten Schutt aus Gas und Staub im interstellaren Raum aufgeht. Nach etwa 100000 Jahren ist nur noch der Überrest des hochkomprimierten Kerns, ein Weißer Zwerg, zu sehen. Ein Stück dieses Weißen Zwergs von der Größe eines Zuckerwürfels kann Hunderte von Tonnen wiegen. Noch über etliche zehn Milliarden Jahre hin wird der Weiße Zwerg auskühlen, ehe sein Licht endgültig verlischt. Der fossile Stern dürfte letzten Endes zu einem schwarzen Felsbrocken werden, der verloren in den kalten Abgründen des Raumes dahintreibt.

> Ich hatte einen Traum, und es war nicht nur ein Traum.
> Die helle Sonne war erloschen, und die Sterne
> Zogen verglimmend im ewigen Raum dahin,
> Ohne Strahlen, ohne Weg, und die eisige Erde
> Schwebte blind und finster in der mondlosen Luft.

Lord Byron,
Dunkelheit (1816)

Die Sonnenaktivität

Sonnenflecken

Aristoteles beschrieb die Sonne als eine Scheibe aus reinem Feuer und bar jeglichen Makels. Ein flüchtiger Blick, den man mit freiem Auge von der Sonne erhascht, vermittelt in der Tat den Eindruck einer gleichmäßig hellen Scheibe, doch sobald man sie durch ein rußgeschwärztes Glas intensiver betrachtet, kann man kleine, dunkle Tupfen, die »Sonnenflecken« genannt werden, auf ihr entdecken. Als Galilei 1610 zum erstenmal sein Fernrohr auf die Sonne richtete und die Sonnenflecken deutlich auflöste, zog er sich den Ärger der Theologen seiner Zeit zu, die die Sonnenflekken als Makel in der göttlichen Schöpfung ansahen. Aus Furcht, sie könnten von der Existenz dieser Flecken überzeugt werden, weigerten sie sich, durch sein Teleskop zu schauen. Galilei selbst erkannte rasch, daß die Flecken direkt an der Sonne haften mußten, obwohl er zunächst gedacht hatte, es könnte sich bei ihnen um Wolken über der Sonnenoberfläche handeln. Bald schon stellte man fest, daß sich die Flecken in etwa 14 Tagen von links nach rechts über die Sonnenscheibe bewegen und daß dies einer Rotationsperiode von ungefähr 27 Tagen entspricht; doch die Rotation wies eine merkwürdige Besonderheit auf: Die Flecken am Äquator rotierten schneller als diejenigen in der Nähe der Pole. Generell ist zu sagen, daß sämtliche Hinweise auf eine intensive Sonnenaktivität mit den Sonnenflecken verknüpft sind.

Sonnenflecken sind kühlere Gebiete (etwa 4000° K), die in sehr starke Magnetfelder eingebettet sind und von dem wesentlich helleren, 6000° K heißen Gas der Photosphäre umfangen werden. Obwohl sie infolge des Kontrastes schwarz aussehen, sind die Sonnenflecken in Wirklichkeit so hell wie der Vollmond. Einige der größten Flecken ziehen sich über 40 000 km hin, dies entspricht dem dreifachen Erddurchmesser; kleinere Flecken findet man in allen Größen bis hinunter zu Poren, die nur noch 1000 bis 2000 km im Durchmesser aufweisen. Die Anzahl der Sonnenflecken verändert sich in der Regel während einer Periode von annähernd 11 Jahren, einige Zyklen jedoch umfaßten lediglich sieben oder acht Jahre, andere wiederum dauerten ganze 18 Jahre. Während des Minimums des Sonnenfleckenzyklus erscheint die Sonnenscheibe nicht selten nahezu völlig fleckenfrei. Beim solaren Maximum hingegen können täglich 100 Flecken die Sonnenscheibe überziehen. Einzelne kleine Flecken haben oft nur einen Tag oder weniger Bestand, größere Gruppen und sehr ausgedehnte Flecken häufig mehrere Monate.

Die meisten Schulkinder haben wohl schon mit Stab- oder Hufeisenmagneten und Eisenfeilspänen experimentiert und hiermit eine Demonstration wiederholt, die zum erstenmal im 19. Jahrhundert von Michael Faraday durchgeführt wurde. Die Feilspäne werden auf ein Blatt Papier gestreut, das Ganze plaziert man über dem Magneten. Wenn man das Papier ein wenig antupft, richten sich die Späne entlang von Linienmustern aus, die den magnetischen Feldlinien gleichen, die aus dem Nordpol hervortreten und im weiten Bogen bis zum Südpol verlaufen. Ein Modell des Erdmagnetfelds läßt sich mit einem Stabmagneten herstellen, der sich im Zentrum leicht außerhalb der Rotationsachse befindet. Ein kleiner Spielzeugmagnet aus Stahl dürfte in der Nähe seiner Pole eine Feldstärke von einigen Zehntel Gauß aufweisen; das allgemeine Nord-Süd-Feld unserer Erde ist beträchtlich schwächer, es hat ungefähr 0,2 Gauß. Auch die Sonne ist von einem insgesamt dipolartigen Feld umgeben, dessen Stärke bei etwa einem Gauß liegt.

Als Magnetstern ist unsere Sonne im Vergleich zu den magnetischen Weißen Zwergen und den Neutronensternen, die millionen- bis billionenfach höhere Feldstärken aufweisen, ein Schwächling. Die Sonnenflecken selbst umschließen Magnetfelder, die erheblich stärker sind als das durchschnittliche Sonnenfeld und häufig mehr als 1000 Gauß haben. Die kräftigen Magnetfelder werden tief im Sonneninneren erzeugt. Infolge der Sonnenrotation werden die magnetischen Kraftlinien in aufsteigende und absinkende Gasströme hineingezwungen; sie bilden Wirbel und scheinen wie Rauchringe zur Oberfläche zu streben. Schließlich durchstoßen sie die Photosphäre, biegen sich schleifenförmig in engen Bögen zur Sonnenoberfläche zurück, und an den Fußpunkten dieser Schleifen entstehen Sonnenfleckenpaare.

Auf die anfängliche Aufregung, die die Entdeckung der Sonnenflecken ausgelöst hatte, folgte zunächst noch keine systematische Untersuchung ihrer Veränderungen. Immerhin aber ist überliefert, daß einige italienische Astronomen auf mögliche Zusammenhänge zwischen den Sonnenflecken und dem Wetter hingewiesen

haben; sie bemerkten, daß im Jahre 1623 eine Periode ungewöhnlicher Trockenheit mit der Abwesenheit von Sonnenflecken einherging.
1801 postulierte Friedrich Wilhelm Herschel, daß Sonnenflecken und Wetter eng miteinander verknüpft sind. Er stellte eine Korrelation zwischen einer extremen Fleckigkeit der Sonne und dem Preis eines Scheffels Weizen auf dem Londoner Markt fest, was wiederum mit der Beziehung von Angebot und Nachfrage und dem Wetter in Zusammenhang stand. Mit seiner Idee nahm er praktisch die Entdeckung des Sonnenfleckenzyklus um ein halbes Jahrhundert vorweg. Doch bereits im Jahre 1726 hatte Jonathan Swift ähnliche Überlegungen angestellt.
Die Entdeckung der Sonnenfleckenzyklen wird Heinrich Schwabe zugeschrieben; er war in Dessau als Apotheker tätig und begann mit seinen sorgfältigen Beobachtungen im Jahre 1826. Sein Ziel bestand eigentlich darin, das Vorüberziehen eines Planeten an der Sonnenscheibe auszumachen, doch zu seiner großen Überraschung enthüllten seine Aufzeichnungen eine deutliche Periodizität der Sonnenflecken.
Seit den ersten Fernrohrbeobachtungen Galileis gab es zwei Zeitabschnitte von insgesamt mehr als 150 Jahren, in denen nur wenige Flecken registriert wurden. Für 1645 bis 1715, eine Periode, die auch als »Maunder-Minimum« bekannt ist und die die Regierungszeit von Ludwig XIV., dem »Sonnenkönig«, umfaßt, liegen in Europa nur wenige Berichte über Sonnenflecken vor; bei den Beobachtungen von Sonnenfinsternissen fehlten die Ausläufer in der Sonnenkorona fast völlig. Nicht, daß sich die Astronomen des 17. Jahrhunderts für Sonnenflecken nicht interessiert hätten. Der Hofastronom John Flamsteed entdeckte 1684 einen Fleck und schrieb: »Diese Erscheinungen, die in den Tagen von Scheiner und Galilei so häufig waren, sind in der letzten Zeit derart selten geworden, daß dieser der einzige ist, den ich auf dem Antlitz der Sonne seit Dezember 1676 gesehen habe.« Walter Maunder erklärte 1890 in einer Studie für die Royal Astronomical Society, daß »während einer Periode von etwa 70 Jahren, die 1716 ihren Abschluß fand, anscheinend eine bemerkenswerte Unterbrechung im gewöhnlichen Ablauf des Sonnenfleckenzyklus eingetreten ist. Mehrere Jahre lang sind überhaupt keine Flecken gesichtet worden, und 1705 wurde es als äußerst bedeutendes Ereignis betrachtet, daß auf der Sonne zwei Flecken gleichzeitig beobachtet wer-

den konnten, etwas, das sich in den vorhergehenden 60 Jahren kaum zugetragen hatte.« *(Monthly Notices of the Royal Astronomical Society* 50, 1890, S. 252)

So überzeugend diese Berichte auch erscheinen mögen, so werden doch gegenwärtig mit großem Aufwand Quellenstudien betrieben; dabei zeigte sich, daß sehr wohl Sonnenflecken während des Maunder-Minimums vermeldet wurden. 1975 begannen chinesische Astronomen mit der Durchsicht historischer astronomischer Aufzeichnungen. In 8000 privaten und öffentlichen Berichten wurden sie 13mal fündig, was Sonnenflecken während der Maunder-Periode betrifft. Es sieht so aus, als ob das Maunder-Minimum eine Zeit sehr weniger Sonnenflecken gewesen ist, doch war es ganz sicher nicht völlig fleckenfrei. Einige Wissenschaftler haben versucht, das Maunder-Minimum mit der zur selben Zeit in Europa aufgetretenen Kleinen Eiszeit in Verbindung zu bringen. Sämtliche Beweise für eine Beziehung zwischen den Sonnenflecken und dem Wetter stehen jedoch auf sehr wackligen Füßen und werden von den Umweltforschern mit großer Skepsis betrachtet.

Oberhalb der Sonnenscheibe

Die blubbernde Sonnenoberfläche verrät nur wenig über die dramatischen Aktivitäten, die sich in größeren Höhen abspielen. 1889 setzte George Ellery Hale im jugendlichen Alter von 21 Jahren einen Markstein auf dem Gebiet der Sonnenastronomie, indem er den Spektroheliographen erfand, ein Instrument, mit dem sich ein schmales spektrales Farbband herauslösen läßt - eine einzige Linie im Spektrum -, in dem dann die Sonne abgebildet wird. Im roten Licht des Wasserstoffs oder im Violett des Kalziums zeigten sich frappierend neuartige Bilder. Feine Einzelheiten, die sonst in der Komplexität der Farben aller Elemente, die sich zum weißen Licht zusammenfügen, untergegangen waren, konnten aufgelöst werden.

Im Jahre 1936 wurde das von Hale entwickelte Instrument von Robert H. MacMath von der Universität von Michigan perfektioniert. McMath filmte das Wasserstofflicht der Sonne in Zeitlupe und machte damit einen verwirrenden Übergang sichtbar von einer nahezu glatten Oberfläche zu einer Zone heftiger Protube-

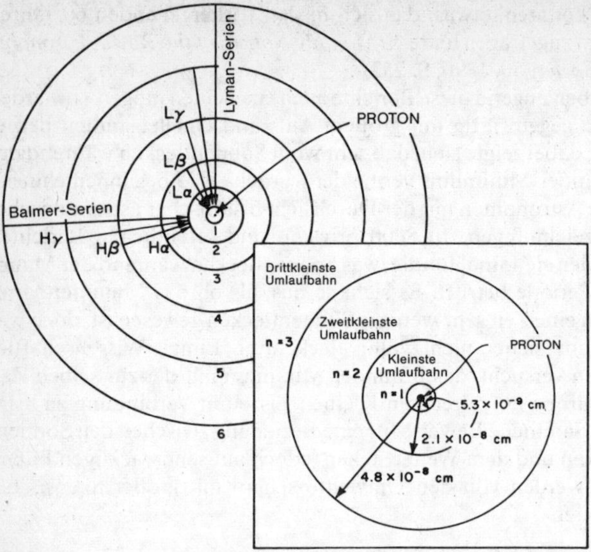

Abbildung 36. Das Wasserstoffatom ist das einfachste Atom und besteht aus einem Elektron, das um den von einem Proton gebildeten Atomkern kreist. Im Jahr 1913 entwickelte der dänische Physiker Niels Bohr die moderne Quantentheorie des Wasserstoffatoms, nach der das Elektron den Kern nur auf ganz bestimmten Umlaufbahnen umkreisen kann, die durch ganzzahlige Quantenzahlen gekennzeichnet sind. Jede Bahn entspricht einem ganz bestimmten Energiezustand. Der Sprung eines Elektrons von einer höheren auf eine niedrigere Umlaufbahn wird von der Aussendung eines Photons, einem Quantenpaket von Strahlungsenergie, begleitet. Im Gegensatz hierzu kann die Absorption von Strahlung zu diskreten Energiesprüngen von einer niedrigeren auf eine höhere Umlaufbahn führen. Übergänge von Umlaufbahn 2 auf Bahn 1 erzeugen die Lyman-Alpha-Spektrallinie bei 1216 Ångström im fernen Ultraviolettbereich. Übergang von 3 auf 2 verursachen die rote Balmer-Alpha-Linie bei 6563 Ångström. Atome größerer Kernladungszahl verfügen über zahlreiche Orbitalelektronen, und ihre Spektren sind entsprechend komplizierter. Die spektralen Emissions- und Absorptionslinien sind als unverwechselbare »Fingerabdrücke« der Elemente anzusehen.

ranzen, mit wirbelnden und hochbrandenden Gebilden, die sich in großen Bögen bis zu 150000 km Höhe emporwinden. Knapp oberhalb des Sonnenrandes gehen die Granulen der Photosphäre in eine fontänenartige Struktur über. Diese Gasjets, Spikulen genannt, bewegen sich mit Geschwindigkeiten zwischen 15 und 25 km/sek und reichen bis in Höhen von 10000 und 15000 km hinauf. Man hat die Spikulen mit der »Gischt« der Photosphäre verglichen. Das Höhenband, in dem sie vorkommen, nennt man Chromosphäre. Es handelt sich dabei um eine dünne Schale, die vom roten Licht des Wasserstoffs (Balmer-Alpha-Linie bei 6563 Ångström) beherrscht wird. Hier steigt die Temperatur abrupt auf über 200000° K an.

Noch weiter oben geht die Chromosphäre fließend in die Korona über, wo das solare Gas unvermittelt tausendmal dünner wird. Die Korona ist so durchscheinend, daß die Sterne deutlich hindurchleuchten, wenn das gleißende Licht der Sonnenscheibe bei einer Sonnenfinsternis abgeblendet wird; Kometen durchlaufen sie ohne erkennbare Wirkung. Während der Sonnenfleckenmaxima zeigen Finsternisaufnahmen eine Korona, die einer perlweißen Dahlie gleicht, in deren Mitte sich der schwarze Mond befindet. Wenn der Sonnenfleckenzyklus sein Minimum erreicht, verzerren gewaltige äquatoriale Ausläufer die Symmetrie; diese »Streamers« erstrecken sich viele Millionen Kilometer in den interplanetarischen Raum hinaus. Mit modernen Instrumenten können Weltraumforscher diese langen Finger aus solarem Gas aufspüren, die die nähere Umgebung unserer Erde streifen. Die Korona zeigt demnach ausgeprägte Strukturen, sie ist keineswegs nur ein aufgeblähter Sack aus Gas.

Weil sie so stark verdünnt ist, leuchtet das weiße Licht der Korona nicht heller als der Vollmond. Doch kehrt sich das Bild nahezu ins Gegenteil um, wenn man es im Röntgenlicht oder im fernen Ultraviolett betrachtet. Die Korona und die Chromosphäre treten dann kräftig strahlend hervor, während die Photosphäre nahezu schwarz erscheint. Die Botschaften der Röntgen- und der UV-Astronomie, die uns von den Raketen übermittelt wurden, haben uns quasi eine neue Sonne beschert.

Der Sprung in den Weltraum

Vom Boden aus können wir nur das sichtbare Licht der Sonne beobachten, dazu kommen noch ein schmaler Ausschnitt ihres Radiorauschens und ein wenig infrarote Wärmestrahlung. Bereits in den späten zwanziger Jahren wußten Radiowissenschaftler von

Abbildung 37. Anläßlich einer totalen Sonnenfinsternis zeigen sich die schwachen, weit ausgreifenden Strahlen der Sonnenkorona. Die faserigen koronalen Formen schimmern im gestreuten Licht der Photosphäre. Wie hier gezeigt wird, umgeben die Koronastrahlen zur Zeit des Sonnenfleckenmaximums die Sonnenscheibe wie die Blütenblätter einer Dahlie. Wenn die Sonne in Ruhe ist, konzentrieren sich die koronalen Strömungsmuster auf die Äquatorebene. (Photographie von Serge Koutchmy)

einer elektrisch geladenen Region in Höhen über 100 Kilometern. Es handelt sich hierbei um die Ionosphäre, die sich wie ein Spiegel verhält, der die im Funkverkehr verwendeten Radiowellen reflektiert. Funksignale im Kurzwellenbereich hüpften um die Erde herum, wobei sie immer wieder vom Boden und von der Ionosphäre zurückprallten und auf diese Weise Entfernungen zurücklegten, die die direkte Sichtweite wesentlich übertrafen. Die Ursache dieser Ionisation blieb ein Geheimnis. Nichts in der solaren Strahlung, sei es im sichtbaren oder im nahen ultravioletten Spektralbereich, konnte die bekannten Bestandteile der Luft ionisieren, und trotzdem wuchs und schwand die Ionosphäre im Verlauf des Tages; sie erreichte immer dann ihr Maximum, wenn die Sonne im Zenit stand. Edward Olson Hulburt, dem Leiter der Abteilung für physikalische Optik am US-Marineforschungslaboratorium in Washington, D.C., fiel auf, wie gut die Absorption von Röntgenstrahlen mit der Höhe der Ionosphäre zusammenpaßte. 1929 trat John A. Fleming, damals Direktor der Abteilung für Erdmagnetismus an der Carnegie Institution, mit Hulburt in brieflichen Kontakt. Zur selben Zeit eröffneten die Versuchsraketen Robert H. Goddards die Möglichkeit, unter Umständen bis in Höhen von über 100 km vorzudringen. Fleming bat Hulburt um Rat, wie man solche Raketen wissenschaftlich sinnvoll einsetzen könnte, und dieser machte neben zahlreichen Vorschlägen, wie man die Zusammensetzung der Atmosphäre, ihren Druck, die Temperatur und Ionisation untersuchen könnte, auch den folgenden: »Eine während des Tages mit schwarzem Papier usw. abgedeckte nach oben geschickte photographische Platte würde Röntgenstrahlen aufzeichnen.« Doch die Arbeit Goddards an seinen Raketen kam während des Zweiten Weltkriegs völlig zum Erliegen. Die bemerkenswertesten Erfindungen der Kriegsjahre waren in den Vereinigten Staaten die »Bazooka«, eine kleine Panzerabwehrrakete, die von einem Infanteristen aus einem auf der Schulter liegenden Rohr abgeschossen wurde, und die JATO, eine Starthilfsrakete, die an Flugzeuge montiert wurde, um den Auftrieb während des Startvorgangs zu erhöhen. Die Alliierten verfügten über nichts, was auch nur im entferntesten der V 2 gleichkam. Die Vorhersage Hulburts in bezug auf die solaren Röntgenstrahlen wurde erst nach dem Zweiten Weltkrieg bestätigt, als direkte Messungen mit Höhenforschungsraketen möglich waren.

Ein glückliches Schicksal führte mich in dieser für die frühe Raketenforschung so entscheidenden Zeit kurz nach dem Zweiten Weltkrieg zu den Astronomen. Als der Krieg in Europa seinem Ende zuging, wurden die V-2-Raketen in Nordhausen in Deutschland, der größten unterirdischen Fabrikanlage der Welt, gebaut. Die Belegschaft bestand aus Tausenden von Gefangenen aus Frankreich, Polen, Holland und der Sowjetunion, die unter unmenschlichen Bedingungen arbeiten mußten. Der Ort befand sich in der sowjetischen Zone; doch in einer Nacht-und-Nebel-Aktion rückte die US-Armee als erste dort ein und machte sich vor der Nase der vorrückenden sowjetischen Truppen mit den letzten V 2 aus dem Staub. Zahlreiche Bauteile hatten durch Zerstörungsversuche der Nazis, durch Plünderungen in den Vorratsräumen und Wettereinflüsse Schäden davongetragen. So konnten nur

Abbildung 38. Eine V-2-Rakete kurz vor dem Start auf dem Testgelände von White Sands in Neu-Mexiko. Die Rakete war etwa 13,7 m hoch, wies einen Durchmesser von 1,52 m auf und wurde mit 10 Tonnen Alkohol und flüssigem Sauerstoff betankt. Sie konnte eine Höhe von 170 km erreichen, und der Flug dauerte etwa 450 Sekunden. (U.S. Naval Research Laboratory)

zwei V 2 aus Originalbauteilen hergestellt werden. Es wurden jedoch genügend Baukomponenten in die Vereinigten Staaten gebracht, um etwa 100 flugfähige Raketen zu produzieren.
Im August 1945 trafen nach der Überfahrt an Bord von Liberty-Schiffen etwa 300 Frachtladungen mit V-2-Bauteilen in Neu-

Mexiko ein. Eine Flotte von Tieflader-Lastwagen schleppte die Fracht von Las Cruces über die Berge zum Raketenschießplatz White Sands. Als die Armee die Arbeit mit den Raketen aufnahm, wurden wissenschaftliche Anwender eingeladen, den Raum für den 906 kg schweren Gefechtskopf statt mit Blei- oder Betonballast mit Instrumenten zu beschicken. Am Marineforschungslabor (NRL) der Vereinigten Staaten wurde im Januar 1946 die Abteilung für Raketensonden gegründet, die mit der Vorbereitung von wissenschaftlichen Nutzlasten für die Erforschung der Atmosphäre und der Ionosphäre sowie zur Untersuchung kosmischer Strahlung beauftragt wurde. Die Begeisterung für den Einsatz von Raketen erfaßte auch recht schnell die von Edward Hulburt geleitete Abteilung. Zu jener Zeit stand ich der Abteilung für elektronische Optik vor und kam während der Mittagessenszeit in den Genuß raumfahrtwissenschaftlicher Diskussionen mit Hulburt. Seine weitgespannten Interessen richteten sich auf die solare Beeinflussung der Ionosphäre ebenso wie auf den »Airglow« (das atmosphärische Hintergrundleuchten), das Zodiakallicht, den »Gegenschein« und das Entweichen von Partikeln aus der Exosphäre.

Im Frühjahr 1946 überbrachte Hulburt ein paar von uns die Kunde, daß sich das NRL die Zusage verschafft habe, wissenschaftliche Instrumente an Bord einiger erbeuteter V-2-Raketen mitfliegen zu lassen. Er hatte einen kleinen Quarz-Spektrographen abgestaubt, der in den Jahren 1932/33 während des zweiten Internationalen Polarjahres eingesetzt worden war. »Wäre es nicht eine gute Idee«, schlug er vor, »diesen kleinen, alten Hilger-Spektrographen mitfliegen zu lassen, der schon so viel herumgekommen ist?« Wenn der Spektrograph über die Ozonschicht, die sämtliche solare UV-Strahlung unterhalb von 3000 Ångström absorbiert, gebracht werden könnte, müßte er in der Lage sein, das Sonnenspektrum bis hinunter zu jenen Wellenlängen zu beobachten, die die Durchlässigkeitsgrenze für Quarz bilden.

Richard Tousey und ein paar weitere Kollegen vom NRL nahmen die Aufforderung Hulburts an, doch sie merkten rasch, daß dieser einfache Ansatz nicht funktionieren konnte. In Zusammenarbeit mit der Baird Instrument Company in Cambridge, Massachusetts, wurde innerhalb von drei Monaten ein völlig neues Konzept für einen Spektrographen entwickelt. Für dieses Gerät wurden optische Bauteile aus Lithiumfluorid verwendet, die für noch kürzere

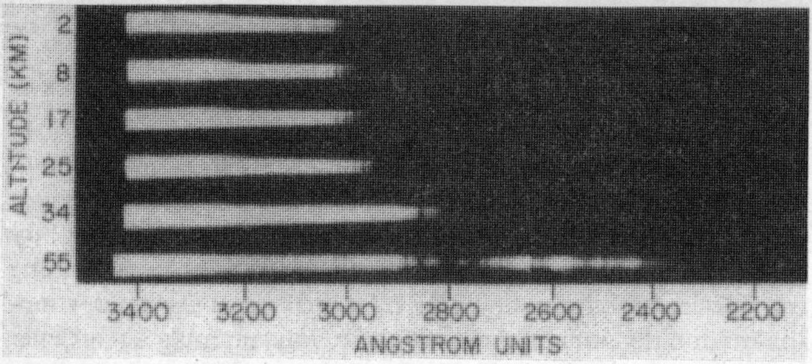

Abbildung 39. Eine Folge ultravioletter Spektren, wie sie an Bord einer V-2-Rakete am 10. Oktober 1946 aufgenommen wurde, als die Rakete die Ozonschicht durchstoßen hatte. Das Spektrum aus einer Höhe von 55 km war das erste, das jemals von der Fortsetzung des Sonnenspektrums verfertigt wurde, die sich an die vom bodennahen Ozon bewirkte Grenze bei 3000 Ångström anschließt. (U.S. Naval Research Laboratory)

Wellenlängen als Quarz durchlässig sind. Am 10. Oktober 1946 brachte der 46 cm lange Spektrograph nach dem zweiten Anlauf das erste solare UV-Spektrum mit, das sich bis hinunter zu 2200 Ångström erstreckte. Im Vergleich zu modernen Instrumenten war er ein Fliegengewicht und eher ein Spielzeug, doch er funktionierte und eröffnete das neue Zeitalter der Raketenastronomie.
Zu den ersten Teilnehmern an den V-2-Hochatmosphärenforschungsprogrammen am Raketenschießplatz von White Sands gehörten das Cambridge-Forschungslabor der Luftwaffe, das Fernmeldekorps der Armee, das Labor für angewandte Physik der Johns-Hopkins-Universität (APL), Princeton, Harvard und die Universität des Staates Michigan. Jede Organisation befaßte sich mit eigenen Versuchsreihen. Die Neuheit, mittels Raketen die Erforschung der Hochatmosphäre zu betreiben, bescherte noch nie dagewesene technische Schwierigkeiten. Einige der frühen Experimentatoren gaben schnell auf, andere jedoch machten weiter und konnten schließlich die unberechenbaren Raketen zähmen.
Die V 2 war gewiß ein großartiges Geschenk für die Sonnenastronomie, doch sie brachte auch eine Vielzahl von Schwierigkeiten mit sich. Die Rakete war 14 Meter hoch und ihr Motor so groß, daß ein Mensch durch die Schubdüse hindurchkriechen konnte. Eigentlich war sie ja als Kriegswaffe und nicht als ein Werkzeug

für Höhenforschung ausgelegt worden. Während der allerersten Tage in White Sands mußte man beinahe akrobatische Fähigkeiten mitbringen, um die Instrumente in der V 2 verstauen zu können. Die Raketenspitze ließ sich nur über eine lange Feuerwehrleiter erreichen. Kurze Zeit später stand ein Gerüst zur Verfügung, und von da an war der Zugang zur Rakete bequemer und sicherer. Nach dem Abbrennen und der rasanten Beschleunigung beim Abschuß kleiner militärischer Raketen waren das langsame, majestätische Aufsteigen der V 2 und das plötzliche Abflauen ihres Dröhnens im unheimlichen Nachbeben des Brennschlusses atemberaubende Erfahrungen. Lautlose, sich dahinschlängelnde Dampfspuren markierten die Flugbahn der Rakete durch die Stratosphäre, und der Schall kehrte erst kurz vor der Landung wieder, wenn die Schockwellen von den Bergen zurückgeworfen wurden. Doch nur selten stieg die V 2 pfeilgerade zum Himmel empor, und dies, obwohl sie mit kreiselgesteuerten Schubdüsen für die Lagekontrolle ausgestattet war. Gar nicht so selten gerieten die Raketen ins Taumeln und Schwanken. Einige brannten, ein wildes Schauspiel bietend, kurz nach der Zündung aus; eine Rakete startete im Horizontalflug und ging am Stadtrand von Juarez jenseits der mexikanischen Grenze nieder; eine weitere stürzte unweit einer Touristengruppe ab, die über die uralten Dünen des White Sands National Park am Rande des Raketenschießplatzes wanderte. Die ungenehmigte Raketenlandung bei Juarez hatte diplomatische Verwicklungen zur Folge, die in einer zeitweisen Schließung der Grenze gipfelten. Am Tag nach der Landung verhökerten Straßenjungen die Trümmer auf den Märkten von Juarez als Andenken.

Die ersten fünf Großraketen kehrten allesamt im laminaren Flug mit der Spitze voran zur Erdoberfläche zurück; ihre vollständig pulverisierten Überreste waren in etwa zehn Meter tiefen Kratern verschüttet. Von dem ersten Spektrographen, den das NRL im Juni 1946 auf die Reise geschickt hatte, war nicht mehr die geringste Spur zu finden. Die Mitglieder des Wissenschaftlerteams gruben und gruben, doch das einzige, was sie entdecken konnten, war – Wasser. In den wenigen Kübeln voller Überreste, die man aus Tonnen darüberliegenden Sandes herausgesiebt hatte, ließ nichts auf die in einem Stahlpanzer verborgenen Filmkassetten schließen. Um die Schäden beim Aufprall zu verringern, wurden bei späteren Raketen die Heck- und Bug-Sektionen mit pyrotechnischen Ladungen abgesprengt, sobald sie im Sinkflug eine Höhe von 50 Kilometern durchstießen. Die abgetrennten Teile segelten mit der vergleichsweise mäßigen Geschwindigkeit von etwa 100 m/sek zu Boden, und die Kassetten konnten geborgen werden.

Ich war einer der ersten amerikanischen Wissenschaftler, die die Gelegenheit hatten, sich der V-2-Rakete zu bedienen; keiner von uns hatte eine formelle astronomische Ausbildung genossen. Die Astronomen jener Zeit waren mit Studien an bodengestützten Teleskopen vollauf beschäftigt - sie mieden die elektronischen Gerätschaften, die Funkfernmessung und ganz besonders die mit den Raketen verbundenen Risiken. Eine unternehmungslustige Generation von Wissenschaftlern brauchte Monate, ja ein ganzes Jahr für die Vorbereitung einer Nutzlast, die in die Spitze eines Raketenmotors hineingepfercht werden sollte, beim Start einen heftigen Schock erleiden und dann im blauen Jenseits verschwinden würde, um schließlich mit einem zerstörerischen Aufprall zur Erde zurückzukehren. Die mit dem Countdown verbundene Spannung und die Sorgen, die man sich wegen etwaiger Fehlfunktionen nach dem Start, wenn es kein Zurück mehr gab, machte, reichten aus, um zartfühlenden Seelen jeden Mut zu rauben. Auch in bezug auf die Physiker muß gesagt werden, daß in den ersten Jahren nur eine Handvoll von ihnen zur weltraumgestützten Physik und Astronomie übergewechselt ist. Nach den Anfangserfolgen bei der Messung solarer Röntgenstrahlen berichtete ich über diese Forschungen in einem Papier, das der Zeitschrift *Physical Review* vorgelegt wurde. Der damalige Herausgeber der *Physical Review*, Sam Goudsmit, schrieb zurück, daß er den Artikel zwar veröffentlichen würde, daß sich aber nur wenige Physiker dafür interessieren dürften; er forderte mich auf, mir für meine künftige Forschungsarbeit ein anderes Publikationsorgan zu suchen. Daraufhin schickte ich meine Artikel an das *Astrophysical Journal*, wo sie ohne Umschweife akzeptiert wurden. Auf diese Weise wurde ich Astronom. Heutzutage hat die Amerikanische Physikalische Gesellschaft ihre astrophysikalische Abteilung und dient diesem Fachbereich als größeres Forum.

Die raketengestützte Höhenforschung versetzte ihre ersten Praktiker einerseits in Verzückung, um sie dann wieder in tiefste Verzweiflung zu stürzen; sie vermittelte ihnen das Gefühl eines großen Abenteuers, eines kühnen Pokerspiels mit hohem Einsatz und gewaltigen Risiken. Bei der Erkundung unbekannter Gefilde ko-

kettierten wir mit der Katastrophe und erwarteten gleichzeitig ungeheure Entdeckungen. Forscher, die ihre Teleskope auf Raketen mitfliegen lassen, sind in ihrem Herzen jung geblieben; die Spannung beim Countdown und der Donner des Raketenstarts versetzen sie in ebensolche Erregung wie vor langer Zeit die Explosion eines großen Knallfroschs.
Mit seinen frühen Versuchen, das solare UV-Spektrum zu messen, stand das NRL nicht alleine. John J. Hopfield und Harold E. Clearman vom Labor für angewandte Physik an der Johns-Hopkins-Universität erzielten nur sechs Monate nach dem NRL vorzügliche Ergebnisse. Doch es wurde sehr schnell offenkundig, daß eine Ausweitung auf noch kürzere Wellenlängen im Sonnenspektrum eine Methode erforderlich machte, mit der sich der Spektrograph von einer stabilisierten Plattform aus auf die Sonne ausrichten ließ, um die Belichtungszeiten zu verlängern. Der Übergang vom NRL-Verfahren, bei dem ganz einfach die Nutzlast um die Raketendrehachse rotierte, zu einer Zweiachsen-Stabilisation, die Drehung und Neigungswinkel kompensierte, wurde an der Universität von Colorado eingeleitet. Die Entwicklung dieser technischen Neuerung nahm sechs Jahre in Anspruch. Die biaxiale Lagekontrolle stellte schließlich den wichtigsten Einzelbeitrag für die Instrumentierung der Sonnenastronomie dar; dies blieb so, bis ein Jahrzehnt darauf die erdumkreisenden Sonnenobservatorien der NASA entwickelt wurden.

Auftakt zur solaren Röntgenastronomie

Um 1940 herum schlossen Wissenschaftler auf Grund von einfachen physikalischen Überlegungen, daß die Sonnenkorona sehr heiß sein muß. Man erkannte beispielsweise, daß bei einer Schwerkraft, die 28mal größer ist als die an der Erdoberfläche herrschende, für die Aufrechterhaltung einer ausgedehnten Atmosphäre mehrere hunderttausend Kilometer über der Photosphäre eine Korona-Gastemperatur erforderlich ist, die eine Million Grad Kelvin überschreitet. Einen noch deutlicheren Hinweis auf eine hohe Koronatemperatur lieferte die Untersuchung des koronalen Spektrums während einer totalen Sonnenfinsternis. Das Licht der Korona zeigt ein kontinuierliches Spektrum, das dem der darunterliegenden Sonne sehr ähnlich sieht. Genau dasselbe würde man auch erwarten, wenn die Korona im gestreuten Licht strahlen würde, ganz ähnlich wie der Halo einer Straßenlaterne während einer nebligen Nacht. Weil die einzelnen Spektrallinien der Photosphäre in der Korona fast vollständig verschwinden, folgerte man, daß das Licht der Korona durch freie Elektronen gestreut wird, die sich mit hoher Geschwindigkeit bewegen.

Fritz Zwicky

Obwohl der Name des am California Institute of Technology tätigen Astronomen Fritz Zwicky in diesem Buch immer wieder auftaucht, ergab sich mein erster Kontakt mit ihm nicht im Zusammenhang mit astronomischen Fragen, sondern im Verlauf der Raketenentwicklung in White Sands. Er wollte der erste sein, der einen künstlichen Himmelskörper in die Erdumlaufbahn brachte, und er machte den Vorschlag, die V 2 als erste Stufe zu verwenden und von dort aus kleine Metallstückchen, die weniger als 30 Gramm wogen, zu starten. Die Metallstücke sollten durch besonders geformte Sprengladungen, die ihnen eine Fluchtgeschwindigkeit von 11,2 km/sec vermitteln konnten, abgeschossen werden. Bei Geschwindigkeiten, die nicht auf eine Umlaufbahn führten, würden die Stückchen so lange aufgeheizt, bis sie verdampften und dabei leuchtende Spuren erzeugten, die wie Meteore aussähen. Man schätzt, daß jeden Tag etwa eine Milliarde Meteoroide in die Erdatmosphäre eintreten. Zu der Zeit, in die Zwickys Experiment fiel, studierte man die Meteorspuren mit dem Ziel, die Physik der oberen Atmosphäre zu entschleiern und die Möglichkeit auszuloten, Funkübertragungen auf dem Weg einer Reflexion an ihren ionisierten Spuren zu bewerkstelligen. Es gibt keine Aufzeichnungen über irgendwelche Ergebnisse des Zwicky-Experiments, obgleich der im Dezember 1946 mit Unterstützung von Wissenschaftlern des NRL und des APL durchgeführte Start erfolgreich verlief. Eine Wiederholung wurde nie versucht.

Einige der Vorschläge Zwickys klangen seinerzeit dermaßen fremdartig, daß sich etliche seiner astronomischen Kollegen weigerten, ihn für voll zu nehmen. So sprach er beispielsweise in den dreißiger Jahren davon, eine Rakete zum Mond zu entsenden, um eine lunare Bodenprobe einzuholen. Er war seiner Zeit etwa 30 Jahre voraus. Noch weitaus wichtiger für die Astronomie war sein Konzept eines Neutronensterns, das er kurz nach der Entdeckung des Neutrons in den dreißiger Jahren entwickelt hatte. Zusammen mit Walter Baade vertrat er die Ansicht, daß das Endprodukt eines Supernovaprozesses ein winziger, unglaublich dichter Stern sein würde, der vollständig aus Neutronen bestünde, die bis zu einem gegenseitigen Kontakt zusammengepreßt wären. Damals wurde seine Idee von den meisten Astronomen ins Reich der Fabel verwiesen. Es blieb J. Robert Oppenheimer vorbehalten, das Konzept eines Neutronensterns in den späten dreißiger Jahren wieder aufzunehmen, und danach sollten noch drei Jahrzehnte vergehen, ehe die Neutronenstern-Pulsare beobachtet wurden.

In diesem Prozeß der Lichtstreuung lassen die schnell bewegten Elektronen infolge des Dopplereffekts jede scharf begrenzte Spektrallinie zu einem verschmierten Schleier werden. Ihre enorme kinetische Energie deutet auf eine Temperatur von etwa einer Million Grad Kelvin hin.
Eingehende spektroskopische Messungen an Atomen in der Korona selbst ergaben breite Emissionslinien, die den Sonnenphysikern viel Kopfzerbrechen bereiteten. Die Wellenlängen dieser Linien stimmten mit keinem Spektrum irgendeines auf der Erde bekannten Elements überein. Eine der helleren Linien auf der grünen Wellenlänge bei 5303 Ångström bezeichnete man als »Koronium« und brachte sie mit einer ganz besonders merkwürdigen Substanz in Zusammenhang, die es nur auf der Sonne geben sollte. Doch diese Hypothese ließ sich mit Mendelejews Periodensystem der Elemente nicht vereinbaren.
Während der im Jahre 1938 abgehaltenen sechsten Generalversammlung der Internationalen Astronomischen Union legte der

mit Spektroskopie befaßte Bengt Edlén Photographien vor, die er in seinem Labor in Uppsala gemacht hatte. Sie zeigten helium- und wasserstoffähnliche Spektren von Sauerstoff- und Stickstoffatomen, die bis auf ein oder zwei verbleibende Elektronen ihrer Elektronenhülle beraubt waren. Diese Spektrallinien fielen in den Bereich weicher Röntgenstrahlung zwischen 10 und 30 Ångström, und man stufte sie als astrophysikalisch nicht sehr bedeutsam ein. Edléns Ergebnisse wurden im Abschlußbericht der Tagung nicht einmal erwähnt.

1940 löste Edlén schließlich das Koronium-Rätsel, als er die eigenartigen Spektrallinien als Atome identifizierte, die so alltäglich sind wie Eisen, Nickel und Kalzium. Diesen Atomen war infolge atomarer Kollisionen bei den hohen Koronatemperaturen mehr als die Hälfte ihrer normalen Ausstattung an Elektronen entrissen worden. Edlén setzte Eisenelektroden starken Hochspannungsentladungen aus und erzeugte im verdampften Eisen Ionen, die 13 ihrer 26 Elektronen verloren hatten. Und hierbei erschien die geheimnisvolle grüne Emissionslinie der Korona. Die von hochionisierten Atomen stammenden Spektrallinien, die im sichtbaren Licht von der Korona ausgesandt werden, sind als »Verbotene Linien« bekannt, weil sie von relativ seltenen atomaren Übergängen herrühren, die dementsprechend schwach ausfallen. Im Gegensatz dazu liegen die fundamentalen Übergänge von Eisen, dem 13, 12, 10 oder 9 Elektronen entrissen worden sind, oder von hochionisierten Nickel- und Kalziumatomen im weichen Röntgenspektrum. Zusammen mit der Kontinuumstrahlung haben kräftige Linienemissionen wesentlichen Anteil an den Röntgenstrahlen, die die obere Atmosphäre ionisieren können.

Die spektralen Diagnosen von Edlén bestätigten die hohe Temperatur der Korona und bereiteten das Feld für einen frühen Triumph der Röntgenastronomie: die direkte Messung der solaren Röntgenstrahlung. Nach anfänglichen Erfolgen bei der breitbandigen Photometrie der solaren Röntgenstrahlen im Jahre 1949 folgte nun ein ganzes Jahrzehnt, während dessen die Variabilität der Röntgenstrahlung im Sonnenzyklus überwacht wurde. Meine Kollegen und ich schickten 1963 einen Bragg-Kristall-Spektrometer auf die Reise; wir zeichneten die Röntgenspektrallinien von Sauerstoff auf, dem bis auf zwei alle seiner ursprünglich acht Elektronen abhanden gekommen waren. Wir fanden Stickstoffatome, denen nur zwei Elektronen geblieben waren, und Eisen, das 16 Elektronen verloren hatte. Nach 25 Jahren waren die Vorhersagen Edléns uneingeschränkt bestätigt worden. Als ich ihm einen vorläufigen Abzug unseres Koronaspektrums zuschickte, reagierte er mit großer Freude.

Die Suche nach solaren Röntgenstrahlen

Während der ersten Jahre mit der V 2 mußte unsere NRL-Arbeitsgruppe einen Fehlschlag nach dem anderen hinnehmen, als sie versuchte, gleichzeitig eine exakte Ausrichtung des Spektrographen, eine große Flughöhe und eine optimale Bergung der Nutzlast zu erreichen. Ich fragte mich, ob es nicht eine einfachere Lösung für das Problem gab, eine grobe Übersichtskarte des Sonnenspektrums bei kürzesten Wellenlängen zu fertigen. Doch dann wurde ich nahezu vollständig von der Arbeit, die mit dem Nuklearwaffenprogramm zusammenhing, mit Beschlag belegt; Raketenexperimente rückten an die zweite Stelle.

Eine Gelegenheit, meinen Lösungsansatz zu überprüfen, bot sich schließlich im Jahr 1949, als ich eine Kollektion von Photonenzählern, die für schmale Ausschnitte im UV- und Röntgenspektrum sensibilisiert waren, vorbereitete und sie an eine Funktelemetrie anschloß, um die Daten in Realzeit zu empfangen, sobald die Rakete flog. Die V 2 stieg bis in eine Höhe von 151 km. Als die Funksignale eintrafen, erkannten wir in einer Höhe von etwa 75 km zuerst die solare Lyman-Alphastrahlung im extremen Ultraviolett. Kurz darauf folgten oberhalb von 85 km weiche Röntgenstrahlen.

Bei dieser ersten einfachen Meßreihe wurde Lyman-Alpha als Ursache der im niedrigsten Höhenband, der D-Schicht, ablaufenden Ionisation identifiziert. Die weiche Röntgenstrahlung bildet den wesentlichen Faktor bei der Entstehung der Ionisation in der E-Schicht, die sich von 85 bis 150 km Höhe erstreckt. Die Absorption des Ultravioletten bei 1450 Ångström zeigte die Beständigkeit molekularen Sauerstoffs bis in Höhen, die weit jenseits der Grenze liegen, die von der Theorie bezüglich der Dissoziation in seine atomaren Komponenten vorhergesagt worden war. Das hatte wichtige theoretische Folgen für die Struktur der Ionosphäre in großen Höhen. Diese einfachen Messungen beantworteten größtenteils die Frage, wie die Sonne die Ionosphäre beeinflußt - ein

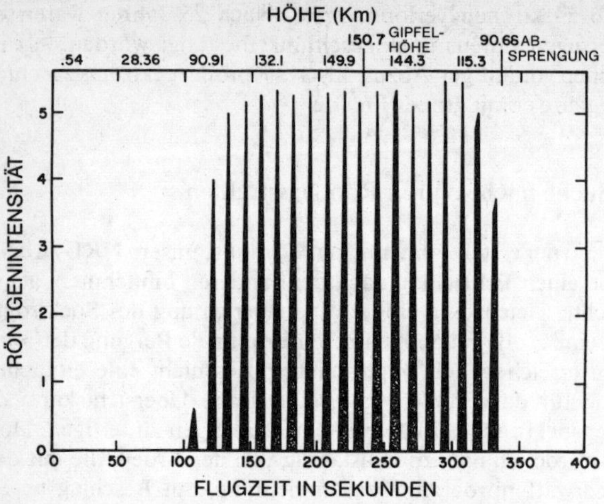

Abbildung 40. Die erste Messung des Eindringens solarer Röntgenstrahlen in die obere Atmosphäre mittels einer V-2-Rakete im Jahr 1949. Das bei acht Ångström liegende Röntgensignal wurde durch den Spin der Rakete moduliert, wenn die Sonne einmal pro Umdrehungsperiode ins Blickfeld lief. Die ersten Röntgenstrahlen wurden in einer Höhe von etwa 90 km geortet, und sie erreichten ihre Spitzenintensität bei ungefähr 130 km. (U.S. Naval Research Laboratory)

Problem, das die Radioastronomen ein Vierteljahrhundert lang in Atem gehalten hatte.

Unser Erfolg verlieh weiteren Flügen mit Photonenzählern eine hohe Priorität, und ich machte mich unverzüglich daran, eine noch ausgefeiltere Nutzlast für einen V-2-Flug im Jahre 1950 zu bauen. Dabei verließ mich das Anfängerglück: Kaum hatte die Rakete die Startplattform verlassen, als sie auch schon auf das Blockhaus »zuspazierte«, dort umkippte und vollständig ausbrannte. In dem vom »Mikromanagement« geprägten Umfeld der großen Raketenflüge heutiger Zeit fällt es nicht leicht, sich die mehr zufällige Koordination der mit den ersten V-2-Flügen verbundenen Experimente und das damals herrschende Vertrauen in die Tatkraft des einzelnen ins Gedächtnis zu rufen. Während der ersten Jahre erfolgten die Vorbereitungen gewöhnlich übereilt, und es traten häufig Pannen auf. So wurde beispielsweise ein hochentwickeltes Nebelkammerinstrument für die Untersuchung

(a)

Abbildung 41. Skizzen (a) vom Aerobee-Startturm und (b) vom Viking-Raketenhangar auf dem Raketenschießplatz von White Sands. (H. Friedman 1950)

(b)

kosmischer Strahlen gestartet, ohne daß vorher die Linsenschutzkappe von der Kamera genommen wurde.
Weil es an Bord der V 2 soviel Platz gab, wurde der Laderaum bei jedem Flug für mehrere Experimentatoren parzelliert, und man schenkte der Kompatibilität nur wenig Beachtung. Noch bei den letzten Startvorbereitungen wurde die Startmannschaft häufig mit Paketen voller Froschlaich oder Keimlingen bombardiert, mit der Bitte, sie an irgendeiner freien Stelle mit Klebstreifen zu befestigen. Die Biologen von Harvard wollten die Effekte studieren, die auftreten könnten, wenn Samen in die Hochatmosphäre verbracht werden, und lieferten für dieses Experiment ein speziell hierfür entwickeltes Saatgut. Nach den ersten beiden Flügen ließen sich diese Saatgut-Päckchen nicht mehr finden. Bei nächster Gelegenheit stellte der diensthabende Techniker in White Sands zu seinem Verdruß fest, daß der Vorrat an Harvard-Saatgut zur Neige gegan-

gen war. Er raste nach Las Cruces, kaufte ein Päckchen normaler Maissaat und plazierte es in der Rakete. Wie das Leben so spielt, brach ausgerechnet dieser Flug sämtliche Höhenrekorde, und die Bergung klappte traumhaft. Zu welchem Ergebnis die Harvard-Leute gekommen sind, entzieht sich meiner Kenntnis.

Zur Zeit meines ersten V-2-Fluges war mir nicht bekannt, daß Herman Yagoda, ein Physiker, der sich am Forschungslabor der Luftwaffe in Cambridge mit kosmischer Strahlung beschäftigte, ein Emulsionspaket nach White Sands geschickt hatte. Es enthielt Anweisungen für den Einbau an einem beliebigen noch freigebliebenen Platz in der V 2. Wir hatten uns daran gewöhnt, die Detektoren dadurch zu testen, daß wir sie von außen mit Gammastrahlen aus einer 5-Milligramm-Radiumkapsel anregten. Unwissentlich beleuchteten wir dabei auch die Emulsionen Yagodas; nach dem Flug zeigten sie etwas, was wie Elektronenspuren aussah, und zwar in einer Menge, die angesichts der wenigen Minuten, die die Emulsionen den kosmischen Strahlen in großer Höhe ausgesetzt gewesen waren, geradezu unglaublich anmutete. Yagoda war völlig konsterniert, und wir waren uns keiner Schuld bewußt. Diese Komödie mußte sich noch einmal wiederholen, ehe wir den Zusammenhang erkannten und begriffen, was bei dem Experiment Yagodas schiefgelaufen war.

Jim Van Allen konzipierte, während er noch zum APL gehörte, eine preiswerte zweistufige Forschungsrakete, die bei jedem Flug einem einzigen Forscher zugeteilt werden konnte. Die Kombination aus einer Feststoffrakete und einem Acidanalin-Triebwerk wurde von einem 42 m hohen schwenkbaren Turm aus abgefeuert. Der Name setzte sich zusammen aus »Aero«, was für die Aeroject Company stand, die die Rakete baute, und aus »bee«, womit auf die »Bumblebee«-Familie der APL-Raketen verwiesen wurde (*bumblebee* = Hummel). Doch die Aerobee zog mit einer rüttelnden 15-g-Beschleunigung ab und erreichte kaum Höhen von 80 bis 90 km. Im günstigsten Fall konnte sie in die D-Schicht vorstoßen, also in die niedrigsten Bereiche der Ionosphäre. Die erste Fertigungsserie fand nur eine geringe Nachfrage. Ich bat um die Zusendung einer Rakete und bekam drei angeboten. Unsere Arbeit erhielt einen extravaganten Anstrich. Wenn wir zum Schießplatz gingen, plante ich jedesmal den Einsatz von drei Raketen gleichzeitig und baute dabei auf statistische Gesetzmäßigkeiten. Nach einer Reihe von Aktionen, bei denen wir kaum die Eindringhöhe der Röntgenstrahlen ankratzten, entwarfen wir eine veränderte Version der Aerobee: Wir verlängerten ganz einfach das Bausegment für den Raketentank. Sogleich übertraf sie die Gipfelhöhe der V 2 und erstrahlte nunmehr in neuem Glanz. Die Rakete wurde über mehrere Versionen der Aerobee-Hi weiterentwickelt und avancierte zum Arbeitspferd unter den Forschungsraketen. Während der fünfziger Jahre zeigte eine Reihe von Aerobee-Raketenflügen, daß die Intensität der Röntgenemission dem Sonnenfleckenzyklus folgt.

Sonnenflares

Unter allen Formen der Sonnenaktivität sind die sogenannten Flares die spektakulärsten. Sie haben die stärksten Auswirkungen auf die irdische Umwelt. 1859 beschreiben zwei englische Astronomen, Richard C. Carrington und R. Hodgson, einen bemerkenswerten Lichtausbruch innerhalb einer großen Sonnenfleckengruppe. Der Blitz dauerte etwa fünf Minuten und breitete sich rasant über ein Gebiet von ungefähr 50000 Kilometern aus. Während der folgenden Nächte reichten helle Nordlichter bis in mittlere Breiten hinunter, und Kompaßnadeln torkelten wirr herum. Carrington vermutete, er könnte Zeuge des Absturzes eines riesigen Meteoriten auf der Sonne gewesen sein; noch um die Jahrhundertwende war die Meinung weit verbreitet, die Sonne beziehe ihre Energie im wesentlichen aus dem Einfangen von Meteoriten. Oberflächlich betrachtet, legt das Aufblitzen eines Flares einen Blitzschlag nahe, in dem sich die Elektrizität entlädt, die sich in der Flare-Region aufgebaut hatte. Ein Flare setzt jedoch die Energie von Milliarden von Wasserstoffbomben frei, und die kann nur von den Magnetfeldern in der Sonnenatmosphäre stammen. Die Geophysiker grübelten über eine Beziehung zwischen den Flares und plötzlichen atmosphärischen Störungen nach, die häufig zu einem schlagartigen Abbruch von Kurzwellenfunkverbindungen führten und mehrere Stunden lang anhalten konnten. Im sichtbaren roten Licht des Wasserstoffs kann ein Flare unter Umständen einige Quadratbogenminuten der Sonnenscheibe bedecken und zehnmal so hell leuchten wie die umgebende Photosphäre.
Die Vermutung schien angebracht, eine gleichzeitige Helligkeitszunahme in den Lyman-Wasserstofflinien des fernen Ultraviolett

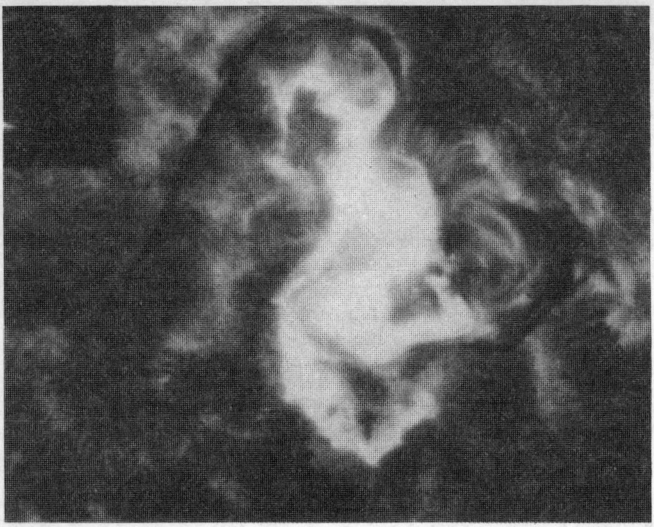

Abbildung 42. Der große Flare vom 7. August 1972, aufgenommen am Big-Bear-Sonnenobservatorium im roten Licht des Wasserstoffs. Der Flare überdeckte mehrere Tausendstel der Sonnenscheibe, seine Röntgenemission löste heftige ionosphärische und magnetische Stürme aus. (Photographie von H. Zirin, Big Bear Observatory)

könnte die Ionisation der oberen Atmosphäre hervorrufen und diese wiederum sei für den Ausfall der Funkverbindungen verantwortlich. Doch einfache Berechnungen ergaben, daß dadurch die energetischen Anforderungen bei weitem nicht erfüllt wurden. Statt dessen konnten wir theoretisch begründen, daß ein Blitz von Röntgenstrahlen eine wesentlich annehmbarere Erklärung lieferte. Mein persönliches Interesse für das Studium solarer Flares entzündete sich an einer Zufallsbeobachtung im Jahr 1949. Im Anschluß an den Atombombentest auf dem Bikiniatoll wurde das NRL für ein technisches Überwachungssystem herangezogen, das die Entwicklung der sowjetischen Nuklearwaffen beobachten sollte. Meine Kollegen und ich errichteten ein Netz von Stationen, die die Aufgabe hatten, radioaktive Niederschläge zu orten, die von der ersten, in großer Höhe erfolgten Explosion über der Sowjetunion vom Wind herübergetragen wurden. Eine Kompo-

nente dieses System bestand in einer Reihe von Geigerzählern, die in Wetterbeobachtungsstationen automatisch betrieben wurden. Bei dem Sonnenflare vom November 1949 handelte es sich um das gewaltigste Ereignis dieser Art, das je aufgezeichnet worden war, und es gelangen uns vorzügliche Messungen vom Eindringen hochenergetischer solarer kosmischer Strahlung, die sich von arktischen bis antarktischen Breitengraden erstreckten. Bedauerlicherweise mußte ich bei diesem besonderen Projekt Geheimhaltungsvorschriften beachten. Daraufhin faßte ich den Entschluß, das Flarephänomen im Rahmen des nicht der Geheimhaltung unterworfenen Raketenprogramms weiterzuverfolgen. Die Aerobee war für die Untersuchung von Sonnenflares sehr schlecht geeignet. Vor dem Start mußte ihr Treibstoffsystem mit Helium unter Druck gesetzt werden. Die Vorbereitungen dauerten lang, und wenn die Rakete endlich startbereit war, mußte sie binnen einer Stunde abgeschossen werden. Sie bot nur geringe Chancen, die unvorhersehbaren Flares zu erhaschen.
Zu Beginn der fünfziger Jahre unternahmen Lieutenant Lee Lewis, ein Angehöriger des Marineforschungsbüros, und Jim Van Allen einen neuen Versuch, preiswerte Raketenforschung zu betreiben, der unter der Bezeichnung »Rockoon« lief. Eine Feststoffrakete namens Deacon, die eine Länge von 4,34 m und einen Durchmesser von 15 cm aufwies, wurde an einen Skyhook-Ballon gehängt, entschwebte in eine Höhe von 25 km und konnte dort über ein Funksignal gezündet werden. Hiermit existierte ein kostengünstiges System, das den ganzen Tag in der Luft gehalten werden konnte und sich in dem Augenblick abschießen ließ, in dem der Ausbruch eines Flares entdeckt wurde.
Ohne ein aufwendiges Lagekontrollsystem am Ballon war es nicht möglich, den Aufschlagsort der Rakete innerhalb eines Kreises mit einem Radius von etwa 160 km zu bestimmen, und die Höhenwinde vergrößerten dieses Problem noch. Der Start von einem Schiff weit draußen auf dem Ozean bot mehr Sicherheit im Abschußgebiet und vereinfachte die Handhabung des Ballons. Sobald der Skyhook-Ballon aufgeblasen war, durfte der Oberflächenwind 10 Knoten nicht übersteigen. Durch eine Kurswahl in Windrichtung konnten die für das Aufblasen des Ballons wichtigen Bedingungen einer nahezu vollständigen relativen Windstille geschaffen werden; der Ballon stand samt daranhängender Nutzlast aufrecht da. Unsere NRL-Gruppe arbeitete ein Forschungsprogramm für Fla-

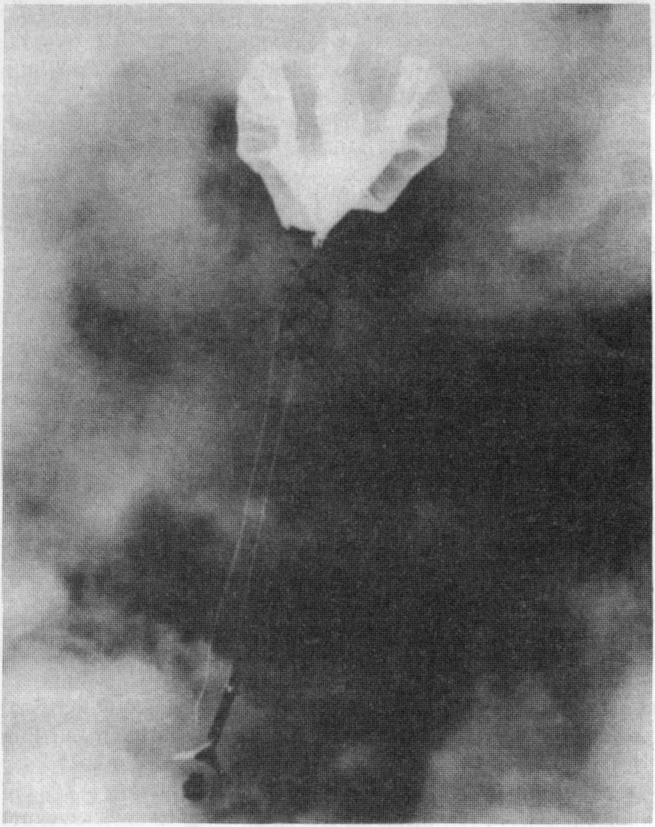

Abbildung 43. Eine Deacon-Rakete, die an einem Skyhook-Ballon hängt. (U.S. Naval Research Laboratory)

res aus, das sich auf Rockoons stützte, die man vom Deck eines Marineschiffs im Pazifik starten wollte. 1956, ein Jahr vor dem Internationalen Geophysikalischen Jahr, erhielten wir die Zusage für eine Expedition. Wir stachen mit der »Colonial«, einem dockartigen Landungsschiff, von San Diego aus in See und nahmen etwa 740 km vor der kalifornischen Küste unseren Betrieb auf. Jeden Morgen starteten wir einen Ballon, der einen reflektierenden Streifen hinter sich herzog und an dem die Rakete baumelte, die wir mit Radar verfolgten. Und nun nahm die Jagd ihren Anfang. Wir konnten nicht zulassen, daß das Rockoon aus unserer Funkreichweite hinaustrieb, doch die Höhenwinde wehten stets schneller, als unser träges Schiff fahren konnte. Es war sehr hilfreich, daß sich im Tagesverlauf die Windrichtung umkehrte, so daß wir das Rockoon am Morgen von der kalifornischen Küste wegdriften lassen konnten, um es bei seiner Rückkehr am Nachmittag dann wieder einzufangen. Für jene Tage war es ganz typisch, daß man bis zur Nacht vor dem Raketenstart niemals eine vollständig überprüfte Nutzlast zur Hand hatte - manchmal nicht einmal dann. Eines der lästigsten technischen Probleme bereitete der Zünder für die Deacon-Rakete. In ihrer militärischen Version wurde sie bei normalen atmosphärischen Temperaturen und Druckverhältnissen vom Boden aus abgefeuert. Doch in der eisigen, dünnen Luft in 25 km Höhe versagte der Zünder den Dienst. Jim Kupperian erinnerte sich an seine Kindheit, als er mit seinem Chemiebaukasten Salpeter und Holzkohle gemischt hatte, um Schießpulver zu produzieren, und meldete sich freiwillig als pyrotechnischer Experte. Es muß für den Artillerieoffizier des Schiffes eine Qual gewesen sein, ein dermaßen stümperhaftes Herumspielen mit Sprengstoffen mit ansehen zu müssen, doch nach einer Serie von Enttäuschungen fand Kupperian die richtige Formel; seine Zünder arbeiteten mit Erfolg.

Eine weitere nette Eigenart dieser Experimente bestand darin, daß die Telemetriedaten verzögerungsfrei in analoger Form auf einer mit einem Schreiber versehenen Papierrolle eintrafen. So saßen wir mit einer Tasse Kaffee über den vollständigen Aufzeichnungen am Tisch der Offiziersmesse, und schon nach wenigen Minuten lagen die Ergebnisse des Experiments vor. Wir waren mit 10 Rockoons hinausgefahren und hatten vor, jeden Tag eines zu starten. Während der ersten drei Tage gab es keine Flares. Am Sonntag wurde ein Ruhetag eingelegt, und die Sonne lieferte zwei prachtvolle Flares, ohne daß ein Rockoon in den Lüften schwebte. Während des vierten Anlaufs saßen wir mit Ausnahme von Bill Nichols und Bob Kreplin alle beim Mittagessen zusammen, als ein Flare ausbrach. Bob reagierte schnell und zündete die Rakete. Sie erwischte nur einen schwachen Flare der Klasse 1, doch ein starker Röntgenstrahlungsfluß oberhalb von 70 km war unübersehbar. Hiermit war bewiesen, daß die einem solaren Flare ent-

stammenden Röntgenstrahlen eine Schlüsselfunktion beim Auftreten der Funkstörungen haben.
Ein Jahr darauf waren die Rockoons aus der Mode gekommen. Statt eines Ballons brachte nun ein Nike-Feststofftreibsatz die Deacon in die Stratosphäre hinauf. Die zweistufige Kombination wurde von einer einfachen Startschiene aus abgefeuert. Mein NRL-Team richtete sich auf der Insel San Nicolas ein, von wo aus man einen Strand überblickte, der mit Hunderten von sich in der Sonne wärmenden Seehunden bevölkert war. Ein Gutachten wegen einer etwaigen Umweltbelastung hatten wir nicht gebraucht, und wir gingen ganz einfach daran, unsere Raketen über den Seehundstrand hinweg abzuschießen.
Wir hatten zu keiner Zeit Anlaß, uns wegen der Seehunde Sorgen zu machen, doch wir hätten besser daran getan, den Pressevertretern mehr Aufmerksamkeit zu schenken. Der erste Probeschuß war für den Eröffnungstag des Internationalen Geophysikalischen Jahrs angesetzt. Wie üblich zündete die Nike fehlerfrei, doch die Deacon der zweiten Stufe streikte. Nach der Abtrennung der ersten Stufe holte die Nike die Deacon ein und riß sie in Fetzen. Metalltrümmer prasselten auf den Startplatz herunter, aber die Presse hatte nicht bemerkt, daß etwas schiefgegangen war. Mit geziemender Begeisterung verkündeten die Zeitungen den ersten »erfolgreichen« Raketenstart des Internationalen Geophysikalischen Jahrs. Später dann führten wir tatsächlich eine ganze Menge äußerst erfolgreicher Röntgenmessungen an Flares durch. Als ich die Aufzeichnungen der Rockoon-Expedition aus dem Jahr 1956 noch einmal genauer durchging, erregten Hinweise auf eine nichtsolare, harte Röntgenstrahlung meine Neugier. Diese Strahlung war von einem Szintillationszähler geortet worden, als die Rakete über das Maximum der von den kosmischen Strahlen ausgelösten Ionisation bei 25 km Höhe emporgestiegen war; besagte Reststrahlung nahm mit der Höhe zu. Kupperian und ich schöpften Verdacht, ihr Ursprung könnte kosmischer Natur sein. Unsere Beobachtung spornte uns dazu an, die Fahndung nach galaktischen Röntgenstrahlen aufzunehmen, eine Sache, auf die ich später noch zurückkommen werde.
Diejenigen unter uns, die im Zusammenhang mit dem Internationalen Geophysikalischen Jahr große Erwartungen in den Start der Vanguard-Satelliten gesetzt hatten, mußten ihre Hoffnungen, die ersten astronomischen Beobachtungen von einem Weltraumob-

servatorium zu erhalten, nach der Sputnik-Überraschung und den sich daran anschließenden Katastrophen bei den Vanguard-Probestarts begraben. Der Sputnik erreichte am 4. Oktober 1957 die Erdumlaufbahn. Zunächst hielt sich die öffentliche Reaktion in Grenzen, was sich in dem Kommentar Präsident Eisenhowers widerspiegelte, daß »sich dadurch meine Befürchtungen bezüglich der nationalen Sicherheit nicht um ein Jota vergrößern«. Doch bald fingen Persönlichkeiten des öffentlichen Lebens an, die beschämende Situation zu beklagen. Es folgte die übliche Litanei von Anklagen an die Adresse der Regierung. Harry Truman beklagte, während der McCarthy-Ära seien die besten Köpfe Amerikas vertrieben worden. In der Tat setzte sich die für Vanguard zuständige Arbeitsgruppe aus einer Handvoll zweitklassiger Leute zusammen. Das Bereitschaftskomitee des Senats begann unter dem Vorsitz von Lyndon B. Johnson unverzüglich mit einer Bestandsaufnahme aller Raketen- und Satellitenprogramme in den Vereinigten Staaten. Unter dem Druck des Weißen Hauses sah sich der Vanguard-Projektleiter John Hagen gezwungen, den Termin für den ersten Start einer mit einem Radiosender ausgerüsteten Testkugel mit einem Durchmesser von 15 cm von Februar 1958 auf Dezember 1957 vorzuverlegen.

Am Mittwoch, dem 4. Dezember, trafen sich Tausende von Schaulustigen am Cape Canaveral. Bei dem bevorstehenden Ereignis ging es nicht mehr nur um einen ersten Test in einem komplexen Entwicklungsprogramm. Die Presse spielte das Ganze zu einem vollwertigen Satellitenstart hoch; es sollte die Antwort Amerikas auf den Sputnik darstellen. Einige Verzögerungen ließen die Spannung noch mehr ansteigen. Nachdem man am 6. Dezember die Raketenflamme gezündet hatte, erhob sich das Gerät nur gut einen Meter hoch in die Luft und geriet in Schräglage. Als es zurückfiel, explodierten die Treibstofftanks, die Rakete zerlegte sich am Boden und hüllte sich dabei in höllische Feuersbrünste und wogende Rauchschwaden. Der silbrig glänzende 15-cm-Testsatellit stürzte von der Spitze der dreistufigen Rakete 25 Meter durch die Flammen hindurch zu Boden und krachte auf die Betonplattform. Dort strahlte der verwundete Vogel mit seiner furchtbar verbogenen Antenne ein sinnloses Signal mit 180 MHz aus.

Eine Woge des Zorns schwappte über das Land. Senator Johnson bezeichnete das Scheitern als höchst erniedrigend. Der öffentliche Ärger verschaffte sich in Dutzenden von Briefen Luft. Viele enthielten den Vorschlag, wir Wissenschaftler sollten uns nach einer Arbeit umsehen, die unseren Fähigkeiten eher entspräche. Die sowjetische Delegation bei den Vereinten Nationen machte unter allgemeinem Gelächter das Angebot, uns in das Programm der UdSSR für technische Hilfe an die Entwicklungsländer aufzunehmen. Die Genehmigung für einen Startversuch der Army Ballistic Missile Agency, bei dem eine Jupiter-Rakete verwendet wurde, folgte auf dem Fuß, und diese Erfolgsgeschichte ist schnell erzählt. Meine Nutzlast zur Erforschung der solaren Strahlung war für den ersten Flug von Vanguard vorgesehen, und das Experiment mit kosmischen Strahlen von James Van Allen kam an zweiter Stelle. Seine Nutzlast wurde aus dem Vanguard ausgebaut und dem Explorer I zugewiesen. Der Start erfolgte am 30. Januar 1958, und Explorer I sollte den Van-Allen-Strahlungsgürtel entdecken. Die Vanguard-Mannschaft arbeitete hartnäckig weiter und schaffte es im März 1958 endlich, die Testkugel von der Größe einer Pampelmuse auf eine Erdumlaufbahn zu bringen. Meine langersehnte wissenschaftliche Sternstunde schlug am 28. April 1958, doch unser erster mit voller Instrumentierung ausgestatteter Vanguard-Satellit erwies sich eher als rückkehrfreudig denn als in einer Kreisbahn verharrend. Im September brachte man Vanguard III mit meinen Röntgen- und Lyman-Alpha-Detektoren in die Umlaufbahn, doch diese wurden in der Strahlung des Van-Allen-Gürtels ertränkt. Was Jim zum Nutzen gereichte, war für mich reines Gift. Meine Kollegen und ich mußten auf den ersten SOLRAD-Satelliten (von »Solar Radiation«, solare Strahlung) der Marine warten, der im Juni 1960 gestartet wurde. Erst dann glückte uns die Überwachung der Röntgen- und Lyman-Alpha-Emission der Sonne. Das SOLRAD-Programm wurde im Laufe eines Jahrzehnts mit zehn Starts abgewickelt, und es verschaffte uns einen vollständigen Überblick über das Verhalten der solaren Röntgen- und Ultraviolettstrahlung während eines Sonnenfleckenzyklus. Innerhalb desselben zeitlichen Rahmens entwickelte die NASA die wesentlich fortschrittlichere Serie der Orbiting-Solar-Observatory-Satelliten (OSO). Zu Beginn der siebziger Jahre waren die Sonnenphysiker, gestützt auf die Erfahrungen mit der bemannten Raumfahrt beim Apollo-Programm, soweit, erste Langzeitmissionen mit einem bemannten astronomischen Observatorium in die Wege zu leiten: das Skylab-Programm.

Dunkelheit zur Mittagszeit – eine totale Sonnenfinsternis

Die Kälte der totalen Sonnenfinsternis,
Wenn die Hähne das erstemal krähen voller Unglück; Hunde in ihren Zwingern heulen
Und geben ihren verlockend stinkenden Knochen auf,
Und der Stern am Rand der beschämten und verwandelten Sonne schimmert alleine,
Und über dem Weiher stößt die Fledermaus, nicht die Schwalbe hernieder,
Und die Eule kommt hervor.

Edna St. Vincent Millay,
Welche Beute, Jägersmann? (1939)

Mit der Einführung der Photographie im ausgehenden 19. Jahrhundert wurden ernsthafte Studien an der Sonnenkorona möglich. Die Korona ließ sich aber nur dann beobachten, wenn eine totale Sonnenfinsternis das blendende Licht der Sonnenscheibe abdeckte. Einzig bei einer solchen Gelegenheit bot sich der Anblick der schwachen, faserigen Struktur der wie eine Krone glänzenden Sonnenatmosphäre. Ungefähr fünfzig Jahre nach dem Beginn der photographischen Sonnenfinsternisbeobachtungen entwickelte der französische Astronom Bernard Lyot ein Teleskop, mit dem man das Licht der Sonnenscheibe künstlich abblenden konnte, so daß sich die Korona zu jeder Zeit bis weit jenseits des Randes photographieren ließ. Seine ersten Beobachtungen stellte er im Observatorium auf dem Gipfel des Pic du Midi an, 2870 m hoch in der schneebedeckten Landschaft der Pyrenäen. Der von Lyot entworfene »Koronograph« findet sich, über die Erde verstreut, auf mehreren Berggipfeln, und an einem klaren Tag gelingen Beobachtungen bis zu einem Abstand von etwa 20 Bogenminuten vom Rand der Sonnenscheibe.
Doch nach wie vor bietet eine totale Sonnenfinsternis die besten Bedingungen für eine bodengestützte wissenschaftliche Beobachtungstätigkeit und ist zudem das die meiste Ehrfurcht einflößende Naturschauspiel, das der Himmel zu bieten hat. Was Wunder, daß Sonnenfinsternisse wissenschaftliche Abenteurer in entfernteste Weltgegenden gelockt haben. Etliche unter ihnen erlitten Schiff-

bruch. In seiner Entschlossenheit, die afrikanische Küste zu erreichen, riskierte es der französische Astronom Pierre Janssen sogar, in deutsches Gewehrfeuer zu geraten. Während des Deutsch-Französischen Krieges versuchte er, den Belagerungsring, den die deutsche Armee um Paris gezogen hatte, mit einem Ballon zu überwinden. Janssens heldenhaftes Unterfangen wurde vom Regen vereitelt. Den Rekord hielt ein Schotte, der 120000 Reisekilometer hinter sich gebracht hatte, um die Beobachtungsorte von sechs Sonnenfinsternissen zu erreichen - er sah nur eine einzige.
Am NRL hatte Hulburt mit Sonnenfinsternis-Studien begonnen. 1947 hatte er eine erfolgreiche Expedition nach Brasilien angeführt, und 1952 organisierte er eine weitere nach Khartoum im Sudan. Ich hatte mich schon darauf gefreut, an letzterer teilnehmen zu können, doch die ägyptische Regierung erteilte mir kein Visum. Die Expedition litt unter zahllosen logistischen Schwierigkeiten. Besonders Lyot war über die Mißhandlung seiner Ausrüstung sehr verärgert. Auf dem Rückweg nach Frankreich fiel er einem tödlichen Herzanfall zum Opfer.
Die Chance, zu einem Sonnenfinsternis-Astronomen im Stil der neuen Raumfahrtastronomie zu werden, bot sich mir schließlich im Jahre 1958. Was das große Abenteuer angeht, so gibt es nichts, was die Sonnenfinsternisexpedition von 1958 in den Südpazifik, die ich leitete, übertrifft. Die Geldmittel, die im Rahmen des Internationalen Geophysikalischen Jahrs zur Verfügung standen, waren im Frühjahr 1957 bereits weitgehend aufgebraucht oder vollständig verplant, und Anträge für neue Vorhaben hatten nur wenig Aussicht auf Erfolg. Die für den 12. Oktober 1958 erwartete totale Sonnenfinsternis bot ein verlockendes Ziel für raketengestützte Sonnenastronomie. Ich setzte mich vergebens dafür ein, eine entsprechende Expedition durchzuführen. Doch dann kam der Sputnik, und plötzlich begannen die Geldmittel für die Forschung wieder zu fließen. Statt den vorgeschriebenen Weg über den zuständigen Ausschuß zu beschreiten, trat ich an Admiral Rawson Bennet, den Leiter der Marineforschung, heran und erhielt von ihm die Zusage, daß mir 70000 Dollar sowie ein Marinefahrzeug, die »Point Defiance«, zur Verfügung stehen sollten, um damit eine gemeinsame Expedition von Vertretern der bodengestützten Astronomie und unserer Raketenarbeitsgruppe zu bestreiten. Der Plan bestand darin, die Finsternis auf einer kleinen Koralleninsel mit dem poetischen Namen Puka Puka zu erwarten,

Abbildung 44. Herbert Friedman hält vor den Kindern der Insel Puka Puka im Vorfeld der Sonnenfinsternis des Jahres 1958 einen kleinen Vortrag. (U.S. Naval Research Laboratory)

ein paar hundert Kilometer südwestlich von Samoa. Diese Expedition war die Stärkung, die ich nach der Enttäuschung des Vanguard-Projekts so dringend nötig hatte.

Etwa 50 Tage vor dem Ereignis erreichten wir Puka Puka. Der einzige Handelsartikel des Eilands waren Kokosnüsse, die, wenn sie reif waren, gesammelt wurden, um daraus Kopra herzustellen. Grünes Kokosnußfleisch war die Haupternährungsquelle der Eingeborenen; hinzu kamen Hühner und Schweine. Zum Trinken und Kochen bediente man sich der Kokosmilch. Für den Fischfang mußten die Einheimischen mit ihren Auslegerbooten über die Korallenriffe hinauspaddeln. Außer einem Fahrrad gab es auf der Insel nichts, was von technischem Fortschritt kündete. Kein Verkehrsflugzeug flog je über die Insel, um ihren Bewohnern ein fernes Zeichen der modernen Zivilisation zu überbringen. Als unser 175 m langes Landungsschiff vor dem Korallenriff vor Anker ging und ein Hubschrauber aufstieg, um am Strand zu landen, flohen die Einheimischen in den Schutz ihrer Kokospal-

menhaine. Doch nach bemerkenswert kurzer Zeit gewöhnten sie sich an den Anblick der amphibischen Schlepper, die die Ausrüstung ans Ufer trugen, und an den Marine-Sprengtrupp, der einen Kanal durch das Riff brach. Die Polynesier erwiesen sich als dankbares Publikum der nächtlichen Kinounterhaltung, die am Ufer stattfand; sie ergötzten sich an den Liebesszenen und bejubelten spannende Aktionen. Ganz besonders hatten es ihnen die Eingeborenen angetan, die in der Jules-Verne-Verfilmung *Nautilus* zum Unterseeboot hinauspaddeln. Innerhalb weniger Wochen absorbierten sie einiges von den kulturellen Grundlagen der westlichen Zivilisation des 20. Jahrhunderts.
Wenige Tage vor der Sonnenfinsternis veranstalteten die Einheimischen für uns eine Party mit exotischen Leckerbissen, an denen ich sehr schwer zu schlucken hatte. Jack Evans, der Leiter der bodengestützten astronomischen Experimente, und ich bedankten uns dafür mit einem kurzen Vortrag aus den Stegreif über Sonnenfinsternisse, Raketen und Sonnenphysik.
Auf der Insel stellten Jack Evans und seine Astronomen die traditionellen Gerätschaften für die Beobachtung einer Sonnenfinsternis auf, während meine NRL-Arbeitsgruppe an Bord des Schiffes sechs Nike-Asp-Raketen auf Schienen montierte, die ihrerseits an einfachen Dreibeingestellen befestigt waren. Eine Nike unterscheidet sich nicht allzusehr von einer 453-kg-Bombe, und zwischen den Raketen lag lediglich ein Zwischenraum von sechs Metern. Wir spielten mit hohem Einsatz und hofften, daß der Abschuß der Raketen ihre Nachbarin nicht behelligen und keine Explosion unser stolzes Schiff versenken würde. Ich konnte nicht feststellen, ob der Kapitän entweder äußerst duldsam war, weil er noch nie dem Abschuß einer Nike-Rakete aus nächster Nähe beigewohnt hatte, oder ob er einfach nur ein kindliches Vertrauen in die Weisheit der Wissenschaftler setzte. Unser Operationsplan sah den Start der Raketen in einer festgelegten zeitlichen Folge vor, damit wir die fortschreitende Abdeckung aktiver Sonnenregionen durch den vorüberziehenden Mond beobachten konnten.
Als der Morgen des Finsternistages graute, verfinsterten Wolken das Firmament über Puka Puka und warfen über die Vorbereitungen der Astronomengruppe von Jack Evans ein Leichentuch. Jim Ring von der Universität Manchester in England malte eine tropfende Wolke auf die Sperrholzwand seiner Instrumentenkiste und

Abbildung 45. Sechs Nike-Asp-Raketen sind auf dem Hubschrauberdeck des Schiffes »Point Defiance« montiert und abschußbereit; das Photo entstand anläßlich der Sonnenfinsternis 1958 unweit der Danger-Inseln. (U.S. Naval Research Laboratory)

vollführte einen Beschwörungstanz, mit dem er die Wolken dazu bringen wollte, sich aufzulösen - es nützte alles nichts. Während der gesamten Finsternis stürzte auf Puka Puka der Regen hernieder. Doch nur 20 Seemeilen weiter erfreute sich das NRL-Team eines klaren Himmels und genoß vom Deck der »Point Defiance« einen perfekten Blick auf die Finsternis, während unsere Raketen bereitstanden, um hoch in den Finsternisschatten aufzusteigen.
Um 7 Uhr 30 morgens begann der Mond am Sonnenrand zu knabbern, und wir trafen Vorkehrungen für die Einleitung der Abschußsequenz. Die Seeleute drängten sich auf dem Hubschrauberdeck nach vorne, um die Raketen besser sehen zu können. Die schmetternde Explosion und die hervorbrechende Flamme, die mit dem ersten Abschuß einhergingen, ließen die Zuschauer erbeben, und alle zogen sich in eine sicherere Entfernung zurück. Als sich der Rauch verzogen hatte, starteten wir mit neuer Zuversicht die zweite Rakete. Erfreulicherweise wies sie keine Spuren irgendwelcher Beschädigungen durch den ersten Start auf. Während sich die Dunkelheit verstärkte, feuerten wir die Raketen drei und vier ab. Alles schien prächtig zu laufen. Die fünfte Rakete hatten wir

Abbildung 46. Eine Nike-Asp-Rakete wird vom Deck des Schiffes »Point Defiance« vor den Danger-Inseln im Südpazifik abgeschossen; die totale Sonnenfinsternis des 10. Oktober 1958 hat soeben begonnen. (U.S. Naval Research Laboratory)

»Miss Fire« getauft. Sie machte ihrem Namen alle Ehre und weigerte sich, eine Reaktion zu zeigen, als der Abschußknopf gedrückt wurde. Don Brousseau, unser Elektronikspezialist, vermutete, daß der abziehbare Stecker am Versorgungsstrang sich gelockert haben könnte. John Lindsey kam nach vorne, damit man sah, wie er den Schlüssel für den Raketenstart in der Luft hielt; Brousseau kletterte zum Stecker des Versorgungsstrangs auf das Startgestell und drückte ihn hinein. Der Rest von uns sah dabei mit dem Gefühl zu, Schmetterlinge im Magen zu haben. Nun sprang Brousseau aufs Deck hinunter und raste zum Unterstand des nächsten, etwa 15 m entfernten 12,5-cm-Geschützes. Der Startschlüssel wurde erneut hineingesteckt; man drückte auf den Knopf, doch wieder geschah nichts. Die Zeit verging, und ich entschied, es mit der sechsten Rakete zu versuchen. Doch auch sie ließ sich nicht zünden. Brousseau wiederholte seine waghalsige Aufführung, und diesmal war er erfolgreich. Unter dem Jubel der gesamten Mannschaft röhrte Nummer 6 davon.

Wir hatten unseren Auftrag ausgeführt und konnten nun das Schauspiel genießen, wie die Sonne hinter dem Mond wieder hervorkam. Am Abend desselben Tages hielten wir die vollständige Botschaft der Finsternis in der Hand. Die Röntgenemission konzentrierte sich in den aktiven Gebieten, und 13 % der Röntgenkorona waren während der Totalität belichtet worden.

Die widerspenstige Rakete Nummer 5 wurde am selben Nachmittag noch einmal untersucht und für einen neuen Startversuch am nächsten Morgen eingeplant, um Daten vom Hintergrund zu liefern. Der Countdown verlief ohne jeden Druck und Streß, und es kam zu einem perfekten Start. Zu unserer großen Überraschung übermittelte die Telemetrie eine gewaltige Röntgenintensität; infolge eines unglaublichen Zufalls hatten wir die Rakete während des Höhepunkts eines großen Sonnenflares gestartet und erhielten auf diese Weise die besten Röntgenflare-Daten, die je ermittelt worden waren.

Innerhalb der nächsten Jahre machte die Erforschung der solaren Röntgenstrahlung rasche Fortschritte. 1960 verfertigten wir mit einer einfachen Lochkamera von der Größe einer Zigarettenschachtel an Bord einer Aerobee-Rakete eine grobe Röntgenaufnahme der Sonne. Viele von uns werden sich noch daran erinnern, wie wir als Kinder aus einem Schuhkarton eine Lochkamera bastelten. So überrascht es nur wenig, daß die Pariser Ausgabe der

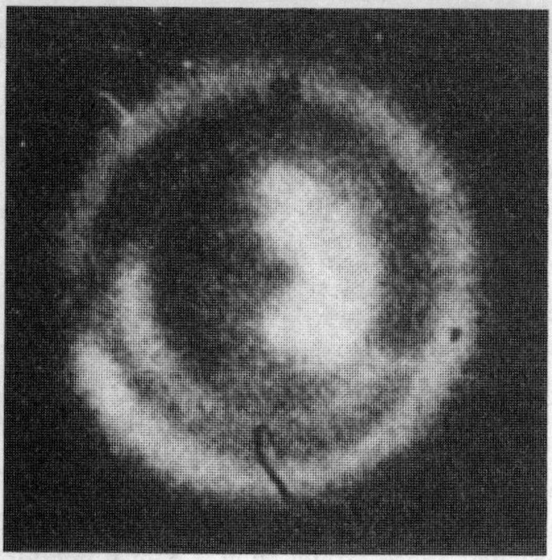

Abbildung 47. Das erste mit einer Lochkamera an Bord einer Aerobee-Rakete aufgenommene Röntgenbild der Sonne; die Aufnahme stammt aus dem Jahr 1960. (U.S. Naval Research Laboratory)

Herald Tribune eine Geschichte unter der Schlagzeile »Sonnenphoto mit Schuhkarton aufgenommen« veröffentlichte. Die zweiachsige Lagekontrolle konnte die Rotation der Kamera um die Richtungsachse zur Sonne nicht ausgleichen; das Bild war entsprechend verschmiert, doch seine Aussage war klar. Mindestens 80% der Röntgenstrahlung entstammte örtlichen Verdichtungen in der Korona, die nicht einmal 5% der Fläche der Sonnenscheibe überdeckten. Bald darauf waren Forscher der NASA und der American Science and Engineering Corporation in der Lage, Spiegelteleskope für Röntgenstrahlen zu konstruieren, wie sie in Kapitel 3 beschrieben sind. Hiermit ließen sich hochaufgelöste Photographien der Röntgenemissionsgebiete in der Sonnenkorona anfertigen.

Das wahrscheinlich bizzarste Abenteuer, das der neuen Spezies der Finsternisbeobachter widerfuhr, und die beste Demonstration ihrer Zähigkeit ereignete sich am 7. März 1970, als ein Finsternisschatten Wallops Island in Virginia, einen bekannten Raketenschießplatz, überquerte. Die Pläne für eine ganze Raketenflotte, die anläßlich dieser Eklipse eine Vielzahl von Experimenten durchführen sollte, waren genehmigt worden, und ich saß im Beobachtungsstand, um den Gästen vom Kongreß über den Stand der Dinge zu berichten. Ein Satz modernster Instrumente war am NRL von Guenter E. Brueckner entworfen worden, um das ultraviolette Flashspektrum der Finsternis in einem breiten Wellenlängenbereich (400-1600 Ångström), der nie zuvor beobachtet worden war, zu photographieren. Der Flugweg und der Zeitplan wurden nach dem Start perfekt eingehalten, und die Telemetrie zeigte an, daß sämtliche Instrumente arbeiteten. Doch als die Rakete herunterkam, ließ sich aus den Funkmeldungen ersehen, daß sich der an der Raketennutzlast befestigte Fallschirm und das für den Schwebeflug zuständige System nicht geöffnet hatten; die nur teilweise abgesprengte Nutzlast platschte im freien Fall in den Ozean. Einige Schiffe, die in der Aufschlagszone auf dem Meer kreuzten, versuchten, mit Hydrophonen die Absturzstelle zu markieren, doch die umfassende Suchaktion nach der NRL-Nutzlast blieb ohne Erfolg.

Auf dem Rückweg nach Washington, D.C., war Brueckner äußerst deprimiert, doch plötzlich kam ihm in den Sinn, daß sein Film sogar noch auf dem Grund des Ozeans eine Überlebenschance hatte, und zwar infolge der niedrigen Wassertemperatur. Die Wassertiefe an der Absturzstelle betrug 1830 Meter, und dies war mehr als bei jeder vorherigen Tiefseebergungskampagne. Die Marine hatte ein Gerät mit dem Namen CURV III (Commandable Underwater Recovery Vehicle) entwickelt, das dafür ausgelegt war, in solche Tiefen abzutauchen, um noch größere Objekte als die NRL-Nutzlast aufzunehmen. Doch dieses Gerät war noch nie zuvor im Einsatz gewesen. CURV III wurde von Kalifornien nach Norfolk eingeflogen und mit einem alten Unterseeboot-Tender aufs Meer hinausgebracht. Der Leiter des CURV-III-Teams schätzte die Chancen einer erfolgreichen Bergung auf etwa 1:10000, denn der genaue Ort ließ sich nur äußerst schwer bestimmen. Der Suchradius von CURV III betrug lediglich 100 Meter, und man brauchte mehrere Stunden, um ein solches Gebiet zu durchkämmen. Es war zu erwarten, daß mehrere Objekte von der Größe einer Nutzlast mittels Echolot am Meeresboden geortet und dann vom Fernsehsystem von CURV III in Augenschein genommen werden konnten. Dazu mußte sich CURV III dem entsprechenden Objekt bis auf mindestens drei Meter nähern.

CURV III wurde auf den Meeresboden abgesenkt und begann mit der Suche, doch nach acht Stunden fand man im Gebiet des ersten Suchkreises nur Wasserrohre und Muschelschalen. Der zweite Suchgang nahm einen äußerst glücklichen Verlauf. CURV III ortete die Nutzlast innerhalb weniger Stunden und nahm sie auf. Nach der Rückkehr wurden in Norfolk die Filmkameras aus dem

stark verbogenen Raketenzylinder geholt. Brechstangen und Sägen wurden eingesetzt, und die gesamte Arbeit geschah in eisigkaltem Wasser, um den Film so lange zu schützen, bis er am folgenden Tag am NRL entwickelt werden konnte. Zum Glück überstand ein Satz Filme das Abenteuer in gutem Zustand; die internen Bauteile dieser Kamera waren mit Teflon vergütet worden, das die Elektrolyse zwischen dem Film und dem Metallgehäuse der Kamera verlangsamte. Obwohl der Film beträchtlich verschleiert war, traten die spektroskopischen Details deutlich in Erscheinung. Der Befund konnte belegen, daß die Übergangszone zwischen der Chromosphäre und der Korona ein weites Höhenband umfaßt und nicht aus einer dünnen Schicht besteht, wie in früheren Sonnenmodellen angenommen worden war. Dieser Beleg für eine strukturierte Übergangszone diente dazu, ein Modell zu erstellen, das 15 Jahre später durch die mit hoher Auflösung erfolgten Beobachtungen von Spacelab II bestätigt wurde.
Das erste Orbiting Solar Observatory (OSO-1) leitete 1962 eine neue Epoche der Sonnenforschung ein. Die NRL-Gruppen hatten das Glück, Instrumente an Bord von OSO-2 betreiben zu dürfen. Darunter befanden sich Röntgen-Detektoren meiner Arbeitsgruppe und ein Spektroheliograph im ultravioletten Band sowie ein Weißlicht-Koronograph des Teams von Richard Tousey. Ich erinnere mich noch gut daran, wie wir unseren Vorschlag der NASA unterbreiteten. Der Antrag bestand aus zwei Zeichnungen und zwölfeinhalb zweispaltigen Seiten; auf der halben Seite fand sich der Abschnitt mit der Kostenaufstellung. Im Text erklärte ich, daß es möglich sein könnte, »die infolge von Sonnenflares durch die Korona hindurch erfolgenden Ausbrüche von Plasmawolken, die bekanntlich die Erde erreichen«, zu beobachten. Das war alles, was wir an wissenschaftlicher Rechtfertigung brauchten. Welch ein Kontrast zu den endlosen Stapeln von Dokumenten, die nur ein Jahrzehnt später für einen Antrags notwendig waren!

Skylab

Skylab war im Prinzip eine Weiterführung der Erfahrungen mit Astronauten und Geräten des Apollo-Programms. Die sieben Jahre, die der letzten Mission zum Mond folgten, waren der Planung, dem Entwurf und der Überprüfung von Skylab gewidmet. Eine große Batterie von Sonnenteleskopen wurde auf dem Apollo Telescope Mount (ATM) befestigt, den man seinerseits am Rumpf der Skylab-Werkstatt anbrachte. Diese Instrumente galten als das Fortschrittlichste, was je im Weltraum in Betrieb genommen worden war; sie verfügten über eine Auflösungsfähigkeit, die kleinere Einzelheiten auf der Sonnenoberfläche zu zeigen vermochte, als sie je zuvor beobachtet worden waren. Sie überwachten die solare Atmosphäre nahezu neun Monate lang ohne Unterbrechung. Die flüchtigen Augenblicke der früheren, auf der Erdoberfläche erfolgten Finsternisbeobachtungen hatten sich dagegen insgesamt auf vielleicht 100 Minuten belaufen. Die Astronauten saßen an ihren Konsolen und konnten Fernsehbilder der Korona im Ultravioletten, im Röntgenlicht, im Licht der Wasserstoff-Alpha-Linie und in den Wellenlängen des weißen Lichtes ganz nach Belieben liefern. Entscheidungen, worauf die Instrumente ausgerichtet und wann die Belichtungen des Films, der später zur Erde zurückgebracht wurde, aktiviert werden sollten, wurden in Realzeit gefällt. Während die Skylab-Besatzung die Erde umkreiste, stand sie in fortwährender Verbindung mit anderen, über die ganze Welt verstreuten Sonnenbeobachtern am Boden. Insgesamt 150 Wissenschaftler in 17 Ländern wurden täglich über die geplanten Beobachtungen informiert, damit sie ihre eigenen, erdgebundenen Beobachtungsaktionen darauf abstimmen konnten. Im Lauf der Mission betreuten alles in allem drei Astronautenbesatzungen das Skylab. Der erste Start erfolgte am 14. Mai 1973, und die Mannschaft brachte 171 Tage an Bord zu. Die zweite Mission dauerte 59, die dritte 84 Tage. Zusammengerechnet wurden 150000 Sonnenaufnahmen gemacht, und die Ausbeute an kurzzeitigen Erscheinungen, darunter Flares, Ausbrüche und eruptive Protuberanzen, stellte alles früher Dagewesene in den Schatten.

In diesem Kapitel kam bereits zur Sprache, wie man sich an den Gedanken gewöhnte, daß die Korona aus einer riesigen Gasblase besteht, die durch die Schwerkraft an die Sonne gefesselt ist. Um ihre gewaltige Ausdehnung erklären zu können, mußte man annehmen, daß die Koronatemperatur im Bereich von Millionen Grad liegen müßte. Diese Theorie wurde während des Skylab-Unternehmens schnell aufgegeben. Die Röntgen- und Ultraviolettbilder zeigten, daß das koronale Plasma zwar tatsächlich im Temperaturbereich von einer Million Grad lag, daß es aber durch engverwobene magnetische Schlingen, die den größten Teil der

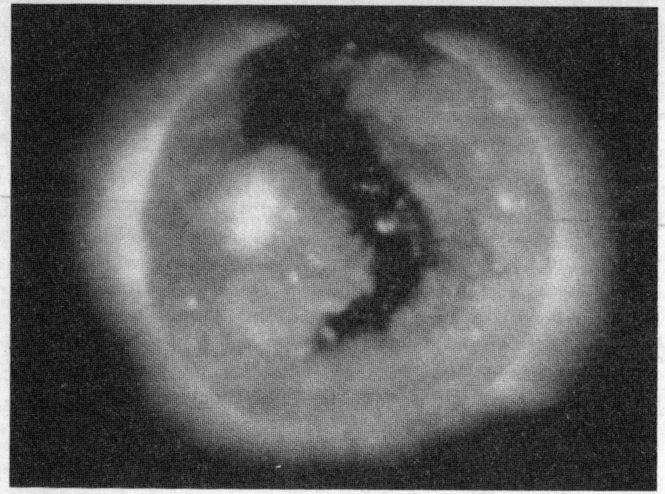

Abbildung 48. Eine Röntgenphotographie der Sonne, wie sie 1973 mit einem Teleskop an Bord von Skylab aufgenommen wurde. Ein dunkles koronales Loch schlängelt sich vom Nordpol der Sonne über den Sonnenäquator hinweg bis zum Südpol. Koronalöcher kennzeichnen die Gebiete in der Sonnenkorona, aus denen der Sonnenwind entweicht. (American Science and Engineering Corp.)

Sonnenscheibe überziehen, an der Sonne gehalten wird. Dort, wo diese Schleifen fehlten, traten große, dunkle Löcher in der Korona auf. Diese bilden die Routen, entlang derer der Sonnenwind ausströmt und in den interplanetarischen Raum entweicht.
Wenn die magnetischen Schleifen das erstemal aus dem Inneren der solaren Konvektionszone auftauchen, schwankt ihre Größe zwischen 30000 km und der optischen Auflösungsgrenze, die bei etwa 1000 km liegt. Im Lauf der Zeit werden die Schleifen immer breiter und öffnen sich gegen den Raum hin. Weit über der Sonnenoberfläche bilden flaschenförmige Gasströme enggebündelte Jets und folgen dabei dem Verlauf der offenen Feldlinien; einige schießen beinahe bis zur Erdumlaufbahn hinaus. Während sich die Sonne um ihre Achse dreht, wischt das System dieser Gasströme alle 27 Tage über die Erde hinweg.
Unter den vielen Entdeckungen, die den Skylab-Instrumenten zu verdanken sind, befand sich auch das Phänomen der »hellen

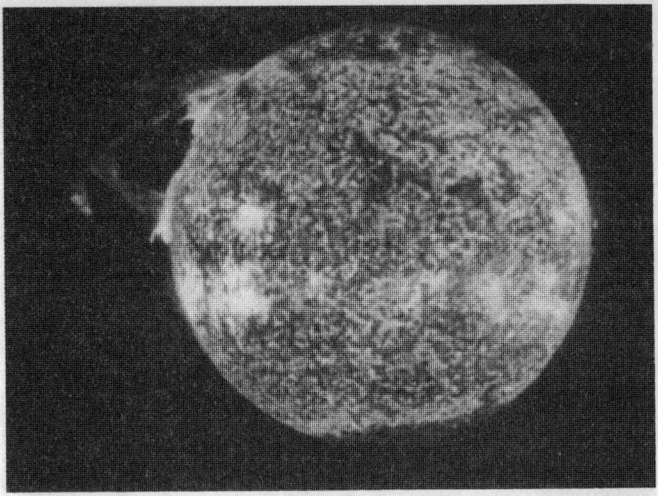

Abbildung 49. Ein Bild der Sonne im extremen ultravioletten Licht der Resonanzlinie des einfach ionisierten Heliums bei 304 Ångström. Die Aufnahme wurde 1973 an Bord der NASA-Raumstation Skylab angefertigt. Eine riesige Protuberanz, die von verflochtenen Tauen magnetischer Feldlinien in ihre Form gezwungen wird, steht hoch über der Sonnenscheibe. (U.S. Naval Research Laboratory)

Punkte«, kleine punktförmige Quellen einer Röntgen- und Ultraviolettemission. Zu jedem beliebigen Zeitpunkt zieren Tausende heller Punkte die Sonnenscheibe; sie bedecken sogar die Pole und treten auch in den koronalen Löchern auf. Sie funkeln oft minutenlang und weisen manchmal das Zehnfache ihrer normalen Helligkeit auf. Die Möglichkeit, daß der in diesen »hellen Punkten« mitgeführte magnetische Strom mindestens so groß, eventuell sogar noch größer als der in den Sonnenflecken sein könnte, ist von besonderer Bedeutung. Wenn die Sonnenflecken verblassen, nimmt der von den »hellen Punkten« ausgehende magnetische Strom in einem Maße zu, das ausreicht, um die Gesamtaktivität der Sonne im Gleichgewicht zu halten.

Der deutsche Astronom Ludwig Biermann postulierte 1951, daß Kometenschweife infolge einer Wechselwirkung mit Partikeln in einem solaren Wind von der Sonne weggetrieben werden. Der amerikanische Physiker Eugene N. Parker berechnete daraufhin,

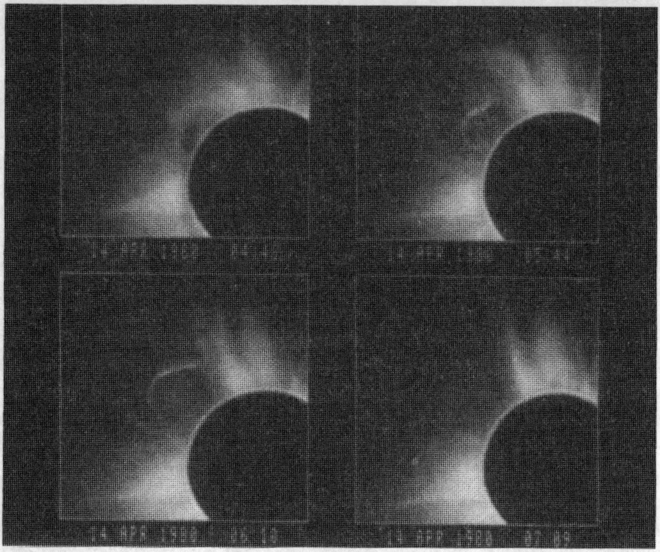

Abbildung 50. Ein koronaler Massenausstoß, wie er von dem Koronographen an Bord des Solar-Maximum-Mission-Raumfahrzeugs am 14. April 1980 beobachtet wurde. In der Reihenaufnahme zeigt sich eine hellere, außen liegende Materieschleife, an die sich eine dunkle Höhlung anschließt. Hierunter erscheint eine helle Schlinge eruptiven Protuberanzmaterials. (R.M. MacQueen, High Altitude Observatory)

daß die heiße solare Korona keineswegs statisch sein könne, sondern in Form eines Windes in den Raum expandieren müsse. 1962 bestätigten mehrere wissenschaftliche Raumfahrzeuge, daß die Sonnenwindtheorie zutraf. Der Wind weht ausgehend von der unteren Korona mit Geschwindigkeiten, die bei einer Entfernung von 20 Sonnenradien und mehr auf etwa 1,6 Millionen km/h ansteigen. Der Sonnenwind fluktuiert in Zeit und Raum und durchquert das gesamte interplanetarische Medium mit Überschallgeschwindigkeit. Auch wenn diese Beschreibung dem Sonnenwind die Wucht eines Hurrikans unterstellt, ist er sehr dünn und läßt sich nur mit empfindlichen Instrumenten im Weltraum oder in seinen Auswirkungen auf die äußere Erdatmosphäre aufspüren. Der Sonnenwind trägt im Laufe eines Jahres ungefähr zehn Billionen Tonnen Gas mit sich davon. Dennoch ist dieser Strom im Vergleich zur Gesamtmasse der Sonne nur eine Lappalie. Die Winde, die jungen Riesensternen entströmen, können millionenmal stärker sein.

Koronographen, die ab 1973 mit dem Skylab oder bei späteren Missionen die Erde umkreisten, haben eine beträchtliche Fülle an Informationen über riesige vorübergehende koronale Phänomene erbracht. Das High-Altitude-Observatory-Instrument an Bord des Skylab und ein Experiment des NRL namens SOLWIND auf dem STP-72-1-Satelliten der Luftwaffe zeigten kurzzeitige Ausbrüche von bis zu zehn Milliarden Tonnen Gas, das sich mit Geschwindigkeiten zwischen 150 und 900 km/sec aufblähte. Etwa die Hälfte dieser explodierenden Gasblasen, die von der Sonne wegstreben, sind mit anhaltenden Anzeichen von Röntgenstrahlung verbunden, die häufig neun oder zehn Stunden lang andauern. Schockwellen begleiten diese Plasmaballungen auf ihrem Weg durchs interplanetarische Medium, wo sie von Sonnensatelliten, die im Abstand von 60 bis 200 Sonnenradien über der Sonnenoberfläche kreisten, beobachtet worden sind.

Einer der bemerkenswertesten aller interplanetarischen Forschungssatelliten, Pioneer 10, hat den Sonnenwind bis über die Umlaufbahnen von Uranus und Neptun hinaus verfolgt. Nach dem Start am 2. März 1972 hat Pioneer 10 mit seiner Lebensdauer selbst die kühnsten Erwartungen übertroffen. 1981 überquerte er die Abstandsmarke von 25 Astronomischen Einheiten und hat seitdem mit einer Geschwindigkeit von nahezu drei Astronomischen Einheiten pro Jahr (eine Astronomische Einheit mißt 149 Millionen Kilometer) Kurs auf den Stern Aldebaran genommen. Die Forscher warten nun auf das Signal, daß Pioneer 10 die Stagnationsgrenze erreicht, an der der Sonnenwind auf das interstellare Gas trifft. Die Schätzung hierfür liegt momentan bei einer Entfernung von ungefähr 100 Astronomischen Einheiten, also weit jenseits der Pluto-Umlaufbahn. Die Energieversorgung des 226,5 kg schweren Raumfahrzeugs wird in Bälde erlahmen, und das wird zur Folge haben, daß es noch vor dem Jahr 2000 ertaubt und verstummt. Obwohl es niemals mehr nach Hause zurückkehren kann, wird es höchstwahrscheinlich die Erde überleben.

Die solar-stellare Verbindung

Die Sonne erscheint heute nicht mehr nur in ihrem eigenen Glanz. Sie wird nicht länger prinzipiell von den schwachen, punktförmigen Sternen, die die Milchstraße bevölkern, unterschieden. Die Astronomen vermögen heutzutage etliche Erscheinungen der Sonnenphysik - die Chromosphäre und die Korona, Sonnenflekken, Flares, photosphärische Schwingungen - mit einem entsprechenden Verhalten anderer Sterne in Beziehung zu setzen. Trotz der geringen Helligkeitswerte (selbst die benachbarten Sterne weisen lediglich ein Billionstel der Sonnenhelligkeit auf) können moderne Beobachtungsmethoden bei anderen Sternen deren schwache Röntgen-, Ultraviolett- und Radioemissionen orten; und es ist möglich, verblüffend detailliert die Bewegungen dunkler, kühler Flecke, magnetische Störungen und Plasmaausbrüche zu kartieren.

Olin Wilson untersuchte an den Sternwarten von Mount Wilson und Las Campanas seit den dreißiger Jahren langperiodische Zyklen stellarer Aktivitäten. Gleich zu Beginn fand er heraus, daß die Sterne Aktivitätszyklen zeigen, die dem elfjährigen Zyklus der Sonne ähneln. In den Jahren 1966 bis 1977 benützte er das 2,50-m-Fernrohr auf dem Mount Wilson, um das Verhalten von 91 Sternen zu überwachen. Während einiger Nächte richtete er das Teleskop auf bis zu 47 Sterne. Die ganze Fülle an Informationen, die er zusammengetragen hat, dient heute als Quelle für die Astronomen im solar-stellaren Fachbereich. Wilsons Ziel bestand in der Entwicklung eines tieferen Verständnisses für die Art und Weise, wie die Wärme aus der konvektiven Zone unterhalb der Photosphäre und Korona abgeleitet wird.

Um die Umdrehungsgeschwindigkeit der Sterne zu ermitteln, bedienen sich die Astronomen des Dopplereffekts, bei dem sich die Wellenlängen an der Seite des Sterns, die sich auf die Erde zubewegt, verkürzen, während sich am gegenüberliegenden Rand eine Streckung zeigt. Wilson entdeckte in einer aus fünf Hauptreihensternen bestehenden Gruppe, die kleinere und kühlere Sterne als unsere Sonne umfaßte, in einem Fall die schwindelerregende Umdrehungsrate von 6,9 Tagen, in einem anderen hingegen eine solche von 43 Tagen. Mit Hilfe der charakteristischen chromosphärischen Emissionslinien des Kalziums wies er eine deutliche Verbindung zwischen der chromosphärischen Aktivität und der Rotationsrate nach. Ältere Sterne scheinen langsamer zu rotieren und zeigen eine niedrigere chromosphärische Aktivität. Die Astronomen haben die Umdrehungsraten von Sternen, die jünger beziehungsweise älter als unsere Sonne sind, hochgerechnet und daraus gefolgert, daß sich die Sonne im Alter von 500 Millionen Jahren dreimal schneller gedreht haben dürfte als heute. Sollte dies zutreffen, dann wären damals wohl recht häufig heftige Flares aufgetreten, ein gewaltiger Sonnenwind wäre der Oberfläche der Sonne entströmt, und spektakuläre Nordlichterscheinungen hätten die Polarnacht erhellt.

> Sonne und Mond sind die Fenster seines Hauses;
> das ganze Weltall ist sein Hof.
>
> Liu Ling
> (3. Jahrhundert n. Chr.)

5 Rote Riesen, Weiße Zwerge und Supernovae

Das fernste, reinste Ding, Sterne,
frei von unserem Unsinn,
jeder steht für sich allein, je länger bekannt,
desto einsamer,
in emphatisches Feuer gehüllt, dasin einen
schwarzen Rauchfang hinauslodert …
Damals ist jetzt. Der Stern, nach dem du dich
richtest,
ist verloschen.

Sirius ist noch zu jung, um sich erinnern zu können.

Basil Bunting,
Brigflats (1978)

Während die Erde um unsere heimatliche Sonne kreist, richten die Astronomen ihre Fernrohre auf die Milliarden Sterne der Milchstraße und der Galaxien weit jenseits davon. Dabei werden wir Zeugen des Dramas der Geburt und des Todes der Sterne. Die Geschichte des sternübersäten Universums ist überall am Himmel zu lesen!

Etwa drei Viertel der Sternfamilie weist eine markante Ähnlichkeit mit unserer Sonne auf, die jüngeren und älteren Verwandten jedoch können wesentlich heller oder lichtschwächer, schwerer oder leichter sein. Trotz des breiten Spektrums in bezug auf Größe und Helligkeit folgen die meisten Sterne zu Beginn ihres Daseins einem einfachen Entwicklungsgang, der die hellen, heißen, blauen Sterne mit großer Masse einerseits und die düsteren, kühlen, roten Sterne andererseits miteinander verbindet. Diese Hauptreihe, die sich aus im Stadium des Wasserstoff-Brennens befindlichen Sternen zusammensetzt, zeichnet sich durch eine einfache Beziehung zwischen Leuchtkraft und Temperatur aus. Die Mas-

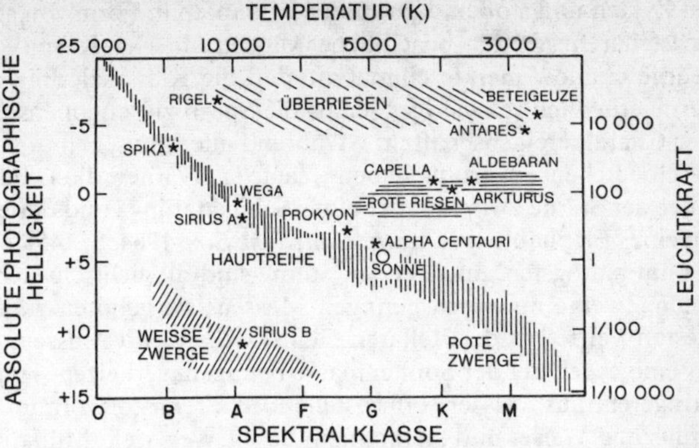

Abbildung 51. Das Hertzsprung-Russell-Farbenhelligkeitsdiagramm. Die absolute Helligkeit beziehungsweise die Leuchtkraft der Sterne wird gegen die Spektralklasse (Farbe) und die Temperatur aufgetragen. Die weitaus meisten Sterne liegen auf der Hauptreihe, und sie bewegen sich so lange in ihrer Richtung, wie sie Wasserstoff fusionieren. Die Roten Riesen entwickeln sich von der Hauptreihe nach oben rechts hin weg, während die Weißen Zwerge in die linke untere Ecke absinken. Unsere Sonne befindet sich in der Mitte des Diagramms, sie ist ein gelber Zwergstern des Spektraltyps G-2.

senunterschiede sind überraschenderweise relativ gering, obwohl die Helligkeit um das Hunderttausendfache variieren kann.

Oberhalb und unterhalb der Hauptreihe befinden sich Rote Riesen und Weiße Zwerge, also Sterne, die sich beim Eintritt in die letzten Phasen eines Sternenlebens von der Hauptreihe wegentwickelt haben. Überriesen sind derart aufgebläht, daß sie im Durchschnitt nur ein Tausendstel der Dichte unserer Atemluft aufweisen. Weiße Zwerge sind kaum größer als Planeten, doch ihre Festigkeit liegt über der von Diamanten, und ihre Dichte läßt sich in Tonnen pro Kubikzentimeter messen.

Die verschiedenen Sternklassen weisen nicht allein eine umfangreiche Vielfalt an Massen und Helligkeiten auf, jeder Typ besitzt zusätzlich noch ganz spezifische Eigenschaften bezüglich seiner Entwicklung und Veränderlichkeit. Einige steuern schnell auf eine Explosionskatastrophe zu; andere, so auch unsere Sonne, machen einen langsamen, gemäßigten Alterungsprozeß durch. Zahlreiche Sterntypen schwellen und schrumpfen in oszillieren-

den Zyklen und stoßen dabei unter Krämpfen in Form von starken stellaren Winden beachtliche Massen ab. Der Kosmologe George Gamow merkte einmal an, daß die Klassifizierung der Sterne erheblich schwieriger sei als die Spezifizierung menschlicher Charaktereigenschaften: »Während alle Menschen in etwa dieselbe Lebenserwartung haben«, sagte er, »variiert die Lebensdauer der Sterne zwischen der eines Schmetterlings und derjenigen eines Elephanten.« (*A Star Called the Sun*, 1964, S. 145)
Die am häufigsten auftretenden Sterne sind die lichtschwachen Roten Zwerge mit ihren geringen Massen; sie gehören zu den ältesten Vertretern der stellaren Gemeinschaft. Mit Massen, die nur einige Zehntel der Sonnenmasse betragen, verheizen sie ihre geringeren, aus Wasserstoff bestehenden Brennstoffvorräte auf geruhsame Weise, und sie können diesen Weg viele Milliarden Jahre lang verfolgen, weit über die Zeit hinaus, zu der die grellen, heißen, blauen Sterne bereits verschwunden sind. Zuletzt erstarren die Roten Zwerge zu braunen und schließlich zu schwarzen, toten Ascheklumpen.
Der Weltraum dürfte mit einer großen Menge Brauner Zwerge angefüllt sein; diese Objekte sind nicht ganz massereich genug, um eine nukleare Kernverschmelzung zünden zu können. Die Grenzmasse, die für die Aufrechterhaltung einer Kernverschmelzung überschritten werden muß, liegt bei etwa 8% der Sonnenmasse. Ein Brauner Zwerg könnte grob abgeschätzt die Größe des Jupiter haben. In bekannten Sternpopulationen übertrifft die Zahl der Sterne geringer Masse die Menge der sonnenähnlichen Sterne bei weitem, und dies legt die Vermutung nahe, daß sie den größten Masseanteil der Galaxis bilden. Es ist durchaus denkbar, daß diese Braunen Zwerge einen wesentlichen Beitrag zur Dunkelmaterie im Universum leisten, auf die wegen bestimmter Gravitationseinflüsse auf sichtbare Sterne geschlossen werden kann (vgl. auch Kapitel 6).
Mehr als hundert Jahre lang haben die Astronomen schon nach einem schwachen, braunen, zwergenhaften Begleiter unserer Sonne gefahndet, der in der Lage ist, die Umlaufbahnen der äußeren Planeten Uranus und Neptun zu stören. In den letzten Jahren gab es Spekulationen darüber, ob solch ein Partner auf einer sehr langgezogenen Bahnellipse in eine große Kometenwolke, die weit draußen im Randbereich unseres Sonnensystems, jenseits der Plutobahn, zu finden ist, vordringen könnte. Wenn der kleine

Stern dort vorüberzieht, könnten einige Kometen aus der Wolke herausgeschüttelt werden, ins innere Sonnensystem abstürzen und dabei vielleicht sogar mit der Erde zusammenstoßen. Die Befürworter einer solchen Theorie weisen auf Befunde hin, die für eine periodische Auslöschung einer Vielfalt von Lebensformen, darunter auch die Dinosaurier vor ungefähr 60 Millionen Jahren, sprechen, und sie postulieren katastrophale Einschläge, die die Erde mit Staubschwaden umhüllten und die Sonne verdeckten.

Die mächtigsten Sterne am Himmel sind die Roten Überriesen. Diese Giganten entwickeln sich aus Sternen, die die Phasen des Wasserstoff- und Helium-Brennens abgeschlossen haben. Wenn die Sonne das Überriesen-Stadium erreicht, wird sie so sehr anwachsen, daß sie die Erde verschlingt. Ein uns recht vertrauter Überriese heißt Antares und steht im Sternbild des Skorpion. Obwohl er mehr als 300 Lichtjahre von uns entfernt ist, konnte man seinen Durchmesser mit Hilfe eines geometrischen Zufalls exakt bestimmen. Von Zeit zu Zeit wandert der Mond vor ihm vorüber und bedeckt ihn dabei. Wenn, wie das gewöhnlich der Fall ist, ein kleiner Stern den Mondrand erreicht, wird sein Licht übergangslos ausgelöscht. Bei Antares dauert der Bedeckungsvorgang ganze 0,5 Sekunden, was ihm einen Durchmesser von 400 Millionen Kilometern oder einen 250fachen Sonnendurchmesser zuweist. Ganz anders als die äußerst beständige Sonne sind die meisten Überriesen in hohem Maße veränderlich. Bei Antares variiert die Helligkeit alle fünf Jahre um den Faktor 2. Überriesen, die man einer Klasse mit der Bezeichnung »Cepheidenveränderliche« zurechnet, oszillieren, was ihre Helligkeit angeht, wesentlich heftiger, und das mit der Regelmäßigkeit eines Uhrwerks. In Kapitel 7 wird beschrieben werden, wie man sie als Standardkerzen für die Vermessung des Universums verwendet.

Im Herzen eines jeden Roten Riesen lauert ein Weißer Zwerg. In dem relativ kurzen Zeitraum von 100 Millionen Jahren stößt ein Roter Riese den größten Teil der Masse außerhalb seines im nuklearen Feuer brennenden Kerns ab. An die 1500 planetarische Nebel hat man bereits beobachtet, anscheinend leuchtende Gashüllen, die von Roten Riesen abgesprengt worden sind. Der Nebel dehnt sich mit hoher Geschwindigkeit immer weiter aus und läßt dabei den Weißen Zwerg in seinem Zentralbereich hervortreten. Der Stern ist dermaßen aufgeheizt, daß sein Licht größtenteils aus ultravioletter Strahlung besteht und die farbenprächtige Fluores-

zenz des Nebels anregt. Wie eine gigantische Neonreklame im Weltraum kündet er vom Ende des Roten Riesen und vom Auftauchen eines Weißen Zwerges.
Der im Wintersternbild Orion leuchtende Rigel ist ein bekanntes Beispiel für einen massereichen Blauen Riesen. Der bläulich-weiße Stern strahlt so hell wie 64000 Sonnen. Seine Masse liegt 40mal höher als die der Sonne, sein Durchmesser übertrifft den der Sonne um das 25fache, und seine Oberflächentemperatur ist mit mehr als 13000° K doppelt so hoch. Eine einfache Rechnung, bei der die Strahlungskraft durch die Masse geteilt wird, zeigt, daß Rigel seine Wasserstoffvorräte 1600mal schneller verbraucht als unsere Sonne. Bei dieser verschwenderischen Gangart wird er seine Energiereserven - anders als die Sonne, deren Lebenserwartung viele Jahrmilliarden beträgt - in einigen wenigen Jahrmillionen erschöpft haben. Von Zeit zu Zeit wird ein Riesenstern wie Rigel explodieren, dabei im Glanz einer aus hundert Milliarden Sternen bestehenden Galaxis erstrahlen und zu einer Supernova werden.
Die Astronomen haben sich jahrelang den Kopf darüber zerbrochen, wie massereich ein Stern überhaupt sein kann. Es gibt zahlreiche Hinweise auf Sterne, die 50- bis 60mal schwerer sind als die Sonne, und möglicherweise auch auf einige wenige, die sogar 100 Sonnenmassen besitzen. Während der Druck, mit dem die Eigengravitation der Sonne im Gleichgewicht gehalten wird, der Wärme, die in ihrem Zentrum durch Kernfusion erzeugt wird, entstammt, rührt die Abstützung der äußeren Regionen eines solchen supermassiven Sterns vom Strahlungsdruck der ultravioletten Photonen her. Die theoretischen Modelle Eddingtons haben gezeigt, daß das Gleichgewicht zwischen dem Strahlungsdruck und der Gravitation in solchen Sternen labil ist; jede größere Störung würde den Stern in heftige Pulsationen versetzen, bis er zuletzt auseinanderfällt.
Jüngere theoretische Untersuchungen deuten indes darauf hin, daß Vibrationsstörungen durch eine im Inneren des Sterns erfolgende Erzeugung von Schockwellen begrenzt werden könnten; diese Stoßwellen würden die Energie verteilen und die Pulsationen abschwächen. Träfe dies zu, dann könnte ein supermassiver Stern vielleicht an die eine Million Jahre lang am Rand der Instabilität überleben und dabei stetig Masse abbauen. Doch das theoretische Bild ist nach wie vor unklar; es postuliert, daß Sterne

mit bis zu 30 Sonnenmassen stabil bleiben müßten, daß aber jeder Stern, der bis zu 1000 Sonnenmassen aufwiese, äußerst instabil zu sein hätte.

Einige Nebel in der Milchstraße, das in der Großen Magellanschen Wolke stehende Objekt 30 Doradus (der »Tarantelnebel«) sowie der riesige Nebel, der den Stern Eta Carinae enthält, sind dermaßen leuchtkräftig, daß die Astronomen auf die Existenz supermassiver, ultravioletter Sterne, die diese Nebel anstrahlen, geschlossen haben. Sollte die gesamte Helligkeit des entsprechenden Nebels von einem einzigen Stern stammen, müßte dieser Stern zwischen 2000 und 3000 Sonnenmassen aufweisen. Eta Carinae ist vermutlich der massereichste Stern in unserer Galaxis. Nahe an der Grenze zur Instabilität, muß Eta Carinae im Laufe seiner jüngsten Geschichte einen großen Teil seiner Masse mit heftigen Eruptionen abgestoßen haben. Als er 1840 ausbrach und dabei zum zweithellsten Stern des Himmels wurde, dürfte er Material von bis zu einer Sonnenmasse in Form einer riesigen Gas- und Staubwolke ausgeworfen haben. Er strahlt heute mit fünfmillionenfacher Sonnenleuchtkraft, seine ursprüngliche Masse schätzt man auf etwa 200 Sonnenmassen.

Vor ungefähr 15 Jahren entdeckte man im selben Nebel wie Eta Carinae mehrere Sterne, die ebenfalls sehr heiß, äußerst leuchtkräftig und massereich sind. Soeben erfolgte Beobachtungen mit außerordentlich hochentwickelten, modernen Geräten legen nahe, daß Eta Carinae selbst ein Mehrfachstern ist, der aus mindestens zwei, möglicherweise aber auch aus bis zu vier äußerst eng benachbarten Sternen mit nur 0,006 Lichtjahren Abstand besteht. Außerdem scheint es, daß auch andere gigantische Nebelflecke wie der Tarantelnebel von Sternhaufen zum Leuchten angeregt werden, die mehrere Sterne mit bis zu 200 Sonnenmassen Gewicht beinhalten. Man versteht immer noch nicht, wie solche gedrängten Haufen supermassiver Sterne entstehen können. Nirgends aber gibt es momentan irgendeinen Beleg für einen Stern mit bis zu 1000 Sonnenmassen.

Galaktische und extragalaktische Supersterne

Während des vergangenen Jahrtausends boten drei Supernovae in unserer Galaxis ein derart prachtvolles Schauspiel, daß sie durch Beschreibungen von freisichtigen Beobachtern gut dokumentiert sind. Diese Explosionen trugen sich in den Jahren 1054, 1572 und 1604 zu. Davor wurden neue Sterne am südlichen Sternhimmel im Nahen Osten in den Jahren 185 und 1006 beobachtet, doch die Beschreibungen sind sehr vage, obwohl die Supernova des Jahres 1006 im Sternbild Wolf ein Zehntel der Vollmondhelligkeit erreicht haben dürfte, was sie zur hellsten Supernova, über die Aufzeichnungen existieren, machen würde.

In chinesischen Chroniken ist über den neuen Stern im Sternbild Stier viel geschrieben worden, als er im Jahr 1054 aufflammte und den Crab-Nebel schuf. Noch erheblich heller als die Venus in ihrem stärksten Glanz, konnte er drei Wochen lang am Taghimmel gesichtet werden. Während der Nacht warf sein Licht einen schwachen Schatten, wie das manchmal auch bei der Venus beobachtet werden kann. Als er verblaßte, blieb er noch beinahe zwei Jahre lang für das freie Auge sichtbar. Es bleibt ein Rätsel, warum es keine europäischen oder arabischen Berichte über diese spektakuläre Erscheinung gibt. Möglicherweise wurde der neue Stern von nicht allzu versierten Beobachtern mit der Venus verwechselt, oder astronomische Berichte standen in Europa in jener Zeit nicht besonders hoch im Kurs; es könnte aber auch sein, daß während der günstigsten Zeit der Himmel über Europa mit dichten Wolken bedeckt war. Im Chaco Canyon in Neu-Mexiko ansässige Indianer sahen den neuen Stern, wie er unweit der zunehmenden Mondsichel gleißend erstrahlte. Voller Angst bannten sie ihre Erinnerung an diese Erscheinung auf einen Felsen. Das Bild existiert bis heute.

Über 500 Jahre später, in der Nacht des 11. November 1572, erblickte Tycho Brahe, als er sein Laboratorium verließ, zu seinem Erstaunen einen neuen Stern, der alle seine Nachbargestirne im Sternbild der Cassiopeia überstrahlte. Dabei muß man bedenken, daß zur Zeit Tycho Brahes die Muster der Sterne am Himmel für unveränderlich gehalten wurden. Voller Erregung sprach Tycho Brahe einige Passanten an, die auch bereitwillig die Existenz des hellen Sterns bestätigten, sich aber nicht sicher waren, ob er nicht schon immer dagewesen war.

Ohne die Hilfe eines Fernrohrs, mit freiem Auge stellte Tycho Brahe Helligkeitsschätzungen an, bis der neue Stern verdämmert war. Er schrieb, daß er bei seinem ersten Erscheinen heller als alle anderen Fixsterne, einschließlich Wega und Sirius, erstrahlte und sogar den Jupiter, der damals im Morgengrauen aufging, übertraf. Nach Tycho Brahes Beschreibung befand sich die Nova den ganzen November hindurch in der Nähe ihres Helligkeitsmaximus und glänzte dabei so hell, daß man sie sogar zur Mittagszeit sehen konnte; in der Nacht leuchtete sie noch durch Wolken hindurch, die alle anderen Sterne abdunkelten. Als sie dann allmählich verblaßte, verglich sie Tycho Brahe mit fortschreitend lichtschwächeren Sternen. Im Februar 1574 kam sie den schwächsten Sternen, die gerade noch mit freiem Auge gesichtet werden können, gleich - dies entspricht etwa der sechsten Größenklasse. Tycho Brahes sorgfältige Beobachtungen wurden in lateinischer Sprache unter dem Titel *De Nova Stella* (»Über den neuen Stern«) im Jahre 1573 veröffentlicht und fanden weithin Beachtung. Diese Aufzeichnungen sind von solch hoher Qualität, daß es mit ihrer Hilfe möglich ist, die Lichtkurve der Supernova in modernen Größenklassen exakt zu rekonstruieren. Die Theorie des Aristoteles von der Unvergänglichkeit der Himmel wurde nachhaltig erschüttert und Tycho Brahe in ganz Europa bekannt. Seine Verwendung des Wortes »Nova«, das den vorübergehend sichtbaren Stern beschreibt, wurde beibehalten, auch wenn wir heutzutage zwischen den Klassen der Novae und der Supernovae unterscheiden.

Nur 32 Jahre später beobachtete Johannes Kepler, ein früherer Assistent Tycho Brahes, einen weiteren stellaren Ausbruch im Sternbild Schlangenträger. Zwar kam dieser dem von Tycho Brahe beobachteten Stern nicht im entferntesten gleich, aber er leuchtete mindestens so hell wie Jupiter. Kepler verfuhr wie sein Vorbild Tycho Brahe und verglich die maximale Helligkeit des neuen Sterns im Oktober 1604 mit dem Mars, dem Jupiter und dem Saturn; daraufhin verfolgte er seine Helligkeitsabnahme, die ein Jahr später bis zur fünften Größenklasse führte, und schließlich sein Verschwinden im Frühling des Jahres 1606.

Die Gemeinsamkeiten in den Lichtkurven der Supernovae von Tycho Brahe und Kepler sind verblüffend. Wir klassifizieren sie heute als Typ I, die häufigste Kategorie, die auf zahlreichen Beispielen von Supernovae in fernen Galaxien beruht. Typisch für sie ist, daß die Lichtintensität in etwa 60 Tagen um die Hälfte abnimmt.

Es ist sehr schade, daß die Nova des Jahres 1604 ein paar Jahre vor der Erfindung des Teleskops stattfand. Seit damals war in der

Milchstraße keine Supernova mehr zu sehen. Die Supernova 1987A erreichte eine so große Helligkeit, daß sie mit freiem Auge beobachtet werden konnte. Sie flammte in der unserer Galaxis benachbarten Großen Magellanschen Wolke auf und wurde so zu der am nächsten stehenden Supernova, die man während der vergangenen hundert Jahre in einer anderen Galaxis entdeckte; S Andromedae (1885) war zwei Millionen Lichtjahre weit entfernt und wurde durchs Fernrohr beobachtet - doch ein Spektrum wurde nicht aufgenommen. Der Grund dafür, daß wir in der Milchstraße so wenige Supernovae sehen, liegt darin, daß die Scheibe unserer Galaxis mit so viel Staub durchsetzt ist. Dieser Staub entzieht alle Ereignisse außer denen, die sich in vergleichsweise geringer Entfernung zutragen, unseren Blicken. Die Konzentration des Staubes ist zur Nabe unserer Spiralgalaxis und zur Ebene ihrer Scheibe hin dermaßen ausgeprägt, daß man eine Supernova mit freiem Auge nur dann sichten kann, wenn sie uns näher als etwa 20000 Lichtjahre steht. Sollte sie unweit des galaktischen Zentrums oder auf der jenseits davon liegenden Seite stattfinden, befindet sie sich außerhalb des Sichtbarkeitsbereichs. Wenn man aus der Ebene der Galaxis nach oben oder unten blickt, wird der Staub so verdünnt sein, daß sich Supernovae in anderen Galaxien beobachten lassen.

Nach dem Erscheinen von S Andromedae entdeckten die Astronomen eine beträchtliche Menge von Supernovae in fernen Galaxien; sie waren natürlich viel zu lichtschwach, als daß man sie mit freiem Auge hätte sehen können, obwohl jede von ihnen mit der Energie sämtlicher der vielen Dutzend Milliarden Sterne einer durchschnittlichen Galaxis explodierte. Vor über 50 Jahren, 1934, startete Fritz Zwicky eine eingehende Suche nach Supernovae (vom ihm stammt diese Bezeichnung) in weit entfernten Galaxien. Nach wenigen Jahren hatte die Untersuchung des großen Galaxienhaufens im Sternbild Jungfrau 12 Supernovae erbracht.

Um den weiten Himmel nach Supernovae abzusuchen, braucht man ein Fernrohr mit einem großen Gesichtsfeld. Ein Schmidt-Teleskop ist für diese umfassende Himmelsüberwachung ganz besonders gut geeignet. Während das Hale-Teleskop nur in ganz kleine Ausschnitte des Nachthimmels eindringt, liefert ein Schmidt-Teleskop einen Panorama-Überblick. Als Walter Baade 1931 am Mount-Wilson-Observatorium eintraf, hatte er den Entwurf für ein Schmidt-Teleskop dabei. Zwicky stellte fest, daß es

sich hierbei um ein ideales Instrument für seine Supernovae-Suche handelte. Eben erst hatte die Konstruktion des »Big Eye« begonnen, als Zwicky die optischen Ingenieure auf den Bau eines Schmidt-Spiegels hetzte. Das Fernrohr umschloß einen 65,5 cm großen Spiegel hinter einer Korrekturplatte mit 45,3 cm Durchmesser. Mit einer einzigen Aufnahme konnte es ein Sternfeld so groß wie der Kasten des Großen Wagens photographieren. Dieses »Kleine Auge« war in der Lage, den gesamten Nordhimmel mindestens einmal pro Jahr abzusuchen. Das »First Light« fand im Jahr 1936 statt, und Zwicky fing beinahe umgehend an, Supernovae, die in fernen Galaxien aufblitzten, zu entdecken. Elf Jahre später war das »Kleine Auge« das einzige Teleskop am Mount-Palomar-Observatorium, das von einem neuartigen 121-cm-Schmidt-Spiegel abgelöst wurde.
Zwickys Suche wurde von anderen Beobachtern unterstützt, und bis zum heutigen Tag sind an die 400 Supernovae aufgespürt worden. Innerhalb der Reichweite unserer größeren Teleskope liegen ungefähr 100 Millionen Galaxien, in denen die Möglichkeit besteht, Supernovae zu beobachten. Wenn die Zeit zwischen zwei Supernovaexplosionen in einer Galaxis im Durchschnitt etwa 50 Jahre beträgt, dürfte im beobachteten Weltall nahezu alle 10 oder 20 Sekunden irgendwo ein solches Ereignis stattfinden. Je mehr die Leistungsfähigkeit unserer Teleskope zunimmt, desto interessanter wird die Jagd nach solch dramatischen Ereignissen.
Sobald die Astronomen auf einen Supernovaausbruch aufmerksam werden, bestimmen sie seine Lichtkurve - das heißt, sie zeichnen die Helligkeitsveränderungen auf - und ermitteln das Spektrum seiner Farbkomponenten. Die Erfolge Zwickys sind zum größten Teil seinem Talent zuzuschreiben, die Fähigkeiten von Walter Baade, der die Lichtkurven ermittelte, und von Rudolph Minkowski sowie von Milton Humason, die die Spektren aufnahmen, zu koordinieren. Von George Ellery Hale, dem Direktor der Sternwarte, ließ er sich für die Benutzung des 151-cm-Mount-Wilson-Teleskops eine Vorrangstellung zusichern. Dieses Privileg hatte zur Folge, daß die Arbeit anderer Astronomen zugunsten der Gruppe von Zwicky unterbrochen werden durfte, damit diese bei Bedarf jederzeit eine helle Supernova beobachten konnte. Die Beobachtungszeit an leistungsfähigen Teleskopen ist derart wertvoll, daß beim Erstellen des Zeitplans ein heftiger Konkurrenzkampf entbrennt. Bei den anderen Astronomen erreg-

te die bevorzugte Behandlung der Supernova-Beobachter beträchtlichen Ärger, so daß sich das Privileg nicht über längere Zeit aufrechterhalten ließ.
Zwicky und Baade bildeten ein »ungleiches Paar«, dessen Zusammenarbeit während all der Jahre, in denen die beiden mit den Schmidt-Teleskopen Supernovae untersuchten, starken Belastungen ausgesetzt war. Die Partnerschaft war äußerst brüchig. Zwicky hatte etwas Ungebärdig-Geniales an sich, er steckte voller brillanter Einfälle und setzte sich souverän über Konventionelles hinweg. Mit Leuten, die seine Ideen in Frage stellten, konnte er äußerst grob umspringen. Baade dagegen, der infolge einer während seiner Jugend durchlittenen Kinderlähmung hinkte, war zartfühlend und so leicht erregbar, daß er oft vor Nervosität bebte und stotterte. An einem Teleskop allerdings konnte Baade eine beachtliche Selbstbeherrschung an den Tag legen, und es gelangen ihm Photographien von höchster Qualität. Während der meisten Zeit ihrer beruflichen Verbindung lebte Baade in Furcht vor den Ausbrüchen Zwickys, von dem er vermutete, er befinde sich an der Schwelle zum Wahnsinn.
Minkowski studierte die Spektren der Supernovae, die während der Beobachtungskampagne Zwickys entdeckt worden waren, und fand zwei Gattungen, den Typ I und den Typ II. Etwa drei Viertel aller Supernova gehören zu Typ I; sie èrreichen die doppelte bis dreifache Helligkeit der Typ-II-Supernovae und sind durch die beinahe vollständige Abwesenheit von Wasserstofflinien in ihrem Spektrum gekennzeichnet. Obwohl die Typ-II-Supernovae keine streng einheitliche Klasse bilden, zeigen sie samt und sonders an Wasserstofflinien reiche Spektren. Eine Supernova des Typs I würde in einer Entfernung von 4,5 Lichtjahren - der des nächststehenden Sterns - mit etwa einem Zehntel der Sonnenhelligkeit aufleuchten. Man glaubt, daß die Vorgänge, die zur Explosion führen, in beiden Supernova-Typen sehr unterschiedlich ablaufen.
Schlüsse auf die Ursachen für die Existenz der beiden Supernova-Klassen lassen sich in bezug auf ihren Ort in den Galaxien ziehen. Typ-II-Supernovae finden sich nahezu immer in Spiralgalaxien und dort vorzugsweise in den Spiralarmen. Supernovae des Typs I ereignen sich in allen Galaxienklassen, besonders in elliptischen Galaxien, doch treten sie in den Kernbereichen ebenso auf wie in den Spiralarmen. Die bevorzugten Orte liefern einen wich-

tigen Hinweis. Elliptische Galaxien und die zentralen Regionen der Spiralgalaxien sind weitgehend staubfrei. Ihre Sterne haben ein hohes Alter und sind weitgehend unserer Sonne ähnlich. Im Gegensatz dazu sind die Arme der Spiralgalaxien mit Staub und Gas angereichert und funkeln im diamantenen Glanz junger, blauer Sterne. Alles deutet darauf hin, daß die Supernovae des Typs I in Verbindung zu sehen sind mit kleinen Sternen mit etwa einer Sonnenmasse und daß die Supernovae vom Typ II die Produkte einer Evolution großer Sterne darstellen, deren Masse die der Sonne bei weitem übertrifft.

Heiße Weiße Zwerge

Du spendest dem winzigen Menschen Beifall,
Unersättlicher Prasser unter den Galaxien.
Eine kleine Pille in endloser Nacht,
Ein Gegengift gegen die kosmische Furcht.

John Updike,
Weißer Zwerg (1985)

Die Entdeckung von Sirius B

Obwohl die Astronomen von den ungeheuren Unterschieden der Größen und Massen verschiedener Sterntypen wußten, traf sie die Erkenntnis der wahren Natur der Weißen Zwerge völlig unvorbereitet. In ihrer Vorstellungswelt gab es nichts, was auf die Existenz einer Sternmaterie hinwies, deren Dichte und Härte Stahl um das Einmillionenfache übertrifft. Als Eddington die Nachricht von Sirius B las, konstatierte er: »Eine Tonne des Materials, aus dem ich bestehe, würde nur ein kleines Klümpchen sein, das Sie in eine Streichholzschachtel legen könnten.« *(Stars and Atoms*, 1927, S. 50) Was soll man zu solch einer Botschaft sagen? Die Antwort, die die meisten von uns im Jahr 1914 darauf gaben, lautete: »Halten Sie den Mund. Reden Sie keinen Unsinn.« Wie die Astronomen das Geheimnis von *Sirius B* entschleierten, ist ein wunderbares Stück astronomische Spurensuche.

Im Jahr 1844 kam der deutsche Mathematiker und Astronom Friedrich Wilhelm Bessel, der sich mit dem Studium der Sterndi-

stanzen befaßte, zu dem Schluß, daß Sirius einen »dunklen Begleiter« haben müssc. Er meinte, der unsichtbare Partner habe die Quelle seiner sichtbaren Energie ausgeschöpft und offenbare sich nur noch durch sein Gravitationsfeld. Bei einer sorgfältigen Positionsbestimmung des Sirius fd Bessel heraus, daß dieser sich entlang einer Wellenlinie dahinbewegte, was auf die Nachbarschaft eines auf einer nahen Umlaufbahn kreisenden Objekts schließen ließ, das den Sirius quer zur Blickrichtung hin und her zog. Die Kombination der geradlinigen Flugbahn mit der Orbitalbewegung erzeugte die wellige Spur. Sirius war ein Doppelstern und sein dunkler Begleiter der erste »unsichtbare« Stern, dessen Existenz eine Bestätigung fand. Seine Umlaufperiode beträgt in etwa 50 Jahre.
Als Alvan Graham Clark 1862 sein neues Fernrohr auf den Sirius richtete, um festzustellen, wie scharf es abbilden konnte, beobachtete er etwas, was er für einen künstlichen Lichtpunkt hielt, der durch irgendeinen Fehler im Teleskop bewirkt wurde. Bald jedoch erkannte er, daß es sich bei dem Lichtpünktchen um genau jenes Objekt handeln mußte, in dem Bessel den dunklen Begleiter des Sirius vermutete und das für die unebenmäßige Bahnspur des Sirius verantwortlich war. Dieser schwache Siriusbegleiter heißt heute Sirius B.
Nachdem die Astronomen gelernt hatten, wie man die Temperatur eines Sterns aus einem Spektrum ableiten kann, stellte der amerikanische Astronom Walter Sydney Adams fest, daß die Oberflächentemperatur von Sirius B ungewöhnlich hoch war. Diese Beobachtung gab Rätsel auf. Wenn Sirius B ganze 10000° K heiß war, warum war er dann nicht heller als Sirius A? Die einzig mögliche Antwort bestand darin, daß er geradezu winzig sein mußte und trotz einer sehr großen wahren Helligkeit zu klein, um eine große Lichtmenge freisetzen zu können. Der Durchmesser von Sirius B mußte geringer sein als der unserer Erde.
Als nächstes folgte die Erkenntnis, daß dieser Stern trotz seiner geringen Größe ungeheuer massereich sein mußte, damit er die von Bessel entdeckte Gravitationswirkung ausüben konnte. Seine Anziehungskraft hatte knapp über der eines Masseäquivalents einer Sonnenmasse zu liegen, und dennoch ist seine Masse auf ein Volumen konzentriert, das eine geringere Ausdehnung als die Erde aufweist. Es stellte sich heraus, daß die Dichte von Sirius B etwa 20millionenmal größer ist als diejenige der Erde und somit

ungefähr 400 Tonnen pro Kubikzentimeter beträgt. Eddington folgerte im Jahr 1924, daß die Atome in Sirius B vollständig zu einzelnen Atomkernen und Elektronen zerschlagen werden und daß die Atomkerne beinahe bis zu gegenseitigem Kontakt zusammengepreßt werden - ein Zustand, der mit dem Begriff »entartete Materie« beschrieben wird.
Ungefähr 15 % aller Sterne in der Milchstraße hält man für Weiße Zwerge. Weil sie so lichtschwach sind, können nur diejenigen, die vergleichsweise nahe an der Sonne stehen, beobachtet werden, und dies nur mit sehr leistungsfähigen Teleskopen. Diese hochverdichteten Sterne sind oftmals stark magnetisch, das heißt, sie verfügen über Magnetfelder, die Dutzende von Millionen Gauß erreichen können. Bei einem Weißen Zwerg mit dem Namen PG 1031 + 234 wurde kürzlich ein Magnetfeld entdeckt, das eine Feldstärke von 700 Millionen Gauß aufweist. In 3 Stunden und 24 Minuten dreht er sich einmal um sich selbst.

Der Lebenszyklus eines Weißen Zwergs

Sobald ein relativ kleiner Stern wie unsere Sonne in seinem Zentrum den größten Teil des Wasserstoffs zu Helium verschmolzen hat und sich die Rate der Energieerzeugung verringert, muß er erneut schrumpfen. Ähnlich wie im Falle der Energie, die beim Sturz von Wasser über einen Damm freigesetzt wird, erzeugt der Gravitationskollaps Hitze, und die Temperatur steigt so lange an, bis bei etwa 100 Millionen Grad die Heliumkerne damit beginnen, Kohlenstoffatomkerne zu bilden; der nukleare Schmelzofen erwacht zu neuem Leben.
Eigentlich sollte man erwarten, daß sich die Abfolge von Zusammenbrüchen und nuklearen Zündungen kontinuierlich wiederholt und zur Fusion immer schwererer Elemente führt. Die Erschöpfung des Heliumbrennstoffes müßte also zu einem Kohlenstoff-Brennen überleiten, und in dieser Weise könnte es immer weitergehen. Doch die meisten Sterne, die kleiner als unsere Sonne oder genauso groß wie sie sind, schaffen es nicht, über die Stufe der Heliumfusion hinauszukommen. Sobald das Helium sich zu Kohlenstoff umgeformt hat, geraten ihre Zentren in einen entarteten Zustand, und eine neue Art von Druck, die keine hohen Temperaturen erfordert, baut sich auf.

Der in entarteter Materie wirkende Druck ist als quantenmechanisches Phänomen anzusehen, das aus der »Unschärferelation« herzuleiten ist, die von dem deutschen Physiker Werner Heisenberg in den fünfziger Jahren formuliert wurde. Heisenberg postulierte die Unmöglichkeit, zur gleichen Zeit den Ort und die genaue Geschwindigkeit eines atomaren Teilchens zu bestimmen. Die klassische Physik vertrat die Auffassung, daß jedes Teilchen in einem Gas nahe dem absoluten Nullpunkt aufhört, sich zu bewegen, und daß kein Druck mehr ausgeübt wird. Doch nach der Theorie Heisenbergs kann eine Ansammlung atomarer Partikel niemals vollständig in Ruhe versetzt werden, nicht einmal dann, wenn man sie auf den absoluten Nullpunkt abkühlt. Die verbleibende Bewegung leitet sich von einem »Entartungsdruck« ab, und es gibt kein Mittel, diesen zu beseitigen.
Die spezielle Form der Unschärferelation, die für den entarteten Gasdruck von Elektronen in einem dichten Stern gilt, ist als »Pauli-Prinzip« bekannt. In der Hauptsache zeigte Wolfgang Pauli daß eine Ansammlung von Elektronen, sobald sie sehr stark verdichtet ist, einem von außen auf sie einwirkenden Druck mit erheblich größerem Widerstand entgegentritt, als man dies angesichts der gegenseitigen Abstoßung gleicher elektrischer Ladungen eigentlich erwarten würde. Für die Sternenentwicklung spielt das Pauli-Prinzip so lange keine wesentliche Rolle, bis die Dichte der Sternmaterie die millionenfache Dichte von Wasser erreicht. Es hat Gültigkeit nur für Teilchen wie Elektronen, Protonen und Neutronen; bei Photonen, Alphateilchen (Helium 4) und auch bei Atomkernen, die aus einer geraden Zahl von Protonen und Neutronen gebildet werden, tritt das Pauli-Prinzip dagegen nicht in Kraft. Durch das von Pauli entdeckte Ausschließlichkeitsprinzip erteilt die Natur den Elektronen den Auftrag, die Abstützung eines Sterns zu übernehmen, wenn die Kernfusion nicht länger Wärme freizusetzen vermag. Obwohl die Elektronen nicht in der Lage sind, miteinander oder mit irgendwelchen anderen Partikeln zu verschmelzen, um kinetische Energie freizusetzen, wird auf diese Weise sichergestellt, daß genügend entarteter Elektronendruck vorhanden ist, um einen Weißen Zwerg vor dem Schwerkraftkollaps zu bewahren.
Die Weißen Zwerge unterscheiden sich von den im Stadium des Wasserstoff-Brennens befindlichen Sternen der Hauptreihe grundsätzlich dadurch, daß sie nicht mehr länger interne kineti-

sche Energie erzeugen. Sie leben von den Energiereserven, die aus den nuklearen Fusionsprozessen der vorangegangenen Jahrmilliarden stammen. Sobald die verbliebene kinetische Energie aus dem Kern zur Oberfläche diffundiert und keine Energiequelle mehr existiert, die den Verlust ausgleicht, nimmt die Temperatur infolge der enormen Wärmekapazität des hochverdichteten Körpers und der kleinen Oberfläche, durch die die Wärme entweichen muß, stetig, aber äußerst langsam ab. Auch wenn die Oberflächentemperatur der Weißen Zwerge sehr hoch liegt, strahlen sie doch nur mit einer Leuchtkraft, die lediglich einem Tausendstel der Sonnenleuchtkraft entspricht; der Grund hierfür ist, daß sie normalerweise nicht größer sind als Planeten. Die meisten Weißen Zwerge führen ein friedvolles, ereignisloses, sich über mehrere zehn Milliarden Jahre hinziehendes Leben.

Zuletzt wird das Licht eines Weißen Zwergs verdämmern - ein entarteter Aschebrocken, ein Schwarzer Zwerg, bleibt übrig. Nach den Worten T. S. Eliots stirbt ein Zwerg »nicht mit einem Knall, sondern mit einem Winseln«. Das beschauliche Dasein eines Weißen Zwergs kann jedoch je nach seinem Standort, beispielsweise, wenn er zu einem engen Doppelsternsystem gehört, durch eine jähe Katastrophe und einen Sterntod anläßlich einer Supernovaexplosion beendet werden.

Chandra

Theoretische Berechnungen, die der aus Indien stammende amerikanische Astrophysiker Subrahmanyan Chandrasekhar im Jahr 1931 anstellte, zeigten, daß sich Sterne, die weniger als 1,4 Sonnenmassen wiegen, zu Weißen Zwergen entwickeln müssen und daß massereichere Sterne niemals zu Weißen Zwergen werden können. Eine Abweichung von dieser Gesetzmäßigkeit ist bis heute nicht entdeckt worden; der nach dem aktuellen Stand massereichste Weiße Zwerg übertrifft kaum eine Sonnenmasse.

Als Chandrasekhar 1930 an einer indischen Universität promovierte, gab es bezüglich der Struktur von Sternen bereits einen substantiellen theoretischen Unterbau. Sir Arthur Eddington galt als die herausragende Autorität auf diesem Gebiet, und sein Buch *The Internal Constitution of Stars* (1926) wurde als maßgebende Abhandlung zu diesem Thema betrachtet.

Chandrasekhar erhielt ein Stipendium an der Universität Cambridge und machte sich mit dem Schiff auf den Weg nach England. Um sich während der langen Überfahrt die Zeit zu vertreiben, stellte er sich die Aufgabe, ein Modell der Struktur eines Weißen Zwergs zu entwerfen. Er berücksichtigte dabei die Quantenmechanik und ganz besonders das Phänomen des Drucks entarteter Materie.

Als sich seine Reise ihrem Ziel näherte, hatte er eine Lösung des Problems gefunden, allerdings eine höchst eigenartige. In bezug auf massearme Sterne war die Antwort ganz einfach: Die Schwerkraft ließ sich durch den Druck der entarteten Materie bis zu einem kritischen Grenzwert von 1,4 Sonnenmassen ausgleichen. Für größere Massen jedoch gab es keine Lösung; offensichtlich mußte ein solcher Stern in einer gewaltigen Katastrophe implodieren. An dem von Chandrasekhar ermittelten Massengrenzwert nähern sich die einzelnen Teilchen im Stern der Lichtgeschwindigkeit an, und die Allgemeine Relativitätstheorie gewinnt an Bedeutung; diesen Umstand bezeichnet man als »relativistische Entartung«. Alle neuen physikalischen Erkenntnisse des 20. Jahrhunderts – die Gleichungen Eddingtons zum Sternaufbau, die Relativitätstheorie Einstes und die Unschärferelation der Quantenmechanik – spielten bei der Erklärung des Phänomens der Weißen Zwerge eine Rolle.

Viele Jahre lang verfeinerte Chandrasekhar seine Theorie und kam letztlich zu dem Schluß, daß Weiße Zwerge mit einer im Vergleich zur Sonne großen Masse nicht existieren können. Einige prominente Mitglieder des wissenschaftlichen Establishments, insbesondere Eddington, stimmten damit jedoch nicht überein. Eddington äußerte sich zu diesem Thema sehr dezidiert: Ein Weißer Zwerg mit 1,4facher Sonnenmasse »muß offenbar immer weiter strahlen und dabei immer weiter schrumpfen, bis er, so vermute ich, einen Radius von einigen Kilometern erreicht und die Schwerkraft so sehr zugenommen hat, daß sie die Strahlung zurückhalten kann – der Stern kann nun seinen Frieden finden. ... Ich fühlte mich zu der Folgerung veranlaßt, daß dies beinahe eine *reductio ad absurdum* der relativistischen Entartungsformel sein könnte. Verschiedendste Ereignisse, die den Stern retten, könnten eintreten, doch das genügt mir nicht. Ich denke, es muß ein Naturgesetz geben, das den Stern vor einem solch absurden Verhalten bewahrt.« (»Relativistic Degeneracy«, *Observatory* 58, 1935, S. 37)

Abbildung 52. Subrahmanyan Chandrasekhar (1910). Nach der Entdekkung des Weißen Zwergs Sirius B im Jahre 1915 neigten viele Astronomen zu der Auffassung, daß die Weißen Zwerge das unausweichliche Ende der Evolution sämtlicher Sterne darstellen. Subrahmanyan Chandrasekhar, ein Doktorand an der Universität Cambridge, der in den frühen dreißiger Jahren aus Indien gekommen war, entwickelte eine Theorie, die dieser Ansicht widersprach. Er wandte die Spezielle Relativitätstheorie Einsteins auf das entartete Gas im Inneren eines Weißen Zwergs an und fand dabei für die Masse eines stabilen Weißen Zwergs eine Obergrenze von 1,4 Sonnenmassen. Ein darüber hinausgehender Massewert würde einen katastrophalen Kollaps erzwingen, der zu einem Stadium unvorstellbar hoher Dichte führt. Diese Vorhersage erschien Eddington, dem führenden Astrophysiker seiner Zeit, äußerst widersinnig, und er machte Chandrasekhar wegen dessen »absurder Theorie« lächerlich. Aber Chandrasekhar bekam schließlich doch recht. Noch nie wurde ein Weißer Zwerg entdeckt, dessen Masse oberhalb von 1,4 Sonnenmassen liegt; massereichere Sterne brechen so lange in sich zusammen, bis sie das Stadium eines Neutronensterns oder eines Schwarzen Lochs erreicht haben.
Die Beiträge Chandrasekhars zur Astrophysik umfassen einen Bereich, der weit über das Thema Neutronensterne hinausgeht; vor allem sei hier der auf Strahlung beruhende Energietransfer in Sternatmosphären und die Theorie der Schwarzen Löcher angeführt. 1984 teilte sich Chandrasekhar mit William A. Fowler den Physiknobelpreis.

Heutzutage erscheint es uns durchaus nicht mehr absurd, daß Sterne mit mehr als einer Sonnenmasse vollständig zusammenbrechen und sich zu einem Neutronenstern oder zu einem Schwarzen Loch entwickeln. Zur Zeit des Treffens der Royal Society im Jahre 1935 jedoch, bei dem diese Bemerkungen fielen, ließ das ungeheure Ansehen Eddingtons eine solche Sicht der Dinge nicht zu. Und auch in den Jahren danach kam es zu keiner ernsthaften Diskussion mit Eddington über Chandrasekhars Thesen.
Nach dem Streit mit Eddington war für Chandra, wie ihn seine Freunde nannten, in Cambridge kein Bleiben mehr. Sein Magen

war dieser Form der öffentlichen Auseinandersetzung nicht gewachsen. Er beschloß, seine Ergebnisse in einem Buch zusammenzufassen; danach wandte er sich anderen Forschungsgebieten zu. Die Geschichte gab ihm recht und machte den Irrtum Eddingtons offenkundig.
Wie Chandra später einmal bemerkte, »ist die Theorie des Schwarzen Lochs ganz naheliegend, wenn man sich der Tatsache bewußt ist, daß ein Weißer Zwerg nicht größer sein kann als eine bestimmte Masse. Ein Schwarzes Loch verkörpert in perfekter Weise die natürlichen Konsequenzen der Prinzipien der Relativität.«
Eddingtons Starrköpfigkeit läßt sich eher begreifen, wenn man weiß, daß ein so brillanter Physiker wie der sowjetische Nobelpreisträger Lew Landau eine ähnliche Meinung hegte. Zwei Jahre nachdem Chandra die Massegrenze für Weiße Zwerge gefunden hatte, machte Landau, ohne die Arbeit Chandras zu kennen, dieselbe Entdeckung. Als er von seinem Vorgänger erfuhr, verwarf Landau instinktiv sein eigenes theoretisches Ergebnis und befand, daß für dieses Problem eine grundlegend neue Physik vonnöten sei. Er folgerte, daß »die gesamte Quantentheorie kein Mittel kennt, das den Zusammenbruch des Systems bis zu einem bloßen Punkt verhindern könnte. Da solche Massen in Wirklichkeit unbehelligt als Sterne existieren und nicht einmal ansatzweise diese lächerlichen Neigungen zeigen, müssen wir zu dem Schluß kommen, daß alle Sterne, die schwerer [als die Grenzmasse] sind, mit Sicherheit Gebiete umschließen, innerhalb derer die Gesetze der Quantenmechanik verletzt werden.« (»Über die Theorie der Sterne«, *Physikalische Zeitschrift der Sowjetunion* 1, 1932, S. 285-288)

Der plötzliche Tod eines Weißen Zwergs

Das sich normalerweise während Jahrmilliarden verströmende Leben eines Weißen Zwergs kann von einer katastrophalen Explosion beendet werden, wenn er in einem Doppelsternsystem an einen Hauptreihenstern gebunden ist. Strömt von seinem großen Begleiter Material auf den Weißen Zwerg, wird sich seine Masse der Chandrasekhar-Grenze von 1,4 Sonnenmassen immer mehr annähern. Wenn er bis auf wenige Prozent an die kritische Masse herangekommen ist, übersteigt die Temperatur vier Milliarden

Grad: Hier nimmt der Stern seine Entwicklung mit Hilfe der Freisetzung nuklearer Energie wieder auf, wobei er Kohlenstoff zu Silizium und schwereren Atomkernen fusioniert. Die sich dabei ergebenden nuklearen Reaktionsgeschwindigkeiten sind in hohem Maße temperaturabhängig. In einem theoretischen Modell steigt die Zentraltemperatur an, sobald das Kohlenstoff-Brennen eingeleitet wird, und damit nimmt die Reaktionsgeschwindigkeit zu - die Kohlenstoff-Fusion gerät in einer Kettenreaktion außer Kontrolle. Der Stern kann nicht expandieren, um diesen ungehemmt fortschreitenden Prozeß abzubremsen, denn sein Zentrum wird durch den Druck der entarteten Materie abgestützt; dieser Druck ist einzig von der Zentrumsdichte abhängig. Schon bald wird der Kern so heiß, daß die Entartung seiner Materie verschwindet. Nun expandiert der Stern in dem verzweifelten Versuch, sich wieder zu stabilisieren, während die Kohlenstoff-Fusion wie eine Feuersbrunst in seinem gesamten Zentralbereich auflodert. In diesem Stadium einer explosiven Kohlenstoffdetonation dürfte der Brennvorgang statt einiger Jahrmillionen nur Sekundenbruchteile andauern; eine Sonnenmasse Materie wird eingeäschert, und zwar nicht zu Eisen, sondern zu einem radioaktiven Isotop mit demselben Atomgewicht, zu Nickel 56. Mit 10 % der Lichtgeschwindigkeit werden die äußeren Sternschichten in einer spektakulären Supernova des Typs I, die ihre maximale Helligkeit binnen etwa zweier Wochen erreicht, hinweggeschleudert.

Weil die Weißen Zwerge über eine solch hohe Dichte verfügen, ist ihre Undurchlässigkeit für Licht besonders groß. Um dem Licht ein Entweichen zu gestatten, müßte eine Expansion das absorbierende Gas um das Hunderttausendfache verdünnen. Eine derart enorme Ausdehnung würde das Gas jedoch auf eine so niedrige Temperatur abkühlen, daß es überhaupt keine Strahlung mehr aussenden könnte. Aber warum ist dann eine Supernova so gleißend hell? Dafür sind einige interne Energiequellen erforderlich, die das expandierende Gas zu einer hohen Lumineszenz aufheizen.

Der Schlüssel zur Lösung dieses Rätsels ist die Rolle des radioaktiven Nickels 56. Es zerfällt mit einer Halbwertszeit von 6,1 Tagen zu radioaktivem Kobalt. Das Kobalt wiederum zerfällt zu Eisen und folgt dabei einer Halbwertszeit von 77 Tagen. Dieser Prozeß setzt eine Flutwelle von Gammastrahlen und Positronen frei. Letztere zerstrahlen, sobald sie mit Elektronen zusammenstoßen, und produzieren damit noch weitere Gammastrahlung. Die Umwandlung der unvorstellbaren Mengen an Gammastrahlungsenergie in Wärme, die innerhalb der Wolke stattfindet, ist dafür verantwortlich, daß die Hitze und die Helligkeit der Supernova aufrechterhalten bleiben. Nach Ablauf mehrerer Wochen ist der größte Teil des Nickels zu Kobalt zerfallen, und die explodierten Überreste haben sich bis zur Größe unseres Sonnensystems aufgebläht. Kobalt zerfällt langsamer, und die Supernova-Lichtkurve flacht sich ab. Auch wenn über die genauen Einzelheiten dieses Szenarios noch keine restlose Klarheit herrscht, steht es doch immerhin selbst mit den primitiven Lichtkurven, die Tycho Brahe und Johannes Kepler für die Supernovae der Jahre 1572 und 1604 angefertigt haben, in Einklang.

Wenn ein massereicher Stern in sich zusammenstürzt

Während eine Supernova des Typs I die besondere Umgebung eines Begleitsterns benötigt, der Masse auf einen Weißen Zwerg überströmen läßt, sind Sterne mit mehr als acht Sonnenmassen von Anfang an dem Untergang geweiht - sie werden schon nach relativ kurzer Zeit in Form einer Supernova des Typs II zu Tode kommen.

Die gewaltige Bürde ihrer Masse verursacht einen derart hohen Druck, daß der nukleare Schmelzofen mit wilder Glut brennen muß, um einen Kollaps zu verhindern. Während einer feurigen Jugend, die nicht länger als etwa 10 Millionen Jahre dauern dürfte, erschöpft der Stern seine nuklearen Energiereserven. Sobald sein Wasserstoffvorrat aufgezehrt ist, wird das Sternzentrum immer heißer und gleichzeitig immer kompakter.

Wenn die Temperaturen etwa 100 Millionen Grad Kelvin erreicht haben, kann sich die Helium-Asche, die sich bei der Wasserstoff-Fusion angereichert hat, zu Kohlenstoff umformen, doch die Kernverschmelzung ist mit einem aus Kohlenstoff zusammengesetzten Sternzentrum noch nicht beendet. Statt dessen erzwingt das unerträglich hohe Gewicht mit unerbittlicher Gewalt eine weitere Schrumpfung, die den Kohlenstoff auf über 600 Millionen Grad Kelvin aufheizt. Nun wird der Kohlenstoff zu Sauerstoff, zu Neon und zu Magnesium verschmolzen. Wenn der Kohlenstoff

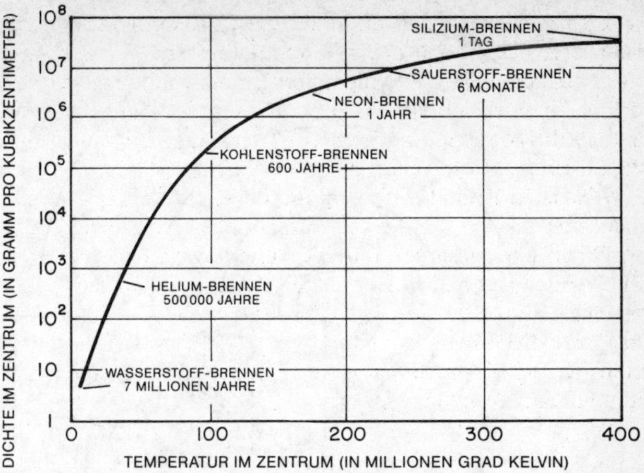

Abbildung 53. Die theoretische Entwicklung eines Sterns mit 25 Sonnenmassen in den aufeinanderfolgenden Phasen nuklearer Fusion. In sieben Millionen Jahren verbrennt Wasserstoff zu Helium. Wenn der Vorrat an Wasserstoff erschöpft ist, heizt eine Kontraktion des Sternzentrums die Helium-»Asche« so lange auf, bis die Temperatur die Schwelle zur Kohlenstoff-Fusion überschreitet. Jede einzelne Fusionsphase wird von einem Kollaps abgeschlossen, der bis zur Zündung einer Fusion auf der nächsthöheren Temperaturstufe dauert. Nachdem Silizium zu Eisen fusioniert ist, kann keine weitere Fusionsenergie mehr erzeugt werden, und ein schwerkraftbedingter Zusammenbruch leitet die Supernovaexplosion ein. (Aus: Hans A. Bethe und Gerald Brown, “How a Supernova explodes«. Copyright © 1985 *Scientific American*, Inc.; alle Rechte vorbehalten)

aufgebraucht ist, schrumpft das Zentrum des Sterns weiter zusammen; die Temperaturen schnellen nach oben, die Kernfusionen werden bis zu Silizium und Schwefel weitergeführt. Jede dieser aufeinanderfolgenden Stufen wird bei einer höheren Temperatur erreicht, die dazugehörigen Fusionsprozesse laufen immer schneller ab. Die letzten Phasen des Zusammenbruchs können zwischen 10000 Jahren und einem so kurzen Zeitraum wie 100 Jahre dauern. Die fortschreitende nukleare Kernverschmelzung auf der atomaren Stufenleiter kommt schließlich zum Stillstand, wenn sich das Zentrum in Elemente der Eisengruppe umgewandelt hat. Hierunter befinden sich Eisen, Kobalt und Nickel, die allesamt 56 Protonen und Neutronen enthalten. Der Tod des Sterns steht nun unmittelbar bevor.

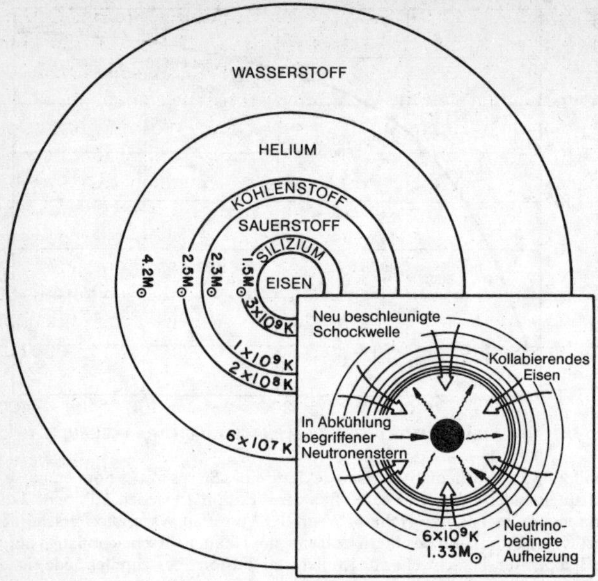

Abbildung 54. Die theoretische Struktur eines unmittelbar vor dem Kollaps stehenden Sterns mit 14 Sonnenmassen. Der Eisenkern ist in konzentrische Schalen aus Silizium und Schwefel, Sauerstoff und Neon sowie Kohlenstoff eingebettet; sie bilden einen festen Mantel, der von einer aufgeblähten Wasserstoffhülle umfangen wird. Die Temperaturen und die Masse fallen wie angegeben ab, und zwar relativ langsam im Mantel und sehr schnell in der Hülle. Die beigefügte Graphik zeigt eine Vergrößerung des im Zusammenbruch begriffenen Eisenkerns, der in einem Neutronenstern endet. Sobald die nach außen gerichtete Schockwelle zu stagnieren beginnt, wird sie von Neutrinos erneut beschleunigt, bis der Explosionspunkt erreicht ist. Sollte diese weiterführende Beschleunigung unterbleiben, dürften die äußeren Bereiche des Sterns auf den neugebildeten Neutronenstern herabfallen und ihn in einen totalen Zusammenbruch zu einem Schwarzen Loch zwingen. (Nach J. Craig Wheeler und Ken'Ichi Nomoto)

Das aus Silizium fusionierte Eisen (Silizium 28 + Silizium 28 ergibt Eisen 56) bildet die letzte Asche aller nuklearen Brennprozesse. Sein Atomkern ist so fest geschnürt, daß er nicht mehr imstande ist, durch Zerfalls- oder Verschmelzungsprozesse Energie zu erzeugen. Sollte Eisen 56 beispielsweise mit einem Heliumkern zu einem Nickel-60-Atom kombiniert werden, so würde das

Produkt mehr Masse aufweisen als die Atomkerne, aus denen es geformt wurde. Die überschüssige Masse müßte aus der kinetischen Energie der Kollision stammen, und somit kühlt sich die Zone, in denen sich die Wechselwirkungen ereignen, ab.
Deshalb ist in einem aus Eisen bestehenden Sternzentrum eine Kernverschmelzung zu noch schwereren Atomkernen nicht länger möglich, wenngleich sich leichtere Elemente in den umgebenden Schichten auch weiterhin zu Eisen umformen, das sich ebenfalls im Zentrum ablagert. Der Durchmesser des Sternzentrums mißt nun etwa 1000 Kilometer, die Dichte beträgt ungefähr eine Milliarde Gramm pro Kubikzentimeter, und die Temperatur liegt bei mehreren Milliarden Grad Kelvin. Außerhalb des hochkomprimierten Zentrums bläht sich die stellare Hülle zur Größe eines Roten Überriesen auf.
Ist das Spiel der nuklearen Energie beendet, so wird der Zentralbereich sofort instabil; er gerät in Auflösung und bricht in weniger als einer Sekunde in sich zusammen. Sollte das Zentrum weniger als drei Sonnenmassen wiegen, werden seine Elektronen und Protonen zu Neutronen zusammengequetscht; die ganze Mischung wird zu einem einzigen, supermassiven Atomkern, zu einem Neutronenstern, der etwa 20 km Durchmesser und eine Dichte von einer Million Milliarden Gramm pro Kubikzentimeter aufweist. Nun ist eher der Druck der entarteten Neutronenmaterie als der Elektronendruck für das Abwenden eines totalen Zusammenbruchs verantwortlich. Sollte jedoch die Masse den Betrag dreier Sonnenmassen übersteigen, dann gibt es nichts mehr, was den Stern davor bewahrt, zu einem Schwarzen Loch zusammengepreßt zu werden (mehr darüber in Kapitel 5).
Ohne die Möglichkeit einer Abstützung müssen die äußeren Sternbereiche dem kollabierenden Zentrum nachfolgen. Materie stürzt auf die feste, harte Oberfläche des Neutronensterns ab; sie erhitzt sich dabei sehr stark, dehnt sich mit großer Heftigkeit wieder aus und baut eine nach außen gerichtete Schockwelle auf, die alles vor sich hertreibt. Der unvermittelte Stillstand des Zusammenbruchs und der sich daran anschließende, nach außen prallende Schock wird *core bounce* (»zentraler Rückprall«) genannt.
Nach dem Durchgang der Schockfront bleibt eine Masse hocherhitzten Gases zurück, das mit aller Macht nach außen drängt. Die Temperatur schießt auf Werte hoch, die ausreichen, um die nu-

kleare Verbrennung von Wasserstoff und anderen leichten Elementen in der äußeren Hülle anzufachen. Innerhalb einer Sekunde zündet bei einer Milliarde Grad der oberflächennahe Sauerstoff mit einer kolossalen Explosion; für ein paar Sekunden flammt die Supernova mit der Helligkeit von 100 Milliarden Sonnen auf. Binnen zweier oder dreier Wochen nimmt daraufhin ihre Lichtstrahlung auf etwa 200 Millionen Sonnenlichtstärken ab.

Dieses *core bounce*-Szenario sieht recht verführerisch aus, muß aber keineswegs voll und ganz zutreffen. Niemand vermag zu behaupten, bis ins Detail zu verstehen, wie sich der schnelle Kollaps in eine rapide Expansion umkehren kann. So bleibt zum Beispiel die Rolle der Neutrinos in diesem Modell unberücksichtigt. Zwar treten die Neutrinos unter normalen Umständen mit der Materie in eine nur sehr geringe Wechselwirkung, doch sind die Bedingungen im Zentrum eines zusammenbrechenden Sterns mehr als ungewöhnlich.

George Gamow und sein Schüler Mario Schoenberg versuchten 1941 zu erklären, wie die Emission von Neutrinos für einen plötzlichen Druckabfall, der den Zusammenbruch des stellaren Zentrums beschleunigen würde, verantwortlich gemacht werden könnte. Wenn ein Proton ein Elektron einfängt und damit zu einem Neutron wird, wird nebenher ein Neutrino erzeugt. Die inverse Reaktion könnte ebenfalls eintreten, und es würde wiederum ein Neutrino freigesetzt. Gamow nannte die Reaktion, die die Neutrinos erzeugt, nach dem »Casino da Urca« in Rio de Janeiro, wo er sich mit seinem Schüler traf, um zu theoretisieren, den »Urca-Prozeß«. Der Name sollte auf die Ähnlichkeit verweisen zwischen dem »schnellen Verschwinden von Energie im Inneren eines alten Sterns und dem ebenso rapiden Verschwinden von Geld aus den Taschen der Spieler, die sich um die Roulette-Tische des Casinos scharten«. Als er seine Ergebnisse der *Physical Review* (1941) zur Veröffentlichung vorlegte, sprach er freilich von einem Akronym: URCA stand für »unrecordable cooling agent« (»nicht nachweisbares Kühlmittel«).

Jede Neigung auf seiten der entarteten Elektronen, dem Zusammenbruch Widerstand zu leisten, würde durch den URCA-Prozeß, der Elektronen verbraucht, konterkariert; dadurch würde sich die Geschwindigkeit des Kollapses steigern. Man vermutete, daß dem Zentrum eine Flut von Neutrinos entströmt, die mit der

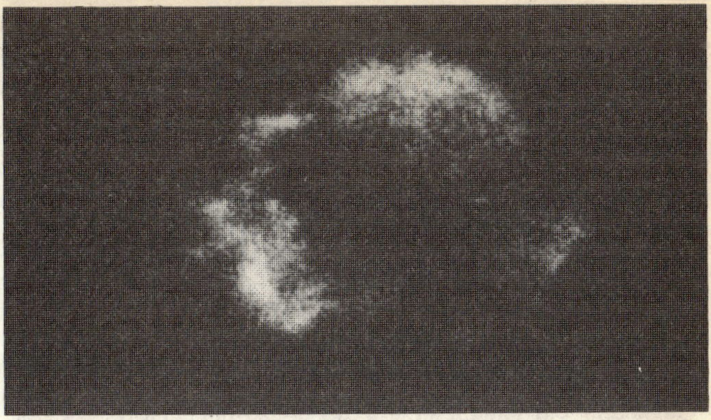

Abbildung 55a. Ein vom Einstein-Observatorium aufgenommenes Röntgenbild des Supernovarests Cassiopeia A. (Mit Genehmigung von Steve Murray)
Abbildung 55b. Ein mit dem VLA aufgezeichnetes Radiobild des Supernovarests Cassiopeia A bei einer Wellenlänge von 6 cm. Diese Supernova hat vor 300 Jahren stattgefunden und war unbemerkt geblieben. Die expandierende Gashülle hat inzwischen einen Durchmesser von etwa 11 Lichtjahren. Im Zentrum des Nebels läßt sich kein kompaktes Objekt ausfindig machen. Abgesehen von der Sonne ist Cassiopeia A die hellste Radioquelle des Himmels. (Mit Genehmigung des NRAO/AUI; P. E. Angerhofer, R. Braun, S. F. Gull, R. A. Perley, R. J. Tuffs)

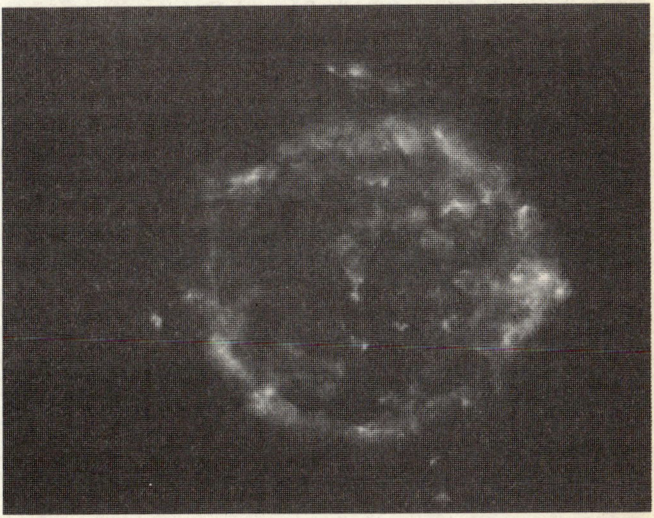

einstürzenden Sternhülle in Wechselwirkung tritt; vielleicht ließe sich hierdurch so viel Energie freisetzen, daß die äußeren Bereiche des Sterns abgesprengt werden könnten. Obwohl ein großer Aufwand an theoretischer Arbeit getrieben wurde, um die Rolle der Neutrinos in ein Modell zu fassen, ist es immer noch sehr unklar, wie eine Explosionswelle zustande kommen kann.

Kip Thorne vom California Institute of Technology (Caltech) meint, daß eventuell nur ein kleiner Bruchteil aller stellaren Zusammenbrüche zu einer Supernovaexplosion führt. Es sind andere Wege denkbar, die ein ruhigeres Sterben massereicher Sterne zur Folge haben, eine Art »stumme Explosion« etwa, die den Himmel nicht mit einem spektakulären Lichtblitz erhellt. So zeigt sich beispielsweise Cassiopeia A, die stärkste Radioquelle unserer Galaxis, als ein beinahe sphärischer Nebel, der einer vor etwa 300 Jahren explodierten Supernova zugeordnet werden kann; es gibt jedoch niemanden, der von einem solchen Lichtblitz Meldung erstattet hätte. Rätselhaft ist ebenfalls, daß etliche Supernova-Überreste keinen zentralen Neutronenstern-Pulsar erkennen lassen. Möglicherweise hat sich das zentrale Objekt zwar gebildet, doch könnte es durch die Wucht der Explosion aus dem verbleibenden Nebel herausgeschleudert worden sein.

In einer jungen Galaxis, in der der größte Massenanteil aus interstellarem Gas besteht, muß die Rate der Sternentstehung rasch ansteigen, womöglich liegt sie hundertmal höher als in unserer Milchstraße. Diese jungen Sterne entwickeln sich sehr schnell zu Blauen Riesen, und in wenigen Jahrmillionen erreichen sie das Supernovastadium. Unter solchen Bedingungen könnte es hundertmal so viele Explosionen geben wie in der Milchstraße. Die Schockwellen würden überall in der Galaxis widerhallen, miteinander kollidieren und das interstellare Gas auf die phantastische Temperatur von einer Milliarde Grad aufheizen. Dieses äußerst hocherhitzte Gas müßte Röntgenstrahlen aussenden, wenn es die Galaxis in Form eines Windes mit Tausenden von Kilometern pro Sekunde verläßt. Zukünftige Röntgenteleskope könnten vom Weltraum aus nach diesen jungen Galaxien Ausschau halten.

Mit der Explosion einer Supernova schließt sich der Kreis der stellaren Entwicklung. Wenn die Schockwelle hervortritt, kann sie die schwerkraftbedingte Kondensation einer benachbarten Gas- und Staubwolke, die für die Bildung eines neuen Sterns reif ist, beschleunigen. Robert N. Clayton von der Universität Chicago und Gerald Wasserburg von Caltech vertreten die Ansicht, daß die Entstehung unserer Sonne und ihres Planetengefolges durch die Druckwelle einer benachbarten Supernova ausgelöst worden sein könnte. Ihre Beweisführung stützt sich auf die Überprüfung mikroskopisch kleiner Einschlüsse in einer Klasse von Meteoriten namens »Kohlenstoffhaltige Chondriten«, von denen man annimmt, sie hätten sich während der Geburt unseres Sonnensystems gebildet.

Clayton und Wasserburg argumentieren, daß die Einschlüsse dieser Meteoriten im Vergleich zu irdischem Felsgestein, zum Mondboden und zu anderen Meteoritenarten einen ungewöhnlich großen Anteil an Sauerstoff 16 aufweisen, während die schwereren Isotope Sauerstoff 17 und 18 weniger in Erscheinung treten. Darüber hinaus findet sich ein Überschuß an stabilem Magnesium 26, das sich aus dem radioaktiven Zerfall von Aluminium 26 mit einer Halbwertszeit von lediglich 750000 Jahren bildet. Es scheint so, als ob diese und andere anormale Isotopenverhältnisse eine Erklärung finden, wenn sie auf einen Supernovaprozeß zurückzuführen sind und dem interstellaren Medium durch eine Schockwelle injiziert wurden, die den Zusammenbruch der Urwolke und damit die Entstehung des Sonnensystems veranlaßte.

Nach vier Jahrhunderten der Erwartung – die Supernova 1987A

Für alle unsere Theorien und Spekulationen bezüglich der Supernovae schlug in den Morgenstunden des 24. Februar 1987 »die Stunde der Wahrheit«. Zu diesem Zeitpunkt machte der siebenundzwanzigjährige Kanadier Ian Shelton, Assistent an der von der Universität Toronto betriebenen Las-Campanas-Sternwarte in Chile, die Entdeckung seines Lebens. 383 Jahre nach der Supernova, die Kepler gesichtet hatte, trat ein Stern ins Blickfeld, dessen Helligkeit alles übertraf, was man bislang in der Großen Magellanschen Wolke beobachtet hatte. Obwohl er sich nicht mehr in der Milchstraße befand, stand er doch nur 163000 Lichtjahre entfernt. Sheltons Auftrag, mit dem kleinsten Fernrohr des Observatoriums, einem 25-cm-Spiegel, die Große Magellansche Wolke photographisch zu kartieren, war eine mehr oder weniger routinemäßige Plackerei. Seine nächtliche Arbeit begann unter einem

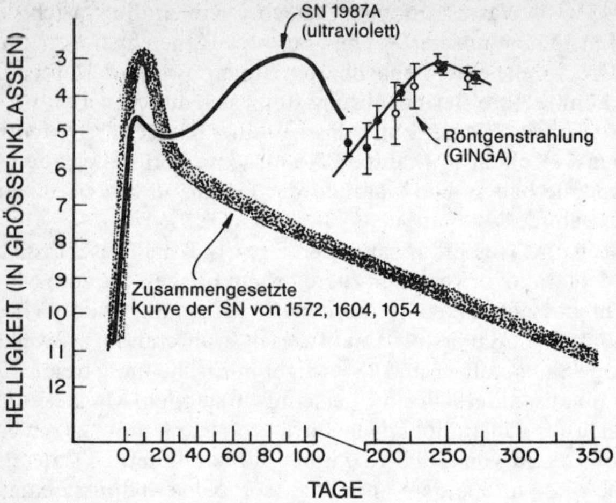

Abbildung 56. Die Supernova 1987A, die in der Großen Magellanschen Wolke am 23. Februar 1987 explodierte. Ihre ultravioletten und Röntgen-Lichtkurven sind zusammen mit einer kombinierten Kurve der klassischen Supernovae der Jahre 1054, 1572 und 1604 aufgetragen. Weil sie ihren Ausgang nicht von einem roten, sondern von einem untypischen blauen Riesenstern genommen hat, sieht ihre Lichtkurve ungewöhnlich aus. Zuerst lag sie in einem Bereich zu geringer Leuchtkraft, doch um den 20. Mai herum stieg sie zu ihrer maximalen Helligkeit an und entsprach damit dem »Standardtyp« 2.

schlechten Vorzeichen. Das Dach seines Fernrohrschutzbaus klemmte, und er mußte es mit der Hand aufstoßen. Der Wind nahm an Heftigkeit zu und schob das Dach gegen das Teleskop, so daß dieses umfiel. Schließlich bekam Shelton aber alles in den Griff und belichtete seine Aufnahmen.

Nachdem er die Platte entwickelt hatte, wurde er sogleich von der Gegenwart eines »stellaren Eindringlings« mit beachtlicher Helligkeit alarmiert. Shelton holte die Platte der vorangegangenen Nacht hervor; an der fraglichen Position war lediglich das Abbild eines schwachen Sterns zu erkennen. Auch eine Platte, die er vor zwei Nächten aufgenommen hatte, zeigte nichts anderes. Shelton schätzte, daß der schwache Stern auf den ersten beiden Platten während eines Tages tausendmal heller geworden war. Er gehörte der fünften Größenklasse an und sollte mit freiem Auge auszumachen sein. Um sich Gewißheit zu verschaffen, ging Shelton hinaus,

und da stand er, der Stern, unverwechselbar deutlich, an einem Ort, an dem ohne ein Fernrohr ehedem nichts zu sehen gewesen war. Shelton reagierte genauso wie Tycho Brahe vier Jahrhunderte früher. Er eilte zum benachbarten Carnegie-Observatorium, um anderen die Neuigkeit mitzuteilen; alle gingen hinaus, blickten nach oben und bestätigten seine Entdeckung. Als auch andere Beobachter die Supernova erblickten, breitete sich die Kunde von dem Ereignis wie ein Steppenbrand in der ganzen Welt aus. Die Sternwarten in der nördlichen Hemisphäre wie Palomar, Kitt Peak, La Palma, das VLA und die Radioteleskope von Jodrell Bank waren nicht in der Lage, die Supernova zu beobachten, denn diese befand sich für sie zu weit südlich. So kamen die Teleskope in Australien, Chile und Südafrika als einzige in den Genuß des Anblicks.
Die folgenden Monate erbrachten bemerkenswerte wissenschaftliche Ergebnisse. Zahlreiche theoretische Vorhersagen wurden bestätigt, und zusätzlich gab es eine Fülle an überraschenden Erkenntnissen. Wenn die Flut der aus den Beobachtungen gewonnenen Informationen verarbeitet sein wird, dürften die meisten Aspekte des Lebens und Sterbens der Sterne sowie der Geburt von Pulsaren und Schwarzen Löchern in einem ganz neuen Licht erscheinen.
Weil die kritischsten Phasen im beobachtbaren Leben einer Supernova sehr schnell vorübergehen, beeilten sich die Astronomen, das Ereignis mit allen greifbaren Instrumenten zu verfolgen. Das erste Signal, das noch vor dem Lichtausbruch die Erde erreichte, war ein Neutrinoblitz, der nichtsahnend von den Detektoren aufgezeichnet wurde, die in den vorangegangenen Jahren auf der Suche nach einem Beweis für den Protonenzerfall errichtet worden waren. Die Anzahl der bei dem Zusammenbruch des Zentrums der Supernova frei werdenden Neutrinos betrug ungefähr 10^{58} (eine Eins mit 58 Nullen); das entspricht einer Masse von etwa 10 % der Sonnenmasse, die in reine Neutrinostrahlung umgesetzt wurde. Der Energiehaushalt des Ereignisses bestand zu rund 99 % aus Neutrinos, zu 1% aus der kinetischen Energie der explodierten Überreste und lediglich zu 0,01 % aus sichtbarem Licht. Der gewaltige Ausbruch im sichtbaren Licht war also nur ein schwacher Abklatsch des tatsächlich stattfindenden Vorgangs. Berechnungen, die auf diesen Neutrinoströmen fußten, zeigten, daß die Temperaturen im kollabierten Zentralbereich 50 Milliarden Grad Kelvin erreicht hatten. An zwei Detektoren wurden insgesamt 19 Neutrinos nachgewie-

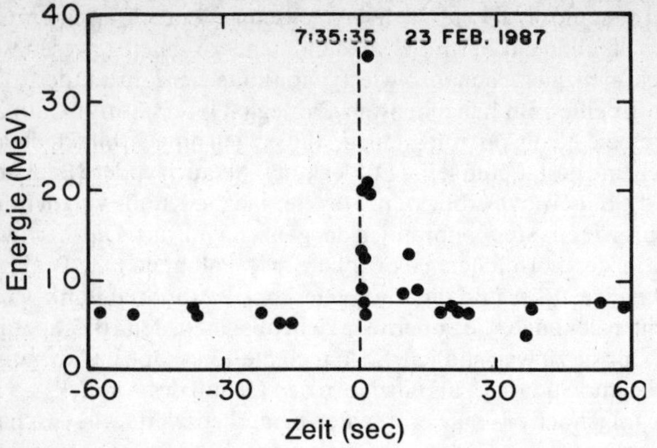

Abbildung 57. Am Kamiokande-II-Detektor wurden innerhalb eines 13 Sekunden langen Intervalls 11 Neutrino-Ereignisse beobachtet, als die Supernova 1987A explodierte. Die unterhalb der horizontalen Linie aufgetragenen Ereignisse sind Bestandteil des normalen Hintergrunds. Die in den Neutrinos enthaltene Gesamtenergie wurde auf 4 mal 10^{52} erg geschätzt; dies kommt der theoretischen Vorhersage für den Kollaps eines massereichen Sternzentrums sehr nahe.

sen: 11 vom Kamiokande-II-Detektor in Japan und 8 vom IMB-Detektor in den Vereinigten Staaten (einem Gemeinschaftsprojekt der Universität von Kalifornien in Irvine, der Universität von Michigan und dem National Laboratory in Brookhaven). Diese Detektoren sind ungeheuer voluminös, denn sie müssen in der Lage sein, wenigstens einige der Tausende von Billionen Neutrinos, die auf sie treffen, abzufangen. Der Detektor in Kamiokande besteht aus einem zylindrischen Wassertank mit einer Höhe von vier Stockwerken; er enthält 3000 Tonnen Wasser und liegt tief unter der Erde in einer Zinkmine. Der 7000-Kubikmeter-IMB-Detektor birgt 9000 Tonnen Wasser in einer Höhle, die tief im Innern eines Salzbergwerks in der Nähe von Cleveland, Ohio, gegraben wurde.
Die von Neutrinos in Wasser ausgelösten Wechselwirkungen setzen Partikel frei, die mit einer Geschwindigkeit dahinrasen, die über der Lichtgeschwindigkeit im Medium Wasser liegt. Wie bei der akustischen Schockwelle, die ein Flugzeug verursacht, das mit mehr als Schallgeschwindigkeit durch die Luft schießt, erzeugen diese Partikel ein bläuliches Licht, das man als Tscherenkow-

Strahlung kennt und das unter einem kleinen Winkel zu ihrem Flugweg erscheint (Vgl. Kapitel 3, S.113). Um diese Lichtblitze zu entdecken, hat man die Wandungen der Tanks mit im blauen Licht sensibilisierten Photoröhren bestückt.

Die 19 aufgespürten Neutrinos glichen geradezu einem Sturzbach, verglichen mit den zwei oder drei Neutrinos, die infolge des Protonenzerfalls pro Jahr erwartet werden. Darüber hinaus konnte man ihre Ankunftszeit präzise messen; dies gestattete weitreichende Folgerungen bezüglich ihrer Energieverteilung. In Kamiokande trafen die ersten acht Neutrinos im Abstand von jeweils zwei Sekunden ein, die letzten drei Neutrinos folgten mit einem Zeitabstand von zehn Sekunden. Die Neutrinos am IMB-Detektor kamen innerhalb von acht Sekunden an. Der IMB- und der Kamiokande-Detektor wurden beinahe gleichzeitig angeregt. Die Empfindlichkeit der beiden Detektoren war auf verschiedene Neutrinoenergien zentriert, und so liefern die Unterschiede in den Ankunftszeiten den Beweis dafür, daß Neutrinos eine Masse haben müssen. Masselose Neutrinos würden unabhängig von ihrer Energie mit Lichtgeschwindigkeit reisen, genauso, wie die Photonen des sichtbaren Lichts und Röntgenstrahlen sich immer mit der gleichen Geschwindigkeit ausbreiten. Wären sie zur selben Zeit entstanden, hätten sie gleichzeitig auf der Erde eintreffen müssen. Wenn sie jedoch eine Masse besitzen, müssen sie langsamer als die Lichtgeschwindigkeit fliegen, und die Neutrinos mit dem größeren Energieinhalt sind als erste zu erwarten.

John Bahcall vom Institute for Advanced Study in Princeton und Sheldon Glashow von der Universität Harvard berechneten schnell, daß die der Supernova entstammenden Neutrinos Massen von weniger als 11 Elektronenvolt, möglicherweise aber auch gar keine Masse besaßen. Doch läßt sich dieser Fall nicht so einfach entscheiden, da es drei Arten von Neutrinos gibt: Elektron-, Tau- und Myon-Neutrinos. Die beiden Detektoren waren nur für Elektron-Neutrinos sensibilisiert.

Wie wir in Kapitel 8 sehen werden, ist die Möglichkeit, daß Neutrinos eine Masse haben, für die Gesamtmasse des Universums von größter Bedeutung. Es scheint viel zuwenig Masse zu existieren, um die Expansion des sichtbaren Universums abzubremsen und eventuell sogar eine Umkehr und damit einen Kollaps einzuleiten. Die Anzahl der Neutrinos im Universum ist theoretisch dermaßen groß, daß sogar eine winzige Neutrinomasse das Schicksal des

Weltalls bestimmen könnte. Die aufgrund der Ankunftszeiten in Kamiokande und beim IMB vorgenommenen Schätzungen bezüglich einer Obergrenze der Neutrinomasse scheinen zumindest die Vermutung zu entkräften, daß die Elektron-Neutrinos bei der Masse des Universums eine führende Rolle spielen.
In den kommenden Jahren werden die Astronomen die Form der Intensitätskurven der verschiedenen Strahlungsarten von SN 1987A im Auge behalten. Ein Satellit der International Ultraviolet Explorer verfolgte im neunten Jahr seines erfolgreichen Einsatzes die Entwicklung des Supernovaspektrums. Als die Supernova explodierte, bestanden ihre äußeren Bereiche aus Schichten aus Wasserstoff und Helium, weiter innen, bis zum aus Eisen gebildeten Zentrum, waren die schwereren Atomkerne schalenweise angeordnet. Während die Gashüllen expandieren und dabei immer dünner werden, nimmt die Opazität (Lichtundurchlässigkeit) ab, und die verschiedensten Elemente offenbaren sich in ihren Spektren – wie bei einer Zwiebel, die Schale für Schale abgehäutet wird. Etwa drei Wochen nach der Explosion begannen Heliumspektren aufzutauchen, und im Lauf der Zeit werden die Bestandteile tieferer Schichten in Erscheinung treten.
Sollte der größte Teil der Wärmeenergie, die den ersten Lichtausbruch angeheizt hatte, dem radioaktiven Zerfall von Nickel 56 zu Kobalt 56 entstammen (Halbwertszeit = 6,1 Tage), wäre bereits im Juni alles vorbeigewesen. Was noch bleibt, ist die Energie, die beim Zerfallsprozeß von Kobalt 56 zu Eisen freigesetzt wird, und zwar mit einer Halbwertszeit von 78 Tagen. Nahezu ein Jahr lang hielt sich die Lichtkurve der Supernova zuverlässig an diese Abschwächungsrate.
Besonders interessiert sind die Wissenschaftler an der Überwachung der Röntgen- und Gammaemissionen. Ganz zu Anfang ist die Dichte der Explosionswolke so hoch, daß die Röntgenstrahlung nicht zu entweichen vermag. Meine amerikanischen Kollegen waren tief enttäuscht darüber, daß sich ihnen seit der Challenger-Katastrophe keine Möglichkeiten für Röntgenmessungen mehr geboten hatten. Doch zum Glück wurden kurz nach der Explosion von Forschern anderer Nationen zwei Sätze satellitengestützter Instrumente in die Erdumlaufbahn gebracht, wo sie auf die Supernova angesetzt werden konnten. Der japanische Satellit GINGA beobachtete 180 Tage nach der Eruption Röntgenstrahlen, und beinahe zeitgleich wurde mit Instrumenten, die von Wis-

senschaftlern des Max-Planck-Instituts in München und der Universität Birmingham in Zusammenarbeit mit sowjetischen Partnern in die sowjetische Raumstation MIR eingebaut worden waren, Röntgenstrahlung mit einem etwas größeren Energiegehalt entdeckt. Gammastrahleninstrumente nach neuestem technischen Stand sind an Bord von Ballons von Australien aus gestartet worden, um nach den erwarteten Emissionen der radioaktiven Isotope von Eisen, Nickel und Kobalt zu fahnden. Ganz besonders intensive Spektrallinien, die von Kobalt 56 bei 847 und 1238 Kiloelektronenvolt (KeV) ausgesandt werden, ließen sich mit dem Solar-Maximum-Mission-Satelliten der NASA orten. Vorläufige Schätzungen deuten darauf hin, daß die Supernova Kobalt 56 in einer Menge erzeugt hat, die der 70fachen Jupitermasse entspricht. Werden die Röntgenstrahlen bald einen schnell rotierenden Neutronenstern zutage fördern? Oder wird es Hinweise dafür geben, daß ein Schwarzes Loch entstanden ist?
Eine besondere Überraschung bot der Vorläuferstern, der die Explosion verursacht und den Namen Sanduleak 69° 202 getragen hatte: Es handelte sich bei ihm eher um einen Blauen als um einen Roten Überriesen. Er war vor etwa 20 Millionen Jahren geboren worden und wog an die 20 Sonnenmassen. Einige Astronomen vertreten die Auffassung, daß die äußeren Schichten des Sterns auf den Umfang eines Roten Überriesen, mehrere hundertmal größer als die Sonne, angeschwollen waren, als Sanduleak die Phase der Verbrennung von Helium zu Kohlenstoff erreicht hatte. Doch seiner Schwerkraft gelang es nicht, einen starken stellaren Wind zurückzuhalten, der nahezu ein Viertel seiner Gashülle mit sich davontrug. Dadurch schrumpfte er zur Größe eines Blauen Riesen mit fünfzigfachem Sonnendurchmesser. Er war auf sämtlichen Photoplatten, die seit dem Ende des 19. Jahrhunderts von dem Gebiet gemacht worden waren, vertreten, und man hatte ihn als Blauen Riesen des Spektraltyps B3 mit einer Oberflächentemperatur von 20000° K klassifiziert. Während der vergangenen 100 Jahre überstrahlte er unsere Sonne um das 100000fache und rückte dabei seinem Ende, das durch einen Kollaps mit einer daran anschließenden Explosion gekennzeichnet war, immer näher.
Als Shelton die Supernova zum erstenmal photographierte, betrug ihre Helligkeit fünf Größenklassen; dies sind nur ein paar Prozent der Helligkeitswerte einer normalen Typ-II-Supernova. Innerhalb einer Woche verblaßte sie rasch und näherte sich damit der

Temperatur der Sonnenoberfläche an. In den ersten Tagen des Monats März wurde die Supernova wieder heller. Im Mai hatte sie die dritte Größenklasse erreicht, und Gelegenheitsbeobachter konnten sie sogar im Mondlicht, wenn die Magellansche Wolke selbst nicht mehr erkennbar war, deutlich sehen. Ihre Helligkeit erreichte einen Spitzenwert von 250 Millionen Sonnen; daran anschließend nahm sie stetig ab.
Die Theoretiker sind mit Erklärungen für das Verhalten der Lichtkurve bereits zur Stelle; sie führen an, daß der Vorläuferstern als blauer Stern wesentlich kleiner war als ein Roter Riese. Nach dem ersten Ausbruch ultravioletter Strahlung lieferten die radioaktiven Isotope den Hauptanteil der Energie, die zur Aufrechterhaltung der Helligkeit erforderlich war. Wahrscheinlich wird sogar in diesem Augenblick durch einen schnell rotierenden Pulsar Energie in den Supernovanebel hineingepumpt. Im Lauf der Zeit werden die Astronomen eine vollständige Chronik dieser Supernova mit noch nie dagewesener Detailfülle in den Händen halten; sämtliche Theorien über die Elementsynthese, über den abschließenden Zusammenbruch und die Explosion sollten sich damit umfassend verbessern lassen.

Schwindende Lichter am explosiven Firmament

Die vorübergehenden Eruptionen, die man als Novae kennt, ereignen sich in Doppelsternsystemen; sie sind bei weitem nicht so spektakulär wie die Supernovae, finden jedoch wesentlich häufiger statt. Ihre Helligkeit ist einige Tage oder Wochen lang extrem groß, um dann auf normale Werte zurückzugehen. Die Astronomen des Orients führten viele Jahrhunderte lang über die Novaausbrüche sorgfältig Buch, westliche Astronomen hingegen nahmen dieses Phänomen offenbar nicht zur Kenntnis.
Heute kommt dem Studium der Novae in der astronomischen Prioritätenliste ein hoher Stellenwert zu. Dies ist ganz wesentlich der Entdeckung der Röntgennovae zu verdanken, und auch die Erkenntnis, daß zeitlich begrenzte Röntgenausbrüche mit Doppelsternsystemen und mit einem Masseaustausch zwischen einem Stern und seinem Begleiter über eine extrem heiße Akkretionsscheibe verknüpft sind, hat daran entscheidenden Anteil.
Die Astronomen teilen die optischen Novae in drei Gruppen ein:

klassische, rekurrente und Zwergnovae. Eine klassische Nova ist seit Beginn der Geschichtsschreibung nur ein einziges Mal beobachtet worden, und man vermutet, Novae dieser Gruppe würden sich in jahrtausendelangen Zyklen wiederholen. Rekurrente Novae weisen eher gemäßigte Ausbrüche auf, anläßlich derer die Helligkeit ungefähr alle 50 Jahre um das Hundert- bis Tausendfache ansteigen dürfte. Bei Zwergnovae kommt es zu noch kleineren Ausbrüchen, sie sind aber, mit Zeitintervallen von etwa einem Monat, auch häufiger. Die Nova Sagittae zeigt eine Periode von lediglich 81 Minuten Dauer. Man stelle sich vor: zwei Sterne, jeder mit etwa einer Sonnenmasse, die einander in gut einer Stunde umkreisen, und zwar so dicht, daß sich ihre Oberflächen aneinander reiben.
Robert P. Kraft fing zu Beginn der sechziger Jahre mit der systematischen Untersuchung enger Doppelsternsysteme an und bestätigte, daß die meisten Novae in Sternpaaren, die typische Umlaufperioden von ungefähr vier Stunden aufweisen, stattfinden. Jedes dieser Paare bestand aus einem ganz normalen roten Hauptreihenstern von der Art unserer Sonne und aus einem kompakten Weißen Zwerg. Die Novaeruption schien mit dem kleineren Stern in Verbindung zu stehen. Eine damals recht populäre Vermutung bestand darin, daß von der Oberfläche des roten Sterns Wasserstoff auf direktem Weg zum Weißen Zwerg hinübergelangt und sich an dessen Oberfläche anreichert. Wenn dieser Wasserstoff in die Zentralgebiete absinkt, baut sich eine explosive Situation auf, die zu einer unkontrollierbaren thermonuklearen Kettenreaktion führt. Diese Bedingungen gleichen den anläßlich der Typ-I-Supernovae geschilderten, wenngleich hier der Brennstoff eher vom Wasserstoff als vom weiterentwickelten Kohlenstoff geliefert wird.
Als die Studien an diesen engen Doppelsternsystemen mit noch empfindlicheren Detektoren weitergeführt wurden, bemerkte man, daß die Sterne im Zeitraum von Minuten in einer Weise flakkerten, die eine leuchtende Gaswolke, die den kompakten Stern kreisförmig umschließt, vermuten ließ. Eine solche »Akkretionsscheibe« dürfte sich, so meint man, aus einem Strom von Gas bilden, das vom roten Begleiter abgesogen wird und auf einer Spiralbahn in den starken Gravitationsstrudel des dichten Weißen Zwergs hineinflutet, ganz ähnlich, wie Wasser aus einer Badewanne durch den Abfluß hinausstrudelt. Die Röntgenastronomen vertreten die Meinung, daß die überwiegende Mehrheit aller Röntgensterne in Doppelsternsystemen zu finden ist, zu denen

Akkretionsscheiben mit Temperaturen von Dutzenden Millionen Grad gehören (vgl. Kapitel 6).
Weil die Gravitationskräfte an der Oberfläche eines kollabierten Sterns so stark sind, wird eine gewaltige Energiemenge frei, sobald das herüberströmende Material eintrifft. In der Akkretionsscheibe einer Nova dürfte die Temperatur bis auf etwa eine Million Grad ansteigen. Unregelmäßigkeiten, die die Materie in gewaltigen Klumpen zum Akkretionsgebiet überströmen lassen, sorgen vermutlich für die konvulsivischen Strahlungsausbrüche. Wenn noch mehr Materie vom Begleitstern abgestoßen wird, müßten rekurrente Novae oder Zwergnovae ausgelöst werden.
Im August 1975 erhielt dieses Szenario maßgebliche Unterstützung durch eine Entdeckung, die Röntgenastronomen bei einer zeitweise aktiven Röntgenquelle im Sternbild Einhorn machen konnten. Innerhalb weniger Tage wuchs sie zur intensivsten Röntgenquelle des Himmels heran. Als man die Position der Röntgennova im sichtbaren Licht photographierte, zeigte das Bild einen Stern, der etwa um das Sechshundertfache heller geworden war. Eine daraufhin erfolgte Durchsicht der Bibliothek alter Photoplatten machte deutlich, daß bereits im Jahr 1917 eine Eruption erfolgt war. Man hatte eine rekurrente Nova vor sich. Diese Beobachtungen liefern überzeugende Argumente für die Richtigkeit des Akkretionsmodells rekurrenter optischer Novae.
Ein paar Monate darauf beobachtete man eine Eruption in einer Zwergnova, RU Pegasi. Wäre hier eine unaufhaltsame thermonukleare Kettenreaktion beteiligt gewesen, hätte sich der Ausbruch dann ereignen müssen, wenn der Weiße Zwerg unmittelbar vor der Explosion seine höchste Temperatur erreicht hätte; er wäre daraufhin sehr schnell ausgeblutet. In einem Akkretionsprozeß wäre der Ausbruch jedoch mit dem ersten Impakt des Gases beim Auftreffen auf die Oberfläche eingeleitet worden. Solange noch Materie herabstürzt, sollte die Temperatur entsprechend weiter ansteigen. Im Fall von RU Pegasi erreichte die Nova ihren lichtstärksten Zustand erst nach vier Tagen. Dieses Bild läßt sich mit einer katastrophalen thermonuklearen Zündung nicht in Übereinstimmung bringen, doch besteht eine hohe Wahrscheinlichkeit, daß es das Ergebnis einer durch den Absturz von Materie aus der Akkretionsscheibe bewirkten Aufheizung ist.
Mit den hier geschilderten Modellen läßt sich die ganze Geschichte einer Novaeruption nur unzulänglich erfassen. Möglicherweise

gibt es zwischen der Klasse der Supernovae des Typs I und den rekurrenten Novae noch viele Varianten der Instabilität, die innerhalb von Doppelstern-Konfigurationen stehende kompakte Sterne mit einschließen und die zu einer reichen Fülle kurzzeitiger Strahlungsausbrüche führen können.

Sich aufblähende und pulsierende Giganten

Die kühlsten Sterne, von den Roten Riesen bis zu den Roten Zwergen, erstrecken sich über eine Helligkeitsskala, die an einen 50milliardenfachen Leuchtkraftunterschied heranreicht. Alle Sterngucker sind mit den Überriesen Beteigeuze im Sternbild Orion und Antares im Skorpion bestens vertraut. Die Sage schildert, wie beim Untergang des Orion der Skorpion aufgeht, um den Jäger im Winter wie im Sommer über den Himmel zu hetzen. Die beiden Sterne Beteigeuze und Antares sind in etwa so groß wie der Durchmesser der Jupiterbahn. Jeder dieser Überriesen gilt als möglicher Kandidat für die nächste Supernova innerhalb unserer Milchstraße. Sollte Beteigeuze explodieren, würde er für das größte Supernova-Schauspiel aller Zeiten sorgen, denn sein Abstand zur Erde beträgt nur ein Zehntel der Distanz der Supernova des Jahres 1054 im Crab-Nebel.
Sogar der kleinste Rote Riese würde, wenn man ihn an die Stelle der Sonne plazierte, am Himmel eine mehrere hundertmal so große Fläche bedecken und sich bis zu einem Viertel der Entfernung des Merkur erstrecken. Einer der benachbarten Überriesen, der MU Cephei, gilt als der leuchtkräftigste Stern überhaupt: Er strahlt mit einer Million Sonnenhelligkeiten und ist dennoch mit einer Temperatur von lediglich 3000° K ziemlich kühl. Da er so viel Strahlung erzeugt, muß angenommen werden, daß sein Durchmesser beinahe 4000mal größer ist als der der Sonne. Er würde unser Sonnensystem bis zur Uranusbahn ausfüllen.
Sämtliche Rote Riesen variieren in irregulärer oder semiregulärer Weise. In einer kritischen Entwicklungsphase eines Roten Riesen wird seine kühle, weitausgedehnte Korona nur noch sehr locker an den heißen Kern gebunden bleiben. Konvektion und Pulsation regen die gasförmige Hülle in hohem Maß an. Die Heftigkeit der Konvektion nimmt derart zu, daß große Gasblasen in Gestalt eines Materiewindes abgestoßen werden und eine dichte Gas- und

Staubhülle, die den Stern umgibt, speisen. Die Pulsation gleicht der Atmung einer gigantischen Lunge. Sie wird von einer in wechselnder Folge stattfindenden Ionisation und Rekombination von Wasserstoff- und Heliumatomen innerhalb der ausgedehnten Atmosphäre in Gang gehalten. Wenn die Energie der sich rekombinierenden Elektronen und Ionen in Wärme umgesetzt wird, expandiert das Gas nach außen. Während es sich aufbläht, kühlt es sich gleichzeitig ab und sinkt in sich zurück. Während der Kontraktion überhitzt sich das Gas aufs neue, und der ganze Prozeß wiederholt sich.
Die spektakulärsten langperiodischen Veränderlichen sind die Mirasterne (»Mira« bedeutet »die Wunderbare«). Bereits vor der Erfindung des Teleskops, 1596, bemerkte David Fabricius, ein deutscher Theologe, daß der Stern Mira nur gelegentlich zu sehen war und über längere Zeitabschnitte ganz verschwand. Heute wissen wir, daß die Helligkeit von Mira während einer Periode von 330 Tagen mit dem Faktor 1000 oszilliert. Noch kühlere und größere Mira-Veränderliche weisen sogar Perioden von bis zu 600 Tagen auf. Die Astronomen haben Tausende von Mirasternen katalogisiert. Während die Mira-Veränderlichen pulsieren, stoßen sie ungeheure Massen ab.
Die besonders massereichen Sterne können an die 80% ihrer Masse in den interstellaren Raum hinausblasen, sobald sie das Stadium eines Roten Riesen erreicht haben. Während ihr Umfang immer mehr zunimmt, schwindet ihre Oberflächengravitation, und die Fluchtgeschwindigkeit sinkt auf sehr geringe Werte. Viele dieser Sterne erzeugen stellare Winde, die millionenfach stärker blasen als unser Sonnenwind. Wenn die Pulsationen in ausreichendem Maß anwachsen, gerät der Mechanismus außer Kontrolle, und der Stern sprengt den größten Teil seiner äußeren Hülle ab.

Gasströme sprudeln am Himmel

In den vergangenen Jahren haben Infrarotastronomen Belege dafür entdeckt, daß in den äußeren atmosphärischen Schichten von Roten Riesen aus Kohlenstoffatomen Graphitstaubkörnchen zusammenwachsen. Mit der Mikrowellenspektroskopie befaßte Forscher konnten Hydroxylradikale (OH), Wasserdampf und Kohlenmonoxidmoleküle identifizieren. Weil die Infrarotstrahlung

den Staub durchdringt, überbringt sie Kunde von den Zentralsternen, die von massiven Halos aus Staub und Molekülen vollständig umhüllt werden. Beteigeuze beispielsweise verfügt über einen Halo von 3 Bogenminuten Durchmesser; dies entspricht in etwa dem tausendfachen Durchmesser des Sonnensystems.
Schon vor langer Zeit, im Jahr 1867, entdeckten Charles Wolf und Georges Rayet von der Sternwarte Paris einen merkwürdigen Stern. Sein Spektrum wies sehr breite, helle Emissionslinien auf, die ihren Ursprung möglicherweise in einer rasch expandierenden Gashülle hatten. Die großen Linienbreiten wurden dem Doppler-Effekt zugeschrieben, was bedeutete, daß das leuchtende Gas, ausgehend vom Zentralstern, mit ungefähr 3000 km/sec in alle Richtungen davonraste. Als man immer mehr Wolf-Rayet-Sterne entdeckte, wurde offenkundig, daß die Gashüllen durch den Strahlungsdruck eines heißen blauen Sterns mit einer Temperatur von etwa 100 000° K davongeblasen werden und daß dessen Strahlung die Wolke zu einer Fluoreszenz anregt.
An die 200 Wolf-Rayet-Sterne sind heute bekannt, doch noch viel wichtiger sind die Planetarischen Nebel. Diese Bezeichnung ist ein sprachlicher Fehlgriff, denn mit den Planeten haben die gemeinten Objekte überhaupt nichts zu tun. Die Astronomen des 19. Jahrhunderts besahen sich diese verschwommenen, leuchtenden Scheibchen und zeigten sich von ihrer Ähnlichkeit mit den Saturnringen tief beeindruckt. Heutzutage wissen wir, daß sie im ultravioletten Licht der freigelegten, in der Form von Weißen Zwergen auftretenden Sternzentren fluoreszieren. Die Planetarischen Nebel dehnen sich mit einer Geschwindigkeit von etwa 20 km/sec aus, also erheblich langsamer als die Gashüllen der Wolf-Rayet-Sterne. Infolgedessen weisen sie eine wesentlich größere Dichte auf und lassen sich problemlos photographieren. Weil der Nebel in Wirklichkeit eine Hülle ist, erscheint er relativ transparent, wenn wir durch seinen Zentralbereich hindurchblicken. An der Peripherie dagegen sieht er am hellsten aus und gleicht damit einem fluoreszierenden Ring. Der Helixnebel gilt als einer der prachtvollsten Vertreter seiner Gattung.
Obwohl man in der Milchstraße bereits annähernd 1500 Planetarische Nebel entdeckt hat, dürften diese nur einen winzigen Bruchteil der gesamten Population bilden. Sobald ihre Distanz zur Sonne zunimmt, erscheinen sie schwächer und kleiner, und es wird immer schwieriger, sie ausfindig zu machen. In Richtung des

galaktischen Zentrums, wo wir eigentlich die größte Konzentration erwarten sollten, wenn wir nach Supernovaüberresten, nach Novae und Pulsaren fahnden, nimmt die verfinsternde Wirkung des Staubes in besonderem Maße zu. Unter Berücksichtigung dieser Faktoren schätzen die Astronomen, daß sich in unserer Galaxis bis zu 50000 Planetarische Nebel befinden könnten. Diese pumpen alljährlich etwa fünf Sonnenmassen an aufbereiteter Sternmaterie zurück in den interstellaren Raum. Darüber hinaus ist anzunehmen, daß ungefähr die Hälfte aller Sterne in der Milchstraße kurz vor dem Abschluß ihrer Entwicklung das Planetarische-Nebel-Stadium durchlaufen.

Flares verleihen den Roten Zwergen prächtigen Glanz

Wir haben uns bislang mit einem gewalttätigen Universum voller stellarer Eruptionen befaßt, doch wahrscheinlich 90 % aller Sterne, die wir heute sehen, werden beinahe ohne jede Veränderung bis in eine ferne Zukunft überdauern. Nicht weniger als 75 % aller Sterne in der Umgebung der Sonne sind Rote Zwerge, und sie stellen die alteingesessenen Bürger in der stellaren Gemeinschaft dar. Die Gelben Zwerge, zu denen auch unsere Sonne gehört, machen nur 4 % dieser Population aus. Normalerweise sind die Roten Zwerge ungefähr um zwei Drittel kleiner als unsere Sonne, und ihre geringe Temperatur - sie liegt bei etwa 3000° K - verleiht ihnen eine trübe, rote Färbung. Der Druck im Zentrum des Sterns reicht kaum aus, um die Wasserstoff-Fusion in Gang zu halten. Mit ihrer bescheidenen Wasserstoffverbrauchsrate können sie noch lange über die Zeit hinaus Strahlung aussenden, in der die massereichen Sterne schon längst ausgebrannt sind.

Gelegentlich vermag sogar ein Roter Zwerg Aufsehen zu erregen, und wenn er sich dazu aufrafft, kann das Ergebnis durchaus spektakulär ausfallen. Weil diese lichtschwachen Sterne in größerer Entfernung kaum noch auszumachen sind, können wir uns nur diejenigen vornehmen, die sich innerhalb einer Reichweite von einigen wenigen Dutzend Lichtjahren befinden. In diesem kleinen Bereich hat man schon an die 100 Flare-Sterne entdeckt. Als Prototyp gilt UV Ceti im Sternbild Walfisch.

UV Ceti flackert ununterbrochen, doch seine Helligkeit verändert sich dabei lediglich um ein paar zehntel Größenklassen. Er weist

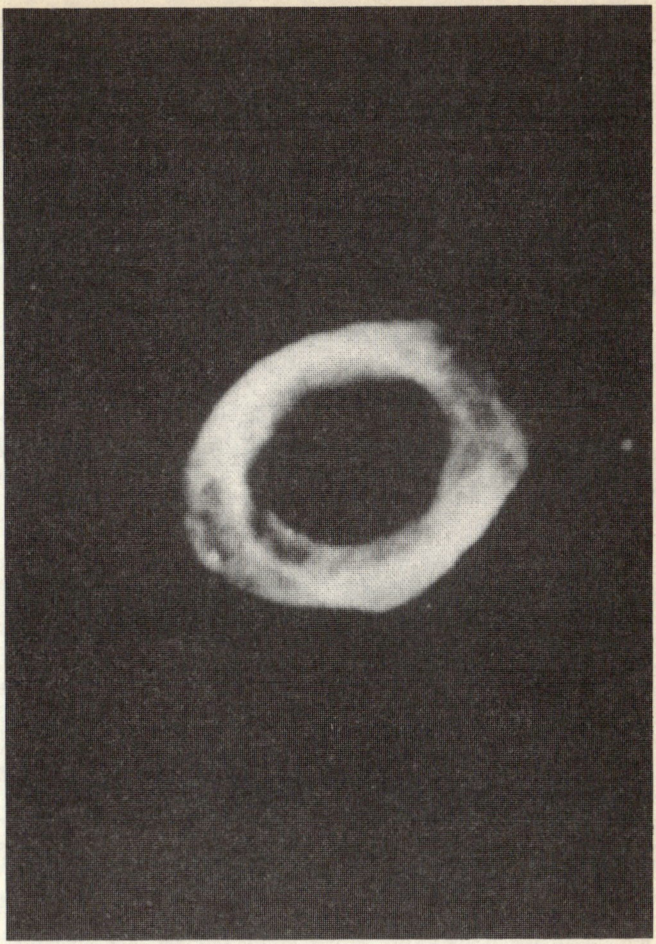

Abb. 58. Der Ringnebel in der Leier. (Lick-Observatory)

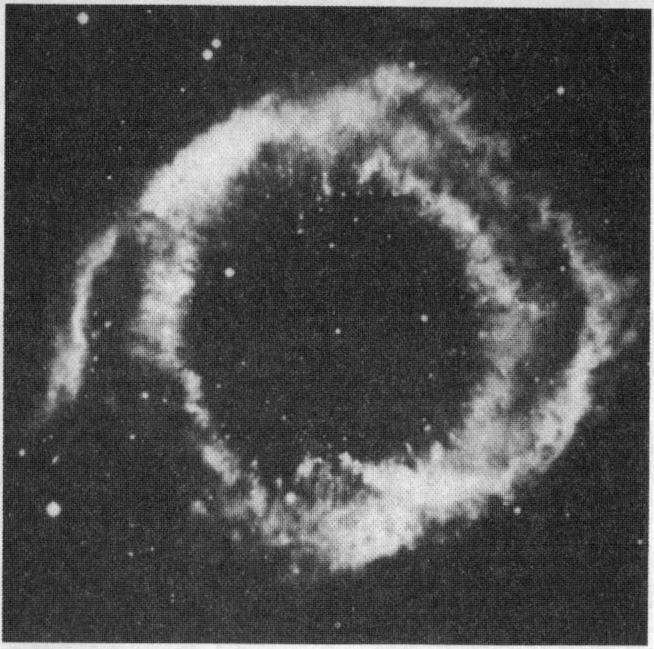

Abbildung 59. Der Helix-Nebel ist der der Sonne am nächsten stehende Planetarische Nebel und birgt in seinem Zentrum einen hellen Weißen Zwerg. Die zirkumstellare Hülle leuchtet infolge einer Fluoreszenz, die vom ultravioletten Licht des Zentralsterns angeregt wird. (David Malin, Anglo-Australian Observatory)

eine langsame Variabilität in der Helligkeit auf, die eine Periode von 33 Tagen umfaßt, doch wesentlich bemerkenswerter erscheint sein intensives, kurzzeitiges Aufblitzen. Die Flares brechen wie der Geysir »Old Faithful« durchschnittlich jede volle Stunde aus und überstrahlen den Stern fünf Minuten lang um das mehr als Hundertfache. Die Anzahl der UV-Ceti-Sterne muß sehr groß sein, doch sind sie infolge ihrer geringen Größe und Helligkeit nur sehr schwer zu finden, es sei denn, sie blitzen gerade wieder einmal auf. In vielerlei Hinsicht erinnern die Ausbrüche der UV-Ceti-Sterne an Sonnenflares, doch einige an Roten Zwergen beobachtete Flares sind 10000mal energiereicher als ein großer Sonnenflare.

Sie blitzen wesentlich häufiger auf als unsere Sonne und senden eine kräftige Radiostrahlung aus; dies deutet auf die Injektion energiereicher Teilchen in das stellare Magnetfeld hin. In der Tat sind die Flare-Sterne mit Hilfe von Radioteleskopen entdeckt worden. Die Energie dieser stellaren Flares verändert sich indirekt proportional zur Sterngröße; je kleiner der Stern ist, desto heftiger fallen seine Flares aus. Während ein Sonnenflare etwa ein Tausendstel der Sonnenscheibe bedeckt, dürfte der Flare eines UV-Ceti-Sterns beinahe dessen gesamte Oberfläche erfassen.
Ein recht spekulatives Modell betrachtet den Flare-Stern als eine hochgradig geschichtete Struktur aus Wasserstoffhüllen, wobei jede dieser Schalen in bezug auf die unmittelbar darüber- und darunterliegenden Schichten mit einer anderen Geschwindigkeit rotiert. Dieses Bild weckt Erinnerungen an die Beschreibung in Kapitel 4, wo von den verdrallten Tauen des Magnetfelds in unserer Sonne, die durch die differentielle Rotation verursacht werden, die Rede war. Innerhalb der Flare-Sterne muß ein solches Magnetfeld noch beträchtlich stärker sein und sich weiter ausbreiten. An der Oberfläche befindliches, hochionisiertes Plasma dürfte wie bei unserer Sonne so lange in einem Netz magnetischer Felder gefangen sein, bis die magnetische Belastung die kritischen Grenzen überschreitet und es zum Ausbruch eines Flares kommt.

Die Erschaffung der Elemente des Universums

… vom Staube der Vergessenheit gescharrt.

Shakespeare,
Heinrich V., II, 4

Die Supernovae künden vom Tod der Sterne, doch sie liefern gleichzeitig die Elemente des Lebens. Dem Urknall entstammt der größte Anteil an Wasserstoff und Helium im Universum, doch Kohlenstoff, Stickstoff, Sauerstoff und all die schwereren Elemente, aus denen lebendige Wesen bestehen, hat er nicht hervorgebracht. Sämtliche Materie mit einem höheren Atomgewicht, sei es der Kohlenstoff in unserem Gewebe, sei es das Kalzium unserer Knochen oder das Eisen in unserem Blut, ist »Sternenstaub«, der in den Zentren der Sterne mittels nuklearer Kernverschmelzung erzeugt wurde. Die Menschen stammen von den Sternen ab.

Abbildung 60. Von links nach rechts: Fred Hoyle, William A. Fowler, Geoffrey Burbidge und Margaret Burbidge bei einem Treffen am Califonia Institute of Technology, das aus Anlaß des siebzigsten Geburtstags von Fowler stattfand. Auf die Autoren der wegweisenden Abhandlung über die Nukleosynthese wird allgemein mit der Abkürzung »B^2FH« Bezug genommen. (Mit Geneh. v. W. A. Fowler)

Die Weißen Zwerge horten ihre Bestandteile bis in alle Ewigkeit, es sei denn, irgendeine Katastrophe zwingt sie dazu, ihre Masse in den Raum hinauszuschleudern. Wenn die Roten Riesen Planetarische Nebel absprengen, liefern sie für das interplanetarische Medium einen kleinen Beitrag an Kohlenstoff und Stickstoff. Sie haben aber keinen entscheidenden Anteil an der Versorgung des Kosmos mit noch schwereren Elementen. Den Supernovae kommt die zentrale Rolle zu, das Universum mit der ganzen Palette der schweren Elemente auszustatten, aus denen sich unsere Sonne, unsere Erde und auch unsere Körper zusammensetzen. Theoretische Berechnungen bezüglich des chemischen Aufbaus der Sterne, die unmittelbar vor der Explosion stehen, stimmen mit der kosmischen Häufigkeit der Elemente vom Kohlenstoff bis hin zum Eisen, die die Astronomen aus den Spektren unserer Sonne und noch massereicherer Sterne ableiten, gut überein. Doch wie werden die Elemente, die schwerer sind als Eisen, wie zum Beispiel Silber, Gold, Blei und Uran, gebildet? Weil sie, gemessen am Eisen und den ganzen leichteren Elementen, so selten sind, müssen sie innerhalb einer sehr kurzen Zeit entstanden sein, verglichen mit den Jahrmilliarden einer thermonuklearen Zubereitung, die in einer Supernovaexplosion gipfelt. Die theoretische wie praktische, im Labor stattfindende Forschung zum Thema »explosive Nukleosynthese« hat auf diese Frage eine Antwort gegeben. Die grundlegenden Forschungen auf diesem Gebiet erfolgten in einer Gemeinschaftsarbeit, an der Geoffrey Burbidge, E. Margaret Burbidge, William A. Fowler und Fred Hoyle beteiligt waren. Fowler erhielt 1985 den Nobelpreis.

Der gewaltige Energieausbruch einer Supernova ist eine Brutstätte für schwere Elemente. Die Neutronen bilden dabei den Grundstock und werden durch den Zerfall des Eisens in großen Mengen nachgeliefert. Zwei Prozesse, »r« steht hier für »schnellen« (*rapid*) und »s« für »langsamen« (*slow*) Neutronenfang, führen zum Aufbau zweier verschiedener Sorten von Atomkernen. Man vermutet, daß sich Kupfer und Blei aus dem s-Prozeß ableiten lassen, Gold und Uran dürften eher dem r-Prozeß entstammen. Ganz allgemein führt der r-Prozeß zu den neutronenreichen, schweren Elementen, während der s-Prozeß die meisten neutronenarmen Elemente zwischen dem Eisen und dem Wismut synthetisiert.

Dieses Modell läßt eigentlich erwarten, daß die Elemente, die über den s-Prozeß durch Fusionsreaktionen in den stellaren Zentren erzeugt wurden, häufiger vorkommen als jene, die bei Supernovae aus dem r-Prozeß resultieren. Das Eisen, das den Endpunkt der stellaren Kernfusion bildet, findet sich öfter als die Elemente Kupfer oder Blei, die durch das Einfangen langsamer Neutronen in den Zentren von Sternen, die am Ende ihrer Entwicklung stehen, entstanden sind. Im Vergleich zu diesen Elementen sind Platin und Gold, die durch schnellen Neutroneneinfang während der Supernovaexplosion gebildet werden, noch weitaus weniger häufig. Weil jedoch Supernovae so selten stattfinden und der r-Prozeß in so kurzer Zeit wieder abklingt, überrascht es wenig, daß die Edelmetalle im Kosmos eher eine Rarität darstellen. Einzig in einer Galaxis mit ungewöhnlich vielen Supernovae dürfte es erheblich mehr Edelmetalle wie Gold, Silber und Platin geben. Unglücklicherweise verwandelt eine weitergehende Synthese das Gold in Blei, womit der uralte Traum der Alchimisten ins Gegenteil verkehrt wird.

Wenn die Supernovae als Injektionsmaschinen fungieren, die die Galaxis mit schweren Elementen anreichern, dann sind die Roten

Riesen Molekülfabriken, in denen primitive Formen organischer Materie hergestellt werden. Die Verlustrate beim Material beträgt bei Überriesen normalerweise etwa eine Sonnenmasse pro 100 000 Jahre. Sie sind als die größten Schmutzfinken in der Milchstraße anzusehen. Nachdem im Bereich der Roten Riesen zuerst das Hydroxylmolekül und daraufhin das Kohlenmonoxid in großen Mengen entdeckt worden waren, machten die mit der Mikrowellenspektroskopie betrauten Wissenschaftler weiter und fanden in den Koronen der Roten Überriesen mehr als ein Dutzend komplexer Moleküle vor. Eines dieser Moleküle besteht aus einer aus 13 Atomen gebildeten organischen Verbindung, dem $HC_{11}N$; in bezug auf sein Molekulargewicht ist diese Verbindung mit einer Aminosäure vergleichbar, einem der Grundbausteine lebendiger Materie.

Die roten Giganten eignen sich für den Prozeß der Molekülsynthese ganz vortrefflich. Ihr fortgeschrittener Entwicklungsstand führt dazu, daß die schweren Elemente, die durch die Kernfusion in ihrem Zentrum erzeugt wurden, in die oberflächennahen Schichten gelangen, wo eine von niedrigen Temperaturen geprägte Umwelt die Bereitschaft, molekulare Verbindungen einzugehen, fördert. Die umfassendste Vielfalt organischer Moleküle läßt sich, und dies ist alles andere als überraschend, in Kohlenstoffsternen finden, die als in ihrer Entwicklung weit vorangekommene Rote Riesen angesehen werden können. Von den starken Winden davongetragen, die diesen Überriesen entströmen, verteilen sich die organischen Moleküle über weite Bereiche der Galaxis und könnten eine Rolle bei deren biochemischer Evolution spielen.

> Als auf jenen Ambossen im Herzen der Sterne
> und auf jenen noch wilderen Ambossen
> der explodierenden Supernovae
> die schweren Elemente zusammengeschmiedet wurden,
> bis zur Ordnungszahl 94,
> und die kristallinen Metalle mit ihren leicht
> entwindbaren Valenzelektronen erstanden,
> machte ihre Schmiegsamkeit und Leitfähigkeit
> die assyrische Goldschmiedekunst
> und das meiste der Stadt New York erst möglich.

John Updike, Ode an die Kristallisation

6 Ausgebrannte Sterne

> Ein Stern ist nur eine glühende Unterbrechung in der unausweichlichen Kontraktion einer Gaswolke auf ein ungewisses, manchmal phantastisches Ende hin.
>
> Kip S. Thorne,
> *Der Tod eines Sterns* (1968)

Schnell rotierende Neutronensterne

Eine Supernovaexplosion mag als das »letzte Hurra« eines dahinscheidenden Sterns angesehen werden, doch es gibt ein Leben nach dem Tod. Wenn der hochverdichtete Kern bis auf einen Radius von nur noch 10 bis 15 Kilometern zusammengestürzt ist, läßt er das sichtbare Universum hinter sich und tritt in ein unsichtbares Reich voller Radiowellen, Röntgen- und Gammastrahlen ein. Bar jeglichen nuklearen Brennstoffs, der sich noch für eine Energieerzeugung eignen könnte, zehrt der Neutronenstern von den Energiereserven, die von der Gravitationsenergie der Implosion freigesetzt wurden. Der winzige Stern rotiert mit einer Drehzahl, die um das Millionenfache über der seines Vorläufers liegt. Er gleicht nun einem elektrischen Dynamo, der Elektronen und Protonen auf Geschwindigkeiten zu beschleunigen vermag, die nahe an der Lichtgeschwindigkeit liegen. In dieser Reinkarnation kann er viele Jahrmillionen lang weiterrotieren und dabei den Himmel mit mächtigeren Bündeln starker Strahlung besprühen. Wenn die Erde solche Strahlenbündel auffängt, beobachten wir das blitzende Signal eines Pulsars. Die nun folgende Geschichte der Pulsare ist wiederum ein Beispiel für glückliche Fügungen, die bedeutende wissenschaftliche Entdeckungen begünstigt haben.
Nach dem Zweiten Weltkrieg gingen die Wissenschaftler, die für militärische Zwecke Radarsysteme entwickelt und betrieben hatten, dazu über, ihre neuartigen elektronischen Fertigkeiten in den

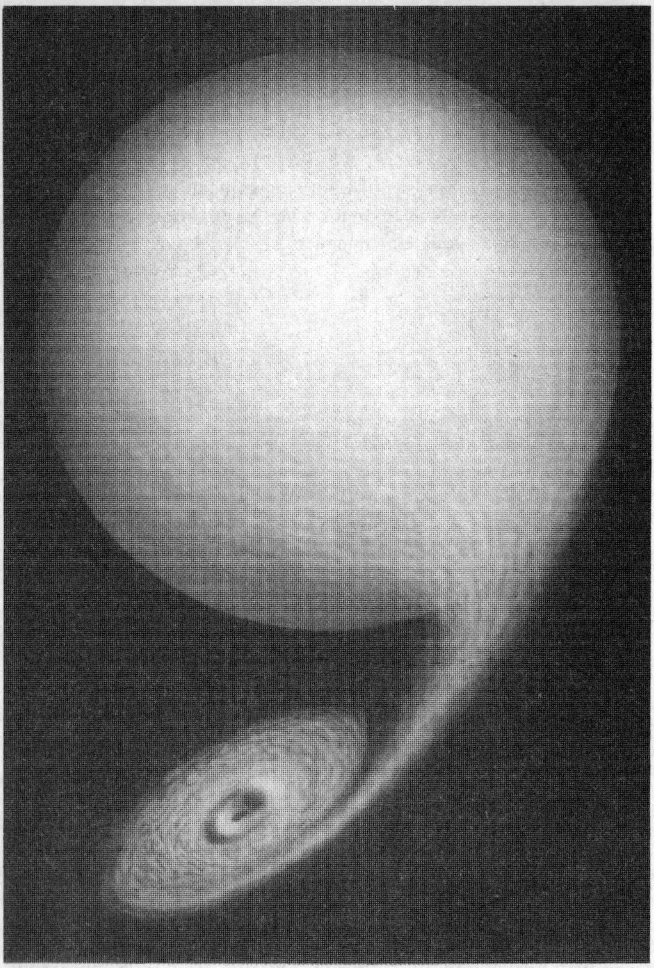

Abbildung 61. Ein Blauer Riese speist in dieser künstlerischen Darstellung die Akkretionsscheibe, die sich um ein Schwarzes Loch herum erstreckt. (Jon Friedman)

Dienst der Radioastronomie zu stellen. Schon vor langer Zeit hatten sie Radioquellen entdeckt, die nahezu sternförmig zu sein schienen. Um sich über die Winkeldurchmesser dieser Quellen Gewißheit zu verschaffen, versuchten sie deren Szintillation zu beobachten, die auftrat, wenn die Radiowellen auf dem Weg zur Erde durch ionisierte Plasmawolken drangen. Diese Erscheinung bildet ein Analogon zum Funkeln der punktförmigen sichtbaren Sterne, die man durch die turbulente Atmosphäre hindurch betrachtet, und steht im Kontrast zum stetigen Glanz der Planeten. Die himmlischen Radiowellen haben drei Kategorien ionisierten Gases zu überwinden: das interstellare Gas unserer Galaxis, die Plasmawolken, die vom Sonnenwind durch das interplanetarische Medium getragen werden, und schließlich die ionisierte Decke der oberen Atmosphäre - die Ionosphäre, die kurzwellige Funksignale reflektiert.

In den sechziger Jahren errichteten Antony Hewish und seine Studenten ganz speziell für die Untersuchung dieser »Radiostern-Szintillation« ein Radioteleskop, und zwar unweit der Universität Cambridge in England. Ihre Beobachtungen bestätigten alle drei Szintillationsursachen, doch darüber hinaus gelang ihnen völlig überraschend eine der großartigsten astronomischen Entdeckungen dieses Jahrhunderts: Im November 1967 stießen sie auf die Pulsare. Eine Schlüsselrolle in diesem Drama spielte die 24jährige, kurz vor ihrem Abschluß stehende Studentin Jocelyn Bell.

Die Radioastronomen von Cambridge hatten eine Radioantenne gebaut, die aus einem System von 2048 Dipolen bestand und die Fläche eines Fußballfeldes bedeckte. Jeder Dipol war aus zwei parallelen Stäben verfertigt worden, die man so weit zugeschnitten hatte, daß sie mit der zu beobachtenden Wellenlänge von 3,7 Metern zusammenpaßten. Diese große Wellenlänge hatte man gewählt, weil sich die Szintillation bei längeren Radiowellen leichter aufspüren läßt. Eine solche Antenne ist ortsfest; das Abtasten des Himmels erfolgt mit Hilfe der täglichen Erddrehung, die das Gesichtsfeld über den Himmel transportiert, das sich entlang dem Ortsmeridian erstreckt, wo das Teleskop für drei oder vier Minuten die Passage der kosmischen Radiowellen beobachten kann. Jeden Tag wurde ein Himmelsstreifen von einem Magnetband mit 30 Metern Länge aufgezeichnet.

Jocelyn Bell hatte den Auftrag, die Magnetbandaufzeichnungen nach Hinweisen auf fluktuierende Quellen abzusuchen und deren

Positionen festzuhalten. Bei der Überprüfung des Bandes vom 6. August 1967 bemerkte sie etwas, das sie als »a bit of scruff« (»ein bißchen Schmutz«) bezeichnete, nämlich den etwa einen Zentimeter großen Fleck eines schwankenden Signals auf der 120 Meter langen Aufzeichnung. Sie bemerkte, daß »das Kratzen bereits früher an der gleichen Stelle der Aufzeichnungen – also am selben Himmelsausschnitt – registriert worden war. Doch man tat die Erscheinung als irgendeine lokale Störung ab, und Jocelyn Bell wurde bis gegen Ende Oktober von einer anderen Arbeit in Anspruch genommen. Als sie ihre Szintillations-Studien wieder aufnahm, verfolgte sie die Absicht, mit einem Hochgeschwindigkeitsrecorder eine Untersuchung mit einer besseren zeitlichen Auflösung einzuleiten, sobald das kratzende Signal abermals auftauchen sollte. In einem Vortrag, den sie zehn Jahre später hielt, erinnerte sie sich an ihr Erlebnis vom 28. November 1967:

> Als der Papierstreifen unter der Schreibfeder dahinglitt, konnte ich sehen, daß das Signal aus einer Serie von Impulsen bestand, und mein Verdacht, sie könnten gleiche Abstände aufweisen, bestätigten sich sogleich, als ich den Streifen aus dem Recorder herausnahm. Sie lagen 1 1/3 Sekunden weit auseinander. Ich nahm mit Tony Hewish Verbindung auf, der gerade an einem »Undergraduate«-Laboratorium in Cambridge unterrichtete, und seine erste Reaktion war, daß die Impulse von Menschen stammen mußten. Dies war den Umständen entsprechend eine sehr vernünftige Antwort, doch aufgrund meiner wahrhaft bemerkenswerten Ignoranz vermochte ich nicht einzusehen, warum sie nicht von einem Stern kommen sollten. Immerhin zeigte Hewish genügend Interesse, um am nächsten Tag zur Transitzeit zum Observatorium herauszukommen, und zum Glück – Pulsare richten sich selten nach Befehlen – erschienen die Impulse wieder.

Die Überprüfung früherer Aufzeichnungen erbrachte ein wiederholtes Auftreten der Pulsation während sechs Anlässen, und zwar immer dann, wenn das Sternbild Vulpecula (Füchschen) das Gesichtsfeld der Antenne passierte. Die ursprüngliche Vermutung von Hewish, diese Signale seien auf einen örtlichen, von Menschen verursachten Effekt zurückzuführen, war durchaus begründet. Nicht ein einziges periodisches Phänomen, das den Astronomen bekannt war, wies einen derart schnellen Rhythmus auf; ganz sicher konnte es sich weder um eine Rotation noch um eine orbitale Charakteristik handeln. Auch irgendeine theoretische Vibration kam nicht in Frage. Hewish und Bell konnten alle nur denkbaren Störquellen in der Nachbarschaft ausschließen: die Zündfunken der Autos, fehlerhafte Kühlschrankaggregate, elektrische Heizdecken und so weiter. Hewish prüfte darüber hinaus, ob nicht irgendeine Sternwarte immer dann Signale ausstrahlte, wenn das Sternbild Vulpecula kulminierte. Abschließend sorgte er für ein präzises Zeitzeichen mit einer Wiederholungsrate von einer Sekunde, um es mit der gedruckten Aufzeichnung der eintreffenden Radioimpulse zu überlagern. Zu seiner großen Verwunderung erfolgten die Radioimpulse mit der Präzision eines Uhrwerks, mit einer Genauigkeit von 1 zu 10 Millionen oder einer Abweichung von einer Sekunde innerhalb von vier Monaten. Ähnlich überraschend war ihre Schärfe; die Impulse dauerten nur 0,016 Sekunden, was darauf hinwies, daß die Quelle überaus klein war.

Nachdem Hewish und seine Kollegen alle nur denkbaren irdischen Erklärungen für die Quelle ausgeschlossen hatten, mußten sie sich der Möglichkeit stellen, daß die Signale außerirdischer Natur waren; vielleicht hatten sie ihren Ursprung auf einem Planeten, der irgendeinen fernen Stern umkreiste, und möglicherweise wurden sie von einer intelligenten Quelle erzeugt. Wie Hewish später feststellte, »hätte die Nachricht, daß man das Leuchtfeuer einer anderer Zivilisation entdeckt hatte, mit Sicherheit eine weltweite Sensation ausgelöst«.

Doch wenden wir uns wieder den Erinnerungen von Jocelyn Bell zu:

> Kurz vor Weihnachten ging ich zu Tony Hewish, um mit ihm etwas zu bereden, und geriet in eine hochkarätig besetzte Konferenz, in der gerade darüber beraten wurde, wie man diese Ergebnisse präsentieren sollte. Wir glaubten nicht wirklich, daß wir die Signale einer anderen Zivilisation aufgefangen hatten, doch ganz offensichtlich hatten wir mit diesem Gedanken gespielt, und es gab keinen Beweis dafür, daß es sich um eine rein natürliche Radioemission handelte. Dies ist ein interessantes Problem - wenn man glaubt, man könnte woanders im Universum Leben entdeckt haben, wie soll man verantwor-

tungsbewußt mit einer solchen Botschaft umgehen? Wem soll man zuerst davon erzählen? Wir lösten das Problem an diesem Nachmittag nicht mehr, und ich ging am Abend ziemlich verwirrt nach Hause - ich war gerade dabei, mittels der Anwendung einer neuen Technik den Ph. D. zu erwerben, und eine Horde von blödsinnigen, kleinen, grünen Männchen mußte ausgerechnet meine Antenne und meine Frequenz auswählen, um mit uns in Verbindung zu treten. Kurz bevor das Labor für die Nacht zugesperrt wurde, analysierte ich noch die Aufzeichnung eines völlig anderen Himmelsausschnitts, und unter einem kräftigen, stark modulierten Signal der wohlbekannten Radioquelle Cassiopeia A glaubte ich, ein wenig »Schmutz« zu erkennen. Schnell sah ich die vorherigen Aufzeichnungen dieses Himmelsgebietes durch und - zeitweise gab es auch dort »Schmutz«. ... Dieser »Schmutz« erwies sich als eine Serie von Impulsen, diesmal in einem Abstand von 1,2 Sekunden. Ich ließ die Aufzeichnung auf Tonys Schreibtisch liegen und ging mit einem wesentlich besseren Gefühl in die Weihnachtstage. Es war sehr unwahrscheinlich, daß sich gleich zwei Horden von kleinen grünen Männchen dieselbe unwahrscheinliche Frequenz ausgesucht hatten, um zur gleichen Zeit Signale zu ein und demselben Planeten, der Erde, zu schicken.

Rasch stieg die Zahl der entdeckten Pulsationsquellen auf vier, und jede wies eine Impulsrate von nahezu einem Puls pro Sekunde auf. Weil man auch weiterhin den Verdacht hegte, daß es sich um intelligente Signale handeln könnte, wurden sie unter der Bezeichnung LGM-1 bis LGM-4 aufgelistet; die Buchstaben stehen für »Little Green Men« (»kleine grüne Männer«). Aus der Form der Impulse ließ sich ableiten, daß alle Quellen in der Milchstraße liegen mußten.

Hewish zerbrach sich den Kopf darüber, welcher Natur die Pulsare sein konnten. Die Helligkeit einiger Veränderlicher Sterne variierte innerhalb von Zyklen, die lediglich eine Stunde oder ein wenig kürzer dauerten. Ein Weißer Zwerg in einem Doppelsternsystem, das 1934 im Sternbild des Hercules zu einer Nova geworden war, weist einen Zyklus von 70 Sekunden auf; dies war bis zur Entdeckung der Pulsare die kürzeste Periode. Wie schon in Kapitel 5 geschildert, hatten 1933 Fritz Zwicky und Walter Baade, damals Mitarbeiter des Caltech in Pasadena, die Theorie entwickelt, daß beim Tod sehr massereicher Sterne die Zentren zu hochverdichteten Sternen zusammenbrechen, die vollständig aus Neutronen bestehen. Ihre Außenbereiche entweichen dabei explosionsartig in den Weltraum. Im Jahr 1939 veröffentlichten J. Robert Oppenheimer und Georg M. Volkoff in der *Physical Review* eine Theorie über Neutronensterne. Doch sie rechneten, wie Oppenheimer anmerkte, nie damit, daß sich diese Neutronensterne beobachten ließen: Sie waren zu klein, und ihre Strahlung gipfelte in unsichtbaren Wellenlängen. Die Überlegungen bezüglich der Neutronensterne erhielten durch die kurz zuvor gemachten Entdeckungen auf dem Gebiet der Röntgenastronomie neue Nahrung, und Hewish und Bell hielten eine Art Vibration in einem superdichten Neutronenstern für den Mechanismus, der die Radioimpulse auslöste; doch ein zufriedenstellendes physikalisches Modell ließ sich einfach nicht finden.

Es blieb Thomas Gold von der Cornell-Universität vorbehalten, eine Erklärung anzubieten, die heute allgemein als zutreffend angesehen wird. Tommy Gold ist ein aus Österreich gebürtiger Wissenschaftler, der vor der Besetzung seines Heimatlandes durch Hitler nach England emigriert war. Dort war er in den Laboratorien der Admiralität mit militärischen Forschungen befaßt und arbeitete später mit einem anderen österreichischen Emigranten, Hermann Bondi, sowie mit Fred Hoyle zusammen an der Entwicklung der kosmologischen Theorie einer fortwährenden Schöpfung, auf die im folgenden noch einzugehen sein wird. Er kam zu der Erkenntnis, daß die Pulsare, sollten sie hypothetische Neutronensterne sein, mit sehr hoher Geschwindigkeit rotieren müßten. Wenn ein normal rotierender Stern in sich zusammenbricht, muß sich seine Drehgeschwindigkeit bis in den Bereich der Impulsraten, die von Hewish und Bell beobachtet wurden, steigern, falls sein Drehmoment erhalten bleiben soll. Man zieht hier häufig zum Vergleich einen Eiskunstläufer heran, der seine ausgestreckten Arme nahe an den Körper heranführt und damit seine Umdrehungsgeschwindigkeit erhöht. Nach Gold muß sich die Drehgeschwindigkeit bei einem Stern wie der Sonne, die sich einmal im Monat um sich selbst dreht, auf etwa 1000 Rotationen pro Sekunde steigern, wenn er zu dem theoretischen 10-Kilometer-Radius eines Neutronensterns zusammenstürzen soll. Realistisch gesehen, dürfte ein wesentlicher Anteil der Sternmasse wäh-

Abbildung 62. Fritz Zwicky (1898-1974). Fritz Zwicky wurde als Sohn norwegischer Eltern in Bulgarien geboren, wuchs in der Schweiz auf und ging später ans Caltech. In den frühen dreißiger Jahren machte er die Beobachtung, daß die Galaxien dazu neigen, sich in Gruppen zusammenzufinden, die aus Hunderten oder auch Tausenden von Mitgliedern bestehen. Er stellte fest, daß sich einzelne Galaxien im Coma-Haufen so schnell bewegen, daß der Haufen auseinanderfliegen müßte, wenn nicht über den für uns sichtbaren Materialanteil hinaus noch erheblich mehr nichtleuchtende Materie dafür sorgen würde, daß der Galaxienhaufen durch die Schwerkraft zusammengehalten wird.
Zwicky und Baade legten als erste ein Konzept der Neutronensterne vor. Sie vertraten die Ansicht, daß »die Supernovae den Übergang zu den Neutronensternen bilden, die in ihrem Endzustand aus extrem eng zusammengedrängten Neutronen bestehen« (»Supernovae and Cosmic Rays«, *Physical Review* 45, 1934, S.138). Der Zusammenbruch einer Präsupernova sollte, so meinte man, genügend Gravitationsenergie freisetzen, um alle äußeren Manifestationen einer stellaren Explosion zu ermöglichen. Zusammen mit Baade und anderen Mitarbeitern organisierte Zwicky eine Supernova-Patrouille, die zur Entdeckung all jener Supernovae führten, die wir heute kennen. Er selbst spürte etwa 100 Supernovae auf. Zwicky entwickelte die Vorstellung eines Gravitationskollapses über die Neutronensterne hinaus weiter zu einem Gebilde, das er »Hades-Objekt« nannte - eine frühe Andeutung der Existenz Schwarzer Löcher.

rend des Zusammenbruchs weggeschleudert werden, womit viel vom ursprünglichen Drehmoment des Sterns verlorengeht. So könnte ein Neutronenstern mit einer Rotationsrate von 100 Umdrehungen pro Sekunde oder weniger übrigbleiben. Im Laufe der Zeit dürfte der rotierende Stern infolge der Strahlung Energie einbüßen und seine Rotation sich verlangsamen.

Wenn ein Neutronenstern kollabiert, reißt er auch das ursprüngliche stellare Magnetfeld mit sich, bis es an der Oberfläche des Neutronensterns zum milliardenfachen Wert konzentriert ist. Unter dem festen Zugriff dieses starken Feldes wird das Plasma an den Magnetpolen zusammen mit dem rotierenden Stern herumgepeitscht. Dieses wirbelnde Plasma könnte eine hochgradig ge-

Abbildung 63. J. Robert Oppenheimer (1904-1967). J. Robert Oppenheimer ist der breiten Öffentlichkeit vor allem als Direktor des Labors von Los Alamos bekannt, wo die erste Atombombe entwickelt wurde. Er war über das Ausmaß von Tod und Verwüstung, das der Abwurf von Atombomben auf Hiroshima und Nagasaki zur Folge hatte, zutiefst erschüttert und stellte sich der Entwicklung der noch weitaus »effektiveren« Wasserstoffbombe entgegen. Man zweifelte seine Motive an und schloß ihn von der Geheimhaltung unterliegenden Tätigkeiten aus. Die Mehrzahl der amerikanischen Wissenschaftler sprach ihm ihr Vertrauen aus, doch auch dies half nichts. Erst Jahre später verlieh ihm Präsident Lyndon B. Johnson den angesehenen Fermi-Preis in Anerkennung seines unschätzbaren Beitrags zur nationalen Sicherheit. Dem Berufsstand der Physiker bleibt Oppenheimer als ein Begeisterung weckender Lehrer im Bereich der Kernphysik und als ein brillanter Theoretiker in Erinnerung. Unter seinen frühen Beiträgen zur Astrophysik finden sich Erklärungen bezüglich der Auslösung und Zunahme einer Kaskade von Schauerteilchen - Protonen, Neutronen, schwerere Atomkerne, Elektronen, Positronen, Myonen, Neutrinos und Gammastrahlen -, die beim Aufprall eines einzigen hochenergetischen Partikels kosmischer Strahlung auf die obere Atmosphäre ihren Anfang nimmt.
Mitte der dreißiger Jahre entwickelte Oppenheimer eine Theorie über die Entstehung von Neutronensternen während des Supernova-Prozesses. Wegen ihrer geringen Größe und der Konzentration ihres Emissionsspektrums auf den Röntgenbereich glaubte er nicht, daß man sie jemals würde beobachten können. Er starb ein Jahr vor der Bestätigung der Existenz dieser Neutronensterne, die durch die Entdeckung der Radio- und Röntgenpulsare erfolgte.

richtete Radioemission erzeugen, die in den Raum hinausstrahlt, vergleichbar dem rotierenden Richtscheinwerfer eines Leuchtturms. Wenn der gebündelte Radiostrahl über die Erde hinwegstreicht, empfangen unsere Radioteleskope wiederholt Blitze.
Mehr als 450 Radiopulsare sind bis heute entdeckt worden, und theoretische Schätzungen sprechen von einigen zehntausend dieser Objekte innerhalb der Milchstraße. Ihr durchschnittliches Alter dürfte sich auf etwa 3 Millionen Jahre belaufen, und neue Pulsare werden wahrscheinlich genauso häufig gebildet, wie sich Supernovaausbrüche ereignen: ungefähr einmal in dreißig Jah-

ren. Die Radioenergie eines Pulsars variiert zwischen 10^{27} und 10^{31} erg pro Sekunde (10^{14} bis 10^{18} Megawatt). Diese Energien liegen ungeheuer weit über denjenigen aller je von Menschenhand verursachten Funksignale. Doch die Sendeleistung im Radiobereich ist für einige Pulsare nur ein kleiner Teil des Ganzen. Wir sollten zur Kenntnis nehmen, daß das Spektrum des Pulsars im Crab-Nebel die gesamte Skala von den Radiowellen bis zu den extrem hochenergetischen Gammastrahlen umfaßt. Im sichtbaren Licht strahlt er mit 10^{34} erg pro Sekunde, das ist ein Mehrfaches der Sonnenleuchtkraft. Bei den Röntgen- und Gammaenergien reicht die Sendeleistung an nahezu 10^{38} erg pro Sekunde heran, was der 100000fachen Sonnenenergie im sichtbaren Wellenlängenbereich entspricht.

Das unsichtbare Universum der Röntgenastronomie

Die sechziger Jahre wurden Zeuge einer noch nie dagewesenen Fülle astronomischer Entdeckungen in allen Teilen des Spektrums vom Bereich der Radiowellen bis hin zu den Gammastrahlen. Aus der Sicht des Beobachters bestanden die dramatischsten Fortschritte im Aufkommen der Röntgenastronomie und in der Tatsache, daß die Radioastronomie immer perfekter wurde. Beinahe die gesamte Röntgenastronomie fand mit Hilfe der Aerobee-Rakete statt. Bei dieser handelte es sich um eine relativ kleine Rakete von nur sechs Metern Länge. Sie wog insgesamt weniger als die Nutzlast einer V 2, doch war sie ganz speziell auf Forschungsbedürfnisse zugeschnitten. Von ihrer Einführung im Jahr 1948 bis zur Mitte der siebziger Jahre betrug die Erfolgsquote der Aerobee beinahe 90%. Im Vergleich zur V 2 verhielt sie sich ausgesprochen manierlich; in der oberen Atmosphäre flog sie wie ein fester, frei rotierender Kreisel und war nur noch der Schwerkraft unterworfen. Ihre Position ließ sich während des gesamten Fluges bequem ermitteln. Mit Hilfe eines Magnetometers, das die Ausrichtung der Rakete in bezug zum irdischen Magnetfeld angab, und mit der Unterstützung lichtelektrischer Sensoren, die die Sternsignale orteten, konnte die Lagekontrolle auf weniger als ein Bogengrad genau durchgeführt werden.
Die ganzen fünfziger Jahre hindurch untersuchte meine Arbeitsgruppe am NRL (vgl. Kapitel 3) die solare Röntgenemission. Was

Abbildung 64. Ein früher Hinweis auf die galaktische Röntgenemission, wie er im Verlauf der 1956 durchgeführten IGY-Sonnenflare-Expedition beobachtet wurde. Ein Szintillationszähler an Bord einer Nike-Deacon-Rakete erbrachte den Beleg für ein kosmisches Strahlungsmaximum in 23 km Höhe, an das sich ein mit wachsender Höhe stetig zunehmender weicherer Röntgenstrahlungsfluß anschließt. Die aus der Sonnenkorona stammenden Röntgenstrahlen lagen unterhalb der energetischen Nachweisbarkeitsschwelle. (U.S. Naval Research Laboratoy).

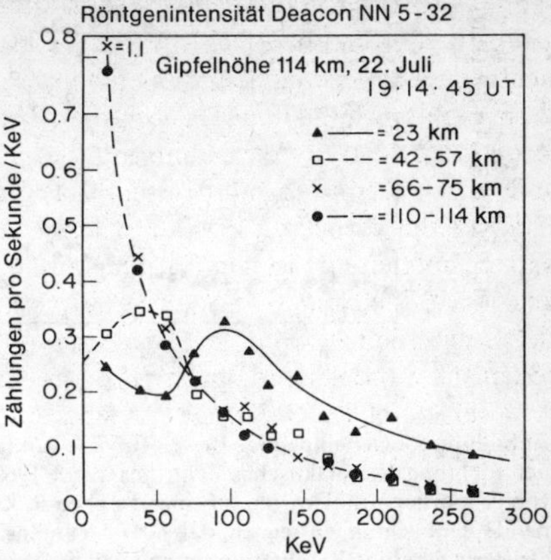

die Weiterführung der Erforschung sonnenähnlicher Röntgenquellen in der Galaxis anging, herrschte großer Pessimismus. Man hätte Detektoren gebraucht, die millionenmal empfindlicher waren als diejenigen, die damals verwendet wurden. Es schien so, als ob die Sonne bis in absehbare Zukunft die einzige Quelle nachweisbarer stellarer Röntgenstrahlen bleiben würde. Im Verlauf unserer Bemühungen, Röntgenstrahlen als Folge solarer Flares zu beobachten, glaubten meine Kollegen und ich im Jahr 1956, möglicherweise den Beleg für den Hintergrund einer Röntgenstrahlung aus dem Raum jenseits unseres Sonnensystems entdeckt zu haben. Durch diese Anzeichen angespornt, faßten wir den Entschluß, einige - wenn auch primitive - Versuche zu wagen, himmlische Röntgenstrahlen ausfindig zu machen, denen größere Überzeugungskraft zukam.

Innerhalb weniger Jahre erwachte auch andernorts das Interesse an den Möglichkeiten der Röntgenastronomie. Zu Bruno Rossi, der am Massachusetts Institute of Technology (MIT) glänzende Erfolge bei der Erforschung der kosmischen Strahlen erzielt hatte, gesellte sich nun ein junger Wissenschaftler namens Riccardo Giacconi von der American Science and Engineering Company (AS&E) in Boston. Einige der Gründer dieser Gesellschaft hatten bei Rossi am MIT studiert. Dieser wurde erster Berater der Firma

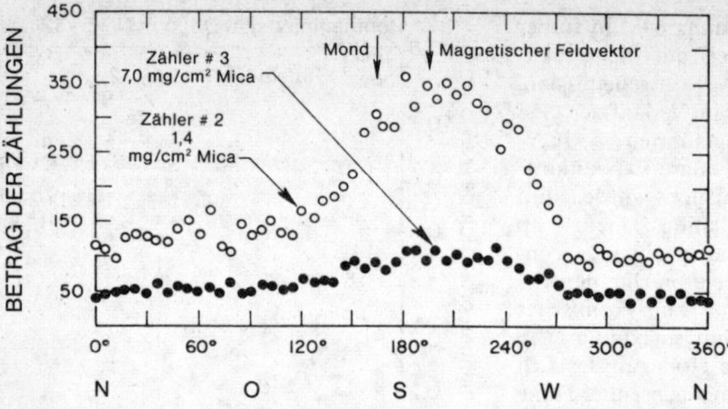

Abbildung 65. Der eindeutige Beweis für eine Röntgenemission aus der allgemeinen Richtung des galaktischen Zentrums wurde 1962 erbracht, und zwar mit Hilfe von Proportionalzählern, die auf einer Aerobee-Rakete mitflogen. Daran anschließende Beobachtungen zeigten, daß 60% der Intensität von einem einzigen Röntgenstern, Scorpius X-1, herrührten und daß der verbleibende Anteil einer großen Ansammlung von Sternen in der galaktischen Ebene entstammte. (Giacconi, Gursky, Paolini und Rossi, American Science and Engineering Co., *Phys. Rev. Letters*, Bd. 9, 1962, S. 439

und Ausschußvorsitzender. Mit der Unterstützung der US-Luftwaffe initiierten Rossi, Giacconi, Herbert Gursky und Franco R. Paolini ein Programm, das sich auf Aerobee-Raketen stützte und darauf abzielte, eine vom Mond ausgehende Röntgenemission zu entdecken. Gleichzeitig sollten ihre Detektoren nach weiteren Quellen nichtsolarer Röntgenstrahlen Ausschau halten, in der Hoffnung, einen unerwartet energiereichen Röntgenstrahler zu entdecken.

Der erste Versuch der AS&E-Arbeitsgruppe, Röntgenstrahlen nichtsolarer Herkunft zu orten, fand am 24. Oktober 1961 statt. Obwohl die Rakete einen fehlerfreien Flug absolvierte, zeigten sich die Wissenschaftler enttäuscht, als sie die telemetrischen Daten auf dem Papierstreifen sahen; es war nicht die geringste Spur eines interessanten Signals zu entdecken. Schon bald erkannten sie die Ursache der negativen Ergebnisse. Die Luken, durch die die Instrumente beim Aufstieg durch die Atmosphäre geschützt wurden, hatten sich nicht geöffnet. Beim zweiten Versuch, am 18. Juni 1962, lief beinahe alles glatt. In einer Höhe von 225 km öffneten sich die Lukendeckel anstandslos, und die Instrumente tasteten 350 Sekunden lang den Himmel oberhalb der röntgenabsorbierenden Erdatmosphäre ab. Man entdeckte eine Röntgenstrahlung großer Intensität: stolze fünf Photonen pro Quadratzentimeter pro Sekunde in einem Energiebereich von etwa vier Kiloelektronenvolt. In der AS&E-Gruppe herrschte zunächst die Auffassung, man habe nun tatsächlich vom Mond stammende Röntgenstrahlen geortet. Nach einer eingehenderen Untersuchung fand die Arbeitsgruppe jedoch heraus, daß die Röntgenstrahlen nicht vom Mond herrührten, sondern vielmehr aus einer Richtung, die eher mit der Lage des galaktischen Zentrums korrespondierte. Das Mondexperiment war gescheitert, doch man hatte kosmische Röntgenstrahlen gefunden: Das Tor zu einer Ära bemerkenswerter Entdeckungen auf dem Gebiet der Röntgenastronomie war aufgestoßen worden.

Wenige Monate nachdem die AS&E-Gruppe die kosmische Röntgenstrahlung entdeckt hatte, startete mein am NRL tätiges Team seinen eigenen Detektor, der etwa zehnmal empfindlicher war als das AS&E-Gerät. Er tastete eine intensive, etwa 20 Grad oberhalb des galaktischen Zentrums gelegene Röntgenquelle im Sternbild Skorpion ab. Die räumliche Auflösung des Detektors reichte aus, um uns erkennen zu lassen, daß das Objekt sternförmig war. Der Detektor erfaßte auch den Crab-Nebel und enthüllte einen Röntgenstrahlungsfluß, der um den Faktor sieben unter dem der Skorpion-Quelle lag. Schließlich fand das Instrument eine über den gesamten Himmel verteilte, diffuse Strahlung, die galaktischen oder extragalaktischen Ursprungs sein konnte. Ein Vergleich dieser Ergebnisse mit denjenigen der AS&E-Gruppe ergab ein hohes Maß an Übereinstimmung. Der durch die NRL-Messung erzielte Fortschritt bestand in der relativ genauen Positionsbestimmung der kräftigen Quelle, die wir mit Scorpius XR-1 bezeichneten, wie auch der Quelle im Crab-Nebel. (Bei der Benennung der Röntgenquellen wurde später der Buchstabe R weggelassen.)

Die Entdeckung der kräftigen Röntgenquelle Sco X-1 war bemerkenswert genug, aber anfangs richtete sich die Aufmerksamkeit noch mehr auf den diffusen Strahlungshintergrund. Dieser trat mit überraschend großer Intensität in Erscheinung, und es wurde erwogen, mit seiner Hilfe eine der damals sehr populären kosmologischen Theorien, nämlich die Steady-State-Theorie oder das Modell der kontinuierlichen Schöpfung, das von Hermann Bondi, Thomas Gold und Fred Hoyle entwickelt worden war, zu

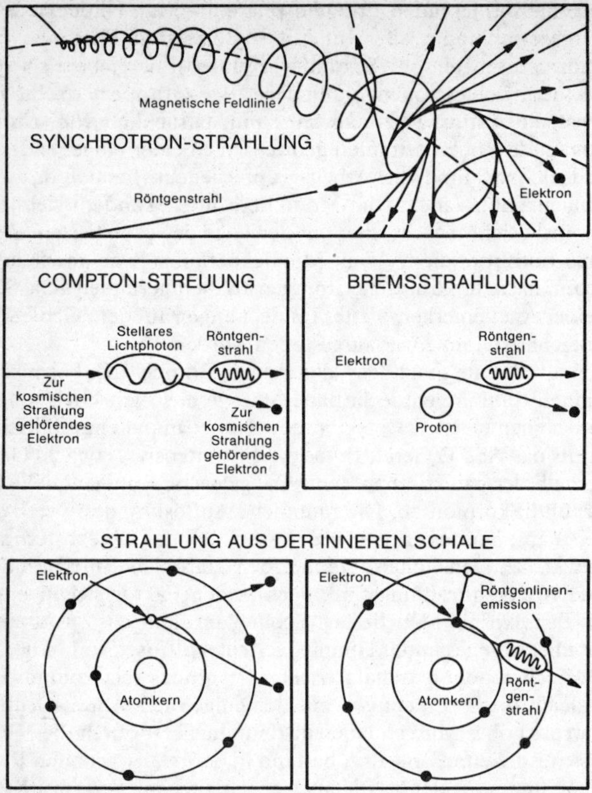

Abbildung 66. Die zu einer Röntgenemission führenden Prozesse. Elektronen, die spiralenförmig um magnetische Feldlinien herumlaufen, senden in Bewegungsrichtung ein kontinuierliches Spektrum von Synchrotron-Röntgenstrahlen aus. Bei der Compton-Streuung kollidiert ein relativistisches Elektron mit einem sichtbaren Lichtphoton und steigert dessen Energie in den Röntgenbereich hinein. Infolge der »Bremsstrahlung« entstehen Röntgenstrahlen immer dann, wenn das Elektron einer Kollision mit einem Atomkern nur knapp entgeht. Atomare Übergänge erzeugen Röntgenlinienemissionen, wenn ein Elektron oder ein Röntgenphoton die innere Schale eines Atoms ionisiert und ein auf einer höheren Schale befindliches Elektron auf den frei gewordenen Platz in der inneren Schale herabfällt.

überprüfen. Diesem Konzept zufolge wird Materie in Gestalt von Neutronen geschaffen, die im weiteren Verlauf in Protonen und Elektronen zerfallen. Die Entstehungsrate der Neutronen ist so groß, daß diese den Raum, der sich infolge der Expansion des Universums öffnet, aufzufüllen vermögen; auf diese Weise wird eine konstante Dichte im intergalaktischen Raum aufrechterhalten. Das Weltall sieht demnach heute genauso aus wie in der Vergangenheit, und daran wird sich auch in Zukunft nichts ändern (vgl. Kapitel 7).

Der Zerfall von Neutronen zu Elektronen und Protonen vermittelt diesen Teilchen eine sehr hohe Energie, so daß die dabei entstehende Intergalaktische Materie (IGM) außerordentlich heiß sein muß - in einer Größenordnung von 300 Millionen Grad - und Röntgenstrahlen aussenden sollte. Fred Hoyle schätzte in einer groben Überschlagsrechnung ab, daß die bei den Raketenexperimenten beobachtete Intensität ausreichen müßte, um die Theorie einer kontinuierlichen Schöpfung und damit den Zerfall von Neutronen zu heißen Elektronen und Protonen zu bestätigen. Weitergehende Berechnungen, die von Robert J. Gould und Geoffrey R. Burbidge von der Universität von Kalifornien in San Diego angestellt wurden, kamen zu einem abweichenden Ergebnis. Der entdeckte Strahlungsfluß war um den Faktor 70 zu niedrig, um das Modell einer kontinuierlichen Erschaffung des Universums zu stützen. Dies trug mit dazu bei, daß man mehr und mehr von dieser Theorie abrückte.

Die Röntgenastronomie fand rasch Anklang. Gegen Ende der sechziger Jahre wurde sie von 170 Spezialisten betrieben. Zwar bildeten sie nicht die größte Fraktion der Astronomen, doch stieg die Zahl der mit Röntgenastronomie befaßten Forscher während der sechziger und siebziger Jahre im Vergleich zu den in anderen astronomischen Fachbereichen tätigen Wissenschaftlern wesentlich schneller an.

Die Entdeckung der Röntgenquellen veranlaßte viele Wissenschaftler, darunter auch mich, umgehend den Versuch zu unternehmen, die zu einer Röntgenemission führenden physikalischen Prozesse zu erklären. Einige Forscher postulierten die Synchrotronstrahlung: Die geladenen Teilchen innerhalb der kosmischen Röntgenquellen müssen genau wie die außerordentlich schnellen Partikel, die auf den kreisförmigen Rennbahnen der Beschleuniger unserer Physiker herumwirbeln, um magnetische Feldlinien

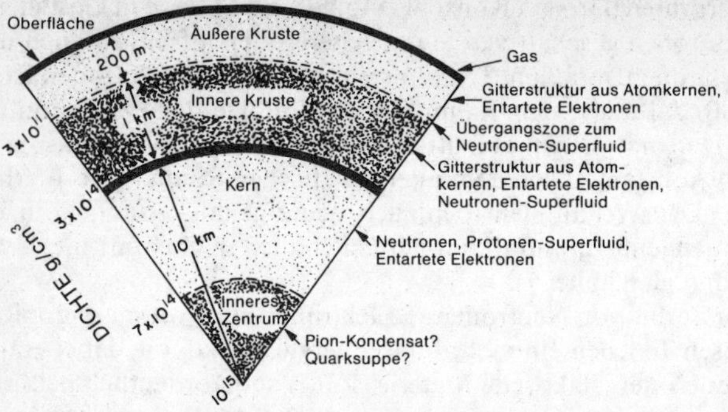

Abbildung 67. Der Querschnitt eines Neutronensterns. Der Neutronenstern kann als kosmisches Physiklabor für die exotischsten Erscheinungsformen der Materie betrachtet werden. Während ein Atom hauptsächlich aus leerem Raum besteht, ist ein Neutronenstern als ein gigantischer Atomkern aus $1o^{57}$ Neutronen anzusehen. Die Dichte in seinem Zentrum erreicht etwa 400 Millionen Tonnen pro Kubikzentimeter. An seiner Oberfläche lagert eine nur wenige Meter mächtige Gasatmosphäre auf einer kristallinen Kruste, die eine Million Billionen Male härter ist als Stahl. Sein Schwerefeld an der Oberfläche ist 100milliardenmal stärker als das Gravitationsfeld der Erde. Sein Inneres weist die Eigenschaften eines Superfluids auf und ist bei einer Temperatur von mehr als einer Million Grad Kelvin supraleitend.

spiralenartig herumlaufen; bei diesem Prozeß emittieren sie ein kontinuierliches Strahlenspektrum, das sich vom sichtbaren Licht bis zu den Röntgenstrahlen erstreckt. Eine weitere Möglichkeit wäre der inverse Compton-Effekt, bei dem relativistische Elektronen (also Elektronen, die beinahe mit Lichtgeschwindigkeit dahinrasen) mit Photonen aneinandergeraten und diese mit sehr hohen Energien, vorrangig Röntgenenergien, zurückprallen lassen. Eine dritte denkbare Quelle ist der Prozeß der Bremsstrahlung, der in einem hocherhitzten Plasma auftritt. Äußerst heiße Elektronen schlängeln sich mit hoher Geschwindigkeit an den positiv geladenen Atomkernen des Plasmas vorbei und emittieren Röntgenstrahlen, sobald ihre Flugbahnen gekrümmt werden. Dieser Prozeß ist für die aus der Sonnenkorona herrührende Röntgenstrahlung verantwortlich.
Ganz zu Beginn war ich geneigt, die Erklärung für die Ursachen der Röntgenstrahlen im Neutronenstern-Modell zu suchen. Das Interesse für die Neutronensterne als potentielle Urheber der

Röntgenstrahlung wurde von einer Arbeit angefacht, die von Hong-Yee Chiu vom Goddard-Institut für Weltraumstudien stammte. Ich erfuhr davon durch eine 1964 erschienene Monographie, die Chiu unter dem Titel *Supernovae, Neutrionos and Neutron Stars* veröffentlicht hatte. Chiu führte aus, daß die Kerntemperatur eines Neutronensterns theoretisch bei etwa einer Milliarde Grad zu liegen hätte. Die vom Zentrum nach außen abströmende Energie würde die Oberfläche auf eine Temperatur von ungefähr 10 Millionen Grad aufheizen. Weil die vermutlich aus Eisen bestehende Oberflächenschicht eine sehr hohe Dichte aufweisen müßte, würde sie intensive Röntgenstrahlung mit einem Emissionsmaximum bei ungefähr 3 Ångström (4 KeV) aussenden. Nach seiner Entstehung würde der Neutronenstern an die 1000 Jahre lang sehr heiß bleiben; während dieses Zeitraums hätte er sich auf etwa eine Million Grad abgekühlt, und sein Strahlungsspektrum müßte sich dabei in den Bereich langwelligerer Röntgenstrahlen verschoben haben. Im Band der optischen Wellenlängen würde er nur relativ schwach leuchten.

Obwohl die Emission des Crab-Nebels im Bereich der Radiowellen und des sichtbaren Lichts zufriedenstellend als Synchrotronstrahlung erklärt werden konnte, erfüllte sie die durch Hochrechnungen gestützten Erwartungen bezüglich eines kräftigen Röntgenstrahlungsflusses nur unzureichend. Darüber hinaus erschöpft sich bei der Synchrotronstrahlung die Energie der Elektronen, die sie verursachen. Je mehr die Energie der Elektronen ansteigt, desto schneller verzehren sich letztere bei der Produktion von Strahlung.

Um die Röntgenemissionen des Crab-Nebels hinreichend erklären zu können, muß man Elektronen mit Energien von bis zu 10^{14} eV heranziehen. Ein aus geladenen Teilchen bestehender Nebel würde bei diesen Energien nur wenige Jahre überdauern. Es mußte also irgendein anderer Prozeß her, der die Elektronen kontinuierlich beschleunigte, doch zur damaligen Zeit kannte man keinen derartigen Mechanismus.

Sollte jedoch – als Konsequenz der im Jahre 1054 beobachteten Supernova – im Zentrum des Crab-Nebels einer der von Chiu beschriebenen Neutronensterne existieren, so wäre dieser, wie wir ihn heute sehen, weniger als 1000 Jahre alt; er müßte theoretisch immer noch sehr heiß sein. Ein Neutronenstern mit einer Oberflächentemperatur von 10 Millionen Grad in der Entfernung des

Crab-Nebels könnte in etwa jene Röntgenstrahlung freisetzen, die bei den Raketenexperimenten beobachtet wurde.
Im Frühjahr 1964 bot sich uns die Chance, die Neutronenstern-Hypothese mit einem Raketenexperiment zu überprüfen. Unsere Radioastronomen sagten die Gelegenheiten, bei denen sich himmlische Bedeckungen von Radioquellen durch den Mond beobachten ließen, systematisch voraus. Im Juli 1964 sollte der Crab-Nebel durch den Mond verfinstert werden, ein Vorgang, der sich nur einmal in zehn Jahren ereignet. Wir benützten den Mond als Abschirmung, die den Nebel ganz allmählich zudeckte, und konnten dadurch den Winkeldurchmesser der Röntgenquelle bestimmen. Sollte die Ursache für die Röntgenemission ein Neutronenstern im Zentrum des Crab-Nebels sein, hätte eine Bedeckung das abrupte Verschwinden der Röntgenstrahlen innerhalb eines Sekundenbruchteils zur Folge gehabt. Wäre dagegen die Röntgenemission allmählich verschwunden, hätte dies darauf hingewiesen, daß es sich bei der Röntgenquelle um einen ausgedehnten Nebel handeln mußte.
Zur damaligen Zeit war die Technologie, die für die Durchführung eines derartigen Bedeckungsexperiments benötigt wird, noch nicht vollständig ausgereift. Ganz besonders wichtig war die Verfügbarkeit eines Raketenstabilisators, denn damit ließ sich der Röntgendetektor während des gesamten Bedeckungsvorgangs fest auf den Mond ausrichten. Der erfolgreiche Ausgang des Experiments hätte einen überzeugenden Beweis für die Existenz eines Neutronensterns geliefert.
Für raketengestützte Studien an der Sonne waren zu Beginn der fünfziger Jahre Geräte mit der Bezeichnung »Attitude Control System« (Lagekontrollsystem) erdacht worden. Diese elektromagnetischen Apparate richteten die Instrumente der Rakete auf die Sonne aus; das geschah mit einer auf Photoröhren beruhenden Nachführung. Es ist jedoch weitaus schwieriger, eine damit vergleichbare Funktionsweise bei kosmischen Quellen während der Nacht zu erreichen, denn am nächtlichen Himmel findet man keinen Stern, der sich so deutlich heraushebt. Die NASA entwarf an ihrem Goddard-Raumflugzentrum einen kreiselgestützten Stabilisator, der für die nächtliche Raketenastronomie gedacht war. Die ersten Lagekontrollsysteme wurden 1959 getestet; im Jahr 1964 war das System von einer zuverlässigen Funktionsweise immer noch weit entfernt. Vierzehn Tests wurden von Goddard

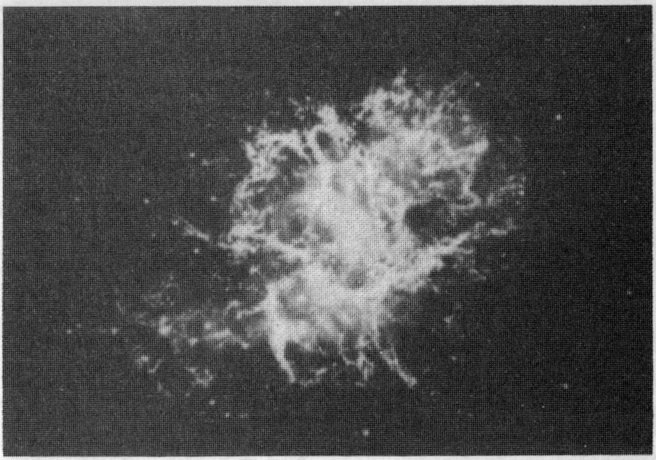

Abbildung 68. Der Crab-Nebel stellt ein rasch expandierendes Geflecht verwikkelter Gasfilamente dar, die von einer Supernovaexplosion, die im Jahr 1054 von orientalischen Astronomen beobachtet wurde, übriggeblieben sind. In der Mitte befindet sich ein Neutronenstern-Pulsar, der sich pro Sekunde 33mal um seine Achse dreht. (Lick Observatory)

durchgeführt, und lediglich drei davon blieben innerhalb eines noch hinnehmbaren Toleranzbereichs. Trotz dieser ärmlichen Bilanz glaubte ich, daß die sich nur alle zehn Jahre bietende Chance unbedingt ergriffen werden mußte. Ich beschloß, das Bedekkungsexperiment mit dem verfügbaren Lagekontrollsystem zu wagen. Auch ein guter Freund, der sowjetische Astrophysiker Jossif Schklowski, ermutigte mich, die Beobachtung zu versuchen. In einem Brief vom Frühjahr 1964 schrieb er, daß seine sowjetischen Kollegen noch nicht soweit seien, ein solches Experiment durchzuführen, doch er sei voller Zuversicht, daß wir am NRL es schaffen könnten.

Zusätzliche Probleme tauchten in Verbindung mit dem Zeitplan auf. Dieser war von entscheidender Wichtigkeit, denn die Detektoren mußten genau in Übereinstimmung mit der Bedeckung des Nebels oberhalb der absorbierenden Atmosphäre ankommen. Auf Grund des verwendeten flüssigen Treibstoffs war der Start einer Aerobee mit einer langatmigen Vorbereitung und einem umfangreichen Countdown verbunden; nur sehr selten hoben die

Abbildung 69. Herbert Friedman mit der Instrumentensektion der Aerobee-Rakete, die für die Beobachtung der lunaren Bedeckung der aus dem Crab-Nebel stammenden Röntgenstrahlung am 7. Juli 1964 zum Einsatz kam. Der kreiselgestützte Stabilisator der Rakete hielt die beiden Proportionalzähler auf den Nebel ausgerichtet, während der Mond vor ihm vorüberzog. (U.S. Naval Research Laboratory)

Raketen genau zum vorgesehenen Zeitpunkt ab. Doch trotz einer Vielzahl von Schwierigkeiten verlief das Experiment nahezu reibungslos. Am 7. Juli 1964 verließ die Rakete exakt zum richtigen Zeitpunkt die Startrampe; zum erstenmal funktionierte das Lagekontrollsystem genau so, wie man es sich gewünscht hatte. Die überschwengliche Stimmung, die im Zuge der erfolgreichen Operation aufgekommen war, erhielt durch die wissenschaftlichen Ergebnisse freilich einen Dämpfer. Ein Neutronenstern war nicht identifiziert worden. Statt dessen zeigte die Bedeckung des Nebelzentrums eine stetige Intensitätsabnahme, die bewies, daß die Quelle weit ausgedehnt und nicht in einem Neutronenstern konzentriert war. Die tatsächliche Breite der röntgenemittierenden Nebelregion belief sich auf eine Bogenminute oder etwa ein Lichtjahr. Dies war im Vergleich zu dem Vorausgesagten, 20 km betragenden Durchmesser eines Neutronensterns ungeheuerlich. Wenn ein Röntgenstrahlen emittierender Neutronenstern im

Abbildung 70. Jossif Samuilowitsch Schklowski (1916-1985). Jossif Samuilowitsch Schklowski bezeichnete sich selbst als jungen Mann mit einer Berufung zum Porträtkünstler, der nur rein zufällig zur Naturwissenschaft gestoßen sei. In seiner frühesten theoretischen Arbeit stellte er 1945 eine moderne Theorie der Ionisation der Sonnenkorona auf. 1949 wandte er sich Problemen der galaktischen Astrophysik zu und erklärte, die 21-cm-Wasserstoffstrahlung des interstellaren Gases müsse sich ohne Schwierigkeiten orten lassen. Weiterhin nahm er die Entwicklung des umfangreichen Forschungsgebiets der Mikrowellenspektroskopie galaktischer Moleküle vorweg.

Im Jahr 1953 stellte Schklowski die Theorie auf, daß sowohl die optische als auch die Radioemission des Crab-Nebels eine Synchrotronstrahlung relativistischer Elektronen sei, die im Magnetfeld des Nebels zirkulieren. Schklowski erkannte, daß sich das Synchrotronspektrum der Supernovaüberreste bis in den Röntgenbereich hinein erstrekken könnte. Zusammen mit Vitali Ginsburg wandte er die Synchrotron-Hypothese auch auf extragalaktische Objekte an; er legte eine vollkommen neue Beschreibung des Universums vor, in der eher die Magnetfelder und die hochenergetischen Teilchen als die thermische Emission der Sterne bei den Strahlungsprozessen dominieren.

Schklowski, ein Bürger der UdSSR, trat als Vorkämpfer für die Menschenrechte auf und zeigte einen bizarren Sinn für Humor, was ihm häufig Schwierigkeiten mit der Staatsgewalt bescherte. Immer wieder wurden ihm Reisen ins Ausland aus fadenscheinigen Gründen verweigert, beispielsweise wegen seines angeblich schlechten Gesundheitszustands. Kollegen, die einem kerngesunden Schklowski begegneten und sagten, sie hätten vernommen, er sei krank, pflegte er zu antworten: »Ja, ich habe Diabetes. Zu viel Sacharow!« (*Sachar* ist das russische Wort für Zucker, und Schklowski war einer der engagiertesten Fürsprecher Sacharows in der Sowjetischen Akademie der Wissenschaften.) Obwohl er Mitte der sechziger Jahre als korrespondierendes Mitglied in die Akademie gewählt wurde, kam es nie zu einer Vollmitgliedschaft. Ein prominenter sowjetischer Wissenschaftler gab hierzu folgenden Kommentar ab: »Fünfzig Prozent von dem, was Schklowski leistet, sind brillant, doch niemand kann sagen, welche fünfzig Prozent dies sind.«

Crab-Nebel existiert hätte, so hätte er höchstens 5% zu dem gesamten Röntgenstrahlungsfluß beitragen dürfen.

Wenig später wiesen auch die AS&E-Wissenschaftler nach, daß die Röntgenquelle Sco X-1 kein heißer Neutronenstern sein konnte. Im August und Oktober 1964 maßen sie das Spektrum des

Objekts und folgerten, daß es seine Röntgenstrahlen nicht aus einem dichten, heißen Körper heraus erzeugte; sein Spektrum entsprach eher einem Synchrotron- oder einem in verdünntem Gas auftretenden thermischen Bremsstrahlungs-Mechanismus. Ein knappes Jahr danach kam die röntgenastronomische Arbeitsgruppe am Livermore-Strahlungslaboratorium aufgrund einer noch präziseren Messung zu dem Schluß, daß die von Sco X-1 stammenden Röntgenstrahlen aus der thermischen Bremsstrahlung innerhalb eines verdünnten Plasmas bei Temperaturen von etwa 60 Millionen Grad resultierten.

Unsere Röntgengalaxis

Die mit der Röntgenastronomie befaßten Arbeitsgruppen waren sich bewußt, daß zwei Röntgenquellen nicht ausreichten, um daraus eine Theorie über den Entstehungsprozeß der Röntgenemission abzuleiten; daher kam es zu systematischen Bestrebungen, einen umfangreichen Katalog von Röntgenquellen anzufertigen. Die Erfahrungen mit verschiedenen Wellenlängenbereichen haben eindeutig gezeigt, daß jeder Teilbereich der Astronomie durch eine Vielfalt von Objektklassen vertreten ist. Das Verfahren, das die NRL-Arbeitsgruppe bei der Durchmusterung des Himmels nach weiteren Quellen anwandte, bestand aus einem einfachen, mehr oder weniger vorgegebenen Weg: dem Einsatz der Aerobee-Rakete. Man hatte ihr nach eingehender Überlegung eine sehr langsame Umdrehungsrate gegeben, die ihre Instrumente in die Lage versetzten, während eines einzigen Fluges beinahe die ganze Hemisphäre des Himmels abzutasten, und dies in einem Tempo, daß sich die einzelnen Quellen während des Fluges identifizieren ließen. Im Jahr 1967 lag die Zahl der bekannten Röntgenquellen schon über 30. Die meisten waren vom NRL geortet worden; einige andere hatten Gruppen der AS&E, der Lockheed Corporation, des Los Alamos National Laboratory sowie des Lawrence Livermore National Laboratory entdeckt.
Bereits mit dieser begrenzten Kollektion von Objekten war es möglich, einige allgemeine Abschätzungen bezüglich der Anzahl der Röntgenquellen in der Milchstraße und im Hinblick auf die gesamte Röntgenhelligkeit unserer Galaxis vorzunehmen. Es schien so, als ob sich die meisten Quellen in Richtung des galak-

tischen Zentrums und zur Ebene der Milchstraße hin befänden. Wir rechneten aus, daß die Gesamtzahl aller beobachtbaren Röntgenquellen in der Milchstraße die 1000 übersteigen und die Leuchtkraft bei ungefähr 7 mal 10^{39} erg pro Sekunde liegen mußte; dies entspricht in etwa einem Tausendstel der optischen Energie, die von unserer Galaxis abgestrahlt wird. Ein umfangreicher, den ganzen Himmel abdeckender Katalog - 1984 erstellt von HEAO-1 - führt an die 1000 Quellen auf, doch Untersuchungen mit größerer Auflösung vermögen sogar in kleinen Himmelsausschnitten Hunderte von schwächeren Quellen zu enthüllen.
Zwar lagen die meisten dieser Objekte in der Nähe der galaktischen Ebene und schienen somit zur Milchstraße zu gehören, doch standen einige unweit der galaktischen Pole, stellten also möglicherweise extragalaktische Röntgenquellen dar. Wir fanden bald heraus, daß eine gigantische Galaxis mit der Bezeichnung M87 und der Quasar 3C 273 zu diesen auf einer hohen Breite befindlichen Röntgenquellen zählten. In Anbetracht der bekannten Distanzen mußte ihre Röntgenintensität mehr als eine Milliarde Male größer sein als die des Crab-Nebels. Eine weitere große Überraschung bestand darin, daß mehrere Röntgenquellen in hohem Maße veränderlich zu sein schienen. So nahm die Helligkeit von Cygnus X-1 im Lauf eines Jahres um den Faktor 4 ab. Die NRL-Arbeitsgruppe stellte die Vermutung auf, die Veränderlichkeit könnte daher rühren, daß der Röntgenstern in einem Doppelsternsystem durch einen Begleiter verfinstert wird. Diese Hypothese ließ sich für Cygnus X-1 nicht bestätigen, doch schon viel früher hatten die Ergebnisse des Röntgensatelliten »Uhuru« bewiesen, daß die Charakteristik eines Bedeckungsveränderlichen bei Röntgenemittern weit verbreitet ist (vgl. S. 287).

Wie man die Zeit des Crab-Pulsars stoppte

Nach dem Fehlschlag bei der anläßlich einer Bedeckungsbeobachtung versuchten Identifizierung eines Neutronensterns im Crab-Nebel ließ sich im November 1968 eindeutig eine Beziehung zwischen den Pulsaren und den Supernovaüberresten herstellen, als man im Crab-Nebel den bemerkenswertesten Pulsar überhaupt entdeckte. Zwei junge Radioastronomen, David H. Staelin und Edward C. Reifenstein, stellten am National Radio Astrono-

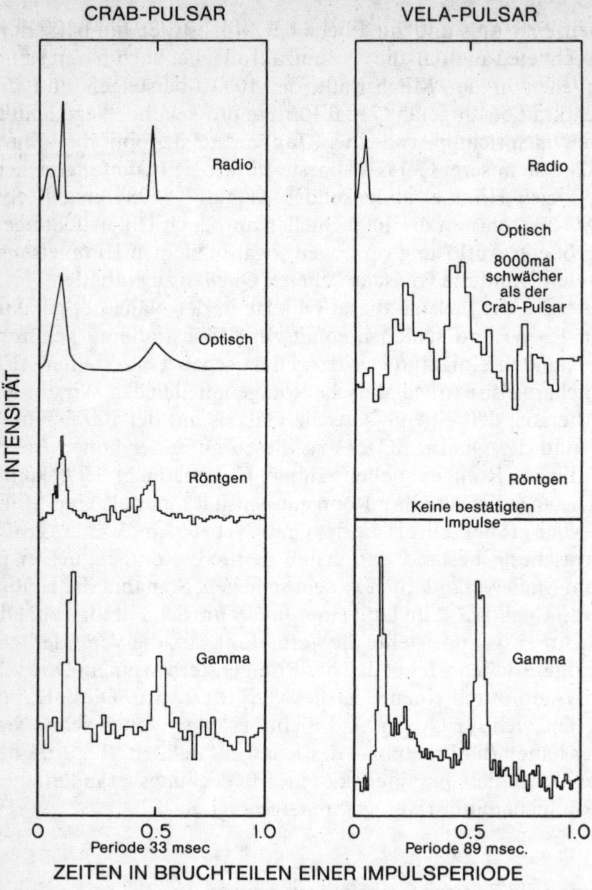

Abbildung 71. Die Impulsprofile der Neutronenstern-Pulsare in den Supernovaresten des Crab-Nebels und des Sternbilds Vela. Die Synchrotronstrahlung des Crab-Nebels weist beim Muster des Hauptimpulses und der Nebenimpulse in allen Wellenlängenbereichen eine starke Ähnlichkeit auf. Der Vela-Pulsar zeigt im Bereich der Radiowellen keinen Nebenimpuls; im sichtbaren Licht deuten sich nur sehr schwache Hinweise auf eine Pulsation an. Während die Röntgenpulsation nicht bestätigt werden konnte, tritt die Pulsation bei den Gammastrahlen markant hervor. Die Modelle bezüglich der Pulsar-Emissionsmechanismen sind nach wie vor unsicher, und man hat bis heute keine zufriedenstellende Erklärung für diese Abweichungen gefunden.

my Observatory in Green Bank, West Virginia, Beobachtungen an und orteten Impulse im Crab-Nebel; eine Periode konnten sie jedoch nicht mit Sicherheit eruieren. Verwirrt wurden sie durch etwas, das so aussah, als ob sich zwei Pulsare im gleichen Gesichtsfeld befänden. Innerhalb von ein paar Wochen fand John M. Comela mit dem großen 305-Meter-Radioteleskop von Arecibo auf Puerto Rico des Rätsels Lösung. Am fraglichen Ort standen tatsächlich zwei Pulsare; der eine wies mit 0,033 Sekunden die kürzeste bislang beobachtete Periode auf, der andere mit 3,7 Sekunden die beinahe längste. Binnen kürzester Zeit konnte man den schnellen Pulsar als das Zentrum des Nebels mit einem Durchmesser von 5 Bogensekunden identifizieren, der langsame Pulsar stand dagegen 1,5° entfernt.
Obwohl die von den Cambridger Astronomen entdeckten Radioimpulse noch genauer zu sein schienen als die besten Quarzuhren - gangstabil mit 10^{-14} Sekunden pro Sekunde -, stellte der Crab-Pulsar schon bald eine meßbare Ablage zur Schau. Die in Arecibo erfolgten Beobachtungen zeigten auf, daß die Periode des Crab-Pulsars um 36 Nanosekunden pro Tag zunahm. Bald schon wurde klar, daß alle Radiopulsare langsamer werden. Diese Beobachtung stützt das Modell eines schnell rotierenden Neutronensterns, in dem die Strahlungsenergie dem Vorrat an kinetischer Rotationsenergie entnommen wird.
Die Entdeckung des Crab-Pulsars war für die optischen Astronomen das Signal, ihre Teleskope auf den Zentralstern auszurichten, von dem Walter Baade schon viele Jahre früher vermutet hatte, er könnte als Rest der Supernova des Jahres 1054 gelten. Das im Jahr 1942 beobachtete Spektrum war äußerst ungewöhnlich. Der ultravioletten Helligkeit nach zu schließen, schien der Stern sehr heiß zu sein. Es gab keine Emissions- und Absorptionslinien; insgesamt also eine rätselhafte Situation. William J. Cocke, Michael J. Disney und Donald J. Taylor vom Steward-Observatorium in Arizona gelang beinahe umgehend die Entdeckung von optischen Pulsationen, die mit einer Periode von 0,0333 Sekunden auftraten. Die Identität des Baadeschen Zentralsterns mit dem Crab-Pulsar wurde an der Sternwarte Kitt Peak mittels stroboskopischer Aufnahmeverfahren nachgewiesen. Das vom Teleskop eintreffende Licht wurde von einer Fernsehkamera abgebildet, und der Lichtstrahl wurde dabei durch eine genau mit der Pulsarfrequenz rotierenden Kreissektor-Blende unterbrochen. Sobald die Blende mit

den Pulsationen in Phase lag, wurde der gesamte Pulsarbereich samt den umgebenden Sternen photographiert. Befand sich die Blende jedoch nicht in Phase, verschwand das Licht des Pulsars, das übrige Sternfeld hingegen leuchtete ungerührt weiter. Eine eindrucksvollere Demonstration der optischen Pulsationen konnte es kaum geben. Ein Stern, der heller scheint als unsere Sonne, war dabei ertappt worden, wie er 30mal in der Sekunde aufblitzte und wieder verlosch.

Wenige Monate später starteten meine Kollegen Edward T. Byram, Talbot A. Chubb, Gilbert Fritz und ich eine Aerobee-Rakete, um nach Röntgenpulsationen zu suchen. Es gelang uns, das gleiche Impulsmuster, das man bei den Radiowellen und im optischen Licht gefunden hatte, zu beobachten. Doch die gepulste Röntgenenergie lag 10000mal höher als diejenige der Radiostrahlung und umfaßte nur etwa 6% der gesamten Röntgenemission des Nebels. Der Grund, weshalb unsere Suche nach dem Neutronenstern anläßlich unserer Bedeckungsbeobachtung von 1964 gescheitert war, lag nun klar auf der Hand. Jene sechs Prozent waren zu wenig, um noch einen scharfen Knick in der Bedekkungslichtkurve erkennbar werden zu lassen.

Unmittelbar im Anschluß an die Entdeckung der Röntgenpulsationen leitete Tommy Gold ein Symposion über Pulsare an der Akademie der Wissenschaften. Aus der Verlangsamung des Radiopulsars hatte er abgeleitet, wie hoch der Energieverlust des schnell rotierenden Neutronensterns sein mußte. Er lag weitaus höher als das, was man der Radioemission zuordnen konnte. Als ich davon berichtete, daß die Röntgenenergie die Radiostrahlung um das mehr als 10000fache übertrifft, war die Sache klar. Golds Modell eines schnell rotierenden Neutronensterns, der auf Kosten seines Drehmoments Energie abstrahlt, war damit voll und ganz bestätigt. Die Botschaft des Crab-Pulsars war nun auf zufriedenstellende Weise entschlüsselt. Eine Supernova hatte einen kollabierten Kern, einen schnell rotierenden Neutronenstern, zurückgelassen; die bei diesem Kollaps freigesetzte Gravitationsenergie trieb die Rotationsbewegung an. Der Neutronenstern verliert infolge seiner Rotation zur Zeit 10 000 Billionen Billionen Kilowatt, und der Vorrat an Rotationsenergie wird den Pulsarmechanismus noch die nächsten Jahrtausende hindurch in Gang halten.

Ein ähnlicher Pulsar, der ebenfalls durch übriggebliebene Rotationsenergie angetrieben wird, befindet sich im Gebiet des Vela-

X-Nebels und wurde 1972 entdeckt. Auch seine Periode ist sehr kurz, sie beträgt 0,089 Sekunden. Im Gegensatz zum Crab-Pulsar ist seine weiche Röntgenstrahlung bis auf den heutigen Tag unentdeckt geblieben, und seine Impulsprofile verändern sich in Abhängigkeit von der Energie in auffallender Weise. Seine Pulsationen reichen ähnlich wie beim Crab-Pulsar bis in sehr hohe Gammaenergiebereiche hinein, doch liegen sie mit den Radioimpulsen nicht in Phase. Die beiden einzigen Vertreter der Pulsare mit einem breiten, sich vom Radio- bis in den Gammabereich hinein erstreckenden Spektrum weisen also zahlreiche Unterschiede auf und lassen offenkundig werden, daß wir in bezug auf die daran beteiligten physikalischen Mechanismen noch viel zu lernen haben.

Die nicht kenntliche sichtbare Gestalt von Sco X-1

Über die Natur der Röntgenstrahlen vom Crab-Pulsar ließen sich seit der Zeit ihrer ersten Beobachtung einigermaßen begründete Mutmaßungen anstellen, denn der optische Nebel und seine Verbindung mit einer längst verblaßten Supernova boten dem Verständnis keine allzu großen Probleme. Das Geheimnis von Sco X-1 jedoch, der stärksten Röntgenquelle, konnte nicht gelüftet werden, bevor sich zumindest ein kleiner Hinweis auf irgendeine optische Entsprechung ergab. Weil die Bahn des Mondes Sco X-1 zu keiner Zeit kreuzt, ließ sich eine Positionsmessung mit Hilfe einer Bedeckung nicht durchführen. Doch in einer wahren *tour de force* bemühten sich die AS&E-Gruppe und der japanische Gastwissenschaftler Minoru Oda, die genaue Position zu ermitteln und die Bestätigung dafür zu erlangen, daß es sich um einen sehr lichtschwachen blauen Stern handelte. Am 8. März 1966 starteten sie ein Gerät mit der Bezeichnung »Modulations-Kollimator«. Es bestand aus einem System paralleler Ebenen, die von Drahtgittern gebildet wurden. Wenn der Proportionalzähler-Detektor das Objekt durch diese Gitter hindurch betrachtet, erzeugt die Abtastbewegung ein gradnetzartiges Muster. Dieses Muster macht es nicht nur möglich, die Ausmaße der Quelle zu ermitteln, sondern es erlaubt auch eine präzise Positionsbestimmung am Himmel. Die Beobachtung ergab eine obere Grenze von 20 Bogensekunden für den Winkeldurchmesser der Quelle, und dies schloß die Möglich-

keit aus, es könnte sich hier um einen Supernova-Rest handeln. Eine Supernova, die beispielsweise so schnell wie der Crab-Nebel expandieren würde, könnte nicht viel älter sein als 50 Jahre, und es ist äußerst unwahrscheinlich, daß eine solche, erst kürzlich erfolgte Explosion in unserer Galaxis völlig unbemerkt vonstatten gegangen wäre.
Die optischen Astronomen suchten die Photoplatten der Sco X-1 benachbarten Himmelsregionen ab, doch sie fanden nicht einen einzigen überzeugenden Kandidaten. Eine Möglichkeit bestand darin, daß die Quelle punktförmig war; falls dies zutraf, mußte das optische Objekt so schwach wie ein Stern 13. Größe im sichtbaren Spektralbereich leuchten. Im Anschluß an die Positionsbestimmung von Sco X-1 begann sofort eine Kampagne, um das optische Gegenstück ausfindig zu machen. In Japan arbeiteten die Astronomen mit einem 186-cm-Teleskop und identifizierten in einem Abstand von weniger als einer Bogenminute zur Position von Sco X-1 einen blauen Stern der Größenklasse 12,6. Eine Woche später bestätigten die Beobachter am großen 5-m-Spiegel auf dem Mount Palomar dieses Ergebnis. Es schien nun so, als ob das hellste Röntgenobjekt des Himmels mit einem sichtbaren Stern von sehr untergeordneter optischer Bedeutung in Verbindung stünde. Die aus geschichtlicher Zeit stammenden optischen Beobachtungen legten nahe, in der Quelle eine alte Nova mit charakteristischen Helligkeitsfluktuationen zu sehen. Ihre Entfernung wurde auf 250 Parsek geschätzt, was für ihre Röntgenleuchtkraft einen Wert von 10^{36} erg pro Sekunde ergab. Diese Energie entsprach annähernd derjenigen aus dem Crab-Nebel.
Die Ähnlichkeit des schwachen blauen Sterns mit einer alten Nova löste umfangreiche theoretische Spekulationen darüber aus, wie der Mechanismus der Röntgenemission beschaffen sein könnte. Die meisten alten Novae sind Bestandteile von Doppelsternsystemen, in denen ein kompaktes Objekt, wie beispielsweise ein Weißer Zwerg, durch die Schwerkraft an einen Riesenstern gebunden ist. Der Theorie zufolge heizt sich das Gas, das durch die Gezeitenwirkung von dem großen Partner abgesogen wird, auf sehr hohe Temperaturen auf, denn die kinetische Energie des Gases dürfte direkt proportional zur Masse und indirekt proportional zum Radius des kompakten Partners zunehmen. Die Gewalten, die bei diesem Akkretionsprozeß im Spiel sind, können beim Absturz eines Nukleons auf einen Weißen Zwerg oder auf

einen hypothetischen Neutronenstern mit einer Sonnenmasse pro Kernteilchen mehr als zehnmal soviel Energie liefern, wie wenn dieses Nukleon im Zentrum der Sonne im nuklearen Feuer fusioniert. Besonders Schklowski gab einem Modell den Vorzug, bei dem das Akkretionsobjekt ein Neutronenstern sein konnte.

Die Ära »Uhuru«

Der erste Röntgensatellit wurde von einer umgebauten Ölbohrplattform vor der kenianischen Küste aus in eine Umlaufbahn parallel zum Äquator geschossen. Die »Uhuru«-Mission wurde unter der Leitung von Riccardo Giacconi geplant und durchgeführt, als dieser noch mit der AS&E-Gruppe in Verbindung stand. Der Satellit stellte während seiner etwas mehr als zwei Jahre dauernden Betriebszeit einen Katalog von 339 diskreten Quellen zusammen und ermöglichte die Entdeckung von ehedem unbekannten periodischen Schwankungen der Intensität einer Reihe von Objekten; damit war bewiesen, daß sie zu Doppelsternsystemen gehörten und ihre Energie aus schwerkraftbedingten Akkretionsprozessen bezogen.
Das Gewicht von »Uhuru« lag nicht wesentlich über dem einer Nutzlast in der Raketenastronomie. Er wog nur 64 Kilogramm, und das ihm zugrundeliegende Detektorsystem bestand aus einem Paar Proportionalzähler mit einem Gesichtsfeld mäßiger Größe. Als »Uhuru« seinen Betrieb aufgenommen hatte, demonstrierte er sofort eine ganze Reihe jener Vorteile, die ein »Langspielsatellit« mit sich bringt. Weil seine Instrumente bei einzelnen Objekten wiederholte Beobachtungen durchführten und die Photonenzählungen von aufeinanderfolgenden Abtastvorgängen kumulieren konnten, summierten sie sich zu einer größeren Empfindlichkeit auf, die es möglich machte, auch schwache Quellen zu orten. »Uhuru« konnte Röntgensterne aufspüren, die nur ein Zehntel so hell waren wie diejenigen, die von einer stabilisierten Rakete aus entdeckt worden waren. Obwohl seine Positionsbestimmung nach wie vor recht grob ausfiel, konnte eine erhebliche Anzahl an Quellen mit ihren visuellen Entsprechungen zur Deckung gebracht werden.
Die erste große Überraschung bescherte uns »Uhuru«, als seine Instrumente eine schon im Jahr 1967 entdeckte Quelle aufs Korn

nahmen, die man als Centaurus X-3 kannte. Sie wies, wie man herausfand, eine äußerst regelmäßige Periodizität auf. Mit einer Impulsperiode von 4,8 Sekunden glich sie einem Pulsar. Doch sie zeigte auch eine Sekundärperiode von 2,087 Tagen, was eindeutig mit einer Orbitalperiode in einem Doppelsternsystem übereinstimmte; bei diesem Doppelstern wurden die von einem kompakten Objekt ausgesandten Röntgenstrahlen immer dann verfinstert, wenn es hinter dem Begleitstern hindurchlief. Rasch identifizierten irdische Beobachter eine der Komponenten als Blauen Überriesen.

Als nächstes entdeckte »Uhuru« die Quelle Hercules X-1, die Perioden von 1,24 Sekunden und 1,7 Tagen hatte. Das optische Gegenstück war ein blauer Stern mit ungefähr der doppelten Sonnenmasse. In den optischen Wellenlängen beobachtete man dieselbe Orbitalperiode, die auch im Röntgenlicht entdeckt worden war. Obwohl die Doppelsternnatur von Cen X-3 und Her X-1 klar zutage lag, war man doch sehr überrascht, als die Impulsperiode von Her X-1 im Lauf der Zeit leicht abnahm. Wäre es ein Pulsar gewesen, wie man ihn im Crab-Nebel vorgefunden hatte, hätte sich seine Impulsfolge aufgrund der ungeheuren Energiemengen, die abgestrahlt wurden, leicht beschleunigen müssen. Das gegensätzliche Verhalten war nur dann zu verstehen, wenn ein kompakter Neutronenstern Materie aus einem stellaren Wind ansammelte, der der Oberfläche des blauen Begleitsterns entströmte. Das auf ihn einstürzende Material würde jedoch den Neutronenstern nicht auf direktem Weg treffen. Infolge seines Drehmoments folgt der Strom in Richtung des Neutronensterns einer spiralförmigen Flugbahn, was letztlich zur Bildung einer Akkretionsscheibe führt. Das innerhalb der rotierenden Scheibe befindliche Gas verliert aufgrund der Reibung mit dem umgebenden Material Energie und fällt aus der Scheibe nach innen auf den Neutronenstern; dies geschieht mit einer Rate von ungefähr einer milliardstel Sonnenmasse pro Jahr.

Im starken Magnetfeld des sich rasch drehenden Neutronensterns wird das hereinströmende Plasma an den Magnetpolen durch einen engen Kanal zur Oberfläche geschleust, wo sich zwei glühende Erhebungen aus röntgenemittierendem Plasma bei einer Temperatur von etwa 100 Millionen Grad aufbauen. Während der Stern rotiert, sind seine Pole von der Erde aus abwechselnd zu sehen, und dies führt zur Erzeugung der gepulsten Strahlung.

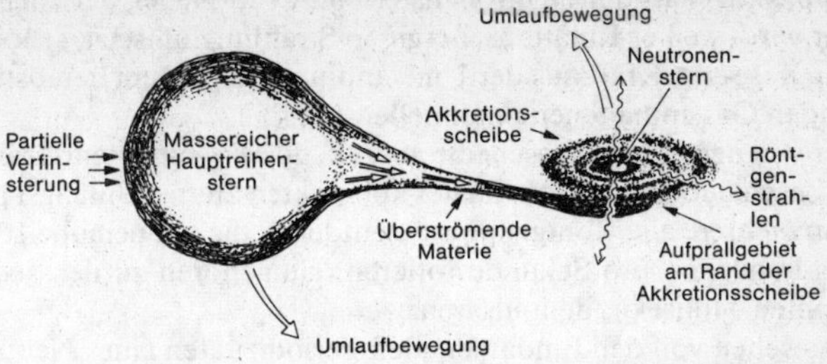

Abbildung 72. Das Modell eines Röntgendoppelsterns. Dieser besteht aus einem zur Hauptreihe gehörenden Begleitstern, der an einen Neutronenstern gefesselt ist. Die Gezeitenkräfte ziehen einen Strom von Gas ab, das auf einer Spiralbahn in eine Akkretionsscheibe hineinläuft, die den Neutronenstern umgibt. Während das Gas, dem Verlauf des Magnetfelds folgend, zum Neutronenstern fließt, wird es dermaßen heiß, daß intensive Röntgenstrahlen emittiert werden. Je nachdem, unter welcher Perspektive das System aus der Sicht der Erde erscheint, wird der Röntgenstrahlungsfluß die Periodizität des rotierenden Neutronensterns aufweisen, oder es ergeben sich im Lauf der Orbitalperiode Abschattungen des Röntgenflusses durch den Begleitstern beziehungsweise durch den Akkretionsstrom.

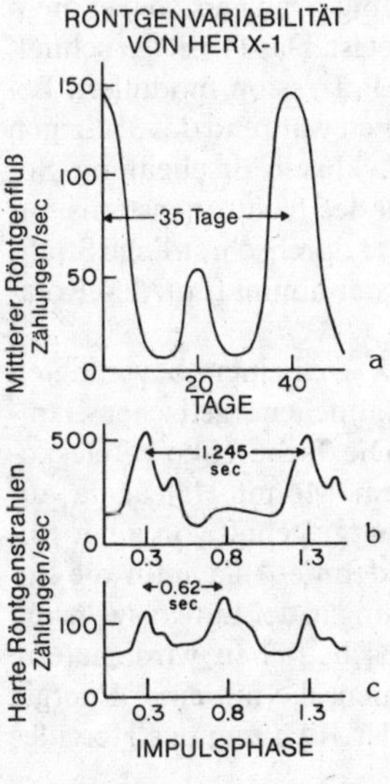

Abbildung 73. Der Einfluß der Neutronenstern-Präzession auf die Impulsmuster von Her X-1 (a) Mittlere Variation der Röntgenstrahlung, wie sie durch die 35tägige Präzession bewirkt wird. (b) und (c) Präzessionsbedingte Modulation der infolge einer schnellen Drehung ausgelösten Pulsation. Bei (b) werden die Röntgenstrahlen nur von einem Pol des Neutronensterns empfangen. Der Nebenimpuls taucht in (c) auf, wenn die Röntgenstrahlen während jeder einzelnen Umdrehungsperiode von beiden Polen empfangen werden.

Ganz anders als der Neutronenstern im Crab-Nebel, der langsamer wird, weil er Rotationsenergie in Strahlung umsetzt, schöpft Her X-1 seine Kraft aus der Umwandlung der in dem herabstürzenden Gas enthaltenen potentiellen Energie.
Der von der Akkretionsscheibe ausgehende Drehmoment-Transfer beschleunigt die Rotation des kompakten Sterns. Unlängst hat man mehrere alte Röntgenpulsare entdeckt, die mit beinahe 1000 Umdrehungen pro Sekunde rotieren; sie gehören zu den sogenannten Millisekundenpulsaren.
Abgesehen von den fundamentalen Periodizitäten eines Neutronenstern-Spins und einer Umlaufbahnbewegung, stellt Her X-1 noch zusätzliche Variationen des Grundthemas zur Schau. Während eines jeden 1,7 Tage dauernden Umlaufzyklus geht die Röntgenintensität für etwa 6 Stunden zurück, sobald der Neutronenstern hinter seinem Begleiter durchläuft und damit den Sichtkontakt mit der Erde unterbricht. Eine 35tägige Variation wird den Schwankungen der Drehachse, die man sich wie die Präzession eines rotierenden Kreises vorzustellen hat, zugeschrieben. Eines der zwei Strahlenbündel, die aus den Magnetpolen des Neutronensterns hervortreten, läuft neun Tage lang fast direkt in Richtung Erde und erzeugt dabei den kräftigen Puls. Der dazwischenliegende Puls ist schwächer und hält weniger lang an, weil er nicht ganz so günstig auf die Erde ausgerichtet ist. Das Profil der schnellen Impulse wird ebenfalls durch die Präzession moduliert. Bei einer großen durchschnittlichen Helligkeit während des 35tägigen Zyklus tritt allein der 1,24-Sekunden-Zyklus in Erscheinung. Sobald jedoch die beiden Strahlenbündel des Neutronensterns nur knapp an der Erde vorbeiwischen, ist der durchschnittliche Strahlungsfluß schwach, und das Impulsmuster nimmt für jeden Rotationszyklus eine Doppelstruktur an.
Genau wie Cyg X-3 wurde auch Her X-1 zu einem bevorzugten Forschungsobjekt auf dem Sektor ultrahochenergetischer Gammastrahlen und kosmischer Strahlen. Die Tscherenkow-Teleskope auf dem Mount Hopkins und dem Mount Haleakala auf Hawaii haben Photonen mit einem Energiegehalt von einer Billion Elektronenvolt erfaßt. Eine ausgedehnte Anlage für die Beobachtung von durch kosmische Strahlung in der Luft ausgelösten Teilchenschauern, die bei Los Alamos betrieben wird, lieferte Belege für einen Ausbruch von Photonen, die mit einer Energie von 10^{14} bis 10^{15} Elektronenvolt aus der Richtung des Hercules

gekommen waren. Alle drei Beobachtungsreihen zeigten die Handschrift einer 1,24 Sekunden dauernden Neutronenstern-Periode. Anscheinend gibt es geringe Unterschiede in den Röntgen- und Gammastrahlen-Periodizitäten, doch warum dies so ist, bleibt vorerst ein Rätsel. Noch weitaus umfangreichere Beobachtungsreihen werden nötig sein, um herauszubekommen, was dort oben vor sich geht.

Die Entwicklung eines Doppelsternsystems kann eine reiche Vielfalt an dynamischen Umformungen mit sich bringen, die während relativ kurzer Phasen Massentransfers in beiden Richtungen mit einschließen. Häufig schrumpft der ursprünglich massereichere Stern in ein paar Jahrmillionen zu einer kompakten Form zusammen, während die auf den Begleiter überströmende Materie dafür sorgt, daß sich dieser zur Größe eines Überriesen aufbläht. Wenn das kompakte Objekt schließlich zu einem Neutronenstern zusammenbricht, bildet das von dem riesenhaften Begleiter zurückströmende Gas eine kreisförmig in sich geschlossene Akkretionsscheibe und leitet eine Phase kräftiger Röntgenemission ein.

Weil die Rotation eines Neutronensterns durch das in der Materie der Akkretionsscheibe wirksame Drehmoment mitgerissen wird, kann eine Flut intensiver Strahlung freigesetzt werden, die die Atmosphäre des Begleitsterns hinwegfegt. Kürzlich von Astronomen der Universität Princeton in Arecibo durchgeführte Beobachtungen haben Verfinsterungen eines schnell rotierenden Radiopulsars enthüllt, der in einer engen Umlaufbahn innerhalb von neun Stunden einen Begleiter umkreist, der nur 2% einer Sonnenmasse aufweist und trotzdem größer als die Sonne erscheint. In dieser bizarren Konfiguration gibt der Begleitstern unter dem Strahlungsdruck des Neutronensterns offenbar Masse ab, so daß er in einigen hundert Millionen Jahren vollständig verschwunden sein wird.

Sco X-1 war zwar die erste und zugleich hellste Röntgenquelle, die man entdeckte - sie gilt auch heute noch als das leuchtkräftigste Röntgenobjekt -, doch sie blieb bis zur Inbetriebnahme von »Uhuru« ein mysteriöses Gebilde. Es gab keinerlei Hinweis auf die Existenz eines Neutronensterns, und somit blieb das Akkretionsmodell, das von Anfang an von Schklowski und anderen Forschern verfochten wurde, in hohem Maße spekulativ; kräftige Röntgenpulsationen, wie sie von »Uhuru« bei Cen X-3 und Her X-1 beobachtet wurden, waren nicht zu entdecken. Der Ursprung

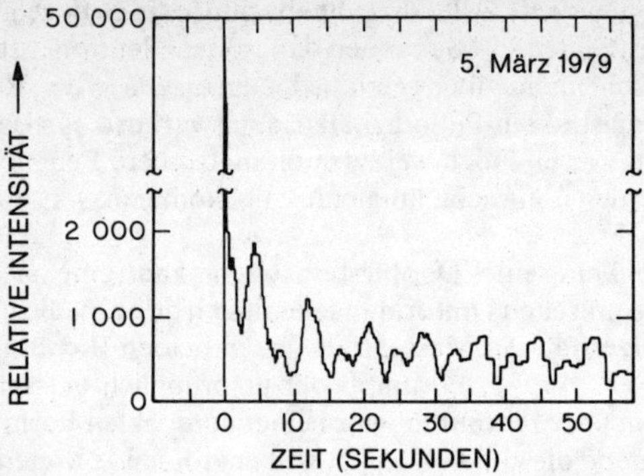

Abbildung 74. Etwa einmal pro Tag könnte man einen sehr intensiven Gammastrahlenblitz orten, der aus einer nicht vorhersehbaren Richtung des Himmels eintrifft. Es sind Bursts mit einer Dauer zwischen 0,001 und 80 Sekunden beobachtet worden; die meisten halten 1 bis 10 Sekunden lang an. Der hier dargestellte Burst erschien am 5. März 1979 und wies eine Intensität auf, die um den Faktor 10 über der aller anderen bislang aufgezeichneten Bursts lag. Er schnellte in weniger als 0,0002 Sekunden auf seine Maximalhelligkeit hoch. Als er zerfiel, durchlief die Intensität Schwingungen mit einer Periode von ungefähr 8 Sekunden.
Die kurze Dauer des Bursts weist auf einen Neutronenstern hin, denn die Ausmaße des Objekts können nicht über 0,0002 Lichtsekunden liegen, dies entspricht in etwa 64 km. Die Schwingung dürfte mit einer Rotationsperiode von 8 Sekunden in Verbindung stehen, und dies wäre für ein Objekt, das nicht zur Klasse der Neutronensterne gehört, viel zu schnell. Zahlreiche Burstspektren zeigen eine Linie bei etwa 420 Kiloelektronenvolt, die mit der Elektron-Positron-Annihilation zusammenfällt. Diese Emissionslinie findet sich normalerweise bei 511 Kiloelektronenvolt, doch sie wurde durch das intensive Gravitationsfeld an der Oberfläche eines Neutronensterns rotverschoben. Vermutlich liegen alle beobachteten Gammastrahlen-Burster in der Milchstraße; nicht ein einziger ist genau am selben Ort wieder aufgetreten oder konnte mit einem bekannten Objekt identifiziert werden.

der gepulsten Röntgenstrahlung war in jenen Doppelsternquellen ganz eindeutig ein mit hoher Geschwindigkeit rotierender magnetischer Neutronenstern. 1975 erkannte man regelmäßige Veränderungen in der Doppler-Verschiebung seiner Spektrallinien und eine Variabilität seiner optischen Helligkeit und nahm dies als Beweis dafür, daß das Objekt Sco X-1 einen Begleitstern haben mußte, der es mit einer Periode von 0,787 Tagen umkreiste. Ein Hinweis auf die Existenz einer Akkretionsscheibe fand sich im Jahr 1981, als simultane Variationen der Röntgenstrahlung und des optischen Lichts ohne zeitliche Verzögerungen beobachtet

wurden. Eine solche Übereinstimmung läßt sich nur dann verstehen, wenn die Röntgenstrahlung des Neutronensterns eine Lichtaussendung in unmittelbarer Nachbarschaft auslöst; beispielsweise am Innenrand der Akkretionsscheibe und nicht auf dem weiter entfernt stehenden optischen Begleitstern, wie das bei den anderen Röntgendoppelsternen der Fall ist. Eine weitere Überraschung bahnte sich 1985 an, als man entdeckte, daß die Röntgenintensität von Sco X-1 quasi-periodische Schwankungen aufweist. Die mehrere Prozent betragenden Helligkeitsschwankun- gen sind nicht streng periodisch; die Frequenz verschiebt sich innerhalb eines Bereichs von 6 bis 50 Zyklen pro Sekunde. Im Gegensatz zu den präzisen Pulsaren mit ihren bemerkenswerten Ganggenauigkeiten gleicht Sco X-1 einer vergammelten Uhr.
Solche quasi-periodischen Schwankungen sind auch vom europäischen EXOSAT, vom japanischen HAKUCHO und von dem von der NASA betriebenen HEAO-1 bei einer Reihe von Quellen beobachtet worden, die sich in der Nähe der zentralen Verdickung unserer Galaxis aufhalten; vollständig geklärt ist dieses Phänomen aber immer noch nicht. Recht vielversprechend erscheint in diesem Zusammenhang der Mechanismus einer Frequenzschwebung, bei dem sich die Quasi-Periodizität im Frequenzunterschied zwischen dem rotierenden Neutronenstern und der Umlauffrequenz des in der inneren Akkretionsscheibe zusammengeballten Plasmas widerspiegelt.

Kurzzeitige Röntgenerscheinungen

Betrachtet wurden bisher veränderliche Röntgenquellen, die durch regelmäßige Periodizitäten gekennzeichnet sind, darunter Pulsare und Bedeckungsveränderliche. Eine weitere wichtige Klasse besteht aus den *transients*, Objekten kurzzeitiger Röntgenausbrüche: Hier handelt es sich um Quellen, die innerhalb weniger Tage in spektakulärer Weise auflodern und dann im Laufe mehrerer Monate wieder verblassen. Am anderen Rand der Skala finden wir die »Burster« (eruptive Röntgenquellen), die abrupt aufblitzen und dann in einem Zeitraum von 10 Sekunden bis zu einer Minute allmählich verschwinden. An einer Stelle, an der nie zuvor etwas beobachtet wurde, kann ein »Burster« unvermittelt Röntgenstrahlung mit der Energie von einer Million Sonnen abstrahlen.

Die ersten Berichte über Röntgenausbrüche stammten von Beobachtungen des Astronomical Netherlands Satellite (ANS) aus dem Jahre 1973 und von den amerikanischen Vela-Satelliten, die eigentlich für die weltraumgestützte Überwachung von Kernwaffentests vorgesehen waren. Der vom ANS erfaßte Ausbruch schien seinen Ursprung im Kugelsternhaufen NGC 6624 gehabt zu haben. Viele weitere Eruptionen wurden bald darauf bei Objekten beobachtet, die nicht mit einem Sternhaufen in Verbindung standen. In einigen Fällen konnte man gleichzeitig mit den Röntgenausbrüchen auch optische »Bursts« sichten.
Ein ganz besonders bemerkenswertes Objekt, das unter der Bezeichnung »Rapid Burster« bekannt ist, wurde von Walter Lewin und seinen Mitarbeitern am MIT entdeckt: Seine Blitze wiederholen sich wie das Stakkato eines Maschinengewehrs. Nach einem besonders starken Ausbruch kann das Objekt eine Zeitlang pausieren, ganz ähnlich, wie dies bei den gedämpften Schwingungen in einem Schwingkreis der Fall ist, wo immer wieder nachgeladen werden muß, ganz gleich, wie groß dessen Kapazität auch sein mag. Das allgemein anerkannte Modell der »Burster« legt eine auf einen alten, mit einem schwachen Magnetfeld ausgestatteten Neutronenstern gerichtete Akkretion zugrunde. Das Gas häuft sich über der Oberfläche des Neutronensterns so lange an, bis seine Dichte und Temperatur den Grenzwert für eine thermonukleare Zündung überschreiten. Die »Burster« gelten als nukleare Krieger im Reich der Natur. Die durch die schwerkraftbedingte Akkretion aufgestauten Gewalten sind so ungeheuerlich, daß eine Erbse, die man auf einen Neutronenstern wirft, die Energie einer Hiroshima-Bombe freisetzen könnte.

Schwarze Löcher – nicht von dieser Welt

Wenn schon der Zusammenbruch einer Sternmasse zu einem Neutronenstern nachgerade phantastisch anmutet, so gilt das erst recht für das Konzept der Schwarzen Löcher; diese sind – im wahren Sinn des Wortes – »nicht mehr von dieser Welt«. Der über die Neutronensterndichte hinausgehende Kollaps muß bis zu einer unendlich hohen Dichte und damit zu einer physikalischen »Singularität« führen, die sich einer eingehenderen Beschreibung entzieht. Die Theorie Einsteins läßt sich nur bis zu einer Dichte

von 4 x 10^{87} Tonnen pro Kubikzentimeter anwenden – dies entspricht der Dichte der Sonne, wenn man sie auf ein Millionstel der Größe eines Protons zusammenquetschen würde. Eine höhere Dichte liegt außerhalb unseres physikalischen Verständnisses.
Im Jahr 1783 berechnete John Michell, der damalige Direktor der Thornhill-Sternwarte in Yorkshire in England, daß ein Objekt mindestens ein Fünfhundertstel der Lichtgeschwindigkeit benötigen würde, um von der Sonne entweichen zu können. Ausgehend von diesem Wert, folgerte Michell, daß ein Stern der 590fachen Größe unserer Sonne bei gleicher Dichte sogar die Lichtausbreitung unterbinden würde: »Alles von einem solchen Körper ausgesandte Licht würde durch dessen eigene Kraft der Gravitation dazu gezwungen, zu ihm zurückzukehren« (aus einem Papier, das 1783 vor der Royal Society of London verlesen wurde). Der große französische Astronom und Mathematiker Pierre Simon de Laplace kam 1796 zum gleichen Ergebnis. John Wheeler, ein Physiker in Princeton, prägte 1960 den Begriff »Schwarzes Loch«. Zu den massiven Sternen von Michell und Laplace paßt dieser Name, die Schwarzen Löcher stellarer Massen jedoch bilden gemäß der modernen, von der Allgemeinen Relativitätstheorie geprägten Physik hochgradig kollabierte Regionen in der Raumzeit. Insgesamt gesehen ist die Gravitation die schwächste aller physikalischen Kräfte; die ganze Erde war nötig, um den Fall des Newtonschen Apfels auszulösen. In der Nähe eines Schwarzen Lochs hingegen wächst die Konzentration der Schwerkraft zu einer überwältigenden, alles verschlingenden Größe heran. Nichts, nicht einmal das Licht, vermag zu entrinnen.
Raketen, die eine Geschwindigkeit von 11,2 km/sec (das sind 43 200 km/h) erreichen, verlassen die Erdanziehung und reisen zu den Planeten und darüber hinaus. Bei sämtlichen Objekten im Sonnensystem ist die Fluchtgeschwindigkeit im Verhältnis zur Lichtgeschwindigkeit sehr klein. Auf der Sonne ist die Anziehungskraft 28mal stärker als auf der Erde, und eine Person, die an der Erdoberfläche 68 Kilo wiegt, hätte auf der Sonne ein Gewicht von beinahe 1900 Kilo. Stellen wir uns vor, daß dic Sonne nach und nach auf ein immer kleineres Volumen zusammengepreßt wird: Ein Objekt auf ihrer Oberfläche würde sich immer näher auf ihr Zentrum zubewegen. Nach dem Gravitationsgesetz Newtons steigert sich die Anziehungskraft indirekt proportional zum Quadrat des Abstands vom Zentrum. Wäre die Sonne hunderttau-

sendmal kleiner und hätte somit die Größe eines Neutronensterns, würde ihre Oberflächengravitation um das Zehnmilliardenfache zunehmen. Unsere 68-Kilo-Person würde, wenn sie auf einem Neutronenstern stünde, 22,6 Billionen Kilogramm wiegen; die Fluchtgeschwindigkeit läge bei etwa 200000 km/sec, dies entspricht 66% der Lichtgeschwindigkeit. Sollte der Neutronenstern weiterschrumpfen, bis auf einen Radius von drei Kilometern, würde sich seine Fluchtgeschwindigkeit der Lichtgeschwindigkeit annähern; der Stern würde ein Schwarzes Loch werden.

Noch vor wenigen Jahrzehnten mochte kaum jemand so recht an die Existenz von Neutronensternen und Schwarzen Löchern glauben. Ich erinnere mich an die Reaktion Oppenheimers, als ich bei einem Kolloquium an der Universität Princeton im Jahre 1963 von der Entdeckung der Röntgensterne berichtete und dabei den Vorschlag machte, sie mit den Neutronensternen in Verbindung zu bringen. Die Aussicht, daß der Neutronenstern, der, als er ihn 25 Jahre früher zum erstenmal in einem theoretischen Modell postulierte, jenseits aller Entdeckungsmöglichkeiten gelegen hatte, nun zum Ziel einer detaillierten Beobachtung werden könnte, schien Oppenheimer zu schrecken. Bald darauf entdeckte man Radio- und Röntgenpulsare, und damit war der Fall, was die Neutronensterne anging, erledigt.

Die Übereinstimmung zwischen der Theorie und den Beobachtungen bezüglich eines einfachen, symmetrischen Zusammenbruchs, der zu einem Neutronenstern führt, erfüllte die Theoretiker mit Zuversicht, und sie schickten sich nun an, das Problem des ultimativen Kollapses anzugehen. Sie beschrieben ein Schwarzes Loch als ein recht simples Gebilde, das allein durch ein sich selbst abstützendes Gravitationsfeld zusammengehalten wird und von der kausalen Entwicklung seines materiellen Vorläufers nichts beibehalten hat. Von allen nur denkbaren Verzerrungen, die mit den physikalischen Asymmetrien des Magnetfeldes oder der komplexen Struktur des am Ende seiner Entwicklung stehenden Sternzentrums einhergegangen waren, ist auf dem Weg zum totalen Zusammenbruch keine Spur übriggeblieben. Drei Kenngrößen reichen aus, um das kollabierte Objekt in seinem Endzustand zu charakterisieren: Masse, Drehmoment und elektrische Ladung. Das Gravitationsfeld läßt sich präzise beschreiben, und die Peripherie, der sogenannte »Ereignishorizont«, zeigte sich so glatt und eintönig wie eine Seifenblase. Wheeler prägte die Sentenz:

»Schwarze Löcher haben keine Haare« (»Our Universe: The Known and the Unknown«, *American Scholar* 37, 1968, S. 248).
Zu Beginn der Debatte über die Weißen Zwerge (vgl. Kapitel 5) unterstellte Chandrasekhar, daß der totale Zusammenbruch eines Sterns als konsequente Einlösung des Relativitätsprinzips anzusehen ist; Eddington hielt dem entgegen: »Es sollte ein Naturgesetz geben, das den Stern davon abhält, sich auf eine solch absurde Weise zu verhalten.« Eine große Mehrheit unter den Astrophysikern akzeptiert heute die Unausweichlichkeit eines Zusammenbruchs zu einem Schwarzen Loch, doch vieles an diesem Konzept ist nach wie vor unklar. Der verheißungsvollste Weg zu einer empirischen Bestätigung ist der, die von einer Akkretion geprägten Bereiche mit Röntgenteleskopen zu sondieren. Bis heute erfüllen lediglich drei Röntgensterne die theoretischen Anforderungen.
Als aussichtsreichster Kandidat für den Status eines Schwarzen Lochs gilt Cygnus X-1. Diese Quelle wurde während einer der frühen NRL-Raketenmessungen im Jahr 1964 entdeckt, und als ich sie ein Jahr darauf wieder beobachtete, hatte sich ihr Röntgenstrahlungsfluß auf ein Viertel reduziert. Eine derartige Veränderlichkeit bei einem Objekt, dessen Röntgenemission tausendmal höher lag als die gesamte optische Energieaussendung unserer Sonne, war einigermaßen verblüffend. Als Cygnus X-1 im Dezember 1970 von »Uhuru« eingehender beobachtet wurde, fluktuierte seine Intensität so stark, daß die »Uhuru«-Instrumente Schwierigkeiten hatten, den Veränderungen zu folgen. Eine kurz darauf vorgenommene Raketenmessung enthüllte Fluktuationen mit einer Dauer von bis zu einer Tausendstelsekunde. Aus der Schnelligkeit, mit der diese Schwankungen erfolgten, ergab sich zwangsläufig, daß die Röntgenstrahlen von einem kompakten Objekt stammen mußten, das noch kleiner war als ein Weißer Zwerg.
Ein Lichtstrahl braucht eine gewisse Zeit, um einen Stern zu durchqueren; diese Zeit kann kein Stern bei einer Veränderung seiner Helligkeit unterschreiten. Sollte zum Beispiel unsere Sonne schlagartig verlöschen, so würde ein irdischer Beobachter sehen, wie zuerst das Zentrum der Sonnenscheibe dunkel wird. Das vom Rand stammende Licht hätte außerdem noch 700000 km (das ist der Sonnenradius) zur Erde zurückzulegen, ehe ein die Sonnenscheibe umgebender Lichtsaum verschwinden würde. Die zusätzliche Reisedauer betrüge 2,7 Sekunden, und es sähe so aus, als

würde die Sonne innerhalb dieses Zeitraums vom Zentrum zum Rand hin verlöschen. Das bedeutet, daß das Röntgenstrahlen emittierende Gebiet nicht mehr als 300 Kilometer umfassen konnte, wenn Cygnus X-1 Ausbrüche im Bereich von einer Millisekunde zeigte (10^{-3} Sekunden mal die Lichtgeschwindigkeit ergibt 300 Kilometer).

Das Raketenexperiment lieferte auch Informationen über den Standort der Quelle, und dies mit einer so großen Genauigkeit, daß als einziges Objekt im Gesichtsfeld ein blauer Riesenstern übrigblieb: Er heißt HD 226868 und hat 30 Sonnenmassen. Es war etwas völlig Neues, daß solche Blauen Riesen nachweisbare eigene Röntgenstrahlung aussandten, und deshalb mußte die Beteiligung irgendeines sekundären Prozesses in Erwägung gezogen werden.

Die Wellenlängen der Spektrallinien des Sterns wurden in einer oszillierenden Weise mit einer Periode von 5,6 Tagen stärker und schwächer; dies war eindeutig die Folge eines Doppler-Effekts. Aus dieser Verhaltensweise ließ sich schließen, daß HD 226868 und ein unsichtbarer Begleitstern um einen gemeinsamen Schwerpunkt kreisen; ihr Abstand voneinander liegt dabei noch unter der Distanz zwischen Merkur und Sonne.

Sobald die Masse einer Komponente eines Doppelsterns bekannt ist, läßt sich die Masse des Begleiters nach den Keplerschen Gesetzen aus der Umlaufzeit bestimmen. Hätte beispielsweise unser Mond die Dichte eines Sahnebonbons, so würde er die Erde in viel größerem Abstand und wesentlich langsamer umkreisen. Wäre er jedoch aus Blei, würde seine Umlaufbahn nahe an die Erde heranrücken, und seine Umlaufzeit würde erheblich verkürzt. Ausgehend von den orbitalen Eigenschaften von Cygnus X-1 schätzten die Astronomen, daß der Begleiter ungefähr neun Sonnenmassen aufweisen mußte. Nach der Theorie kann die Masse eines Neutronensterns nicht über drei Sonnenmassen liegen; eine größere Masse muß zu einem Schwarzen Loch zusammenstürzen. Aus diesem Grunde spricht alles dafür, daß das röntgenemittierende kompakte Objekt in Cygnus X-1 ein Schwarzes Loch ist.

Schwerkraftbedingte Rotverschiebung und Zeitdilatation

Wenn massereiche Sterne ihren nuklearen Brennstoffvorrat aufgebraucht haben und implodieren, läßt sich ihr Endzustand nicht mehr physikalisch detailliert beschreiben. Die Physiker sprechen dann von einer »Singularität« mit einer unendlich großen Dichte und einem infinitesimalen Volumen, in der die gesamte, in sich zusammengestürzte Masse ihre letzte Ruhestätte gefunden hat. In diesem singulären Zustand hat die Zeit jede Bedeutung verloren; es gibt keinen Anfang und kein Ende mehr. Innerhalb des kollabierenden Systems dauert die Implosion vielleicht eine Zehntausendstelsekunde, doch für einen weit entfernten Betrachter auf einem abgelegenen Planeten erreicht der in sich zusammenstürzende Stern zu keiner Zeit seinen singulären Endzustand. Die Gründe für diese unterschiedliche Wahrnehmung liegen in der gravitationsbedingten Rotverschiebung und in der Zeitdilatation, also einer von der Relativitätstheorie Einsteins beschriebenen Dehnung der Zeit.

Die Vorhersage, daß sich die Zeit in einem Gravitationsfeld verlangsamt, konnte experimentell bewiesen werden. Zu Beginn der sechziger Jahre bedienten sich die an der Universität Harvard tätigen Physiker Robert V. Pound und Glen A. Rebka einiger äußerst präziser Frequenzen von bestimmten Gammaspektrallinien, die von radioaktiven Atomkernen emittiert wurden; diese Emissionsform ist als Mössbauer-Effekt bekannt geworden. Sie trugen ihre radioaktive Uhr auf die Spitze eines Turmes und bestimmten den Frequenzunterschied der Gammaspektrallinien zwischen den in großer Höhe und den auf der Erdoberfläche liegenden Meßpunkten. Der Meßstandort auf dem niedrigeren Niveau befand sich näher am Erdmittelpunkt und lag in einem intensiveren Gravitationsfeld. Eine Verlangsamung der Zeit mit zunehmender Höhe konnte ganz klar nachgewiesen werden, und dies befindet sich in perfektem Einklang mit der Voraussage der Allgemeinen Relativitätstheorie Einsteins.

Nun wollen wir uns vorstellen, wie wir mit einem Teleskop Uhren beobachten können, die irgendwelche hypothetischen Astronauten, die in ein Schwarzes Loch hinabtauchen, mit sich führen. Wir würden feststellen, daß die Uhren der Astronauten immer langsamer laufen, je mehr sie sich dem Loch nähern. Zuletzt, an der

Grenze, kommen die Uhren völlig zum Stillstand. Die Astronauten selbst sinken langsam nieder und scheinen zur selben Zeit aufzuhören, sich zu bewegen, zu der ihre Uhren stehengeblieben sind. Aus unserer Sicht brauchen die Astronauten unendlich lange, um den Horizont zu überqueren. Sie würden uns, falls sie verzögerungsfrei mit uns kommunizieren könnten, mitteilen, daß wir uns alle irren. Ihre Uhren, Herzschläge und alle anderen Lebenszeichen würden ihnen als vollkommen normal erscheinen. Ihren eigenen Messungen zufolge überqueren sie den Horizont des Schwarzen Lochs innerhalb eines Sekundenbruchteils.

Könnten wir das Schauspiel des Zusammenbruchs eines Sterns zu einem Schwarzen Loch direkt mitverfolgen, würden wir sein Licht sehen, wie es proportional zur Abbremsung der Zeit immer mehr rotverschoben erscheint. Die Atome strahlen in sichtbaren Frequenzen mit der Genauigkeit ultrapräziser Uhren, und das sichtbare Licht wird bei der Zunahme der Gravitationsfeldstärke genauso rotverschoben, wie dies bei den Gammastrahlen des Experiments an der Universität Harvard beobachtet wurde. Das Licht eines kollabierenden Sterns muß dementsprechend zunehmend rot werden, bis es durch den sichtbaren Bereich hindurch in das Infrarote hineingerät. Wenn der Zusammenbruch einen Punkt erreicht hat, der innerhalb eines Drittels des Radius des Schwarzen Lochs liegt, verdoppelt sich die Wellenlänge des entweichenden Lichts. Bei einer Distanz, die nur noch ein Millionstel des Radius des Schwarzen Lochs beträgt, ist das Licht um den Faktor 1000 rotverschoben. Bei einem Billionstel des Radius erreicht die Rotverschiebung den Faktor eine Million, und bei einem nahezu unendlich geringen Abstand wächst sie unendlich an.

Während die Zeit der Implosion eines Sterns aus der Sicht eines fernen Betrachters erstarrt, wird der Übergang vom Sichtbaren zum Unsichtbaren aufgrund der Rotverschiebung immer noch sehr schnell vor sich gehen. Ein Stern von 10 Sonnenmassen dürfte innerhalb einiger millionstel Sekunden aus dem Blickfeld verschwinden. Wäre das kollabierende Gebilde so massereich wie eine Million Sterne, würde es immer noch binnen etwa 0,25 Sekunden den Blicken entzogen. Wenn eine ganze Galaxis voller Sterne zu einem Schwarzen Loch zusammenstürzen würde, schwände sie im Lauf einiger Tage dahin. Die Chance, einen solchen Vorgang direkt zu beobachten, ist offenkundig extrem gering.

Von der Oberfläche eines kollabierenden Sterns aus gesehen würde das Universum in der Tat mehr als eigenartig wirken; wahrscheinlich wäre es ein Erlebnis von der Art, wie man es in *Alice im Wunderland* nachlesen kann. In *Alice hinter den Spiegeln* kommt es zu folgendem Dialog zwischen Alice und der Schwarzen Königin: »›An welche Art von Dingen kannst du dich am besten erinnern?‹ wagte Alice zu fragen. ›Oh, an Dinge, die in der nächsten Woche geschahen‹, antwortete die Königin leichthin.«
Für die Beobachter auf dem zusammenbrechenden Stern würde das gesamte von außen ankommende Licht blauverschoben wirken, und alles, was in der Außenwelt geschieht, würde beschleunigt ablaufen. Sobald der Stern den Radius eines Schwarzen Lochs erreicht hat, würden die hypothetischen Beobachter vor ihren Augen die gesamte Zukunft aufblitzen sehen. Wenn beispielsweise das Universum geschlossen wäre und eine Oszillation durchlaufen würde, die eine durch den Urknall ausgelöste Expansion, einen letztlichen Stillstand und einen darauf folgenden Kollaps umfaßt, dann würden die Beobachter alle Galaxien sehen können, wie sie davonrasen und wieder zurückeilen, bis die Dichte des kollabierten Universums der des Schwarzen Lochs entspricht. Erst dann würde die Zeit der Außenwelt mit der Zeit im Schwarzen Loch wieder übereinstimmen.
Zusätzlich zur Rotverschiebung trägt die unweit des Schwarzen Lochs wirksame Krümmung der Raumzeit zur Auslöschung des kollabierenden Sterns bei. Sobald der Stern in sich zusammenfällt, werden die Verwerfungen im Raumzeitgefüge immer gravierender. Die Lichtstrahlen müssen der Raumkrümmung folgen und werden von den klassischen, geradlinigen Flugbahnen des ebenen Raums unserer vertrauten Alltagswelt weggebogen (vgl. Kapitel 7). Diejenigen Strahlen, die in großer Distanz an einem Schwarzen Loch vorübereilen, werden nur leicht abgelenkt. Mit zunehmender Nähe zum Schwarzen Loch wird die Ablenkung markanter. Richtet man einen Scheinwerferstrahl direkt auf das Schwarze Loch, wird sein Licht in dem Loch verschwinden. Lenkt man den Lichtstrahl an dem Loch vorbei, so wird er rasch Abstand davon gewinnen und sich auf eine kreisförmige Umlaufbahn begeben. Diese Distanz definiert die sogenannte Photonensphäre. Astronauten, die in der Photonensphäre kreisen und geradeaus blicken, können ihren Hinterkopf betrachten. Wenn das Licht von der Photonensphäre abweicht, und sei es um einen noch so geringen

Winkel, muß es auf einer Bahnspirale entweder nach innen oder nach außen abwandern und die kreisförmige Umlaufbahn verlassen.

Stellen wir uns vor, daß ein paar Astronauten auf der Oberfläche eines kollabierenden Sterns stehen und starke Scheinwerfer dabeihaben. Bis die Astronauten die Photonensphäre erreichen, wo die Relativität merkwürdige Dinge geschehen läßt, sieht ein außenstehender Beobachter nichts Auffälliges. Wenn sie die Scheinwerferstrahlen direkt nach oben richten, entweichen die Lichtstrahlen geradlinig ins All. Sobald sie aber die Strahlenbündel aus der Senkrechten herauslenken, biegt die Raumzeitkrümmung die Lichtbündel zur Photonensphäre hin. Je weiter sich die Scheinwerfer von der Vertikalen wegneigen, desto stärker wird die Ablenkung ihres Lichts sein. Irgendwann richten die Astronauten ihre Lichtkegel schließlich unter einem derart großen Winkel aus, daß diese infolge der Ablenkung auf den Stern fallen. Dementsprechend können wir einen imaginären »Fluchtkegel« definieren, innerhalb dessen das Licht den Stern für immer verlassen kann; befindet es sich außerhalb dieses Kegels, so kehrt das Licht zum Stern zurück und wird nie wieder von ihm fortkommen. Wenn der Stern weiter in sich zusammenstürzt, wird der Fluchtkegel immer schmaler. Zuletzt ist die Krümmung der Raumzeit dermaßen stark, daß sich der Fluchtkegel vollkommen schließt. Es ist gleichgültig, in welche Richtung die Scheinwerfer nun gehalten werden, ihr Licht kann nicht mehr entrinnen: Die Fluchtgeschwindigkeit ist größer geworden als die Lichtgeschwindigkeit.

In dem Augenblick, in dem sich der Kegel vollständig schließt, überqueren die Astronauten den Ereignishorizont. Dieser stellt nun für sie das Ende der Welt dar. Sie können mit dem außerhalb liegenden Universum nicht mehr in Verbindung treten. Für den außenstehenden Beobachter wird das Verschwinden des in sich zusammenbrechenden Sterns durch den Moment gekennzeichnet, in dem der Ereignishorizont überschritten wird. Somit ist die Krümmung der Raumzeit zusammen mit der schwerkraftbedingten Rotverschiebung dafür verantwortlich, daß der kollabierende Stern in einem Schwarzen Loch verschwindet.

Schwarze Löcher findet man in allen Größen. Zwar haben wir uns bislang nur mit Schwarzen Löchern mit mehreren Sonnenmassen befaßt, doch die Physiker nehmen an, daß es »Baby Black Holes«

geben könnte, die nicht mehr Masse als unsere Erde aufweisen; sie vermuten gleichermaßen die Existenz gigantischer Schwarzer Löcher, die eine Masse von hundert Millionen Sonnen umschließen. Würde die Erde zu einem Radius von einem Zentimeter zusammengequetscht, nähme sie die Eigenschaften eines Schwarzen Lochs an.
Ist ein Schwarzes Loch erst einmal entstanden, kann es niemals mehr verschwinden. Schwarze Löcher können nur noch größer werden. Ein Schwarzes Loch vermag sich unter keinen Umständen zu teilen, doch zwei Schwarze Löcher können zu einem einzigen verschmelzen. Wir nehmen an, daß die heftige Energiefreisetzung im Kern einer aktiven Galaxis mit einem gigantischen Schwarzen Loch in Verbindung steht. Umherziehende Sterne, die von der Schwerkraft eines Schwarzen Lochs erfaßt werden, zerreißt es in Stücke; ihre Trümmer werden verschlungen. Das ins Schwarze Loch gesogene Gas wird komprimiert und auf ungeheure Temperaturen erhitzt, der damit verbundene Energiefreisetzungsprozeß ist ungefähr hundertmal effektiver als die thermonukleare Energieumformung. Die größten Schwarzen Löcher dürften im Verlauf von ungefähr einer Milliarde Jahren bis auf mehrere hundert Millionen Sonnenmassen anwachsen.
Die von einem Schwarzen Loch ausgehende Gezeitenkraft hängt zum einen von seiner relativen durchschnittlichen Dichte ab und ist zum anderen von der Durchschnittsdichte des unter seinem Gravitationseinfluß stehenden Objekts gekennzeichnet. Eine Faustregel besagt, daß ein Körper unter der Einwirkung des Schwerefeldes eines Schwarzen Lochs nur dann zerfetzt wird, wenn seine durchschnittliche Dichte unter der Dichte des Schwarzen Lochs liegt. Ein Schwarzes Loch mit einer Sonnenmasse weist die Dichte von 10^{16} g/cm^3 (24 Milliarden Tonnen pro Kubikzentimeter) auf. Ein Schwarzes Loch von 100 Millionen Sonnenmassen, wie es im Zentrum einer aktiven Galaxis lauern könnte, ist nicht wesentlich dichter als Wasser, seine Dichte liegt also etwa bei einem Gramm pro Kubikzentimeter. Auch ein normaler Stern mit einer Sonnenmasse weist eine dem Wasser vergleichbare durchschnittliche Dichte auf. Käme er dem 10^8 Sonnenmassen wiegenden galaktischen Kernbereich nahe, so würde er auseinandergerissen werden. Ein Schwarzes Loch mit dem Masseäquivalent einer kleinen Galaxis, so um die drei Milliarden Sonnenmassen, hätte die durchschnittliche Dichte von Luft. Sterne, die sich

auf solche ausgedehnten Schwarzen Löcher zubewegten, würden in diese, ohne irgendwie zerstört zu werden, geradewegs hineinfallen. Wenn ein Raumschiff in ein Schwarzes Loch mit ungefähr einer Million Sonnenmassen einfliegen würde, dürften seine Astronauten nur eine leichte Gezeitenwirkung spüren. Sollte das Raumschiff in ein »Super Black Hole« mit mehreren Milliarden Sonnenmassen eindringen, so wären seine Passagiere kaum in der Lage, das Überschreiten des Ereignishorizontes zu bemerken.

Bis jetzt haben wir über die Schwarzen Löcher mit einer der Sonne entsprechenden Masse sowie mit Massenäquivalenten in galaktischen Größenordnungen gesprochen; es ist jedoch durchaus möglich, daß es Schwarze Löcher gibt, die wesentlich kleinere Massen als unsere Sonne aufweisen. Diese »Miniaturausgaben« können nicht durch den Zusammenbruch eines massereichen Sterns entstehen. So ist es beispielsweise ausgeschlossen, daß die Erde zu einem Schwarzen Loch zusammenstürzt, denn sie hat keine potentielle Gravitationsquelle, die in der Lage wäre, die Materie, aus der sie besteht, zusammenzupressen. Der britische Physiker Stephen Hawking hat den Vorschlag gemacht, daß sich »Baby Black Holes« eines weiten Massenspektrums während der Zeit des Urknalls gebildet haben könnten (»Particle Creation by Black Holes«, *Communications in Mathematical Physics* 43, 1975, S. 199).

In seiner Frühphase war das Universum sehr dicht und chaotisch. Von diesem Medium könnten sich Schwarze Löcher abgekapselt haben. Sie bräuchten nicht größer als ein Atom zu sein, doch sie würden eine Masse von 10^{20} Gramm (100 Billionen Tonnen) aufweisen. Selbst noch kleinere Schwarze Löcher von der Größe eines Kernbausteins besäßen Massen von ungefähr 10^{15} Gramm (eine Milliarde Tonnen). Sollten diese von subsolaren Massen gekennzeichneten Schwarzen Löcher wirklich existieren, dürften sie das ganze Universum durchziehen. Einige Forscher haben Spekulationen über die Möglichkeit angestellt, ein »Baby Black Hole« in der Erdumlaufbahn einzufangen. Man könnte es mit Abfällen füttern und damit im Überfluß Energie erzeugen, die sich wieder zur Erde zurückübertragen ließe. Andere mutmaßten, im Zentrum unserer Sonne könnte sich ein »Baby Black Hole« aufhalten, und zogen sogar die Kollision eines Schwarzen Lochs mit der Erde in Erwägung. So wurde die freilich kaum ernst zu nehmende Hypothese aufgestellt, die großen Verwüstungen in Sibirien im Jahr 1908 könnten durch den Zusammenprall mit einem kleinen Schwarzen Loch verursacht worden sein. Ein »Baby Black Hole« mit atomaren Ausmaßen jedoch würde die Erde praktisch ohne jede spürbare Auswirkung durchbohren. Seine 10^{20} Gramm dürften beim Durchqueren unseres Planeten nicht einmal um ein Gramm anwachsen.

Existieren Schwarze Löcher ewig?

Sobald man die Quanteneffekte in Betracht zieht, muß ein Schwarzes Loch nach Auffassung von Stephen Hawking genau wie ein Schwarzer Körper endlicher Temperatur Strahlungsquanten emittieren. Doch die Emissionstemperatur ist zur Masse des Schwarzen Lochs indirekt proportional; für eine Sonnenmasse liegt die entsprechende Temperatur lediglich ein millionstel Grad über dem absoluten Nullpunkt und ist somit im Grunde genommen nicht beobachtbar. Während das Schwarze Loch Strahlung aussendet, zehrt die Emission seine Masse allmählich auf; doch dies geschieht in dermaßen geringen Raten, daß sich die Lebenserwartung eines Schwarzen Lochs auf mehr als 10^{75} Jahre beläuft. Sollten beim Urknall »Baby Black Holes« von lediglich 10^{-5} Gramm entstanden sein, würde ihre Lebensdauer in etwa derjenigen des Universums entsprechen. Im Endstadium einer solchen »Verdunstung« würde die Temperatur mit der Freisetzung eines Gammastrahlenausbruchs auf gewaltige Höhen emporschnellen; dies wäre innerhalb unseres Zeitalters beobachtbar. Doch die Suche nach dem Hintergrund einer solchen von »Baby Black Holes« ausgelösten Gammastrahlung hat bis heute noch keinen Befund erbracht.

> Die Sterne mögen sich auflösen, und die Fontäne aus Licht möge dahinsinken in Chaos und Nacht ohne Ende.
>
> Percy Bysshe Shelley,
> *Das Lied des Iren* (1809)

7 Welteninseln

> Die Feuer, die diesen düsteren Fleck überwölben –
> Jener mit Myriaden von Welten gezierte Pfad –
> Die gereifte Flamme der weiten Sonnenhaufen,
> Welteninseln in einsamen Himmeln,
> Ganze in sich seiende Firmamente, bezaubern
> Unsere flüchtige menschliche Natur.
>
> Alfred Lord Tennyson,
> *Epilog* (1850)

Durch den Schleier unserer Galaxis

In einer klaren Sommernacht wölbt sich das Band der Milchstraße über den Himmel, und ihre Sterne sind so eng zusammengedrängt, daß es wie ein durchgehender Lichtschimmer aussieht. Unsere Sonne und an die 100 Milliarden Sterne bevölkern die Scheibe der Milchstraße. Wenn wir in die Ebene dieser Scheibe hineinsehen, drängen sich im Blickfeld Sterne und Staub so dicht zusammen, daß es unmöglich ist, bis zur Mitte oder zum Rand zu schauen. Wenden wir uns dem Himmel oberhalb oder unterhalb der Scheibenebene zu, dann stellen wir fest, daß die Zahl der Sterne dramatisch abgenommen hat. Nur noch einige verschwommene Lichtflecke sind zu erkennen; dies könnten schimmernde Nebelwolken oder dichte Sternansammlungen ferner, unserer Milchstraße gleichender Galaxien sein.

Vor tausend Jahren nahmen arabische Astronomen von diesen nebelhaften Flecken zwar Notiz, doch ohne ein Fernrohr ließen sich keine Details ausmachen. In der Mitte des 18. Jahrhunderts legten Thomas Wright und Immanuel Kant eine Theorie vor, die sogenannte »Welteninseln« ins Spiel brachte, um die faserigen Nebelflecken zu erklären, die sich von der im Vordergrund befindlichen Milchstraße abhoben. Ungefähr zur selben Zeit baute

Friedrich Wilhelm Herschel sein sogenanntes »40-Fuß-Teleskop« mit einer Brennweite von 12 Metern und einem Spiegeldurchmesser von 121 Zentimetern. Hiermit suchte er systematisch den Himmel nach Nebeln ab, doch es gelang ihm nicht, diese in einzelne Sterne aufzulösen. Diese Arbeit wurde nach seinem Tod noch 42 Jahre lang von seinem Sohn John weitergeführt und mündete in der Veröffentlichung eines Katalogs mit über 5000 Nebeln. Zunächst dachte John Herschel, die Nebel würden samt und sonders aus Sternen bestehen, doch gegen Ende des Jahrhunderts beschlichen ihn Zweifel, ob sie wirklich als stellare Anhäufungen angesehen werden konnten. Ein Jahrhundert später hielten die Zweifel immer noch an, und kaum jemand glaubte an außerhalb unserer Milchstraße stehende Galaxien. Es gab dafür auch nicht den Schatten eines Belegs. Erst in den zwanziger Jahren unseres Jahrhunderts entdeckten die Wissenschaftler das Universum der Galaxien.

Es ist eine ungeheure perspektivische Maßstabsveränderung erforderlich, um von der Beschreibung der Sterne zu der Konzeption galaktischer Modelle zu gelangen. Um die Leuchtkraft der Sterne zu verstehen, benötigt man die Physik der Atome, die nur 10^{-8} cm groß sind. Der Entwurf von Galaxienmodellen schließt eine 10^{30}fache Maßstabserweiterung ein, denn die Galaxien weisen Durchmesser von bis zu 10^{22} cm auf. Im Reich der Atome wird alles von den elektromagnetischen Kräften regiert; im galaktischen Maßstab hingegen ist die Gravitation die beherrschende Kraft. Selbst die massereichsten und leuchtkräftigsten Sterne werden das 50millionenfache der Erdmasse nie übertreffen, doch die Galaxien enthalten Milliarden, in seltenen Fällen sogar Billionen von Sternen, die durch ihre gegenseitige Anziehungskraft miteinander verbunden bleiben. Wir nehmen darüber hinaus an, daß sie mehr unsichtbare Materie als leuchtende Sterne beherbergen – eine Masse, die sich nur mit Hilfe dynamischer Gravitationseffekte aufspüren läßt.

Überall im Universum neigen die Galaxien dazu, drei Grundformen anzunehmen: Sie erscheinen als Spiralen, als Ellipsen oder in irregulärer Gestalt. Innerhalb dieser Kategorien herrscht eine beträchtliche Vielfalt, aber die dreifache Untergliederung ist durchaus markant und dem Verständnis der Galaxienentwicklung förderlich. Die Klassifizierung folgt nach wie vor den Beschreibungen Edwin Hubbles, die auf den mit dem 2,50-m-Teleskop auf dem Mount Wilson in der Zeit zwischen dem Ende des Ersten Weltkriegs und kurz vor Beginn des Zweiten Weltkriegs durchgeführten Beobachtungen beruhen.

Die Spiralen ähneln ungeheuren Strudeln, die sich zu Scheiben abgeflacht haben und um eine zentrale Verdickung rotieren. Innerhalb der Scheibe entspringen dem Kernbereich kurvig geschwungene Streifen aus Sternen, Gas und Staub; mit zunehmender Distanz lösen sie sich in Fetzen und Klüfte auf. Einige Spiralen sind sehr eng, andere dagegen sehr locker gewickelt. Unsere Milchstraße gehört zu einer dazwischenliegenden Gattung. Eine besondere Form von Spiralen wird mit dem Begriff »Balkenspiralen« bezeichnet, denn diese weisen einen sich quer durch ihr Zentrum ziehenden ausgedehnten Balken auf. Die Spiralarme nehmen an den Endpunkten dieses Balkens ihren Anfang.

Die elliptischen Galaxien sind mehr oder weniger eiförmig; sie variieren zwischen einer fast kugeligen Gestalt und der Form ziemlich stark abgeplatteter Ovale. Sie haben fast ihren gesamten Vorrat an Gas und Staub aufgebraucht, der für die Bildung neuer Sterne von zentraler Bedeutung ist, und werden von alten, todgeweihten Sternen bevölkert. Eine supergigantische elliptische Galaxis kann den dreifachen Durchmesser der Milchstraße haben und an die 10 Billionen Sterne enthalten. Elliptische Zwerggalaxien weisen immer noch einen Durchmesser von über einer Milliarde Milliarde Kilometer auf.

Irreguläre Galaxien sind, wie schon der Name sagt, weder scheiben- noch ellipsenförmig, sondern von chaotischer Gestalt. Alle Irregulären sind reich an gewaltigen Wolken aus glühendem ionisiertem Gas und gerade dabei, junge blaue Sterne zu erbrüten.

Die Magellanschen Wolken sind Nachbarn unserer Milchstraße und stehen mit ihr nahezu in direktem Kontakt. Ihre Umrisse sind verschwommen, sie gehören zur Klasse der elliptischen Zwerggalaxien.

Genau wie bei den Sternen gibt es innerhalb jeder Klasse extrem kleine und riesenhafte Exemplare, dazu ruhige und explosive Typen wie beispielsweise die Radiogalaxien, die Seyfert-Galaxien und die Quasare. Am unteren Ende der Skala stehen einander umkreisende Doppelgalaxien, und es gibt Haufen von nur einem oder zwei Dutzend Galaxien, wie zum Beispiel die »Lokale Gruppe«, zu der auch die Milchstraße gehört. Am oberen Ende der Skala finden wir die Riesenhaufen mit Tausenden von Galaxien, wie etwa den Coma-Haufen, und - noch darüber hinausgehend - die Assoziationen der Galaxienhaufen zu »Superclustern«. Die durchschnittliche Entfernung zwischen den Galaxien in einem Haufen beträgt nur ungefähr ein Zehntel des gegenseitigen Abstands der Sterne innerhalb einer Galaxis; Zusammenstöße von Galaxien sind daher nichts Ungewöhnliches.

Die Supercluster erscheinen als gigantische Schnüre aus Galaxien und erstrecken sich über Hunderte von Millionen Lichtjahren. Sie sehen aus wie verwickelte Fasern, die bei den am meisten entfernten eine schwammartige Struktur annehmen. Die Entdeckung von Hinweisen auf materiefreie Abgründe mit einem Durchmesser von bis zu 250 Millionen Lichtjahren hat eine ziemliche Verwirrung ausgelöst; mehr als eine Milliarde Milchstraßen fänden in einem derart gewaltigen Volumen Platz. Innerhalb dieser Bereiche scheint es überhaupt keine Galaxien zu geben. Die Astronomen, die sich mit diesem Thema befassen, hegen mehr und mehr den Verdacht, daß die Supercluster nicht mehr als vielleicht 5% des Volumens unseres Universums einnehmen und daß das übrige Weltall völlig leer ist. Einige Theoretiker spekulieren über die Möglichkeit, daß ausgedehnte Galaxien aus Dunkelmaterie die Leere ausfüllen könnten.

Seit der Zeit, als Hubble die Galaxien auf Grund ihrer Form klassifizierte, haben die Astronomen fortwährend danach getrachtet, zu verstehen, wie es zu diesen Formen kommt. Die meisten aus der Anfangszeit stammenden Theorien suchten nach einer einfachen Progression von einer Form zur nächsten. Galaxien könnten beispielsweise als elliptische Systeme beginnen, dann eine Spiralstruktur annehmen und sich schließlich in das Chaos einer irregulären Galaxis auflösen. Triftige Argumente ließen sich auch für die umgekehrte Abfolge anführen. Die Galaxien könnten in einem ungeordneten Durcheinander beginnen, würden sich daraufhin allmählich zu Spiralen aufwickeln und sich zuletzt in der einfachen Symmetrie der elliptischen Systeme konsolidieren. Beide Modelle beruhten auf der Voraussetzung, daß die Form einer Galaxis in irgendeiner Weise Rückschlüsse auf ihr Alter gestattet. Als die Astronomen gelernt hatten, wie man das Alter eines Sterns bestimmt, waren sie auch in der Lage, das Alter der Galaxis, in der dieser Stern beheimatet ist, festzusetzen. In sämtlichen Galaxientypen fanden sie Sterne mit einem Alter von mehreren Milliarden Jahren; daraus ergab sich zwingend, daß alle

Galaxien ungefähr das gleiche Alter aufweisen und daß weder die elliptischen noch die irregulären Systeme jünger sind als die Spiralgalaxien.
Was bei dieser Überprüfung, die mehr dem Inhalt als der Form gegolten hatte, herauskam, war die Entdeckung, daß die elliptischen Galaxien ihren Gas- und Staubanteil gleich zu Beginn in einem gewaltigen Ausbruch neuer Sterne verbraucht hatten und demgemäß danach fast ausschließlich alte Sterne enthielten. Den Spiralgalaxien hingegen ist es gelungen, einen umfangreichen Teil von Gas und Staub zu bewahren, und sie bringen in mehr oder weniger großer Fülle neue Sterne hervor. Die irregulären Systeme sind die aktivsten stellaren Kinderstuben überhaupt. Angesichts der Tatsache, daß die Formen der Galaxien mit diesen einfachen Unterschieden zusammenhängen, könnte man annehmen, daß dies etwas mit den ursprünglichen Bedingungen zu tun hat, also mit der Anfangsmasse und dem Drehmoment innerhalb der kondensierenden Gaswolke und mit irgendwelchen Wechselwirkungen mit benachbarten Galaxien.

In der Milchstraße zu Hause

> Eine breite, geräumige Straße, deren Staub Gold ist
> Und deren Pflaster Sterne,
> Sterne wie die in der Milchstraße,
> Die man nachts kreisen sieht,
> Gepudert mit Sternen.
>
> John Milton,
> *Das verlorene Paradies* (1667)

Wenn wir das funkelnde Band der Milchstraße sehen, wie es sich über einen klaren Nachthimmel hinzieht, so ist uns heutzutage bewußt, daß wir von innen den Querschnitt einer sehr großen Spiralgalaxis betrachten, deren Dimensionen unsere Vorstellungskraft sprengen. Ein Lichtstrahl braucht 100000 Jahre, um vom einen Rand der Galaxis bis zur gegenüberliegenden Seite zu reisen. Insgesamt gleicht die Milchstraße einer dünnen Scheibe mit gewaltigen Spiralarmen, die sich um eine zentrale Verdichtung schlingen. Die gesamte Struktur wird von einem sehr schwachen, kugelförmigen Halo eingehüllt. Wir leben in einem friedlichen

Vorort, etwa 30000 Lichtjahre von der hektischen Betriebsamkeit des Zentrums entfernt.

Die Scheibe ist angefüllt mit mehr als 100 Milliarden Sternen, mit breiten Streifen aus Gas und Staub, mit gigantischen interstellaren Wolken, hochenergetischen kosmischen Strahlen, faserigen Gespinsten magnetischer Felder und mit Strahlung sämtlicher Wellenlängen von den Gammastrahlen bis zu den Radiowellen. Der Hauptanteil der galaktischen Masse ruht aber, so meint man heute, nicht in der Scheibe, sondern in der umgebenden galaktischen Korona. Billionen unsichtbar kleiner Sterne mit einer charakteristischen Masse von einem Fünfzigstel der Sonnenmasse dürften den großen, alles umgebenden Halo erfüllen und gerade noch in der Lage sein, die Kernfusion aufrechtzuerhalten. Die Neutrinos bilden, falls sie keine Nullmasse haben sollten, noch eine weitere Form der unsichtbaren Masse, die in der Galaxis eine wesentliche Rolle spielen dürfte. Eine Neutrinomasse ist jedoch noch nicht eindeutig nachgewiesen worden.

Das gesamte Feuerrad dreht sich majestätisch um die galaktische Nabe. In einer Distanz von 10000 Lichtjahren zum galaktischen Zentrum liegt die Umlaufzeit bei etwa 50 Millionen Jahren. Die Sonne mit ihren 30000 Lichtjahren Zentrumsabstand benötigt für einen Umlauf 240 Millionen Jahre. Noch weiter draußen, bei etwa 50 000 Lichtjahren, beträgt die Zeit eines Umlaufs um die Galaxis ungefähr 400 Millionen Jahre. Die gesamte Spiralstruktur wird, so erwartet man, mehrere Jahrmilliarden brauchen, bis sie eng aufgewickelt ist, denn die inneren Gebiete sammeln mehr Umdrehungen an als die Außenregionen. Doch wie es aussieht, braucht das Ganze gar nicht auf diese Weise abzulaufen. Man nimmt an, daß die Spiralstruktur in einem sehr langsam rotierenden Dichtewellenmuster existiert. Sterne, Gas und Staub wandern auf ihren Kreisbahnen durch diese Dichtewellen hindurch und reichern sich an; einige Sterne sterben, andere werden neu geboren und setzen der Struktur Glanzlichter auf.

Zwischen 10 und 15% der Masse in der Scheibe unserer Milchstraße bestehen aus interstellarem Gas und Staub. In den staubhaltigsten Galaxien kann dieser Betrag an die 25% herankommen. Wenn wir in den optischen Wellenlängen durch die Scheibe hindurch in Richtung des galaktischen Zentrums blicken, dringt nur eines von 100 Milliarden Photonen durch die Staubschwaden. Der Blick auf das galaktische Zentrum ist so vollständig verfin-

stert, daß selbst ein Stern mit der Leuchtkraft unserer Sonne für uns unsichtbar bliebe. Sogar die Existenz einer Energiemaschine, die die heftigen Aktivitäten im Kernbereich in Gang hält, läßt sich nur andeutungsweise erraten. In den Infrarot- und Radiowellenlängen sowie im Röntgen- und Gammastrahlenspektrum kann die Strahlung mehr oder weniger unbehelligt passieren und den Schleier zerteilen. Untersuchungen in diesen extremen Spektralbereichen haben die Astronomen der Entschlüsselung des Geheimnisses, das sich im Herzen der Milchstraße verbirgt, näher gebracht. Dabei haben sie entdeckt, daß heißes Gas mit vielleicht einer Million Sonnenmassen vor relativ kurzer Zeit mit großer Wucht aus dem galaktischen Zentrum herausgeschleudert wurde und daß bis zu fünf Millionen Sonnenmassen innerhalb von nur ein paar Lichtjahren im Kernbereich zusammengeballt sind.
Der Blick auf unsere eigene Galaxis von einem Ort innerhalb der Scheibe beschert uns einige beachtliche Nachteile, sobald wir jedoch senkrecht an ihr entlang aus der Scheibe herausschauen, können wir eine beinahe ungehinderte Aussicht auf das übrige Universum der Galaxien genießen. Gleich nebenan, in einer Entfernung von nur zwei Millionen Lichtjahren, befindet sich die prachtvolle Andromedagalaxis; sie ist zu unserer Blickrichtung um 12° geneigt. Eigentlich ist sie die Zwillingsschwester unserer Milchstraße, jedoch mit etwa 300 Milliarden Sternen bevölkert. Ihre Spiralarme setzen sich aus komplexen hellen und dunklen Streifen zusammen und sind mäßig dicht um einen hellen Kern geschlungen. Innerhalb des Scheibenbereichs, dessen Dicke, bezogen auf die galaktische Äquatorebene, nicht weit über 250 Lichtjahren liegt, drängen sich die Sterne. Funkelnde, heiße, blaue Riesensterne sind längs der Spiralarme ausgestreut und eingebettet in die dichten Schwaden aus Gas und Staub, in denen sie sich vor nicht allzu langer Zeit gebildet haben. Hier finden wir auch die supermassiven Giganten, wie sie gerade ihre explosiven Todesqualen durchleiden, die in Kapitel 5 beschrieben wurden.
Vor etwa 40 Jahren identifizierte Walter Baade in den Galaxien zwei Kategorien von Sternpopulationen. Sterne in den Scheiben der Spiralsysteme und in den irregulären Galaxien von der Art der Magellanschen Wolken ordnete er der Population I zu, jene im Halo und in der zentralen Verdickung der Population II. Die elliptischen Galaxien schienen ausnahmslos aus Sternen der Population II zu bestehen.

Abbildung 75. In einer Entfernung von 2,2 Millionen Lichtjahren steht die gigantische Spirale der Andromedagalaxis (M 31); sie kann beinahe als Ebenbild unserer Milchstraße angesehen werden. Kürzlich erfolgte Studien an den Sterngeschwindigkeiten in der zentralen Verdickung sprechen für die Anwesenheit eines Schwarzen Lochs, das eine Million Sonnenmassen aufweist (Lick Observatory).

Die Population I umfaßt sehr junge, heiße, lichtstarke Sterne, die sich zu lockeren Gruppen, sogenannten »stellaren Assoziationen«, kürzlich gebildeter Sterne zusammengefunden haben. Weniger augenfällig sind die »offenen Sternhaufen« kleinerer, kompakterer Gruppen mit einer Vielfalt von Altersstufen; diese Haufen sind vergleichsweise stabil. Die chemischen Häufigkeiten der Elemente gleichen denen unserer Sonne, es handelt sich um einen Massenanteil von 99% Wasserstoff und Helium und nur 1% aller anderen Elemente.
Die Population II von Baade umfaßte ursprünglich nur die Roten Riesen, die Zwerge und die Kugelsternhaufen, die alle ungefähr so alt sind wie die Milchstraße. Ein Kugelsternhaufen dürfte über 100 000 Sterne enthalten; sie sind äußerst eng zusammengedrängt und sehr alt, und unter ihnen befinden sich die ältesten Sterne unserer Galaxis.
Baades Konzept der zwei Populationen führte zunächst ungeachtet seiner Simplizität zu überraschenden Erfolgen bei der Entschlüsselung der komplizierten Beziehungen zwischen Alter, Sternentwicklung, Elemententstehung und Dynamik. Seit langem jedoch weiß man, daß dieses Schema in vielen Fällen zu stark vereinfacht und daß es zahlreiche Ausnahmen gibt.
Die einfachste Vorstellung, wie sich die Milchstraße gebildet haben könnte, besteht darin, daß sie ein paar hundert Jahrmillionen nach dem Urknall aus einer 100 Milliarden Sonnenmassen bergenden Wasserstoff- und Heliumwolke kondensiert ist. Innerhalb der langsam rotierenden, kugelförmigen Masse begannen schon früh Gebiete höherer Dichte zusammenzuwachsen, und es entstanden die Sterne der ersten Generation in den Kugelsternhaufen. Wir sehen diese Haufen, wie sie immer noch kontrahieren und dabei nach wie vor unbeirrt ihren ursprünglichen Umlaufbahnen im Halo folgen; bis in alle Ewigkeit bewahren sie hiermit den Beleg dafür, wie unsere Galaxis ganz zu Beginn ausgesehen hat. Sobald sich der Kollaps im zentralen Bereich beschleunigte, nahm die Verdickung des Kerns Gestalt an. Die stellaren Wasserstoff-Fusionsreaktoren nahmen die Energieerzeugung auf. Auf elliptischen Umlaufbahnen rasten Sterne durch die Zentralregion und ließen sich in der eiförmigen zentralen Verdickung nieder. Für die elliptischen Galaxien mag dies schon den Endpunkt ihrer Entwicklung darstellen. In einem Spiralsystem dagegen sind offensichtlich beträchtliche Vorräte an Wasserstoff- und Heliumgas

übriggeblieben, woraus sich die dünne, ausgedehnte Scheibe bilden konnte. Die erste Generation der Population-I-Sterne war aus dem ursprünglichen Wasserstoff und Helium, das sich in den Armen angehäuft hatte, entstanden. Nachdem jene frühen Sterne ihre Entwicklung abgeschlossen hatten und explodiert waren, konnten sich weitere Sterngenerationen aus dem resultierenden »schmutzigen Gemisch« aus interstellarem Gas, das mit schweren Elementen der gegenwärtigen normalen kosmischen Elementverteilung angereichert war, entwickeln.

Interstellares Gas

Der größte Teil des Gases in der Milchstraße ist kalt - neutraler atomarer Wasserstoff. Im Jahr 1944, als die Niederlande noch von den Nazis besetzt waren, erklärte ein junger holländischer Astronom, Hendrik van de Hulst, die Galaxis müsse vom Leuchten einer charakteristischen Radiowellenlänge des neutralen Wasserstoffs bei 21 Zentimetern erfüllt sein. Van de Hulst, ein Student des anerkannten Astronomen Marcel G.I. Minnaert an der Universität Utrecht, entschloß sich, seine theoretischen Studien an der Universität Leiden weiterzubetreiben, als Minnaert in ein Internierungslager gesteckt wurde.

In Leiden geriet van de Hulst unter den Einfluß von Jan Oort, der durch eine eingeschmuggelte Ausgabe des *Astrophysical Journal* eine Ahnung von den Entdeckungen bekommen hatte, die Grote Reber in den USA in bezug auf die galaktische Radioemission geglückt waren. Während sich van de Hulst damit abmühte, die Beobachtungen Rebers zu verstehen, gelangte er zu dem Schluß, daß die Sterne und der interstellare Staub für die Radioemission nicht in Betracht kamen. Statt dessen entwickelte er eine Theorie, die auf eine Mikrowellenemission bei der charakteristischen Wellenlänge von 21 Zentimetern abhob. Diese Emission stand im Zusammenhang mit der Ausrichtung der Spin-Achse des im Wasserstoffatoms rotierenden Elektrons.

Das Wasserstoffatom besteht aus einem zentralen Proton, um das ein Elektron kreist, und beide drehen sich - wie die Erde und die Sonne - um ihre Achse. Nach der Quantentheorie verläuft diese Drehrichtung - sie wird auch als »Spin« bezeichnet - entweder im oder entgegen dem Uhrzeigersinn. Der Spin wird durch einen

Abbildung 76. Jan Hendrik Oort (*1900). Jan Hendrik Oort ist der Doyen der Astronomie des 20. Jahrhunderts. Er kam in Franeker in den Niederlanden zur Welt; sein Vater war Doktor der Medizin, sein Großvater Professor für Hebräisch - er wirkte in leitender Funktion an der Erstellung der in Leiden erschienenen holländischen Version der Bibel mit. 1945 wurde Oort Direktor der Sternwarte Leiden, und seiner Begeisterungsfähigkeit ist es größtenteils zuzuschreiben, daß die holländischen Astronomen im vergangenen halben Jahrhundert so bemerkenswerte Leistungen vollbracht haben.
Während der Studentenjahre Oorts herrschte die Ansicht vor, daß sich die Sonne in der Nähe des galaktischen Zentrums aufhält. Seine frühen Studien an der schrägen Verteilung stellarer Geschwindigkeiten brachten ihn zu dem Schluß, daß die Sonne weit entfernt ist von einem Zentrum, um das die Sterne herumlaufen. Nachdem H.C. van de Hulst aufgrund theoretischer Überlegungen den Gedanken geäußert hatte, daß die Strahlung der galaktischen Wasserstoffatome bei einer Wellenlänge von 21 cm sehr intensiv sein müßte, machten sich Oort und seine Kollegen daran, das spiralförmige Muster der Gaswolken der Milchstraße und ihrer zentralen Verdickung zu kartieren. Später entdeckte Oort den heftigen Ausstoß von Gas aus der Zentralregion, der einen Hinweis auf die Existenz eines massereichen, kompakten galaktischen Kerns liefert.
In den letzten Jahren haben sich einige Wissenschaftler die Oortsche Hypothese zu eigen gemacht, daß alle Kometen aus einem weitverstreuten Schwarm stammen, der die Außenbereiche unseres Sonnensystems umgibt, und sie sehen darin die Erklärung für eine 27 Millionen Jahre währende Periodizität biologischer Artenvernichtung. Unter den verschiedenen Mechanismen, die für die periodischen Spitzen eines Kometenbombardements der Erde vorgeschlagen wurden, findet sich auch das Herausschütteln von Kometen und Asteroiden durch einen Doppelsternbegleiter unserer Sonne, der alle 27 Millionen Jahre durch die Kometenwolke hindurchfegt.

»Spin-Vektor« dargestellt, der entlang der Spin-Achse verläuft. Die Vektoren des Elektrons und des Protons können in dieselbe Richtung weisen (parallel) oder entgegengesetzt zueinander verlaufen (antiparallel). Bei der parallelen Orientierung enthält das Atom ein klein wenig mehr Energie als bei der antiparallelen Ausrichtung der Spins. Weil das Atom immer sein niedrigstes Energieniveau anstrebt, muß ein Elektron mit einem parallelen

Spin letztlich in die antiparallele Position hinüberspringen. Sobald sich dies ereignet, wird ein Photon mit einer Radioenergie emittiert, die exakt der Energiedifferenz zwischen den beiden atomaren Zuständen entspricht.

Das Wasserstoffatom bleibt im Durchschnitt etwa 10 Millionen Jahre lang im energiereicheren parallelen Spin-Zustand, bevor es seinen Spin umklappt. Gelegentliche atomare Kollisionen können dafür sorgen, daß die antiparallelen Spins in den parallelen Zustand zurückhüpfen; somit liegen zu jedem beliebigen Zeitpunkt etwa Dreiviertel aller Atome in der parallelen Spin-Orientierung, der Rest ist antiparallel.

Van de Hulst war zunächst der Meinung, daß die 21-cm-Strahlung nur mit Hilfe irgendeines unglaublichen Zufalls zu beobachten sei. Ihre Entdeckung würde einen einzigartigen Übergang in der am weitesten verbreiteten Sorte des galaktischen Gases bei einer idealen Wellenlänge erforderlich machen. Doch in seinem Notizbuch stand nach wie vor die Bemerkung: »Bis jetzt schimmert der ganze Himmel bei dieser Wellenlänge nicht.« *(Nederlands Tijdschrift Naturkunde* 11, 1945, S. 210) Er lag damit genau richtig, denn in den darauffolgenden Jahren erkannte man, daß es unmöglich war, eine Antenne auf eine beliebige Position nahe der galaktischen Ebene auszurichten, ohne den Gesang des neutralen Wasserstoffs bei 21 Zentimetern zu hören. Die Galaxis enthält so viele Wasserstoffatome, daß in jeder Sekunde etwa 10^{54} Spin-Übergänge stattfinden.

Wegen des Krieges blieb die Prophezeiung van de Hulsts weitgehend unbekannt. Beinahe zur selben Zeit war Jossif Schklowski in der Sowjetunion zu einer ähnlichen theoretischen Schlußfolgerung gekommen.

Es sollte noch bis 1951 dauern, ehe ausreichend empfindliche Instrumente entwickelt waren, um diese Theorie zu bestätigen. Das Wasserstoffsignal wurde zum erstenmal von Harold Ewen und Edward Purcell von der Universität Harvard aufgezeichnet, und kurz darauf erfolgte die Bestätigung in den Niederlanden und in Australien.

Die Astronomen beobachteten die 21-cm-Emission nach allen Seiten hin, um die Anzahl der Wasserstoffatome in Blickrichtung zu bestimmen. Weil die Atome in der Scheibe der Galaxis mit Umlaufgeschwindigkeiten rotieren, die für jede radiale Entfernung zum galaktischen Zentrum berechnet werden können, ist es

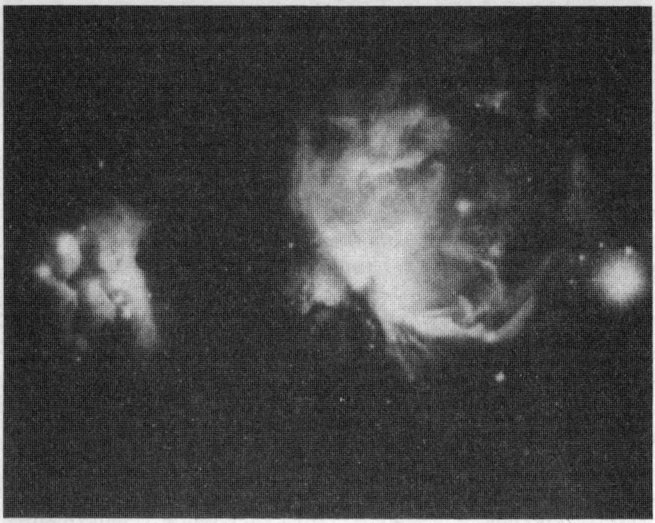

Abbildung 77. Aufgefächerte Lichtstreifen und wogende Schwaden aus Gas und Staub erfüllen den Orionnebel, der als Sternkinderstube gilt. Der Nebel erstreckt sich über ungefähr 15 Lichtjahre und sieht in einer Entfernung von 1600 Lichtjahren so groß wie der Mond aus. Alle Sterne, die soeben innerhalb der dunklen Wolken geboren werden, bleiben im optischen Spektralband völlig unsichtbar, doch das langwelligere Infrarot schimmert durch die Staubkokons, die die Sterne einhüllen, hindurch. (Lick Observatory)

möglich, die Doppler-Verschiebung der Wellenlänge der Radiophotonen zu beobachten und auf diese Weise herauszubekommen, wo in den Spiralarmen sich der Wasserstoff aufhält. Beispielsweise ziehen die Atome unweit des galaktischen Zentrums auf ihrer Umlaufbahn schneller dahin, und ihre Doppler-Verschiebung ist größer, während sich die weiter außen befindlichen Atome entsprechend langsamer bewegen und eine kleinere Doppler-Verschiebung zeigen.

Durch die Kartierung der vom Doppler-Effekt beeinflußten Wasserstofflinienstrahlung haben die Astronomen versucht, die Spiralarmstruktur unserer Galaxis zu entschlüsseln. Sie fanden heraus, daß sich die Wasserstoffatome tatsächlich in »Spiralarmen« konzentrieren, obwohl das Ganze ein wenig undeutlich aussieht. Zumindest in den bis zu unserer Sonne reichenden Teilen der Milchstraße konnte man eine aus vier Armen geformte Struktur ausmachen. Weiter innen wird das Muster komplizierter und läßt sich im Detail nur schwer erkennen. Der Wasserstoff ist in den Spiralarmen zehnmal stärker konzentriert als in der Scheibe. Ferner scheint der Wasserstoff in der galaktischen Scheibe durch die Spiralarme hindurch nach außen zu streben, und zwar mit Geschwindigkeiten zwischen 50 und 160 km/sec. Jan Oort schätzte, daß alljährlich Wasserstoff nahezu einer Sonnenmasse aus dem Kern in die Arme strömt.

Wenn sich zwei Wasserstoffatome zu einem Wasserstoffmolekül zusammenfinden, sendet das neue Molekül keine Radiowellen mehr aus. Es läßt sich nur noch in Gestalt einer Absorption im extremen ultravioletten Spektrum erkennen, oder man sieht es, wenn es von einem hellen ultravioletten Stern von hinten illuminiert wird. Um ein solch aussagekräftiges Spektrum zu erhalten, muß man den Spektrographen an Bord einer Rakete oder eines Raumfahrzeugs in Höhen über der Atmosphäre bringen.

Wasserstoffmoleküle bilden sich nicht einfach durch eine im freien Raum erfolgende simple Kollision. Vielmehr müssen sich die Atome an Staubkörnchen heften und an deren Oberflächen entlangwandern, bis sie sich begegnen und aneinander kleben bleiben. Dieser Prozeß trägt die Bezeichnung »Grain Catalysis« (Korn-Katalyse). Die Staubkörnchen dürften aus Silikaten, aus Graphit oder vielleicht auch aus anderen Substanzen bestehen und einen typischen Durchmesser von etwa 0,5 Mikron aufweisen. In der Folge platzen die Moleküle vom Staub ab und entschwinden in den interstellaren Raum. Der Masseanteil der interstellaren Wasserstoffatome in der galaktischen Scheibe ist ungefähr so groß wie derjenige der Wasserstoffmoleküle, doch wenn man alles Gas zusammennimmt, beträgt sein Kontingent nur einige wenige Prozent der Sternmasse.

Schätzungsweise mehrere tausend gigantische Molekülwolken, die vor allem aus molekularem Wasserstoff bestehen, existieren in der galaktischen Scheibe. Sie erstrecken sich über Hunderte von Lichtjahren und wiegen an die eine Million Sonnenmassen. Sie gelten als die größten, von der Schwerkraft gebundenen Objekte in der Milchstraße und bilden die vorrangigen Sammelbecken von Materie für die Geburt neuer Sterne. Die umfangreichsten Wolken sind für die Erschaffung der massereichsten Sterne verantwortlich.

Der in unserer Nähe befindliche Orionnebel ist ein eingehend untersuchtes Beispiel für eine stellare Kinderstube, eingebettet in eine gigantische Molekülwolke. Bis jetzt hat sich nur ein kleiner Teil der Wolke zu heißen Sternen zusammengeballt, die die Fluoreszenz des Nebels anregen.
Außerhalb der riesigen Wolken enthält das interstellare Medium nur sehr wenig Moleküle. Innerhalb der Wolken jedoch sind die meisten Atome zu Molekülen verknüpft. Etwa 50 verschiedene Molekülarten sind durch die Radiomikrowellen-Spektroskopie entdeckt worden. Die meisten von ihnen bestehen aus zwei Atomen, wie zum Beispiel der molekulare Wasserstoff, das Kohlenmonoxid (CO) und das Zyanradikal (CN); einige Molekülarten sind triatomar, also aus drei Atomen gebildet, wie etwa Ammoniak (NH_3), Wasser (H_2O) oder Schwefelwasserstoff (H_2S). Einige jedoch sind noch weitaus komplexer und können pro Molekül bis zu 13 Atome enthalten. Die ungeheure Menge an Formaldehyd, die man beobachtet hat, könnte einen zu der waghalsigen Äußerung veranlassen, daß Gott tatsächlich tot sein muß, denn der Weltraum ist angefüllt mit Einbalsamierungsflüssigkeit. Ein weitaus fröhlicherer »spiritueller« Gedanke resultiert aus dem Umstand, daß der Gesamtanteil des Äthylalkohols im Sternbild **Schütze** nach aktueller Auffassung einem Äquivalent von ungefähr 50 000 Billionen Billionen Flaschen voll hundertprozentigem Alkohol entspricht, was der Grund dafür sein muß, daß unsere Galaxis eine Balkenspirale ist. Das englische Wort für Balken lautet *bar*.

Das Ungeheuer im Zentrum unserer Galaxis

> Ewig fressend, niemals satt,
> Alles verschlingend, alles zerstörend,
> Beim Mahl niemals ein Ende findend,
> Bis ich zuletzt die Welt verspeise.
>
> Jonathan Swift,
> *Über die Zeit* (1727)

Auch wenn das Zentrum der Galaxis hinter dichten Staubwolken liegt und damit für immer unseren Blicken entzogen bleibt, können doch Radio-, Infrarot-, Röntgen- und Gammateleskope diese Barriere ohne Mühe durchdringen und uns eine äußerst aktive Kernregion vor Augen führen.

Eine extrem lichtstarke und kompakte Radioquelle namens Sagittarius A* (Sag A*) konnte in nächster Nähe des exakten Rotationsmittelpunktes unserer Galaxis identifiziert werden. Obwohl sie nicht größer als etwa der zwanzigfache Erdbahnradius ist, strahlt sie ungefähr 10000mal energiereicher als der stärkste uns bekannte Radiopulsar. Einige in Doppelsternen kreisende Röntgenstrahlungsquellen treten auch als Radiostrahler auf, doch diese sind normalerweise 100000mal schwächer als Sag A*. Somit stellt Sag A* eine in der Milchstraße einzigartige Radioquelle dar. Sie ist um mehrere Größenordnungen heller als alle typischen stellaren Radiostrahler. Erklären ließe sie sich dadurch, daß eine mäßige Akkretion in Richtung eines Schwarzen Lochs mit einer Million Sonnenmassen stattfindet. Kompakt genug ist sie, um mit dieser Beschreibung übereinzustimmen.

Infolge der kümmerlichen Auflösung der Gammastrahlenteleskope fällt es schwer, den Ort des Kerns der Milchstraße punktgenau anzugeben, doch es gibt Hinweise auf eine äußerst rätselhafte und bemerkenswerte energiereiche Gammastrahlenquelle, die die Präsenz eines Schwarzen Lochs in der Mitte unserer Galaxis nahelegt. 1970 ließ ein Team von Astronomen der Rice-Universität unter der Leitung von Robert Haymes in Australien einen Ballon aufsteigen, der einen Detektor mit sich führte. Man beobachtete eine Strahlung, die der Energie entsprach, die für die Annihilation von kollidierenden Elektronen und Positronen bei 0,51 Millionen Elektronenvolt charakteristisch ist. Eine verbesserte Instrumentation wurde 1975 von einer Gruppe der Bell Telephone Laboratories unter der Leitung Marvin Leventhals gestartet und lieferte eine unzweideutige Bestätigung dieser Gammaspektrallinie.

Man vermutet, daß die aus dem Außenbereich eines Schwarzen Lochs emittierten Gammastrahlenphotonen Elektronen normaler Materie und Antimaterie in Form von Positronen erzeugen können. Wenn diese Partikel einander dann wieder begegnen, verschwinden sie unter Hinterlassung eines Gammaphotonenpaares der charakteristischen Energie von 0,51 Millionen Elektronenvolt. Die beobachtete Intensität lag zur allgemeinen Verwunderung auf allen Wellenlängen um das 100000- bis Einmillionenfache über der Gesamtenergieabstrahlung der Sonne. In jeder Sekunde

könnte eine Milliarde Tonnen Antimaterie in Form von Positronen gebildet und wieder annihiliert werden. Nirgendwo sonst in der Milchstraße hatte man eine vergleichbare Quelle geortet.
Überraschenderweise zeigte eine Reihe aufeinanderfolgender Beobachtungen von Ballons und dem HEAO-3-Satelliten aus, daß die Gammastrahlenlinie innerhalb einer sechsmonatigen Periode variierte, was dafür sprach, daß die dazugehörige Quelle im Durchmesser nicht größer als etwa sechs Lichtjahre sein konnte. Zwei in kurzem Abstand durchgeführte Ballonflüge ergaben, daß die Linienintensität in nur 10 Tagen erhebliche Veränderungen durchlief. Doch ist die Quelle seit 1979 nicht mehr gesehen worden. Aus einer erschöpfenden Analyse aller dieser Spektrallinien und der die begleitende Kontinuumstrahlung betreffenden Beobachtungen kamen Reuven Ramaty vom Goddard-Raumflugzentrum und Richard E. Lingenfelter von der Universität von Kalifornien in La Jolla zu dem Schluß, daß es sich bei der Quelle um ein Schwarzes Loch handeln könnte, das weniger als 100 Sonnenmassen aufweist, höchstens ein Grad vom galaktischen Zentrum entfernt steht und mit letzterem nicht unbedingt zusammenfallen dürfte.
Als über die Gamma-Beobachtungen zum erstenmal Bericht erstattet wurde, bezeichnete Donald Lynden-Bell, ein damals am Caltech tätiger vorzüglicher Theoretiker, die Quelle als »das Ungeheuer im galaktischen Zentrum«. Es ist zwar richtig, daß das Gammastrahlenteleskop eine schlechte Auflösung liefert – sie liegt bei nur etwa 4% –, doch selbst einer solch groben Übereinstimmung kommt bei einer derart bemerkenswerten Quelle an einer solch einzigartigen Position in der Milchstraße eine hohe Überzeugungskraft zu.
Bald nach der ersten Ballonbeobachtung wurden von »Uhuru« Röntgenstrahlen aus der Richtung des Schützen entdeckt, und gegen Ende des Jahrzehnts legte das Einstein-Observatorium die Position der Quelle auf einen Punkt innerhalb einer Bogenminute vom galaktischen Zentrum fest. Darüber hinaus veränderte sich die Röntgenstrahlung in einem Zeitraum von etwa drei Jahren, was einen Durchmesser der Quelle von lediglich drei Lichtjahren vermuten ließ. Wir dürfen zuversichtlich erwarten, daß uns die nächste Beobachtungsrunde mit fortschrittlichen Röntgen- und Gammaobservatorien an Bord von Raumfahrzeugen der Entschlüsselung des Geheimnisses dieser Quelle einen großen Schritt näher bringen wird.

Im nahen Infrarot sehen wir den Hinweis auf eine starke Anhäufung kühler roter Riesensterne mit einer Dichte von etwa 100 Millionen Sternen pro Kubiklichtjahr; dies übertrifft die Sterndichte im Gebiet unserer Sonne um das 100millionenfache. Größere infrarote Wellenlängen, die Belege für eine Konzentration von ionisiertem Gas liefern, führen zu Schätzungen, die einerseits eine diffuse Materiewolke mit mehreren Millionen Sonnenmassen und andererseits eine Punktquelle von vergleichbarer Masse zum Inhalt haben. Das ionisierte Gas dürfte seinen Ursprung höchstwahrscheinlich außerhalb einer zentralen, größtenteils gas- und staubfreien Region mit 10 Lichtjahren Durchmesser haben. Diese Lücke ist von einer pfannkuchenförmigen, turbulenten Wolke aus neutralem Gas mit mindestens 10000 Sonnenmassen umgeben, die das galaktische Zentrum umkreist. Eine Gruppe von Infrarotastronomen an der Universität von Kalifornien in Berkeley unter der Leitung des Nobelpreisträgers Charles Townes hat die Vermutung aufgestellt, daß die pfannkuchenartige Wolke das Ergebnis einer gigantischen Explosion sei, die vor nur ein paar Jahrhunderttausenden stattgefunden haben könnte, als ein großer Klumpen Gas von dem Schwarzen Loch verschlungen wurde. Townes und seine Kollegen glauben, daß das Schwarze Loch ungefähr vier Millionen Sonnenmassen enthalten muß, was noch weit über den aufgrund der Gammastrahlenemission angestellten Masseschätzungen liegt.

Kollidierende Welten

Gewöhnlich sah man die Galaxien als »Welteninseln« an, die sich in erhabener Abgeschiedenheit entwickelten. Falls irgendwann einmal eine Kollision stattgefunden haben sollte, so hätten nach allgemeiner Auffassung die 100 Milliarden Sterne einer Galaxis so weit auseinander gestanden, daß sich die Galaxien gegenseitig durchdringen konnten; ein Zusammenstoß zweier einzelner Sterne schien so gut wie ausgeschlossen.
Die Aussicht, zwei miteinander kollidierende Galaxien könnten als Folge der Gezeitenreibung verschmelzen, wurde 1940 von dem schwedischen Astronomen Erik Holmberg geäußert. Er wies auf die vergleichsweise geringen Galaxienabstände hin, die zwischen dem Zehn- und dem Hundertfachen ihrer Durchmesser liegen,

Abbildung 78. Walter Baade (1893-1960). Walter Baade wurde in Deutschland geboren und studierte an der Universität Göttingen. Elf Jahre führte er an der Hamburger Sternwarte Beobachtungen durch, bevor er 1931 ans Mount-Wilson-Observatorium kam. Während sich die meisten seiner Kollegen zur Zeit des Zweiten Weltkriegs mit Rüstungsforschung zu befassen hatten und für Los Angeles Verdunklung angeordnet war, durfte Baade, der rein formal betrachtet ein feindlicher Ausländer war, das 252-cm-Teleskop bevorzugt benutzen und konnte ein bemerkenswertes Forschungsprojekt zum Abschluß bringen. In der zentralen Verdickung der Andromedagalaxis identifizierte er zwei verschiedene Sternpopulationen. Die Population I setzte sich aus jungen, blauen Sternen zusammen, während die Population II aus alten, roten Sternen bestand. In den außerhalb der zentralen Verdickung befindlichen Spiralarmen fand er hauptsächlich Sterne der Population I. Die Kugelsternhaufen, die einen die Milchstraße umgebenden sphärischen Halo erfüllen, bestehen aus älteren Sternen der Population II und stammen aus der Frühzeit der Milchstraße. Später setzte Baade zusammen mit Rudolph Minkowski das 5-m-Teleskop ein, um mehrere der ersten leistungsstarken Quellen, die von den Pionieren der Radioastronomie aufgespürt worden waren, optisch zu identifizieren.
Als Baade entdeckte, daß die pulsierenden Cepheidenveränderlichen in der Scheibe der Milchstraße viermal so hell leuchteten wie diejenigen im Halo, war er in der Lage, einen peinlichen astronomischen Irrtum zu korrigieren, der die Galaxis nur halb so alt wie die Erde erscheinen ließ. Auf Grund seiner neuen Entfernungsskala verdoppelte sich die Größe des Universums.

und vertrat den Standpunkt, daß sich nahe Begegnungen mit einer relativ hohen Wahrscheinlichkeit ereignen könnten. Weiter führte er aus, daß ein Paar sich einander nähernder Galaxien in eine gegenseitige Umlaufbewegung eintreten würde; die daraus resultierenden Gezeitenkräfte sollten genügend Energie verbrauchen, um eine Abnahme der orbitalen Abstände einzuleiten. Die Galaxien würden letzten Endes miteinander verschmelzen. Während der fünfziger Jahre erregte der Hinweis auf schwache Sternströme, die sich über mehrere tausend Lichtjahre erstreckten, die Neugier Fritz Zwickys. Diese Ströme schienen nah benachbarte Galaxien miteinander zu verknüpfen. Halton Arp identifizierte in den sechziger Jahren auf dem Mount Palomar Hunderte sich gegenseitig beeinflussender Galaxien, die »Brücken«, »Federn«, »Schweife«, »Antennen« oder andere bizarre Verbindungen aufwiesen. Doch im Verlauf jener beiden Jahrzehnte wurde nur in geringem Umfang an ernsthaften Theorien bezüglich der Wechselwirkungen zwischen Galaxien gearbeitet.

Die Kollisionstheorie wurde im Jahr 1951 mit großem Eifer diskutiert, als den Radioastronomen erstmals die Entdeckung einer kräftigen extragalaktischen Quelle glückte. F. Graham Smith von der Universität Cambridge hatte seine beiden nach dem Krieg noch vorhandenen Radarantennen in einem Abstand von 304,8 Metern aufgestellt und sie zu einem Interferometer zusammengeschaltet. Als er die zweitstärkste Radioquelle des Himmels, Cygnus A, aufs Korn nahm, war er sofort in der Lage, sie mit einer solchen Genauigkeit zu lokalisieren, daß Walter Baade und Rudolph Minkowski auf dem Mount Wilson ihre optische Entsprechung identifizieren konnten. Das Objekt erschien auf ihren Photoplatten als schwacher, nebliger Fleck, der zwei daran hängende Verdichtungen mit einschloß. Die Rotverschiebung ließ auf eine Entfernung von 700 Millionen Lichtjahren schließen.

Zur allgemeinen Überraschung lag hier eine ferne extragalaktische Quelle vor, die mit einer Energie von etwa 700 Milliarden Billionen Kilowatt Radiostrahlung aussandte und damit die Radiosendeleistung der Milchstraße mehrere millionenmal übertraf. Zehn Milliarden Crab-Nebel zusammengenommen würden kaum an Cygnus A heranreichen. Als Stanley Hey die Quelle im Jahr 1946 entdeckte, vermutete man, sie sei ein relativ nahe stehendes Objekt innerhalb der Milchstraße. Die Astronomen bezeichneten sie als »Radiostern«, weil sie wie ein funkelnder Stern szintillierte. Nun lag es klar auf der Hand, daß sie nur deshalb sternartig erschien, weil sie dermaßen weit entfernt war. Die Astronomen erkannten, daß in der Himmelsforschung ein neues Zeitalter heraufdämmerte. Bald würde es möglich sein, mit Hilfe der Radiointerferometer weiter ins frühe Universum zurückzusondieren als mit optischen Teleskopen.

Die optische Erscheinung zweier konzentrierter Gebilde innerhalb eines verwaschenen Halos gab Walter Baade nachhaltigen Anlaß zu der Vermutung, daß es sich hier um ein Paar kollidierender Galaxien handelte, das die intensive Radioemission auslöste.

Abbildung 79. Rudolph Minkowski (1895-1976). Nach seiner während des Ersten Weltkriegs abgeleisteten Dienstzeit in der deutschen Armee führte Rudolph Minkowski am Staatlichen Physikalischen Institut in Hamburg spektroskopische Forschungen durch und arbeitete später mit Walter Baade an der Sternwarte Hamburg zusammen. Als die Nazis an die Macht gekommen waren, zwang ihn die Judenverfolgung, Deutschland zu verlassen; er kam 1935 auf den Mount Wilson. Dort spezialisierte er sich auf Studien, die sich mit Supernovaresten befaßten, und er bestimmte deren Alter und Energiegehalt. Später beaufsichtigte er an der Palomar-Sternwarte die Kartierung des nördlichen Himmels, die mit Hilfe des 121-cm-Schmidt-Teleskops erfolgte.
Er identifizierte zusammen mit Walter Baade zahlreiche Radioquellen, darunter Supernovaüberreste und aktive Galaxien. Cygnus A, von der man ursprünglich glaubte, sie sei eine extrem aufgeheizte thermische Radioquelle, die durch den Zusammenstoß zweier Galaxien hervorgerufen worden war, erwies sich schon bald als eine Quelle von Synchrotronstrahlung. Minkowski plazierte Cygnus A in eine ungeheure Entfernung, nahezu 700 Millionen Lichtjahre weit weg, und setzte damit ihren Energiegehalt in Form von hochenergetischen Elektronen und magnetischen Feldern einem Äquivalent gleich, das der vollständigen Umwandlung von einer Million Sonnenmassen entsprach. Er entschlüsselte ebenfalls das Geheimnis von Cassiopeia A, der hellsten Radioquelle des Himmels. Seine Analyse der rasch dahinziehenden Filamentfasern und eines expandierenden Nebels zeigte, daß sie ihren Ursprung vor 300 Jahren im Zentrum einer Supernovaexplosion hatte; diese Supernova war nicht beobachtet worden, denn sie ereignete sich in einer Entfernung von 10000 Lichtjahren und wurde durch den interstellaren Staub stark abgeschwächt.

Sein Kollege, Rudolph Minkowski, äußerte sich hingegen sehr skeptisch. Schon bald teilte sich die Gemeinschaft der Astronomen in zwei Lager. Die Presse braute aufregende Geschichten von Radiowellen zusammen, die den Donnerhall sich rammender Welten übertrugen, und die BBC ging mit einer Aufnahme der von den Astronomen aufgezeichneten Signale auf Sendung.
Die folgende Geschichte, die von Robinson, Schild und Schukking nacherzählt wurde (*Quasi-Stellar Sources and Gravitational Collapse*, 1965, S. XI), vermittelt einen Eindruck von den starken

Persönlichkeiten der beiden großen Astronomen, die die Diskussion über die kollidierenden Galaxien bestimmten:

Es wäre gewiß ein aufregender, unvergeßlicher Abend gewesen, mit Christoph Kolumbus in seiner düsteren Stammtaverne bei einem Glas Portwein zusammenzusitzen und ihm zu lauschen, wie er von seinen Abenteuern erzählt und ferne, nie zuvor gesehene Länder schildert. Aber man darf bezweifeln, ob dies dem eigenartigen Zauber eines Abends mit dem inzwischen verstorbenen Walter Baade von den Mount-Wilson- und Mount-Palomar-Sternwarten gleichgekommen wäre. Mehr als ein Vierteljahrhundert lang hatte er mit den größten optischen Teleskopen auf Erden gearbeitet. ... Baade betrachtete die Geheimnisse des Universums als die großartigste aller Detektivgeschichten, bei der er die Rolle einer der ersten Spürnasen innehatte. ... Eines Abends erzählte er uns die Geschichte von Cygnus A.

»Bei einem Seminarvortrag, den Minkowski im Jahr 1951 in Pasadena über die verschiedenen Theorien der Radioquellen hielt, wurde ich fast wahnsinnig. Ich hatte soeben meine Theorie über Galaxienkollisionen in Haufen veröffentlicht und die Cygnus-A-Quelle mit einem solchen kollidierenden Paar identifiziert. Bestimmt würde niemand glauben, daß es extragalaktische Radioquellen gibt. Minkowski befaßte sich zunächst einmal mit allen anderen Theorien; und dann, am Ende des Seminars, so, als ob er einen scheußlichen Käfer mit einer Pinzette hochhielte, präsentierte er meine Theorie. Er sagte so etwas wie: ›Wir alle kennen das ja. Jemand entwickelt eine Theorie, und erstaunlicherweise kann er wenig später auch schon mit der Bestätigung antworten. Baade und Spitzer erfanden die Kollisionstheorie; und nun entdeckt Baade in Cygnus A den Beweis dafür.‹

›Ich war ärgerlich (so Baade) und sagte zu ihm: ›Ich wette 1000 Dollar, daß Cygnus A eine Kollision ist.‹ Minkowski sagte, er könne sich das nicht leisten, er habe gerade ein Haus gekauft. Dann schlug ich eine Kiste Whisky vor, doch auch davon wollte er nichts wissen. Schließlich einigten wir uns auf eine Flasche und auf einen akzeptablen Beleg für eine Kollision – die Emissionslinien hoher Erregungszustände. Monatelang hatte ich die Angelegenheit vergessen. Dann, eines Tages, kam

Minkowski in mein Büro und fragte: ›Welche Marke?‹ Er zeigte mir das Spektrum von Cygnus A. Es hatte Neon V (vierfach ionisiertes Neon) in Emission und 3727 Ångström (ionisiertes Eisen) sowie viele andere Emissionslinien. Ich sagte zu Minkowski: ›Ich hätte gern eine Flasche Hudson Bays Best Procurable.‹ Das ist der Stoff, den die Pelzjäger in Labrador trinken.
Aber das war noch nicht alles. Für mich war eine Flasche ein Quart (1,136 Liter) und daher das, was mir Minkowski brachte, ein trübseliger Flachmann. Ich trank nicht, sondern nahm das Fläschchen als Trophäe mit nach Hause. – Zwei Tage später, es war ein Montag, besuchte mich Minkowski, um mir was zu zeigen – er sah die Flasche und trank sie aus.«
Baade gluckste: »Ist es nicht eine Schande, wenn du leer ausgehst, obwohl das Pferd, auf das du gesetzt hast, ein todsicherer Tip war?«

»Dies war vor sechs Jahren«, merkten die Herausgeber an, »und das Pferd ist tot. Die meisten Experten würden heute Minkowski recht geben und es billigen, daß er den Whisky konsumierte, denn Baade hat seine Wette nicht gewonnen.«
Das Kollisionsmodell Baades unterstellte, daß sich die heftigen Bewegungen, die innerhalb sich beeinflussender Galaxien ausgelöst werden, in starker Reibungshitze aufzehren. Die dabei frei werdende Radioemission sei durch ein thermisches Spektrum charakterisiert. Indessen fand man bald heraus, daß Cygnus A die Synchrotronquelle eines Typs bildet, der durch Elektronen, die sich nahezu mit Lichtgeschwindigkeit in einem Magnetfeld bewegen, verursacht wird. Mit einem frühen Interferometer entdeckten R. C. Jennison und M. K. Das Gupta in Jodrell Bank im Jahr 1953, daß die Radioemission von Cygnus A nicht von der verschwommenen Galaxis Baades herrührte, sondern von zwei diffusen Flekken an ihren Seiten. Während der beiden folgenden Jahrzehnte wurde den Kollisionstheorien nur wenig Aufmerksamkeit geschenkt, und die Radioastronomie fing an, eine Klasse von aktiven galaktischen Kernen zu entschleiern, aus denen komplexe Strukturen von Jets und gewaltige Radiokeulen, die für den optischen Astronomen unsichtbar bleiben, hervortreten.
Mit einer sich großer Basislängen bedienenden Interferometrie (VLBI), die Fernrohre benützt, die so weit auseinanderstehen, wie

Kalifornien und Deutschland voneinander entfernt sind, begann man sich ein Bild von Cygnus A zu machen (vgl. Abbildung 80). Ein Paar enggebündelter Gasjets spritzt in entgegengesetzte Richtungen aus dem Kern der Galaxis, erreicht dabei eine Distanz von einer Million Lichtjahren und endet in ausgedehnten Lappen voll radioemittierendem Plasma. Magnetische Kraftlinien werden mit diesen Jets nach außen gerissen, und die Elektronen bewegen sich mit nahezu Lichtgeschwindigkeit in engen, spiralartigen Windungen um die Richtung des Magnetfelds herum. Sie erzeugen dabei polarisierte Radiowellen, wie sie für die Synchrotronstrahlung charakteristisch sind.

Wenn sich die Jets weit in das umliegende Gas hineinbohren, nimmt ihre Energie so lange ab, bis der Staudruck des intergalaktischen Gases die Oberhand gewinnt. Die Jets expandieren daraufhin in Wolken und Blasen, die von Schockwellen in Form ausgedehnter Plasmawolken herumgestoßen werden. In jeder der beiden Radiokeulen von Cygnus A erscheinen zwei heiße Flekken, die bei der Radioemission dominieren. Der Energiegehalt der Radiokeulen ist ungeheuerlich, er kommt in etwa dem gleich, was bei der Masseumwandlung von 100000 Sternen an Energie freigesetzt würde.

Alles an dieser Beschreibung von Cygnus A spricht gegen die von Baade aufgestellte Hypothese zusammenstoßender Galaxien, doch noch aktuellere, verfeinerte Beobachtungen der Zentralregion im optischen und im Radiowellenbereich eröffnen den Blick auf eine komplexe Struktur, die die Kollisionstheorie neu belebt. Beinahe alle Radiogalaxien, sogar diejenigen, die eine ziemlich geringe Gesamthelligkeit aufweisen, zeigen radioemittierende Jets. Wie diese Jets erzeugt werden, gilt immer noch als großes Geheimnis. Die gängigste Erklärung lautet, daß die Jets mit einem supermassiven, rotierenden Schwarzen Loch und dessen Akkretionsscheibe in Verbindung stehen. In den am besten aufgelösten Fällen scheinen die Jets senkrecht zur Ebene der Galaxis ausgerichtet zu sein und über 100 Millionen Jahre Bestand zu haben. In Galaxienhaufen ist das innerhalb des Haufens befindliche Gas erheblich stärker konzentriert als im intergalaktischen Medium, und der den galaktischen Geschwindigkeiten von mehreren tausend Sekundenkilometern entgegenwirkende Widerstand kann die Jets in verzweigte Strukturen und ausgedehnte Schweife zurückbiegen (vgl. Abbildung 81).

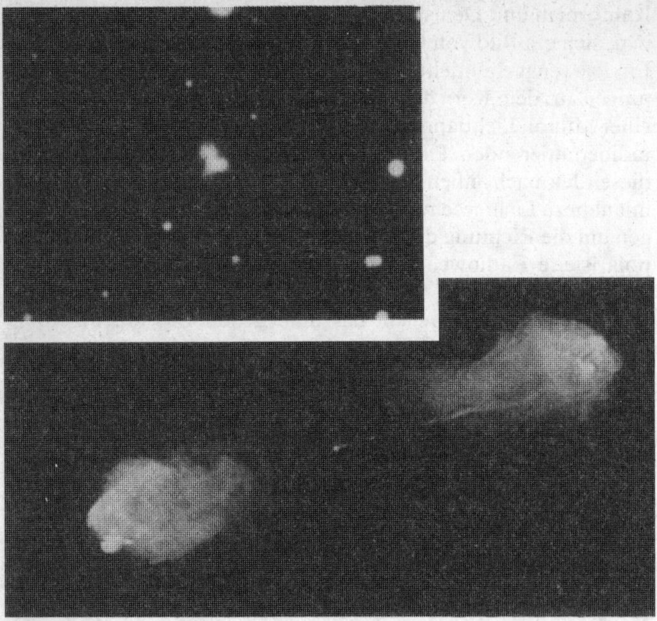

Abbildung 80. Ein Radiobild der fernen Galaxis Cygnus A, das mit dem VLA aufgenommen wurde, Die ersten Radioteleskope konnten keinerlei Struktur in dieser hellsten extragalaktischen Radioquelle ausmachen. Optisch erscheint sie als eine merkwürdige elliptische Riesengalaxis (siehe unteres Bild), die von einem Dunkelband durchzogen wird, das eine ehedem erfolgte Kollision zweier Galaxien nahelegt. Mit Hilfe des VLA löst sich das Bild bei einer Wellenlänge von 6 Zentimetern zu einem hellen, zentralen »Fleck« auf, von dem aus sich ein Paar weit auseinanderstehender, »wabernder Keulen« hinauserstreckt, die mit faserigen Strukturen angefüllt sind. Zwei schmale Jets verbinden den hellen Fleck mit der Mitte der beiden »Keulen«. Unweit des Randes einer jeden Keule befinden sich kräftige, konzentrierte Emissionsquellen, die von den Jets mit Energie versorgt werden dürften; diese Energiezufuhr müßte von einer zentralen »Maschine« sichergestellt werden, die nach allgemeiner Auffassung aus einem massereichen Schwarzen Loch im Zentrum der optischen Galaxis besteht. (VLA: Mit Genehmigung der NRAO/AUI-Beobachter R.A. Perley, J.W. Dreher, J.J. Cowan; unteres Bild: Hale Observatory)

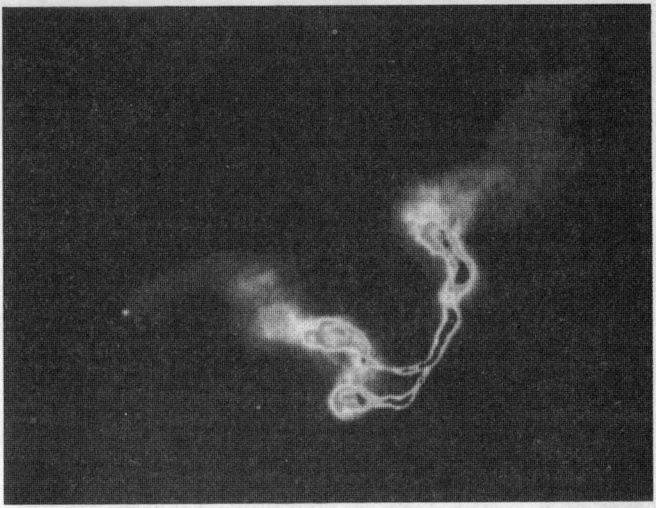

Abbildung 81. Eine »doppelschwänzige« Radiogalaxis mit der Bezeichnung 3C 75, wie sie vom VLA bei einer Wellenlänge von 20 Zentimetern beobachtet wurde. Die Jets treten aus einem doppelten Kern der zentralen Galaxis hervor und scheinen sich umeinander herumzuwickeln. (Mit Genehmigung der NRAO/AUI-Beobachter F.N. Owen, C.P. O'Dea und M. Inoue)

Die wichtigsten Fragen, die sich in bezug auf die theoretischen Modelle stellen, lauten: Welche Mechanismen erzeugen Jets? Was speist die zentrale Energiequelle, die Masse und Energie auf dem Weg über die Jets in die Radiokeule transferiert? Sollte das zentrale Objekt ein Schwarzes Loch sein, wodurch wird dann das Schwarze Loch mit Nahrung versorgt?

Jeremiah Ostriker von der Universität Princeton hat vorgeschlagen, von einem Prozeß auszugehen, den er als »Kannibalismus« bezeichnet. Das zentrale Schwarze Loch einer »kannibalischen« Galaxis kann eine »Missionarsgalaxis«, die in die Reichweite der gravitatorischen Fangschlingen kommt, verspeisen. Sollte die Missionarsgalaxis selbst auch ein Schwarzes Loch in ihrem Zentrum bergen, so wird sie sich auf einer doppelsternartigen, um die Kannibalengalaxis herumlaufenden Orbitalbahn niederlassen. Während die Umlaufbahn schrumpft, wird ein ungeheuerer Betrag an Gravitationsenergie freigesetzt.

Viele Theorien sind entwickelt worden, um die Jets zu erklären, doch allen haftet der Beigeschmack des Spekulativen an, dem jede substantielle Bestätigung fehlt. Sicher ist, daß gewisse grundlegende Voraussetzungen, wie beispielsweise ein tiefer Gravitationsbrunnen, ein stattlicher Gasvorrat und eine ausreichend schnelle Rotation, die die Gasströme in entgegengesetzte Richtungen spritzen läßt, gegeben sein müssen. Die Jets weisen eine derart umfassende Vielfalt an Eigenschaften auf, daß ein einziger Mechanismus wahrscheinlich nicht ausreicht, um sie alle zu erklären. Fortschritte auf diesem Gebiet sind in erster Linie von Verbesserungen der Beobachtungstechnik zu erwarten.

SS 433, ein Gasjets aussendender »Wobbler«

Die Astronomie beschert uns in geradezu atemberaubendem Tempo eine Überraschung nach der anderen, doch die Geschichte von SS 433 steht mit Sicherheit ganz oben auf der Liste. Dieses merkwürdige Objekt verdankt seinen Namen dem Umstand, daß es in einem Katalog von Sternen mit Emissionslinien im Spektrum unter der Nummer 433 geführt wird. SS steht für C. Bruce Stephenson und Nicholas Sanduleak, die dieses Verzeichnis zusammengestellt haben. Das Objekt befindet sich bei einer Entfernung von ungefähr 15000 Lichtjahren sehr nahe an der galaktischen Ebene. Die Emissionslinien zeigen sich nicht nur bei ungewöhnlichen Wellenlängen, sie variieren auch im Verlauf mehrerer Wochen ganz beträchtlich hinsichtlich der Wellenlänge. Eingehende spektrale Untersuchungen, die 1978 von Bruce Margon von der Universität von Washington durchgeführt wurden, ergaben drei Arten von Emissionslinien, wovon eine im Grunde genommen konstant blieb, während die anderen in gegenläufiger Weise durch den Doppler-Effekt beeinflußt erschienen, eine zum Roten, die andere ins Blaue verschoben.
Wie konnte sich die Quelle gleichzeitig auf uns zu- und von uns wegbewegen? Sollte die Doppler-Interpretation zutreffen, würde die Geschwindigkeit der Annäherung und der Flucht erstaunliche 27% der Lichtgeschwindigkeit betragen - und das wäre ungefähr hundertmal schneller als jede bislang beobachtete Sternbewegung. Wenn ein Stern auch nur ein paar Prozent dieser Geschwindigkeit annehmen würde, müßte er rasch aus unserer Galaxis

entfliehen. Die Quelle bricht im Hinblick auf die Doppler-Blauverschiebung alle Rekorde des Universums.
Als ob alle diese verwirrenden Hinweise noch nicht genügt hätten, gab es noch eine zusätzliche Besonderheit, durch die sich von heute auf morgen alles grundlegend veränderte. Sich über ein Jahr erstreckende Beobachtungen zeigten, daß die Doppler-Geschwindigkeiten in einem Bereich zwischen Null und einem Maximum von 80000 km/sec in beiden Richtungen mit einer Periode von 164 Tagen variierten. Die ungeheuren Geschwindigkeiten veränderten sich jeden Tag um etwa 1000 km/sec.
Das von den Theoretikern zur Zeit favorisierte Modell nimmt als Richtschnur das, was man bei den Radiogalaxien mit ihren symmetrischen Doppeljets gelernt hatte, und überträgt diese Vorstellungen auf ein stellares System. Es unterstellt ein Doppelsternsystem, das aus einem relativ normalen Stern und entweder einem Neutronenstern oder einem Schwarzen Loch besteht. Auf irgendeine unbekannte Weise erzeugt das kompakte Objekt zwei in entgegengesetzte Richtungen laufende Jets, die mit mehr als einem Viertel der Lichtgeschwindigkeit nach außen strömen. Die 164tägige Periode muß von einem »Wobbeln« (»Wackeln«) der Jetachse herrühren.
SS 433 macht deutlich, daß die Jets nicht ausschließlich als Eigenheit ferner Galaxien anzusehen sind. Wir kennen nun in unserer eigenen Galaxis ein mit Jets ausgestattetes Objekt, das sich aus relativ geringer Entfernung untersuchen und an dem sich die ganze Phänomenologie galaktischer Jets studieren läßt. Hier erscheint der Handlungsablauf freilich stark beschleunigt und kann in Zeiträumen beobachtet werden, die eher Wochen und Monate als Hunderte von Jahrmillionen umfassen.
SS 433 tritt auch als veränderliche Radio- und Röntgenstrahlenquelle in Erscheinung, doch eine augenfällige Regelmäßigkeit ist nicht festzustellen. Sie scheint sich innerhalb eines alten Supernovarestes zu befinden. Suchaktionen nach weiteren Sternen, die ähnliche Eigenschaften zur Schau stellen, haben bis heute keinen Kandidaten erbracht. Die Jets im SS-433-System scheinen sich in etwa über eine Distanz zu erstrecken, die derjenigen zwischen Erde und Sonne gleicht, während die galaktischen Jets oftmals zehnmilliardenmal länger sind. Dennoch scheint es immer noch so, als ob der grundlegende physikalische Mechanismus, der im Kern einer Galaxis mit einer Masse von 100 Millionen Sonnen

wirksam ist, genauso ein Sternsystem antreiben könnte, das nur ein paar Sonnenmassen enthält.

Die Simulation von Kollisionen mit Hilfe von Computern

Die sich gegenseitig beeinflussenden Galaxien, die Zwicky zu Beginn der fünfziger Jahre beobachtet hatte, fanden bei theoretischen Überlegungen nicht allzuviel Berücksichtigung, denn die damals maßgebliche Lehrmeinung sagte, daß die Schwerkraft weder Jets noch Filamente, noch langgezogene Fasern hervorrufen könne.
Die siebziger Jahre brachten dann eine Revolution der Vorstellungen bezüglich der miteinander in Wechselwirkung stehenden Galaxien. Alar und Juri Toomre vom MIT waren mit Hilfe eines Rechners in der Lage, galaktische Zusammenstöße zu simulieren, und sie reproduzierten damit Strukturen, die den beobachteten Erscheinungen entsprachen. Heutzutage gibt es einen aussagekräftigen Hinweis auf die Existenz galaktischer Verschmelzungsvorgänge, die auch Quasare mit einbeziehen. Der Infrared Astronomy Satellite (IRAS) fand zahlreiche unscheinbare Galaxien, in denen sich offensichtlich als Ergebnis unlängst erfolgter galaktischer Zusammenstöße, gewaltige Ausbrüche von neuen Sternen ereigneten. Diese »Starburst«-Galaxien strahlen den größten Teil ihrer Energie im Infraroten ab.
Nach seinem Start im Jahr 1983 tastete IRAS etwa 10 Monate lang im Spektralbereich von 12 bis 100 Mikron den Himmel ab; dieser Wellenlängenbereich kennzeichnet die Objekte mit einer Temperatur zwischen 30 und 300° K. Zur Überraschung nahezu aller Astronomen gaben die IRAS-Ergebnisse davon Kunde, daß miteinander kollidierende Galaxien an die 99% ihrer Strahlung in diesem Wellenlängenbereich emittieren. Im Gegensatz hierzu strahlen normale Galaxien weniger als die Hälfte ihrer Leuchtkraft in diesem Spektralband ab. Der Mechanismus, der die sprunghaft ansteigende Entstehung neuer Sterne auslöst, besteht nach aktueller Meinung in einer im Überschallbereich ablaufenden Kollision galaktischer Gaswolken. Millionen heller, neugeborener Sterne strahlen in den Zentren dieser Kollisionen normalerweise im sichtbaren und ultravioletten Spektralbereich, doch das umgebende Gas- und Staubmaterial absorbiert die kürzeren Wellenlängen und formt sie in langwelligere Wärmestrahlung um.

Abbildung 82. Die »Whirlpool«-Galaxis (M51) erscheint als ein Galaxienpaar, das durch Gezeitenkräfte zusammengeführt wurde. (Lick Observatory)

Es wurde bereits erwähnt, daß man von den Sternen der elliptischen Galaxien dachte, sie hätten sich binnen kurzer Zeit aus zusammenfallenden Gaswolken gebildet. Die in den Spiralgalaxien vorkommenden Sterne könnten langsamer kondensiert sein, nachdem sie sich in einer rotierenden Scheibe niedergelassen hatten. In solchen Szenarien ist die Form der Galaxien von Anfang an festgelegt, das heißt, eine elliptische Galaxis kann sich niemals zu einer Spiralgalaxis weiterentwickeln und umgekehrt. Die Toomre-Brüder verwarfen diese Vorstellungen und schlugen statt dessen vor, die elliptischen Galaxien als durcheinandergeworfene Sternansammlungen zu betrachten, die lange nach dem Urknall aus Zusammenstößen von Galaxien hervorgegangen sind. Obwohl anfangs mit Skepsis aufgenommen, findet diese Kollisionshypothese zunehmend Zustimmung.

Quasare

> Funkle, funkle, Quasi-Stern,
> Von weit her das größte Rätsel,
> Wie anders als die anderen,
> Heller als eine Milliarde Sonnen,
> Funkle, funkle, Quasi-Stern,
> Wie gern wüßte ich, was du bist.
>
> George Gamow,
> *Quasar* (1964)

Die erste Identifizierung eines »Radiosterns« (3C-48) gelang Allan R. Sandage, der seine Arbeitsergebnisse bei einem weihnachtlichen Treffen der American Astronomical Society im Jahr 1960 vorlegte. Das Spektrum des Objekts wies ein blaues Kontinuum auf, das auf eine Synchrotronstrahlung hindeutete und sich durch breite Emissionslinien auszeichnete, die in einem nicht zu entschlüsselnden Muster angeordnet waren. Obwohl 3C-48 sternartig zu sein schien, gab der »Fingerabdruck« seines Spektrums keinen Hinweis darauf, woraus es sich zusammensetzte. Dieses Rätsel beschäftigte die Astronomen mehr als zwei Jahre lang, und die Lösung stürzte sie in tiefe Zweifel.

Zur Zeit der Entdeckung von 3C-48 hatten primitive Radioteleskope mehrere Quellen gefunden, die kleine Himmelsausschnitte umfaßten und als diskrete Strahlungsquellen erschienen. Doch die Auflösung der Teleskope war zu schlecht, um eine Zuordnung zu bekannten optischen Gebilden zu gestatten. Ein Durchbruch wurde erzielt, als eine der stärksten Radioquellen, 3C-273, vom Mond bedeckt wurde und Cyril Hazard und seine Mitarbeiter von Australien aus mit sehr großer Genauigkeit die Koordinaten festlegen konnten. Zu ihrem Erstaunen fanden sie heraus, daß die Quelle doppelt erschien, wobei ihre zwei Komponenten 20 Bogensekunden voneinander entfernt standen. Auf den Sternfeldaufnahmen zeigte sich nichts, was der kräftigeren Komponente entsprach, doch der schwächere Begleiter fiel mit einem schwachen blauen Stern dreizehnter Größe zusammen, der einer besonderen Untersuchung kaum wert zu sein schien.

Hazard übermittelte seine Informationen Maarten Schmidt am Mount-Palomar-Observatorium, der das 5-m-Teleskop auf den Stern richtete. Schmidt entdeckte an dem Stern selbst nichts besonders Aufregendes, doch gleich daneben, an der Stelle der kräftigeren Radiokomponente, erschien ein schwacher, bläulicher Jet. War es ein Stern mit einem Jet? Es handelte sich hier offenbar um ein ganz besonders eigenartiges Objekt.

Das Rätsel vergrößerte sich noch, als Schmidt das Spektrum des Objekts aufnahm. Anstelle eines kontinuierlichen Spektrums mit dunklen Absorptionslinien, wie man sie bei einem Stern erwarten würde, gab es breite, helle Emissionslinien, die die Vermutung nahelegten, die Quelle könnte ein Nebel sein. Vor allem aber ließ sich in dem Muster der Emissionslinien kein Sinn erkennen, es paßte zu keiner je bekanntgewordenen Substanz. Doch dann dämmerte es Schmidt, daß das Linienmuster eigentlich sehr vertraut aussah. Nach einem sechswöchigen Geduldsspiel löste sich plötzlich der Knoten, und er erkannte, daß er das einfache Linienmuster des Wasserstoffatoms in der Hand hielt, freilich durch eine ungeheure Rotverschiebung um 16% versetzt. Diese Verschiebung entsprach einer Fluchtgeschwindigkeit von 45000 km/sec, das sind 15% der Lichtgeschwindigkeit. An diesem Abend kam Schmidt, von der Tragweite seiner Entdeckung noch völlig verwirrt, nach Hause und sagte zu seiner Frau: »Heute ist mir etwas wirklich Unglaubliches passiert.«

Die Bedeutung dieser Zahlen war phantastisch. Nach dem Hubbleschen Gesetz gehörte 3C 273 zu den entferntesten Objekten, die je beobachtet worden waren. Die Quelle stand an die zwei Milliarden Lichtjahre weit weg, und obwohl sie sternartig erschien, lag ihre Leuchtkraft hundertmal über derjenigen unserer Milchstraße. Schmidt berichtete sogleich seinem Mitarbeiter Jesse Greenstein von seiner verwirrenden Entdeckung, und dieser stellte umgehend bei 3C 48 dieselbe Verbindung mit einem rotverschobenen Wasserstoffspektrum fest. Dieser Fall war noch unglaublicher:

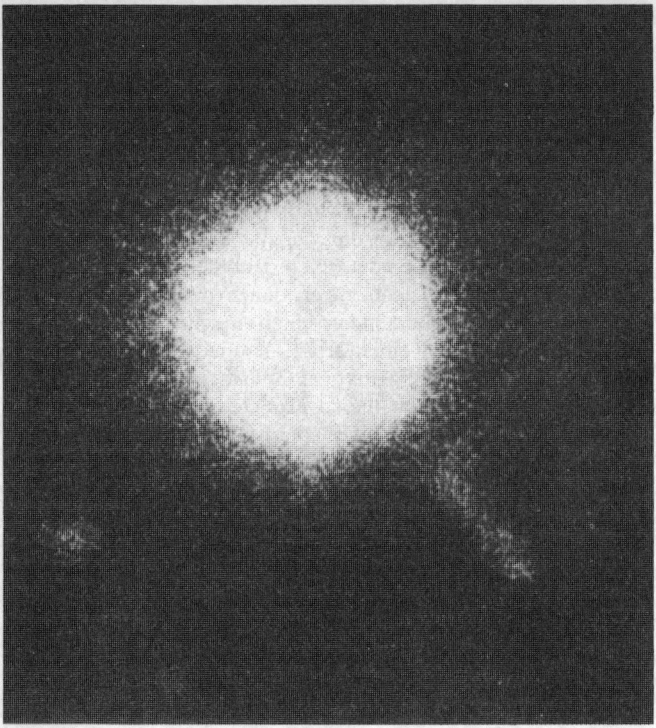

Abbildung 83. Der 2700 Millionen Lichtjahre entfernt stehende Quasar 3C 273 sieht aus wie ein verschwommener Stern mit einem schwachen Jet, der sich über eine Million Lichtjahre hinzieht. Er strahlt etwa hundertmal soviel sichtbare Energie ab wie alle Sterne der Milchstraße zusammengenommen; im Bereich der Röntgen- und Gammastrahlung ist seine Leuchtkraft sogar noch größer. Weil seine Röntgenleuchtkraft während 1000 Minuten ganz erheblich variiert, muß sein Durchmesser in der Größenordnung der Entfernung liegen, die mit der entsprechenden Lichtlaufzeit - 1000 Lichtminuten - übereinstimmt, und er entspricht damit in etwa dem des Sonnensystems. Die »Energiemaschine«, die eine solch ungeheure Leistung vollbringen kann, ist nach allgemeiner Auffassung ein Schwarzes Loch mit einer Masse von 100 Millionen Sonnen. (Hale Observatory)

Das Objekt hatte eine Rotverschiebung von 37%, lag damit bei nahezu einem Drittel der Lichtgeschwindigkeit und mußte 3,7 Milliarden Lichtjahre weit entfernt stehen. Die in weniger als einem Tag auftretenden großen Helligkeitsveränderungen bei 3 C 48 ließen auf Ausmaße von nur ein paar Lichttagen schließen. In den ungeheuren Entfernungen, auf die die Rotverschiebungen hinwiesen, würden diese Objekte 100- bis 1000mal mehr Lichtstrahlung aussenden als die gesamte Milchstraße, und das alles aus einem Volumen heraus, das weniger als einem Hunderttausendstel unserer Galaxis entspricht.

Die Astronomen zerbrachen sich über die Natur dieser Himmelskörper den Kopf und bezeichneten sie zunächst als »quasi-stellare Objekte«; daraus wurde später der Name »Quasar«. In dem Vierteljahrhundert seit ihrer Entdeckung sind mehr als 5000 dieser Quellen katalogisiert worden. Eingehende Durchmusterungen kleiner Himmelsausschnitte ergeben bis zur zwanzigsten Größenklasse herunter etwa 20 Quasare pro Quadratgrad. Zukünftige Suchaktionen, die sich über die gesamten 40 000 Quadratgrad des Himmels erstrecken, könnten somit eine Million weitere Quasare erbringen. Es besteht immer noch keine Einmütigkeit darüber, woher sie ihre Energie beziehen, auch wenn es einen breiten Konsens gibt, daß die Antwort auf diese Frage in einem supermassiven Schwarzen Loch zu finden ist.

Ein heftiger Streit entbrannte mehrere Jahre lang darüber, ob die Quasare tatsächlich als kosmologische Objekte anzusehen sind. Die Astrophysiker suchten nach Modellen, die die Quasare näher heranholen und ihre Helligkeit »normalisieren« würden. James Terrell vom Los Alamos Scientific Laboratory machte den Vorschlag, daß es sich bei ihnen um Körper handeln könnte, die in den vergangenen paar Jahrmillionen aus dem Kern unserer eigenen Galaxis herausgeschleudert wurden, und daß sie nun schon ein ganzes Stück an uns vorbeigezogen sind und immer noch davoneilen. Wenn man die Quasare in einer Entfernung von nur noch einigen Millionen Lichtjahren plaziert, statt sie Milliarden von Lichtjahren weit weg anzusiedeln, wären die Helligkeitsschätzungen um einen millionenfachen Faktor nach unten zu korrigieren. Doch wenn sie in unserer Gegend erzeugt wurden, warum sind dann nicht ein paar von ihnen in unsere Richtung geschleudert worden und somit blauverschoben? Ein weiterer ernst zunehmender Einwand betrifft die undenkbare Möglichkeit, unsere

Galaxis hätte eine Million Quasare mit solch hohen Geschwindigkeiten herausschleuden können. Die hierzu erforderliche Energie hätte nämlich den gesamten in der Masse der galaktischen Zentrumsregion enthaltenen Energievorräten entsprochen.

Ein anderer Vorschlag lautete, daß die Rotverschiebung ein Hinweis auf einen Gravitationseffekt sein könnte, wie ihn das Gesetz der Allgemeinen Relativität von Einstein beschreibt (vgl. Kapitel 6). Sobald sich das Licht »ausdehnt«, um seinen Weg aus einem starken Schwerefeld heraus anzutreten, muß sich seine Wellenlänge vergrößern. Hierfür ist die Voraussetzung unverzichtbar, daß eine sehr große Masse in einem sehr kleinen Volumen konzentriert ist. Doch diese Theorie läßt sich durch ein spektroskopisches Argument zu Fall bringen. Einige der spektralen Emissionslinien der Quasare können ihren Ursprung nämlich nur in einem hochverdünnten Gas einer Dichte haben, die nicht mehr als etwa 10000 Atome pro Kubikzentimeter betragen darf. Bei einer solch geringen Dichte ist das Gas in bezug auf Emissionslinien ein sehr uneffektiver Strahler. Um diesen schwachen Emissionsprozeß auszugleichen, muß das Gasvolumen extrem groß sein, und dies steht in völligem Widerspruch zu der Notwendigkeit einer großen Dichte, die für die gewaltige Rotverschiebung verantwortlich zeichnen könnte. Der einzige Weg, den Fall zu lösen, besteht darin, die Quasarmasse sehr groß zu machen: Erforderlich wäre mindestens das Hundertfache der Masse unserer Galaxis. Doch leider betrüge in diesem Modell der Radius des entsprechenden Schwarzen Lochs etwa sechs Lichtjahre, und es wäre unmöglich, selbiges den Beobachtungen der Lichtfluktuationen, die lediglich Wochen oder sogar nur Tage dauern, zuzuordnen - die Lichtlaufzeit durch das Schwarze Loch wäre auf sechs Jahre anzusetzen.

Ein starkes statistisches Argument gegen die »lokale Hypothese« bezüglich des Ortes der Quasare lautet, daß diskrete, bereits identifizierte Radiogalaxien und die Quasare an dem gesamten Radiostrahlungsfluß, der bei uns aus allen Himmelsrichtungen eintrifft, einen Anteil von etwa einem Viertel haben. Um das Dilemma zu umgehen, daß sämtliche Quellen des Universums viel mehr zum Radiostrahlungsfluß beitragen würden, als wir empfangen, müßten die bekannten Quellen entweder einen großen Anteil am beobachtbaren Universum haben, oder unser Platz im Weltall müßte in der Mitte einer ungewöhnlich starken Konzentration von Objekten liegen. Für die letztere Annahme gibt es keinen Beleg.

Als Trumpf für die These der kosmologischen Distanzen erwies sich die in den vergangenen Jahren erfolgte Entdeckung von verwaschenen Bildern normaler Galaxien an den Positionen, an denen auch die Quasare zu finden sind. Diese Galaxien wiesen die gleiche Rotverschiebung auf. Mit Hilfe von CCD-Kameras war es möglich, in der Mitte von Balkenspiralen Quasare auszumachen, und eine überraschend große Anzahl von ihnen scheint von kleineren Begleitgalaxien umgeben zu sein. Sind vielleicht Galaxienkollisionen für die Entwicklung von Quasaren von Bedeutung?
Da sich die Belege, die für eine Plazierung der Quasare in kosmologischen Entfernungen sprechen, stetig mehrten, sind entgegengesetzte Meinungen beinahe vollständig in der Versenkung verschwunden. Doch das Rätsel um die bemerkenswerte Energieausstrahlung blieb ungelöst. Zu der Zeit, als die Quasare entdeckt wurden, gingen die astrophysikalischen Theorien bezüglich der Energieerzeugung noch nicht über die Massenumwandlung bei der Kernfusion hinaus. Doch die nuklearen Reaktionen setzen im günstigsten Fall nur den Bruchteil von einem Prozent der Masse in Energie um; die von den Quasaren abgestrahlte Energie würde rasch mehr Masse aufzehren, als in den kleinen Volumina, die sie anscheinend in Anspruch nehmen, enthalten ist. Schon früh wurde über die Möglichkeit einer Kettenreaktion von Supernovae spekuliert. In dem Gewimmel der Sterne, die im Umfeld eines galaktischen Kerns umherrasen, könnten die Trümmer und die Schockwelle einer einzigen Supernova dafür sorgen, daß sich die Entwicklung eines Nachbarsterns, der bereits am Ende seines Lebens steht, auf eine Supernova hin beschleunigt. Der Anprall würde den Stern aus seiner Umlaufbahn werfen und ihn auf Kollisionskurs mit einem weiteren benachbarten Stern bringen und so weiter... Falls es pro Tag auch nur zu einer einzigen Kollision käme, würde deren Leuchtkraft ausreichen, um die Quasare zu erklären. Sollten die Supernovae Pulsare erzeugen, würde allein schon die Pulsarstrahlung den Forderungen für die Energieerzeugung entsprechen.
Eine andere Idee stammt von Philip Morrison: Der Quasarantrieb könnte aus einem gigantischen Pulsar bestehen. Morrison dachte hierbei an eine rotierende Kugel mit ungefähr 100 Millionen Sonnenmassen und einer Umdrehungsperiode von etwa einem Jahr. Mit zunehmendem Alter würde sein »Spinar« sich zusam-

menziehen und schneller drehen und dabei stetig heller werden. Kleine Unregelmäßigkeiten, wie sie auch bei Neutronenstern-Pulsaren auftreten, könnten die Variabilität der Lichtabstrahlung erklären.

Diese Vorschläge und viele andere Überlegungen sind aus gutem Grund auf der Strecke geblieben. Breite Zustimmung hat dagegen eine Theorie gefunden, die von einem supermassiven, rotierenden Schwarzen Loch ausgeht, das von einem riesigen, pfannkuchenförmigen Strudel aus nach innen wirbelndem Gas umgeben ist. 100 Millionen Sonnenmassen könnten in der abgrundtiefen Finsternis des Schwarzen Lochs lauern, das zur Erzeugung seiner Energie jedes Jahr zufällig vorbeikommende Sterne verschlingen muß, die insgesamt 10 Sonnenmassen wiegen. Das in der Akkretionsscheibe rotierende Gas bewegt sich auf einer Bahnspirale nach innen, und zwar immer schneller, und es wird dabei fortwährend heißer. Zuletzt erreicht es Temperaturen von Hunderten von Millionen Grad, so daß es auf allen Wellenlängen, die Röntgenstrahlen eingeschlossen, leuchtet. Am Innenrand des Strudels erreichen die Geschwindigkeiten Werte von Tausenden von Kilometern in der Sekunde. Ein starkes axiales Magnetfeld, entlang dessen energiereiche Teilchen in dahinströmenden Jets auf relativistische Geschwindigkeiten beschleunigt werden, wird durch die Rotation des Schwarzen Lochs über Jahrmillionen aufrechterhalten.

Untersuchungen der optischen Variabilität vieler Quasare haben wesentliche Helligkeitsveränderungen im Lauf eines Monats ergeben. Aus diesem Grund muß der optische Durchmesser unter einem Lichtmonat liegen. Bei den Röntgenstrahlen kann eine Veränderung binnen weniger Minuten eintreten, was auf einen Durchmesser im Bereich von Lichtminuten schließen läßt (die Entfernung zwischen Erde und Sonne beträgt lediglich acht Lichtminuten). Weil die Röntgenstrahlen im heißesten, innersten Bereich der Akkretionsscheibe gebildet werden, muß der Röntgenstrahler-Durchmesser geringer sein als der optische Durchmesser.

Die Beobachtungen an Quasaren umfassen eine breite Skala von Rotverschiebungen, die von 0,1 bis zu einem Maximum von gut 4 reicht, wobei die größten und die kleinsten Werte vergleichsweise selten auftreten. Bei den stärksten Rotverschiebungen überschreitet die Fluchtgeschwindigkeit 90% der Lichtgeschwindigkeit. Die meisten Rotverschiebungen ergeben sich bei Fluchtgeschwindigkeiten, die einer frühen Epoche des Universums entsprechen. Es sieht so aus, als hätte es damals wesentlich mehr Quasare gegeben, als in den Zeiträumen davor oder danach. Möglicherweise repräsentiert das Zeitalter der Quasare nur 10% der Geschichte unseres Weltalls. Haben sie sich weiterentwickelt, sind sie gestorben und haben dann irgendeine andere Form angenommen, vielleicht die der latenten Phase der galaktischen Kerne? Wir wissen es immer noch nicht.

Ins Herz der Finsternis

Radiogalaxien, Seyfert-Galaxien und Quasare scheinen allesamt zu einer umfangreichen Kategorie zu gehören, die von stark gestörten Zentralregionen, die man als AGNs (»Active Galactic Nuclei«; aktive galaktische Kerne) bezeichnet, geprägt ist. In den vierziger Jahren entdeckte Carl Seyfert jene Klasse von Galaxien, die seinen Namen trägt. Zu dieser Gruppe gehören nur einige Dutzend Galaxien, die durch extrem helle und breite Emissionslinien in den aus ihren Zentralregionen stammenden Spektren gekennzeichnet sind. Als eine der eindrucksvollsten Seyfert-Galaxien gilt NGC 1068, eine Spiralgalaxis mit einem Kern, der in der Radio-, der Infrarot-, der Röntgen- und der optischen Emission extrem hell strahlt. In seinem Zentrum bewegen sich heiße, turbulente Gaswolken mit internen Geschwindigkeiten von bis zu mehreren tausend Kilometern pro Sekunde.
Die riesige elliptische Galaxis M 87 im Zentrum des Virgo-Galaxienhaufens (siehe Abbildung 84) ist ein Beispiel für eine energiereiche Radiogalaxis mit einem jungen Jet; dieser erstreckt sich nur über 4000 Lichtjahre und tritt aus ihrem Kern hervor. Er sieht aus wie eine Miniaturausgabe des 160000 Lichtjahre langen Jets im Quasar 3 C 273. Obzwar der Jet im sichtbaren Licht einseitig zu sein scheint, enthalten die Radiobilder deutliche Hinweise auf einen »Gegen-Jet« mit entgegengesetzter Orientierung. Das Licht aus dem Jet und dem Kernbereich besteht aus einer Synchrotronstrahlung aller Wellenlängen zwischen dem sichtbaren Bereich und den Röntgenstrahlen. Entlang dem Jet befinden sich Knoten, die von Abschnürungen des Magnetfeldes oder Verdichtungen infolge von Schockwellen verursacht sein dürften.

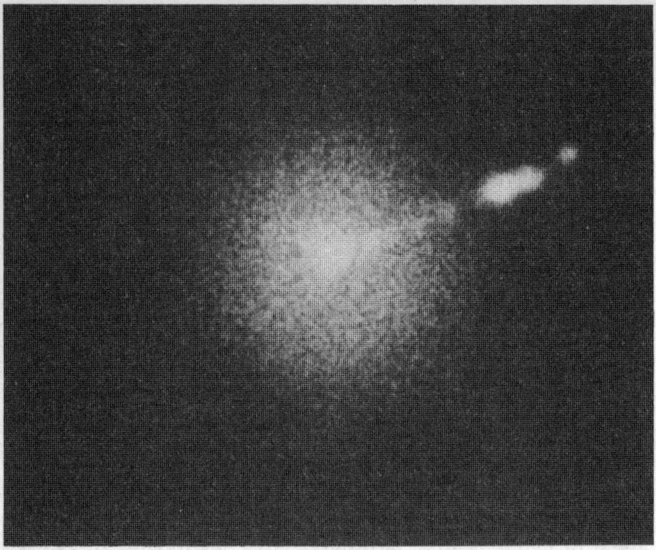

a)

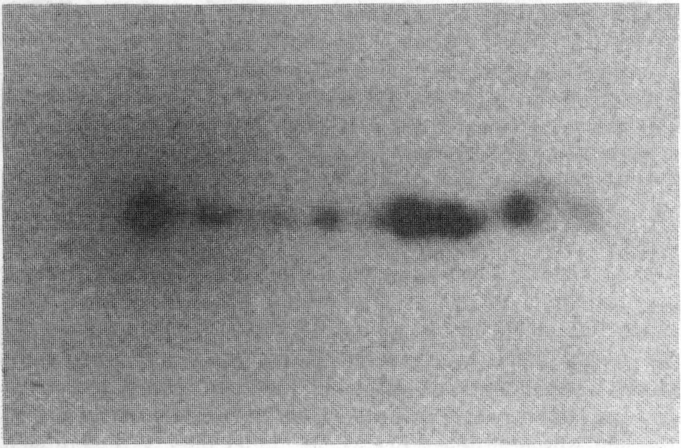

b)

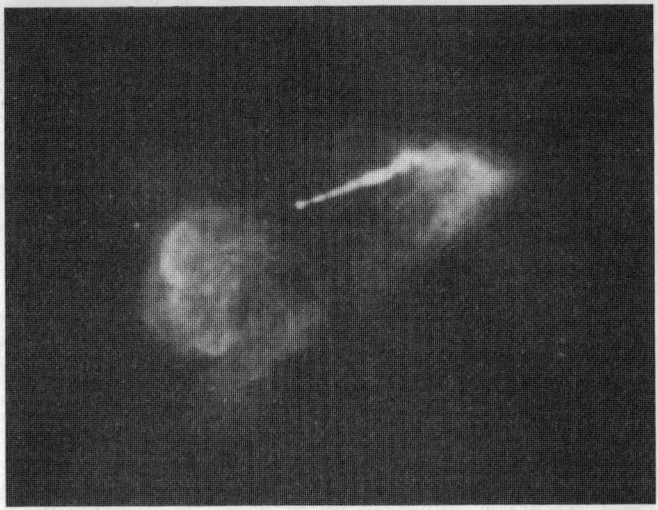

c)

Abbildung 84. M 87 (Virgo A) ist eine riesenhafte elliptische Galaxis mit einem auffallenden Jet, der aus ihrem Kern hervortritt. Auf einer normalen optischen Aufnahme a) hat die Galaxis einen Durchmesser von etwa 40000 Lichtjahren, und der 5000 Lichtjahre lange Jet wird überstrahlt. Wenn die Aufnahme so aufbereitet wird, daß das Bild des Jets in bezug auf die Galaxis verstärkt ist, erscheint er so, wie er in Abbildung b) dargestellt ist. Der Jet ist durch Knoten gekennzeichnet. Er verläuft 3000 Lichtjahre weit in gerader Richtung, bis er den hellsten Knoten erreicht; danach schlängelt er sich noch über 2000 Lichtjahre durch zwei zusätzliche Knoten weiter. Das bläuliche Licht zeigt sich polarisiert; dies wird als Beweis für eine Synchrotronstrahlung angesehen. Im Bereich einer Radiostrahlung von 6 cm Wellenlänge läßt das VLA-Bild c) Verlängerungen des Jets erkennen, die in breite Keulen voller filamentartiger Strukturen münden.
Die Sterndichte nimmt in Richtung Zentrum derart schnell zu, und die Geschwindigkeit der Sterne ist so hoch, daß man den machtvollen Zugriff eines Schwarzen Lochs mit beinahe fünf Milliarden Sonnenmassen vermutet. Anders jedoch als bei den Quasaren, die helle, punktförmige Röntgenzentren aufweisen, gibt es bei M 87 keine vergleichbare Röntgenkonzentration. (Mit Genehmigung von Halton Arp/ Hale Observatory, der Beobachter J.-L. Nieto, G. Lelievre, G. Wlérick und B. Servan an den Kanada-Frankreich-Teleskopen auf Hawaii und der NRAO/AUI-Beobachter F.N. Owen und D.C. Hines)

Spektroskopische Studien bezüglich der Doppler-Verschiebungen in der Zentralregion von M 87 liefern Hinweise auf eine ungeheure Masse, deren Anziehungskraft die Sterne auf viel höhere Geschwindigkeiten beschleunigt, als man dies bei einer normalen Galaxis erwartet. Die aus den Sterngeschwindigkeiten abgeleitete Masse beträgt in etwa 5 Milliarden Sonnenmassen und muß in einem Volumen von lediglich ein paar Dutzend Lichtjahren Durchmesser Platz finden. Man hat Schwierigkeiten, sich vorzustellen, wie eine solche Masse in ein derart kleines Volumen gequetscht werden kann, ohne zu einem Schwarzen Loch mit einem Radius von etwa 15 Milliarden Kilometer zusammenzustürzen.

Diese Szenarien sind selbstverständlich alle sehr spekulativ, und es gibt keinen sicheren Beweis für die Mitwirkung eines Schwarzen Lochs, doch liegen Indizien vor, die eine solche Annahme in hohem Maß wahrscheinlich machen. Auch wenn wir nicht genau wissen, wie die aktiven Galaxien funktionieren, weisen sie doch eine starke generelle Ähnlichkeit auf, die eine Entwicklungstendenz von den Quasaren hin zu den Radiogalaxien möglich erscheinen läßt. Die Jets im Quasar 3C 273 und in der gigantischen Radiogalaxis M 87 gleichen sich, abgesehen von den Größenverhältnissen, auf bemerkenswerte Weise. In vielerlei Hinsicht sieht der kompakte, außerordentlich aktive Kern einer Seyfert-Galaxis ganz so aus, als ob er eine Phase in der weiteren Existenz eines Quasars darstellen würde. Jeder AGN muß in seinem Zentrum ein »Monster« sitzen haben und über ausreichende Vorräte an »Sternfutter« verfügen, um dessen hochaktiven Metabolismus zu nähren.

Unlängst ist ein überraschender Hinweis darauf aufgetaucht, daß sogar eine so »gesetzte« Spiralgalaxis wie diejenige in der Andromeda, eine Zwillingsschwester der Milchstraße, in ihrem Zentrum ein Schwarzes Loch mit 50 Millionen Sonnenmassen bergen dürfte; dies liegt um den Faktor 100 über der Masse des Schwarzen Lochs, das wir im Herzen unserer Galaxis vermuten. Douglas O. Richstone von der Universität von Michigan und Alan Dressler von der Carnegie Institution beobachteten, daß genau wie bei M 87 die Sterne unweit des Kerns der Andromedagalaxis sich viel zu schnell bewegen, um von der sichtbaren Masse noch gehalten werden zu können. Auch die winzige elliptische Galaxis M 32, direkt am Rand des Andromedasystems, bietet einen Beleg für einen kompakten, unsichtbaren Kern mit bis zu fünf Millionen

Sonnenmassen. Richstone vermutet, die Andromedagalaxis sei in ihrer Jugend vielleicht eine Seyfert-Galaxis oder ein kleinerer Quasar gewesen.

Wie Licht gewogen wird

Nach der Newtonschen Gravitationstheorie wie auch nach dem Allgemeinen Relativitätsgesetz Einsteins muß sich ein Lichtstrahl krümmen, sobald er an einer großen Masse vorbeikommt; Einstein sagte jedoch eine doppelt so starke Krümmung wie Newton voraus. Für Newton war der Raum eben, und man nahm an, die euklidische Geometrie, die unsere alltägliche Erfahrung auf der Erde beherrscht, würde im gesamten Universum gelten. Nach Newton würde ein Lichtstrahl in Richtung auf ein massereiches Objekt, wie beispielsweise unsere Sonne, abweichen, weil Licht ein Gewicht hat und von der Schwerkraft angezogen wird. Das von Einstein erschlossene Universum erfordert eine grundlegend neuartige Sichtweise in bezug auf die Gravitation. Die Materie ist nicht länger als eine Wesenheit im Raum anzusehen, die auf andere Objekte eine Anziehungskraft ausübt. Statt dessen verursacht die Gegenwart von Materie eine Verwerfung in der vierdimensionalen Raumzeit. Je größer ein Objekt ist, desto größer wird die Krümmung der Raumzeit in seiner Nachbarschaft ausfallen. Das Licht breitet sich entlang sogenannter »geodätischer Linien« aus - dies sind die kürzesten Verbindungen zwischen zwei Punkten in der Raumzeit - und folgt somit gekrümmten Bahnen.
Es ist sehr hilfreich, wenn man sich den gekrümmten Raum als eine ausgespannte Gummiplane vorstellt. Wenn man ein kleines, schweres Gewicht in die Mitte legt, wird die Plane durchsacken und die Form eines tiefen Trichters annehmen. Eine Kugel, die man über den Rand der Vertiefung stößt, wird ins Zentrum hinunterrollen und unter einem gewissen Winkel zu ihrer ursprünglichen Richtung wieder herauskommen. Sollte die Kugel knapp am Zentrum vorbeirollen, würde sie in die Vertiefung hineingezogen werden und auf einer Spiralbahn nach unten rollen. Die die Sonne umgebende Raumzeit ist auf ähnliche Weise gekrümmt, und die Lichtstrahlen biegen sich ganz ähnlich wie der Weg der dahinrollenden Kugel.
Als Einstein 1915 seine Theorie veröffentlichte, wies er darauf hin,

daß eine totale Sonnenfinsternis die ideale Gelegenheit bieten könnte, die Krümmung des Lichts zu beobachten. Wenn der Lichtstrahl eines Sterns knapp am Rand der Sonnenscheibe vorbeistreift, würde ein Beobachter auf der Erde, der entlang dem Strahlenverlauf des ankommenden Lichtstrahls blickt, den Stern um 1,75 Bogensekunden verschoben sehen. Unter normalen Bedingungen überstrahlt der helle Glanz unserer Sonne alle Sterne. Nur wenn das Licht der Sonnenscheibe verfinstert wird, kann es möglich werden, Sterne bis zum Rand der Sonne hin zu beobachten.

In der Mitte des Ersten Weltkriegs erhielt Eddington auf dem Umweg über die neutralen Niederlande eine Kopie von Einsteins Veröffentlichung. Die Möglichkeit, Einsteins Theorie zu testen, reizte ihn sehr. Er war Kriegsdienstverweigerer, wartete ungeduldig auf das Kriegsende und sehnte die Zeit herbei, in der die Wissenschaftler ihren freien Meinungsaustausch wieder aufnehmen konnten. Für den 29. Mai 1919 war eine Sonnenfinsternis angekündigt. Die Sonne würde sich zu dieser Zeit inmitten eines Feldes außerordentlich heller Sterne befinden, im Bereich der Hyaden, und wäre somit für Beobachtungen hervorragend positioniert. In der Nähe, doch in ausreichend großem Abstand, steht der helle Stern Aldebaran, der einen festen Bezugspunkt ohne jede Verschiebung abgab.

In den letzten Kriegsmonaten trafen die britischen Astronomen Vorbereitungen für ihre Finsternisexpeditionen. In volkstümlichen Worten beschrieben sie ihre Mission als ein Experiment, mit dem das Licht »gewogen« werden sollte. A. C. D. Crommelin und C. R. Davidson vom Royal Observatory in Greenwich reisten nach Sobral im nördlichen Brasilien; Arthur Eddington und E. T. Cottingham errichteten ihr Lager auf einer Rennbahn auf der Insel Principe im Golf von Guinea. Die gesamte Aktion wurde noch durch einige Dramen gewürzt. Aus Deutschland, bis vor einem Jahr noch der Erzfeind Britanniens, war eine Theorie gekommen, die nur Eddington und vielleicht noch ein paar andere richtig einzuschätzen vermochten. Die Vorhersage stand im Widerspruch zu den Newtonschen Gesetzen, die sich scheinbar so unanfechtbar etabliert hatten; nun schickten sich die Landsleute Newtons an, ihre Teleskope mit der Absicht in ferne Weltgegenden zu schleppen, die Theorie Einsteins zu beweisen und Newton eines Irrtums zu überführen.

Am Morgen des 29. Mai tobte auf Principe ein heftiges Gewitter. Die Hyaden, die schon in der Antike als »Regenmacher« bekannt waren, schienen ihrem Ruf gerecht werden zu wollen. Glücklicherweise war der Himmel, als die Totalität heranrückte, hinreichend aufgeklart, so daß eine Reihe photographischer Platten belichtet werden konnte. Doch traurigerweise boten nur zwei davon meßbare Sternabbildungen.
In Sobral schienen die Dinge bedeutend besser zu stehen. Obwohl auch hier der Himmel zunächst bedeckt war, klarte es während der Totalität für fünf oder sechs Minuten auf, und man belichtete 26 Platten. Zwar erwiesen sich letztlich nur sieben als brauchbar, doch reichten sie aus.
Um die Ortsverschiebung eines Sterns in Sonnennähe zu bestätigen, muß man dieselbe Himmelsregion später im Jahr noch einmal und dieses Mal ohne die Sonne ablichten. Das Sobral-Team kehrte im Juli zu diesem Zweck zurück, Eddington begleitete die Expedition wieder und hielt die Ergebnisse der Messungen, die er vorher durchgeführt hatte, bereit. Als die Arbeit getan war, fand Eddington eine durchschnittliche Verschiebung, die mit der Vorhersage der Relativitätstheorie übereinstimmte. Er schrieb: »Die Aussagekraft der Principe-Platten reicht gerade aus, um die Möglichkeit einer ›halben Ablenkung‹ zuzulassen, die Sobral-Platten schließen sie mit Sicherheit aus.« Eddington beeilte sich, Einstein die Bestätigung seiner Theorie mitzuteilen. Man sagt, Einstein habe beiläufig bemerkt: »Ich wußte, daß die Theorie richtig ist.« Als er gefragt wurde: »Was wäre gewesen, wenn sich die Theorie als falsch erwiesen hätte?«, gab er zur Antwort: »Es hätte mir für den lieben Gott leid getan! Die Theorie ist selbstverständlich in Ordnung.« Eddington reagierte wesentlich emotionaler. Er sprach von dem »großartigsten Augenblick meines Lebens«.
Die Erkenntnis, daß sich unsere elementarsten Vorstellungen von Raum und Zeit als Irrtum herausgestellt hatten, beschäftigte die Öffentlichkeit in hohem Maße. Einstein wurde, damals gerade 40 Jahre alt, unvermittelt zu einer weltbekannten Persönlichkeit.
George Bernard Shaw sagte 1930 im Rahmen einer Tischrede zu Ehren Einsteins, der dem Ereignis beiwohnte:

> Die Religion hat immer recht. Die Religion löst jedes Problem und schafft dadurch die Probleme aus dem Universum heraus. Die Religion vermittelt uns Sicherheit, Stabilität, Frieden und

das Absolute. Sie bewahrt uns vor dem Fortschritt, der uns alle mit Furcht erfüllt. Die Wissenschaft ist das genaue Gegenteil. Die Wissenschaft ist immer auf dem falschen Weg. Sie löst nie ein Problem, ohne damit zehn weitere Probleme hervorzurufen. Kopernikus bewies, daß sich Ptolemäus geirrt hatte. Kepler bewies, daß sich Kopernikus geirrt hatte. Galilei bewies, daß sich Aristoteles geirrt hatte. Doch an diesem Punkt bricht die Folge ab, denn die Wissenschaft geriet nun zum erstenmal an das unberechenbare Phänomen des Engländers. Als Engländer war Newton dazu in der Lage, eine erstaunliche geistige Begabung mit einer Leichtgläubigkeit und einer Verblendung, die einem Kaninchen zur Schande gereicht hätte, zu kombinieren. Als Engländer postulierte er ein rechtwinkliges Universum, denn die Engländer benutzen das Wort *square* (Quadrat) immer dann, wenn sie von Ehrbarkeit, Aufrichtigkeit, kurzum von Rechtschaffenheit sprechen. Newton wußte, daß das Universum aus sich bewegenden Körpern bestand und daß sich keiner davon, auch wenn er es wollte, geradlinig bewegte. Doch ein Engländer läßt sich von Tatsachen nicht entmutigen. Um zu erklären, warum alle Linien in seinem rechtwinkligen Universum gebogen sind, erfand er eine Kraft namens Gravitation und errichtete dann ein komplexes britisches Universum und etablierte es als eine Religion, an die 300 Jahre lang inbrünstig geglaubt wurde. Das Buch dieser Newtonschen Religion war nicht dieses orientalische Zauberding, die Bibel. Es war dieses britische und auf Tatsachen beruhende Ding, ein *bradshaw* (Kursbuch). Es gibt die Haltestellen aller Himmelskörper an, ihre Entfernungen, die Reisegeschwindigkeiten und die Uhrzeit, zu der sie Finsternispunkte erreichen oder in die Erde hineinkrachen. Alles ist präzise, zuverlässig, absolut und - englisch.
300 Jahre später erhebt sich in der Mitte Europas ganz ruhig ein junger Professor und sagt zu unseren Astronomen: »Meine Herren, wenn Sie die nächste Sonnenfinsternis sorgfältig beobachten, werden Sie in der Lage sein zu erklären, was mit dem Perihel des Merkur nicht stimmt.« Wenn die zivilisierte Newtonsche Welt erwidert, dieses fürchterliche Ding nur akzeptieren zu können, wenn die Finsternis die Gotteslästerung gesühnt habe, wird der junge Professor als nächstes die Existenz der Gravitation in Frage stellen. Der junge Professor

lächelt und sagt, daß die Gravitation eine sehr nützliche Hypothese sei und in den meisten Fällen recht ordentliche Ergebnisse lieferte, daß er persönlich aber ohne sie auskomme. Man bittet ihn, zu erklären, warum die himmlischen Körper sich nicht geradlinig bewegen, wenn es keine Schwerkraft gibt, und nicht geradewegs aus dem Universum hinauswandern. Er antwortet, daß dies keiner Erklärung bedürfe, denn das Universum sei nicht rechtwinklig und keineswegs ausschließlich britisch; es sei gekrümmt. Das Newtonsche Universum fällt daraufhin tot um und wird durch das Einstein-Universum ersetzt. Einstein hat nicht die wissenschaftlichen Tatsachen herausgefordert, sondern die Axiome der Wissenschaft, und die Wissenschaft selbst hat vor der Herausforderung kapituliert.

(Blanche Patch,
Thirty Years with GBS, 1951)

Die im Jahr 1919 durchgeführten Beobachtungen stützten die Theorie Einsteins, doch anschließend wurden andere Theorien bezüglich der Allgemeinen Relativität vorgelegt, die eine Lichtablenkung voraussagten, die von der von Einstein prognostizierten ein wenig abwich. Somit war es wichtig, den Betrag der Ablenkung noch genauer zu ermitteln. Die Präzision der Messungen verbesserte sich in den Jahren 1974 und 1975 dramatisch, als die Radioastronomen am National Radio Astronomy Observatory (NRAO) in Greenbank, West Virginia, statt optischer Sterne sehr energiereiche Radioquasare beobachteten. Die Quasare wandern im Lauf des Jahres wie gewöhnliche Sterne hinter der Sonne vorüber, und man kann sie bis an den Rand der Sonne verfolgen, ohne daß sie im Glanz der solaren Radioemission, die im Vergleich zur optischen Scheibe sehr schwach ist, verlorengehen. Deshalb ist hier keine Sonnenfinsternis vonnöten. Die NRAO-Arbeitsgruppe suchte sich für ihre Beobachtung den Quasar 0116 + 08 aus, der an jedem 11. April hinter der Sonne durchläuft. Mit Hilfe eines Interferometers, das aus zwei Teleskopen in einem Abstand von 32 Kilometern gebildet wurde, konnte man die Ablenkung der Radiostrahlen mit einer Genauigkeit von 1% messen. Das schon ein halbes Jahrhundert währende Vertrauen in Einstein wurde nicht enttäuscht; seine Voraussagen waren präzise bestätigt worden und alle damit in Konkurrenz stehenden Theorien wurden über Bord geworfen.

Gravitationslinsen

In den Jahren nach der Entdeckung der Lichtablenkung richtete sich das Interesse der Wissenschaftler auf die Möglichkeit von Schwerkraftlinsen. Konnte ein Stern das Licht eines anderen, weiter entfernt stehenden Sterns bündeln? Einstein selbst arbeitete an der Theorie einer solchen Linsenwirkung und kam zu dem Schluß, daß der Effekt zu klein sei, um entdeckt werden zu können. Nur wenn der als Linse wirkende Stern und die dahinter stehende Quelle sich mit optimaler Genauigkeit in Blickrichtung des Beobachters befänden, wäre der Effekt zu bemerken. Bei zwei Sternen ist diese Koinzidenz dermaßen selten, daß die Beobachtungswahrscheinlichkeit unendlich klein wird.

Ungeachtet der ziemlich entmutigenden Berechnungen Einsteins erklärte nur ein Jahr darauf Fritz Zwicky, daß sich die Aussichten für eine Linsenwirkung erheblich verbessern würden, wenn man sich auf ferne Galaxien sehr großer Masse konzentrierte. Diese sind vergleichsweise zahlreich, so daß die Wahrscheinlichkeit, an Galaxien einen Linseneffekt zu beobachten, seiner Meinung nach erheblich größer war als bei den Sternen. Zwickys Vorschlag erregte jedoch nur geringe Aufmerksamkeit, und viele Jahre lang verschwendete kaum ein Astronom einen Gedanken an Gravitationslinsen.

In den sechziger Jahren jedoch wandten sich die theoretischen Physiker diesem Problem wieder zu und untersuchten es detaillierter. Das Prinzip des Linseneffekts besteht darin, daß die Krümmung der Raumzeit in der Nachbarschaft eines massereichen Objekts einen Lichtstrahl ablenkt, und zwar direkt proportional zur Masse und indirekt proportional zu dem Abstand, in dem das Licht das ablenkende Objekt passiert. Die Wissenschaftler entdeckten eine Vielfalt interessanter Möglichkeiten, die von der Anordnung der Elemente im gravitativen Linsensystem abhängig waren. Die Linse könnte zum Beispiel Bilder in Form eines Rings, zweier schmaler Sicheln oder zweier kleiner elliptischer Flecken erzeugen.

Erst vor ein paar Jahren aber gelang der Durchbruch. Dennis

Walsh, Robert Carswell und Ray Weymann, die mit dem 2,1-m-Teleskop auf dem Kitt Peak Beobachtungen anstellten, entdeckten ein eigenartiges Paar von Quasaren unweit des Großen Wagens. Es befand sich beinahe auf einer Nord-Süd-Achse in einem Abstand von nur sechs Bogensekunden (das entspricht ungefähr der Größe eines Tennisballs in einer Entfernung von drei Kilometern). Die Komponenten erhielten die Namen 0957+561A und 0957+561B und wurden als voneinander unabhängige Quasare angesehen. Die Spektren der beiden Objekte zeigten jedoch Linien, die zum roten Ende hin jeweils um exakt denselben Betrag verschoben waren, und zwar mit einer entsprechenden Distanz von ungefähr drei Milliarden Lichtjahren. Die spektralen Einzelheiten waren in jeder Hinsicht identisch, der einzige Unterschied bestand darin, daß Quasar A auf allen Frequenzen um einen konstanten Faktor heller erschien.
Bei nicht mehr als 1500 bekannten Quasaren, die am Himmel gleichmäßig verteilt waren - etwa ein Quasar pro 30 Quadratgrad Himmelsfläche - war die Möglichkeit, daß zwei Quasare, die so nahe beieinanderstanden, rein zufällig identische Rotverschiebungen und Spektren zeigten, so unwahrscheinlich, daß die Astronomen zu dem Schluß kommen mußten, es handle sich hier um wie auch immer geartete Zwillinge. Alles sprach dafür, daß die beiden ein scheinbares Paar, das verdoppelte Abbild ein und desselben Quasars, darstellten. Man vermutete, daß genau auf der Sichtlinie zwischen dem Quasar und der Erde ein massiver, kompakter Körper existieren könnte. Das Licht, das an der einen Seite vorbeiliefe, würde abgelenkt werden, so daß der Quasar an dieser Seite nach außen verschoben erschiene. Das an der anderen Seite passierende Licht würde in entgegengesetzter Richtung abgelenkt und dabei ein weiteres, nach außen verlegtes Bild erzeugen. Daher das Doppelbild. Weitere Studien zeigten, daß sich der abbildende Körper in einem großen Galaxienhaufen auf etwa halbem Weg zu dem Quasar befand. Anscheinend besteht das grundlegende Linsenelement aus einer elliptischen Riesengalaxis mit mehr als einer Billion Sonnenmassen, doch ist diese nur die hellste von etwa 60 Galaxien eines Haufens, und jede von ihnen ist mit der Ablenkung von Lichtstrahlen beschäftigt. Infolgedessen sind die A- und B-Komponenten in bezug auf die primär abbildende Galaxis nicht symmetrisch ausgerichtet. Darüber hinaus gibt es einige feine spektrale Unterschiede, die auftreten, weil das Licht von B einen

großen Teil der primär abbildenden Galaxis durchdringen muß, während die von A kommenden Lichtstrahlen mehr an der einen Seite vorbeilaufen.
Quasare weisen oftmals dramatische Helligkeitsveränderungen auf, die sich manchmal in weniger als einem Tag vollziehen. Die Helligkeit des Zwillings B, so konnte man schon bald beobachten, variierte innerhalb einiger Monate, während A keine damit korrespondierenden Veränderungen zeigte. Wie können sich zwei Bilder desselben Quasars in bezug auf die Helligkeit verändern, ohne sich dabei im Gleichklang zu befinden? Die Antwort könnte in den verschiedenen Lichtwegen liegen; das Licht der A-Komponente dürfte uns innerhalb kürzerer Zeit erreichen als die Strahlung, die das Abbild von B erzeugt. Das heißt, wenn die Strahlung der Quelle eine Veränderung durchmacht, würde zunächst bei A ein Wandel eintreten und erst zu einem späteren Zeitpunkt bei B. Etwa sechs hinreichend glaubwürdige Beispiele für die Gruppe der Gravitationslinsen sind bis heute identifiziert worden. Auf indirekte Weise werden wir auch durch die Entdeckung weiterer als Gravitationslinsen tätiger Galaxien etwas über die Gesamtmasse des Universums erfahren. Weil die erforderliche Übereinstimmung der Sichtlinien zwischen dem als Quelle fungierenden Quasar, der abbildenden Galaxis und dem Beobachter statistisch gesehen derart selten ist, würden bereits wenige Beispiele die Schätzungen bezüglich der Häufigkeit schwacher Galaxien anheben. Und bei weitergehenden Verfeinerungen auf dem Beobachtungssektor könnten die Gravitationslinsen die Sondierung der Masseverteilung in fernen Galaxien gestatten.
Ein unlängst aufgespürter Kandidat für eine Gravitationslinse könnte der weitaus extremste Vertreter dieses Phänomens sein. Nachdem seine Entdeckung im Frühjahr 1986 große Aufregung ausgelöst hatte, wurde er infolge scheinbar widersprüchlicher Hinweise erst einmal ad acta gelegt. Es handelt sich um ein Objekt, das wie zwei Quasare aussieht und die Bezeichnungen 1146 + 111 B und C trägt. Es wurde Ende der siebziger und zu Beginn der achtziger Jahre an der Mount-Wilson-Sternwarte von Cyril Hazard und Halton Arp untersucht. Innerhalb ihrer Meßtoleranzen wiesen die beiden Objekte die gleiche Rotverschiebung von 1,01 auf, was bedeutet, daß sie sich von uns mit 60% der Lichtgeschwindigkeit entfernen und daß sich beide vermutlich gleich weit weg von der Erde befinden. Zusammen mit diesem einzigartigen Ob-

jekt beobachtete man innerhalb eines nur 8 Bogenminuten großen Gebiets noch drei weitere quasarähnliche Gebilde. Es lag hier eine verwirrende Koinzidenz vor, denn im Durchschnitt kann man nur ein oder zwei Quasare, die heller als die zwanzigste Größe erscheinen, innerhalb eines Himmelsabschnitts finden, der dem Umfang des Mondes entspricht.

Die Astronomen einigten sich rasch auf die Erklärung, auch hier habe eine Schwerkraftlinse zwei Abbilder ein und desselben Quasars erzeugt, doch Arp und Hazard wunderten sich über den beträchtlichen Abstand der beiden Bilder: 157 Bogensekunden, über zwangzigmal mehr als bei allen zuvor identifizierten Paaren. Diese Verschiebung war so extrem, daß es unmöglich erschien, dazwischen könnte sich ein ausreichend massereiches Objekt befinden. Sollte die Linsenwirkung durch einen supermassiven Galaxienhaufen verursacht worden sein, dann hätte er zwischen den B- und C-Bildern sichtbar sein müssen; doch eine derartig leuchtende Masse war nicht entdeckt worden. Eine andere Möglichkeit bestand in einem Schwarzen Loch, doch dieses hätte eine Masse von einer Billiarde (10^{15}) Sonnen enthalten müssen; das heißt, es wäre zehnmillionenmal größer gewesen als die Schwarzen Löcher, die nach allgemeiner Auffassung in den Kernen der Quasare verborgen sind. Das Problem ruhte bis zum Frühjahr 1986, als Bohdan Paczynski, ein aus Polen emigrierter Astronom, an der Universität Princeton auf die Gravitationslinsen-Theorie zurückkam, und zwar mit einem verwirrend neuartigen Ansatz. Er schlug vor, die massive Linse durch einen kosmischen »String« zu erklären. Diese Strings sind als Überreste aus der unmittelbar auf den Urknall folgenden Zeit anzusehen, als solch bizarre Strukturen - so die Theorie - aus dem strukturlosen Chaos ausfroren. »In allem, was Gott erschaffen hat, gibt es einen Riß.« (Ralph Waldo Emerson, *Essays*, 1841)

Nach der Theorie besteht ein kosmischer String aus einem beinahe unendlich dünnen (10^{-30}cm) Energiefaden von unglaublich großer Dichte (10^{-22} g/cm^3) und zieht sich durch das gesamte Universum. Solch ein schmaler Riß im Weltall wäre zwar unsichtbar, aber so massiv, daß seine Gravitationswirkung ganz ungeheuerlich sein müßte. Lichtstrahlen, die durch den verzerrten Raum, der einen String umgibt, hindurchlaufen, könnten bis zu mehreren Bogenminuten abgelenkt werden: Dies reicht aus, um den Abstand zwischen 1146 + 111 B und C zu erklären.

Unter den Astronomen herrschte helle Aufregung, und in der Presse erschienen auf den Titelseiten einschlägige Berichte, da kam die Nachricht, ein Kollege Paczynskis in Princeton, Edwin Turner, und seine Mitarbeiter hätten durch neue Beobachtungen mit dem 4-m-Teleskop auf dem Kitt Peak bestätigt, daß nicht nur die beiden Rotverschiebungen mit exakt 1,012 auf ein Promille genau identisch waren, sondern daß auch die spektroskopische Ähnlichkeit genauso groß war wie bei allen früher entdeckten Gravitationslinsen. Fast unmittelbar darauf wurde die Begeisterung jedoch wieder gedämpft, als John Huchra mit dem »Multiple Mirror Telescope« (Mehrfachspiegelteleskop) in Arizona auffallende Unterschiede in den ultravioletten Spektren des Kohlenstoffs und des Eisens beider Objekte feststellte. Die Wellenlängen waren kürzer als die des sichtbaren Lichts, in dem Turner seine Beobachtungen durchführte. Gleich danach folgten Hinweise auf Unterschiede im nahen Infrarot, die von Beobachtungen herrührten, die Peter Shaver und S. Cristian an der Europäischen Südsternwarte angestellt hatten. Letztere zogen den Schluß, daß sich die Linsen-Hypothese nicht mehr halten lasse und daß die beiden Objekte trotz aller Ähnlichkeiten als zwei verschiedene Quasare angesehen werden müßten.
Die Geschichte ist hiermit freilich noch nicht zu Ende. Ist denn gar keine Schachtel für die kosmische Stringlinse übriggeblieben? Man hat argumentiert, daß die Unterschiede in den ultravioletten und infraroten Spektren die Gravitationslinsen-Erklärung nicht notwendigerweise entkräften. Die beiden Abbildungen stehen so weit auseinander, daß es durchaus möglich ist, daß sich die beiden Lichtstrahlenbündel auf Bahnen bewegen, die Tausende von Lichtjahren voneinander entfernt sind.
Die entsprechenden Spektren könnten sich in 1000 Jahren ganz erheblich verändern, und damit wären die Differenzen geklärt. Insofern darf die Linsen-Hypothese keineswegs als erledigt betrachtet werden.
Wie werden die Astronomen bei dem Versuch, diese Ungewißheit zu beseitigen, vorgehen? Sollte es sich bei dem Objekt um ein Schwarzes Loch einer derart ungeheuren Masse handeln, dann müßte es in der kosmischen Mikrowellenhintergrundstrahlung als ein Loch mit mindestens 0,1 Bogensekunden Durchmesser erscheinen. Die Radioastronomen am VLA in Neu-Mexiko suchen gerade nach einem entsprechenden Beleg und begeben sich dabei

an die äußerste Grenze ihres Auflösungsvermögens. Andere Astronomen glauben, ein String könnte sich auch dadurch verraten, daß er eine nachweisbare Temperaturveränderung in der 3° K-Hintergrundstrahlung entlag dieser Faser bewirken müßte. Darüber hinaus müßte der String, falls es ihn gäbe, mehrfache Abbildungen von anderen Quasaren im gleichen Umfeld liefern, doch diese harren noch ihrer Auffindung. Während dieses Buch geschrieben wurde, gingen Gerüchte von einem positiven Hinweis auf weitere von einer Linse abgebildete Objekte in diesem Sektor um. Die Lage ist gegenwärtig hochgradig verworren, doch nichtsdestoweniger wundervoll aufregend.

Kosmische Strings werden über die mehrfachen Quasarabbildungen hinaus auch zur Erklärung einer ganzen Reihe weiterer Erscheinungen herangezogen. In einem expandierenden Universum sollten die Milchstraße und ihre vielen hundert Nachbargalaxien eigentlich voneinander wegstreben, doch eine eingehendere Untersuchung zeigt ein komplizierteres Muster. Die Galaxien scheinen in Richtung einer zentralen Position gezogen zu werden, und zwar durch eine phänomenal leistungsstarke, jedoch unsichtbare Gravitationsquelle, die die Beobachter mit dem Namen »Great Attractor« (»Der große Attraktor«) versehen haben. Unsere Galaxis rast mit mehr als 1,6 Millionen km/h in Richtung dieses dunklen Attraktors.

Astrophysiker haben die Vermutung geäußert, daß eine riesige, von einem kosmischen String gebildete Schleife mit einem Durchmesser von 100000 Lichtjahren, 150 Millionen Lichtjahre von der Erde entfernt, durch den Raum driften und in ihrem Kielwasser die Galaxien mit sich ziehen könnte. Sollten diese Vorstellungen zutreffen, dann hätte ein kosmischer String mit der Entstehung der Galaxien im frühen Universum im engen Zusammenhang gestanden. Außerdem würden sich die Galaxien in Gestalt von Bändern oder Filamenten in der Nähe eines Strings ausformen, und das Universum würde einem schwammartigen System sich miteinander verwebender, bandartiger Formationen gleichen, die um gewaltige Blasen völliger Leere gehüllt wären. Einige Astronomen sind der Auffassung, die schwammartige Struktur würde mit den Beobachtungen besser übereinstimmen als das Seifenblasenmodell.

Denn im weiten Schoß der Welt liegt dort
In haßerfüllter Dunkelheit und in tiefem Schrecken
Ein riesiges ewiges Chaos …
Alle Dinge holen von dort ihr erstes Sein
Und entlehnen den Stoff, aus dem sie gemacht sind…

Edmund Spenser,
Die Feenkönigin (1590)

Abbildung 85. *Die Schöpfung* von Joseph Haydn (1798).

8 Die kosmische Perspektive

Der überwältigende Eindruck der schwarzen Abgründe des Raums und die Unermeßlichkeit des Weltalls haben das menschliche Fassungsvermögen schon immer auf eine harte Probe gestellt. So schrieb der französische Philosoph Bernard de Fontenelle (1657 - 1757):

> Erblicke ein Universum, so unermeßlich, daß ich darin verloren bin.
> Ich weiß nicht mehr, wo ich bin,
> ich bin nur ein Nichts.
> *Gespräche mit einer Dame über die Vielzahl der Welten* (1686)

Fontenelle wurde hundert Jahre alt, doch er konnte sich selbst nicht finden. In der Weite des Kosmos nach der Antwort auf ihre Fragen zu suchen erscheint den meisten Menschen als aussichtsloses Unterfangen, und so wenden sie sich der Mystik und der Theologie zu. Ganz anders die moderne Generation der Kosmologen, die voller Zuversicht ist, sich der Lösung der großen Rätsel, wie alles angefangen hat und wie es enden wird, zu nähern. Angesichts der neuen Theorien meinte der brillante sowjetische Physiker Lew Landau einmal: »Die Kosmologie ist oftmals auf dem falschen Weg, doch niemals im Zweifel.« Landaus Worte spiegeln ebenso die Begeisterung wider, die stets mit theoretischen »Durchbrüchen« einhergeht, wie auch die spätere nüchterne Erkenntnis, wie schwierig es ist, einen Beweis zu führen.

Das Dunkel der Nacht

Die scheinbar kindische Frage »Warum ist nachts der Himmel dunkel?« hat jahrhundertelang Philosophen und Dichter beschäftigt und die Wissenschaftler herausgefordert. Man benötigt die Kosmologie des 20. Jahrhunderts, um darauf eine befriedigende Antwort geben zu können.

Johannes Kepler stand der wachsenden Popularität der im 17. Jahrhundert aufgekommenen Vorstellung, das Universum sei womöglich gleichförmig und unendlich groß, ablehnend gegenüber. Kepler argumentierte folgendermaßen: Wenn das Universum mit ewig existierenden Sternen angefüllt wäre, müßte das Gesichtsfeld, wo immer wir auch hinblicken würden, völlig mit Sternen bedeckt sein und insgesamt so hell strahlen wie die Oberfläche der Sonne. Es gäbe keine Lücken, durch die wir in die dunkle, jenseits davon liegende Gruft sehen könnten. Es läßt sich leicht ausrechnen, daß wir von gleichförmig verteilten Sternen Strahlung bis aus einer Entfernung von mindestens einer Billion Billionen Lichtjahren (10^{24}) empfangen müßten, um genügend Sternlicht zusammenzubekommen, damit der Nachthimmel taghell wird. Weil der Himmel schwarz erscheint, schloß Kepler, könne das Universum nicht unendlich und nicht mit ewig existierenden Sternen erfüllt sein.
Keplers Analyse konnte noch nicht die Schranken berücksichtigen, die aus der Lichtgeschwindigkeit und der »Sterblichkeit« der Sterne resultieren. Die Begrenztheit des Horizonts durch die Endlichkeit der Lichtgeschwindigkeit hat der Dichter Edgar Allan Poe in seinem Aufsatz *Eureka* 1847 in passende Worte gekleidet:

> Wäre die Aufreihung der Sterne endlos, so würde uns der Himmelshintergrund eine gleichförmige Helligkeit vor Augen führen, wie sie die Galaxis darbietet – denn es gäbe ganz bestimmt nicht einen einzigen Punkt auf diesem ganzen Hintergrund, an dem nicht ein Stern existierte. Deshalb besteht die einzige Möglichkeit, die Abgründe, die unsere Fernrohre in zahllosen Richtungen finden, zu begreifen, in der Annahme, die Entfernung des unsichtbaren Hintergrundes sei so unermeßlich, daß kein Strahl von dort je in der Lage gewesen ist, uns überhaupt zu erreichen.

Das zweite Problem liegt im endlichen Leben der Sterne, einem Faktum, das zur Zeit Keplers noch unbekannt war. Weil die Sterne im Durchschnitt nach etwa 10 Milliarden Jahren ausbrennen, können wir niemals mehr als ein kleines Tröpfchen Sternlicht empfangen, also höchstens 10^{-14} der gesamten Helligkeit, die erforderlich wäre, um den Himmel in Licht zu baden.
Im Jahr 1744 hatte der Schweizer Astronom Jean Phillipe de Cheseau den glänzenden Einfall, der Raum zwischen den Sternen

könnte absorbierende Materie enthalten. Diese trete in Form von Gas und Staub in Erscheinung und dämpfe die Helligkeit des Nachthimmels. Seine Idee von der Existenz einer interstellaren Materie wurde erst etwa 80 Jahre später wiederbelebt, als der deutsche Astronom Wilhelm Olbers, dessen Fachgebiet die Kometen waren, sich diesem Problem wieder zuwandte und auf dieselbe Lösung wie Cheseau kam. Auch er vermutete, der Nachthimmel sei nur deshalb finster, weil der im Raum schwebende Staub genügend Licht verschluckt, um die weit entfernten Sterne auszulöschen. Bald darauf wandte sich John Herschel, der Sohn von Friedrich Wilhelm Herschel, gegen die Olberssche Hypothese, indem er nachwies, daß sich der Staub so lange aufheizen würde, bis die aus dem Sternlicht absorbierte Energie so groß wäre, daß er so hell wie die Sterne leuchten würde. Trotz derartiger gegen Olbers' Idee gerichteter Argumente wurde das Problem des dunklen Nachthimmels als »Olberssches Paradoxon« bekannt.

Als in diesem Jahrhundert die Theorie des expandierenden Universums aufkam, dachten die Astronomen, sie hätten nun schließlich und endlich des Rätsels Lösung gefunden. Wenn sich das Weltall ausdehnt, streckt sich damit gleichzeitig die Wellenlänge des Lichts. Je weiter ein Stern entfernt ist, desto größer wird seine Rotverschiebung und um so schwächer die Energie, die wir von ihm empfangen. Die Erklärung scheint so naheliegend und simpel zu sein, daß ein paar Astronomen sie mit kritischen Augen betrachteten, und schließlich wies Edward Harrison von der Universität von Massachusetts nach, daß der durch die Rotverschiebung bewirkte Gesamteffekt das Sternlicht lediglich um den Faktor 2 schwächen könnte.

Nun ist es an der Zeit, daß wir uns der Theorie des Urknalls zuwenden, die die Kosmologie seit der Entdeckung der 3° K-Mikrowellenhintergrundstrahlung im Jahr 1964 beherrscht. Sie nämlich führt unmittelbar zu einer befriedigenden Erklärung. Weil sich das Universum seit seinem Anfang, als es beinahe unendlich klein war, im Lauf von nur etwa 15 Milliarden Jahren zu seiner heutigen Größe aufgebläht hat, können wir nichts, was sich jenseits einer Entfernung von 15 Milliarden Lichtjahren befindet, sehen, und dies sind ganz gewiß nicht die erforderlichen 10^{24} Lichtjahre, ganz gleich, wie lange die Sterne auch weiterleuchten mögen.

Harrison führte noch ein weiteres zwingendes Argument für die

Dunkelheit des Nachthimmels ins Feld, und zwar ging er von einer realistischen Einschätzung des Energieinhalts im Universum aus. Die durchschnittliche Dichte des Kosmos beträgt nur etwa drei Wasserstoffatome pro Kubikmeter. Er rechnete aus, daß die Temperatur des Universums nicht über 20° K ansteigen würde, wenn man diese Masse vollständig in Energie umwandeln würde. Die unausweichliche Schlußfolgerung ist, daß das Universum nicht genügend Energie enthält, um einen leuchtenden Himmel zu schaffen.

Im übrigen ist der Himmel zwischen den Sternen zwar nicht hell erleuchtet, aber auch nicht vollständig schwarz. Die universelle Mikrowellenhintergrundstrahlung liegt momentan bei einer Temperatur von knapp 3° K, doch als das Universum erst etwa 500000 Jahre alt war, war dieser Hintergrund tatsächlich sichtbar und erfüllte den gesamten Himmel mit einer Helligkeit, die dem Glanz unserer Sonne entspricht. Die Expansion des Weltalls hat den Rest des frühen Feuerballs zu einem schwachen und unsichtbaren Nachglimmen rotverschoben.

Form und Größe des Weltalls

> Nichts gibt mir größere Rätsel auf als Raum und Zeit, und doch existiert nichts, was mich weniger beunruhigt.
>
> Charles Lamb
> (Brief aus dem Jahr 1810)

Vor zweitausend Jahren postulierte Euklid, daß sich durch einen vorgegebenen Punkt nur eine einzige gerade Linie ziehen läßt, die zu einer anderen Geraden parallel verläuft. In volkstümlicheren Worten kann das Axiom auch so lauten: »Eine gerade Linie geht endlos weiter«; und: »Parallele Linien werden sich nie begegnen.« In der euklidischen Geometrie ist der Raum eben, und die Winkelsumme im Dreieck beträgt stets 180°. Alle unsere normalen Erfahrungen stimmen mit diesem Konzept überein. In den vergangenen zwei Jahrhunderten haben die Mathematiker jedoch Alternativen zur euklidischen Geometrie präsentiert, in denen die Ausdrücke »offen« und »geschlossen« eine wesentliche Rolle spielen. Die nichteuklidische Geometrie eines positiv »gekrümm-

ten Raums« wurde 1854 von Bernhard Riemann in Göttingen begründet.
Hiernach müssen zwei parallele Lichtstrahlen irgendwann einmal zusammenlaufen, und es gibt keine Linie, die durch einen gegebenen Punkt parallel zu einer anderen Geraden gezogen werden kann. In der Geometrie Riemanns können wir uns eine zweidimensionale Entsprechung eines »geschlossenen« Raumes auf der Oberfläche einer dreidimensionalen Kugel vor Augen führen. Die Großkreise entsprechen den Geraden; das heißt, sie beschreiben die kürzeste Entfernung zwischen zwei beliebigen Punkten auf einer Kugel. Zwei beliebige Großkreise müssen sich genauso schneiden, wie dies die Linien der Längengrade auf der Erdoberfläche an den Polen tun. Die Winkelsumme eines auf einer Kugel liegenden Dreiecks ist immer größer als 180°.
In den zwanziger Jahren des vergangenen Jahrhunderts formulierte der russische Mathematiker Nikolai Iwanowitsch Lobatschewskij eine Raumgeometrie mit einer negativen Krümmung. Die Geometrie eines dreidimensionalen, negativ gekrümmten Raums läßt sich in der zweiten Dimension mit einer Satteloberfläche oder mit dem Schlund eines Horns veranschaulichen, wo die Winkelsumme eines entsprechenden Dreiecks stets kleiner als 180° ist. In dieser Geometrie müssen zwei Lichtstrahlen, die in paralleler Ausrichtung ihren Anfang nehmen, letztlich auseinanderlaufen, und es gibt durch jeden beliebigen Punkt eine unendliche Anzahl von Linien, die eine vorgegebene Linie nicht schneiden. Der negativ gekrümmte oder »hyperbolische« Raum wird allgemein als offener Raum bezeichnet.
Diese nichteuklidischen Geometrien blieben rein mathematische Abstraktionen, bis Einstein seine Allgemeine Relativitätstheorie entwickelte, eine geometrische Theorie bezüglich einer vierdimensionalen Raumzeit, innerhalb derer die Gravitation als eine »Verwerfung« in der Geometrie auftritt, die durch die Anwesenheit von Masse bewirkt wird.
Im Kapitel 6 wurde gezeigt, daß eine sehr große Masse nötig ist, damit der benachbarte Raum deformiert wird, daß sogar die Sonne nur eine kleine Verzerrung auslöst und sich daher eine Abweichung von der Newtonschen Gravitation schwer feststellen läßt. Im Maßstab des gesamten Universums betrachtet, ergänzen sich sämtliche Sterne in allen Galaxien, die ganze diffuse und unsichtbare Materie zwischen den Galaxien und möglicherweise

auch die Materiekonzentrationen in den Schwarzen Löchern in einer Weise, daß man ermitteln kann, ob sich der kosmische Raum positiv oder negativ zu einem geschlossenen oder offenen Universum krümmt.
Der Romanschriftsteller Aldous Huxley, ein Zeitgenosse Einsteins, drückte die allgemeine Verwirrung angesichts der Theorien eines gekrümmten Raums in seinem Aufsatz *Ansichten von Holland* folgendermaßen aus: »Wir haben erfahren, daß nichts einfach und rational ist, mit Ausnahme dessen, was wir selbst erfunden haben: daß Gott weder in Begriffen von Euklid noch in solchen von Riemann denkt; daß die Wissenschaft nichts erklärt hat; daß die Welt um so phantastischer wird, je mehr wir von ihr erfahren, und daß damit die uns umgebende Finsternis immer tiefer wird.« Dem deutschen Physiker Karl Schwarzschild erschienen die Aussichten wesentlich rosiger. In einem im Jahr 1900 bei einem Treffen der Deutschen Astronomischen Gesellschaft vorgelegten Papier, das sich mit den Möglichkeiten der Messung der Krümmung des Raums beschäftigte, führte er aus, wir fänden uns – wenn wir wollten – in einem geometrischen Märchenland wieder, doch es liege an der Schönheit dieses Märchenlandes, daß wir nicht wüßten, ob es am Ende nicht doch wirklich existiert.

Das expandierende Universum

Wir leben in einem expandierenden Universum, doch die Gravitation wird es eines Tages abbremsen. Wird die Expansion jemals zum Stillstand kommen und sich in einen Kollaps umwandeln, oder wird der Grad der Abbremsung so klein sein, daß der ungestüme Drang aller Galaxien nach außen niemals enden wird? Die Gleichungen Einsteins zeigten, daß das Universum bis in alle Ewigkeit expandieren würde, wenn der Raum dem Modell Lobatschewskijs entspräche, also offen wäre; wäre der Raum in der Art des Riemann-Raums geschlossen, würde das Universum letzten Endes aufhören, sich auszudehnen, und in sich zusammenstürzen. Einstein favorisierte eindeutig das Modell eines geschlossenen Universums. Die Befunde der vergangenen zwei Jahrzehnte dagegen sprachen für ein offenes Universum. Unlängst entwickelte Theorien eines »inflationären« Universums wiederum postulieren, das Weltall müsse exakt eben sein. Demnach würde sich die

Expansion des Universums zwar ständig verlangsamen, aber nie zum Stillstand kommen. In unendlicher Zeit würde es in unendlicher Größe auslaufen.
Im Entfernungsbereich von ein oder zwei Milliarden Lichtjahren sind die aus der Rotverschiebung abgeleiteten Fluchtgeschwindigkeiten der Entfernung streng direkt proportional, und das Universum scheint innerhalb der Meßtoleranzen eben zu sein. Obwohl sich auch erheblich größere Rotverschiebungen mit hoher Genauigkeit messen lassen, sind die dazugehörigen Entfernungsbestimmungen relativ unsicher. Solange es nicht möglich ist, die Distanzen der Galaxien im Bereich von mehreren Milliarden Lichtjahren einigermaßen präzise festzulegen, wird sich eine sanfte Raumkrümmung nicht eindeutig nachweisen lassen.
Als man 1929 zum erstenmal erkannte, daß die nebligen Flecken, von denen man geglaubt hatte, sie seien Bestandtteile der Milchstraße, tatsächlich als ferne Galaxien anzusehen sind, schätzte man den Umfang des Weltalls auf etwa ein Zehntel dessen, was wir heute annehmen. Seitdem ist die Aufgabe, die Größe des Universums zu bestimmen, einer kleinen Priesterschaft von Astronomen an den größten Sternwarten der Welt zugefallen. Das Ausloten der Entfernungen himmlischer Objekte gleicht dem Schnüren eines Stiefels und beginnt mit den benachbarten Gebieten des Alls. Danach steigt man von einer Sprosse der Leiter zur nächsten immer weiter nach draußen. Ein Fehler bei irgendeiner dieser Stufen beeinflußt alle darauffolgenden Schritte, so daß bei den allerentferntesten Objekten der kumulative Fehler ganz erheblich sein kann.
Die Geschichte der Vermessung des Universums nahm vor mehr als 70 Jahren ihren Anfang, als der amerikanische Astronom Vesto Melvin Slipher vom Lowell-Observatorium in Arizona das Phänomen der Rotverschiebung bei den Galaxien entdeckte. Damals herrschte noch die Auffassung, unsere Milchstraße enthalte das gesamte Universum und die schwachen, nebligen Flecke, die man beobachtete, seien in sie eingebettet. Sliphers erstes Zielobjekt war der Andromedanebel, dessen Spektrum eine Blauverschiebung aufwies. Die weitaus meisten Flecken, die er damals unter die Lupe nahm, aber waren rotverschoben. Wenn die Sterne in der Milchstraße sowohl blau- als auch rotverschoben waren, so bedeutete dies, daß sich einige in Richtung Erde bewegten und andere von ihr wegeilten. Doch die stärksten Rotverschiebungen

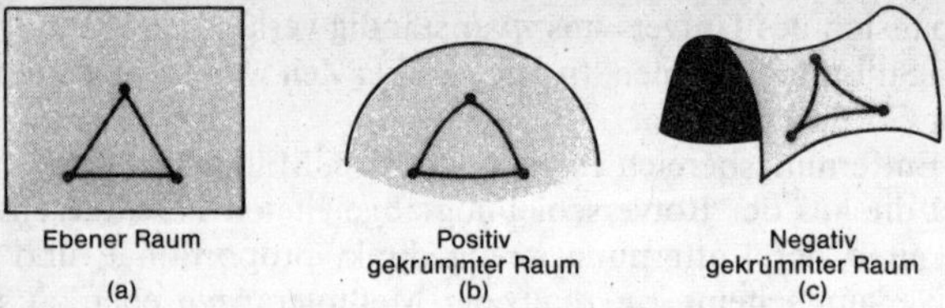

Abbildung 86. Zweidimensionale Analogien für: (a) den dreidimensionalen ebenen Raum ohne jede Krümmung - eine unendliche Ebene; (b) den sphärischen Raum mit einer konstanten positiven Krümmung - eine Kugel; und (c) den hyperbolischen Raum einer konstanten negativen Krümmung - eine Satteloberfläche.

seiner Mustergalaxien lagen etwa zehnmal höher als diejenige irgendeines Sterns. Im Verlauf seiner Arbeit stieß Slipher auf immer schwächere Nebelobjekte, die immer größere Rotverschiebungen zeigten. Schon bald entdeckte man, daß die Milchstraße zu einem kleinen, lokalen Galaxienhaufen gehört, der auch die Andromedagalaxis enthält, und daß alle Komponenten dieses Haufens durch ihre Gravitation aneinander gebunden sind und sich in einer gegenseitigen Relativbewegung befinden. Die weiter entfernt stehenden Galaxien sind in Haufen angeordnet, die an der allgemeinen Expansion teilnehmen und sich wegbewegen.

Nun war die Zeit für Hubble reif, den Beweis für die Expansion des Weltalls anzutreten. Gegen Ende der zwanziger Jahre tat er sich mit seinem Assistenten Milton Humason zusammen, um an dem 2,50-m-Teleskop auf dem Mount Wilson die Spektren von zahlreichen weiteren Galaxien zu analysieren. Humason war früher Maultiertreiber gewesen und hatte während der Bauarbeiten am Mount-Wilson-Observatorium Material hinauftransportiert; im Anschluß daran wurde er zum Portier befördert. Bald darauf begann er, bei spektroskopischen Beobachtungen zu assistieren. Obwohl er nur eine achtjährige Schulbildung genossen hatte, stieg er binnen kurzem zum festangestellten Operator auf. Seine Fähigkeiten, die er bei seiner über 28 Jahre währenden bemerkenswert produktiven Zusammenarbeit mit Hubble an den Tag legte, wurden geradezu legendär.

In der elektronisch geprägten Welt unserer Tage ist es nicht ganz einfach, die spezielle Begabung Humasons richtig zu würdigen. Eine photographische Spektralaufnahme läßt sich weitaus schwerer anfertigen als die photographische Aufnahme eines Sternfelds. Zuerst mußte Humason aus einer Myriade heller Sterne ein schwaches Nebelwölkchen heraussuchen, dann hatte er den schmalen Spalt seines Spektrographen auf den Nebel einzustellen und ihn von der Abenddämmerung bis zum Morgengrauen in dieser Position festzuhalten. Alle paar Minuten mußte das Zentrum des nebelhaften Bildes mit der Feinkorrektur zu dem schmalen Spalt zurückgeholt werden, um das winzige Auswandern der Nachführbewegung des Teleskops zu korrigieren. Je schwächer die Galaxis, desto länger die Belichtungszeit; diese erstreckte sich oftmals von einer Nacht bis zur nächsten, manchmal umfaßte sie auch mehrere Nächte. Um gegen die Kälte und die Müdigkeit anzukämpfen, die während dieser Nachtwachen auf dem Berggipfel zwangsläufig auftraten, bedurfte es einer großen Ausdauer und einer bemerkenswerten Hingabe an die Sache.

Bis etwa 1936 hatte man die Daten von mehr als 100 Galaxien und einigen Dutzend Haufen gesammelt. Als Hubble die Rotverschiebung gegen die Distanz auftrug, fielen seine Galaxien auf eine gerade Linie, die aufzeigte, daß sich die Rotverschiebung zur Entfernung direkt proportional verhält. Wenn eine Galaxis bei 10 Millionen Lichtjahren mit 160 km/sec zurückwich, dann raste eine Galaxis bei einer Milliarde Lichtjahre mit 16 000 km/sec davon. Hubble gelang der große Sprung von diesen vorläufigen Daten zu der Schlußfolgerung, daß sich jede Galaxis außerhalb der Lokalen Gruppe mit einer Geschwindigkeit entfernt, die zu ihrer Distanz in direkt proportionaler Beziehung steht, und daß das Universum expandiert.

Hubbles Entdeckung vermittelte den Eindruck, wir würden uns im Zentrum des expandierenden Weltalls befinden, doch dies ist nur eine Illusion. Zum Vergleich sollte man an einen Hefekuchen voller Rosinen denken. Wenn jede Rosine für einen Galaxienhaufen steht und wir uns darauf Beobachter vorstellen, sehen diese, sobald der Kuchen gebacken wird und aufgeht, wie sich jede Rosinengalaxis von jeder anderen entfernt. Falls die Beobachter auf irgendeiner anderen beliebigen Rosine stehen würden, wäre ihr Eindruck der gleiche, und wäre der Kuchen unendlich groß, so könnten sie nicht feststellen, wo sich sein Zentrum befindet.

> Die ganze sichtbare Welt ist nur ein unmerkliches kleines Atom im weiten Schoß der Natur. … Wir

> mögen unsere Wahrnehmungen auf Gebiete jenseits aller vorstellbaren Räume ausweiten. ... Es bleibt doch eine unendliche Sphäre, ihr Zentrum liegt überall, ihr Rand nirgendwo.
>
> Blaise Pascal,
> *Pensée* (1670)

Vom Erklimmen der kosmischen Entfernungsleiter

> ... von der Parallaxe oder der parallaktischen Drift der sogenannten Fixsterne, in Wirklichkeit ewig dahinziehende Wanderer von unermeßlich fernen Äonen bis in unendlich ferne Zukunft, verglichen mit denen die Jahre sechzig und zehn, das dem Menschen zugeteilte Leben, eine unendlich kleine Klammer bilden.
>
> James Joyce,
> *Ulysses* (1922)

Wenn sich ein Objekt relativ dicht bei unserem Sonnensystem befindet, benutzen die Astronomen die Parallaxenmethode. Sie gehen dabei genauso vor wie die Landvermesser, die sich der Trigonometrie bedienen. Um die Entfernung eines Sterns zu bestimmen, wird die Verschiebung seiner scheinbaren Position zweimal beobachtet, und zwar mit einem sechsmonatigen Intervall und von einander gegenüberliegenden Extrempunkten der um die Sonne herumlaufenden Erdbahn aus.

Das einzige, was man hierfür kennen muß, ist der exakte Wert des Durchmessers der Erdbahn. Die Entfernung, die man mit Hilfe der Parallaxe bestimmt, wird in Parsek (parallaktische Bogensekunden) angegeben. Ein Parsek entspricht 3,26 Lichtjahren. Der deutsche Astronom Friedrich Bessel ermittelte 1838 mit der Parallaxenmethode als erster die Entfernung eines Sterns jenseits der Sonne; er beobachtete den Stern 61 Cygni und kam auf eine Parallaxe von 0,31 Bogensekunden. Daraus ergab sich eine Sterndistanz von 525 000 Astronomischen Einheiten oder 8,3 Lichtjahren. Bei Entfernungen von über 30 Parsek ist die Parallaxenmethode freilich unzuverlässig.

Jenseits der Reichweite der Parallaxe brauchen die Astronomen

»Standardkerzen«, das heißt Himmelsobjekte mit einer charakteristischen Helligkeit, deren Entfernungen sich mit einem benachbarten Objekt vergleichen lassen; hierbei bedient man sich der inversen quadratischen Beziehung zwischen der Helligkeit und der Entfernung. Das heißt: Wenn sich die Entfernung einer Lichtquelle verdoppelt, scheint ihre Helligkeit auf ein Viertel abzunehmen.
Die erste Sprosse auf der Entfernungsleiter bilden die Hyaden, ein Sternhaufen mit etwa 100 000 Mitgliedern. Jeder Haufen kann als eine Art statistisches Mittel der verschiedenen Sterntypen betrachtet werden, von Sternen, die entweder als Riesen oder als Zwerge auf der Hauptreihe ihren Wasserstoff verheizen. Die Farbe, die Leuchtkraft und die Temperatur eines Sterns hängen einzig und allein davon ab, wie er seinen Wasserstoff bei der Energieversorgung umsetzt. In einem Haufen von der Art der Hyaden haben nahezu sämtliche Sterne dasselbe Alter, obwohl sich ihre Massen erheblich unterscheiden. Trägt man die scheinbaren Helligkeiten der Hyadensterne gegen ihre Farbe auf, passen sie in das normale »Hertzsprung-Russell-Diagramm«; oder anders gesagt: Sie folgen der geschwungenen Linie der Hauptreihe in diesem Diagramm.
In einer Entfernung von 46 Parsek gibt es in den Hyaden einige helle Sterne, bei denen noch die Parallaxe bestimmt werden kann. Mit dieser Entfernung als Eichmarke lassen sich mehrere hundert Sterne auf der Hauptreihe des Haufens als kombinierte Standardkerze heranziehen. Wenn die scheinbaren Helligkeiten einer ähnlichen Sternansammlung in einem weiter entfernt stehenden Haufen gemessen werden, kann man feststellen, wie weit man die Hyadensterne hinausrücken müßte, um die entsprechenden Helligkeiten in Übereinstimmung zu bringen.
Die Sternhaufen enthalten häufig einen oder mehrere veränderliche Sterne einer Klasse namens »Cepheiden«, bei denen die Helligkeit mit der Präzision eines Uhrwerks variiert. Ein Cepheidenveränderlicher expandiert und kontrahiert wie eine Spiralfeder. Wenn er über seine durchschnittliche Größe hinausschießt, übernimmt die Schwerkraft die Kontrolle und bremst die Expansion. Wenn er in die Kompression zurückschwingt und durch seine Gleichgewichtsmarke hindurchläuft, schickt ihn der interne Druck in einer zurückprallenden Bewegung wieder nach außen. Während eines jeden Zyklus kühlt die Expansion die Oberfläche ab und verringert die Helligkeit; die nachfolgende Kompression heizt die Oberfläche auf und steigert die Abstrahlung.

Die Veränderlichkeit resultiert aus inneren Instabilitäten, die den Stern zu Pulsationen veranlassen und dafür sorgen, daß er in Perioden zwischen zwei und vierzig Tagen expandiert und kontrahiert. Der uns so vertraute Polarstern beispielsweise ist ein Cepheidenveränderlicher mit einer Periode von etwa vier Tagen. Die Cepheiden sind heißer und leuchtkräftiger als Rote Überriesen und haben während ihrer Maxima Durchmesser, die den Betrag von 200 Millionen Kilometer übertreffen können. Einige Cepheiden erreichen eine 10000fache Sonnenhelligkeit und können bis in extragalaktische Distanzen beobachtet werden.
Zu Beginn dieses Jahrhunderts führte Henrietta Swan Leavitt vom Harvard College Observatory Untersuchungen an Cepheidenveränderlichen in der Kleinen Magellanschen Wolke durch. Mehrere Jahrzehnte lang hatte die Außenstation der Sternwarte des Harvard College in den Bergen von Peru Photographien der beiden Magellanschen Wolken archiviert; diese Wolken waren zuerst von Mitgliedern der Besatzung Ferdinand Magellans bemerkt worden, als sie um Kap Hoorn herumsegelten. Man weiß von den Magellanschen Wolken, daß sie als Begleitgalaxien der Milchstraße zu betrachten sind und ungefähr 200000 Lichtjahre von uns entfernt stehen. Ihre Sterne befinden sich im Vergleich zu denjenigen der Milchstraße so weit weg, daß, näherungsweise, alle Cepheiden in der Kleinen Magellanschen Wolke als gleich weit von uns entfernt angesehen werden dürfen. Leavitt entdeckte insgesamt 1777 veränderliche Sterne, und hierunter befanden sich lediglich 17, die der Klasse der regelmäßig veränderlichen Delta-Cephei-Sterne zugeordnet werden konnten. Sie fand heraus, daß die lichtschwachen Cepheiden schneller und die helleren langsamer pulsieren. Die kürzeste Periode lag bei 1,25, die längste bei 127 Tagen. Die scheinbaren Helligkeiten ließen sich direkt auf absolute Größenklassen übertragen, und die Entfernungen ergaben sich ganz einfach aus der Messung der Periodendauer. Wenn man dann einen Cepheiden im Hyadenhaufen mit der Entfernung, die sich aufgrund der Hauptreihenhelligkeits-Methode ermitteln ließ, in Übereinstimmung brachte, bekamen die Astronomen endlich ihren Standardstern.
Wenn man einen Cepheidenveränderlichen entdeckt hat, beobachtet man ihn eine Woche oder länger, zeichnet die Helligkeitsveränderungen auf und ermittelt währenddessen den Rhythmus. Die Leuchtkraft wird einer Tabelle, in der die Perioden-Leucht-

Abbildung 87. Henrietta Swan Leavitt (1868–1921). Henrietta Swan Leavitt kam 1902 an die Sternwarte des Harvard College. Ihr wurde schon bald die Leitung der photographischen Photometrieabteilung übertragen, die sich um die genaue Bestimmung von Sternhelligkeiten zu kümmern hatte. Die Harvard-Plattenarchive enthielten Tausende von Himmelsaufnahmen und umfaßten auch Photographien der Magellanschen Wolken, die in Peru angefertigt worden waren. Sie suchte in den Wolken nach Veränderlichen Sternen und hatte 1908 schon 1777 derartige Objekte entdeckt. Hierunter befanden sich nur 17 Sterne mit den Variabilitätseigenschaften des Sterns Delta Cephei; an diesen stellte sie eine direkte Beziehung zwischen der Periode und der Leuchtkraft fest. Eine langsame Variabilität stand für eine größere Leuchtkraft, eine kürzere wies auf eine geringere Helligkeit hin. Der langsamste Veränderliche zeigte eine Periode von 127 Tagen, die kürzeste Periode dauerte nur 1,25 Tage. Sobald die Entfernung eines Veränderlichen bestimmt werden konnte, war es möglich, die scheinbaren Helligkeiten mit den absoluten Helligkeiten zu vergleichen und somit die Standardkerzen zu ermitteln, die auf den Beobachtungen der Perioden beruhten. Diese Beziehung gab den Astronomen ein wertvolles Werkzeug in die Hand, mit dessen Hilfe sich Sterndistanzen in der Milchstraße und in benachbarten Galaxien bestimmen ließen.

kraft-Beziehung eingetragen ist, entnommen. Diese wahre Helligkeit wird mit der scheinbaren Helligkeit des Sterns, so wie er mit dem Teleskop gesehen wird, verglichen und erscheint infolge der Distanz geschwächt. Wenn man nun das Gesetz des inversen Abstandsquadrats in Relation zur Helligkeit anwendet, ist es gar nicht schwierig, die Entfernung eines Sterns zu berechnen.

Die Cepheiden sind so hell, daß sie bis zu einer Entfernung von ungefähr 15 Millionen Lichtjahren ohne weiteres auch in benachbarten Galaxien beobachtet werden können. Als Hubble am Abend des 6. Oktober 1923 in der Andromedagalaxis einen Cepheiden fand, war er in der Lage, die Debatte zu entscheiden, die darüber entstanden war, ob dieser Nebelfleck nun innerhalb unserer Milchstraße steht oder eine externe »Welteninsel« darstellt. Die Distanz zum Andromedasystem betrug mehr als eine Million

Lichtjahre, er befand sich also weit jenseits der Grenzen der Milchstraße. Binnen kurzer Zeit entdeckte Hubble in anderen nahe stehenden Galaxien ein Dutzend Cepheiden und konnte nunmehr die Relation Entfernung/Rotverschiebung anwenden, um das Alter des Universums abzuschätzen. Das Ergebnis erwies sich als unangenehm niedrig, es handelte sich um etwas weniger als zwei Milliarden Jahre. Die Geologen waren zu jener Zeit in der Lage, aufgrund von auf der Radioaktivität bestehenden Datierungen zu beweisen, daß die Erde mehr als vier Milliarden Jahre alt ist. Erst 1952 löste Walter Baade auf dem Mount Palomar das Rätsel, als er entdeckte, daß es zwei verschiedene Arten von Cepheiden gibt, jede mit einer eigenen charakteristischen Helligkeit-Leuchtkraft-Beziehung. Baades neue Standardkerze macht das Universum deutlich älter als die Erde.
Doch auch die Cepheiden sind nicht immer hell genug, um noch in Galaxien gesehen werden zu können, die mehr als etwa 5 Megaparsek entfernt stehen. Die Supernovae dagegen sind so viel heller, daß sie bis zu Entfernungen beobachtet werden können, die einer zusätzlichen Größenklasse entsprechen. Die Idee, Supernovae als Standardkerzen heranzuziehen, würde ganz prächtig funktionieren, wenn alle Supernovae denselben Helligkeitsausbruch zeigen würden. Unglücklicherweise tun sie genau dies nicht. Allan Sandage von der Hale-Sternwarte glaubt, daß alle Supernovae des Typs I tatsächlich sehr gleichartige Lichtkurven beschreiben, daß sie also »gut eingestellte Bomben« sind, die beinahe identische Explosionen liefern. Andere Astrophysiker vertreten die Auffassung, daß das Spektrum der expandierenden Gashülle bei einer Supernovaexplosion einem Schwarzen Körper ähnelt, so daß man die Strahlungstemperatur heranziehen kann, um die wahre Helligkeit und damit die Entfernung des Sterns zu berechnen. Vorläufige Überprüfungen dieses Lösungsansatzes haben ermutigende Ergebnisse gebracht.
Vor kurzem ist ein rein geometrischer Ansatz für die Entfernungsbestimmung einer Supernova vorgeschlagen worden. Er wurde mit Erfolg durch eine Gruppe von Astronomen vom Harvard-Smithsonian Astrophysical Observatory, dem Max-Planck-Institut für Radioastronomie, dem Haystak Observatory und der National Science Foundation getestet. Die Blase explodierenden Materials einer Supernova bläht sich sehr rasch auf, und ihr Licht wird dementsprechend durch den Doppler-Effekt verschoben –

hieraus läßt sich die Expansionsgeschwindigkeit ableiten. Wenn der scheinbare Winkeldurchmesser unabhängig davon in erster Näherung ermittelt werden könnte, würden die Astronomen eine zuverlässige Entfernungsbestimmung zur Hand haben.
Diese Methode wurde bei dem Supernovaausbruch in der zum Virgohaufen gehörenden Galaxis M 100 angewandt. Der Winkeldurchmesser betrug weniger als ein millionstel Grad, doch die bemerkenswerte Genauigkeit einer mit sehr langen Basislinien ablaufenden Interferometrie (VLBI) machte die Untersuchung möglich. Die Entfernung der Supernova wurde auf 19 Millionen Parsek festgelegt und führte zu einer Hubble-Konstanten von ungefähr 65 km/sec pro Megaparsek; dies stimmt auf beruhigende Weise mit äußerst zuverlässigen Schätzungen überein, die auf Grund von anderen Methoden vorgenommen wurden.
Der schwerwiegendste Nachteil dieser neuen Methode liegt in den großen Zeiträumen zwischen den einzelnen Supernovae. Das Ereignis im System M 100 trug sich 1979 zu, und seitdem hat sich keine vergleichbare Gelegenheit mehr ergeben. Eine optimistische Schätzung prognostiziert etwa ein brauchbares Ereignis pro Jahr, somit sind die vergangenen paar Jahre vielleicht nur in statistischer Hinsicht so ereignislos geblieben.
Trotz aller Bemühungen der Nachfolger Hubbles - hier muß vor allem Allan Sandage erwähnt werden - blieb die Entfernungsskala in einem Zuverlässigkeitsbereich von lediglich 30%, wenn man zu den fernsten Regionen des Universums vordrang. Als die Quasare entdeckt wurden, dachte man, sie ließen sich als Standardkerzen für sehr große Distanzen verwenden, weil sie im Vergleich zu gewöhnlichen Galaxien so hell erscheinen. Diese Hoffnung hat sich nicht erfüllt, weil wir von der internen Evolution der Quasare so wenig verstehen und die kosmologischen Anzeichen von den immanenten Unterschieden nicht trennen können. Unser Kenntnisstand bezüglich der Entwicklung sogenannter normaler Galaxien ist weitaus besser. Könnten wir sie bis in die Epoche, während der sie sich aus dem intergalaktischen Gas gebildet haben, zurückverfolgen, würden wir beginnen, den Schleier von einigen der größten Geheimnisse des Universums zu ziehen. Das HST sollte uns diesem Ziel ganz entscheidend näher bringen.

Wie der Rekord bei der Rotverschiebung gebrochen wurde

Die größten zu Beginn des Jahres 1986 bekannten Rotverschiebungen bei Quasaren lagen bei etwa 3,8 (die Wellenlängen sind hier um 380% verschoben), und sie schienen die früheste Epoche der Entstehung dieser Objekte zu kennzeichnen. Im August 1986 stellten britische Astronomen mit dem 121-cm-Schmidt-Teleskop in Australien einen neuen Quasar-Entfernungsrekord auf, als sie eine Rotverschiebung von 4,01 entdeckten. Der Schlüssel für die Ortung eines Objekts in einer solch gewaltigen Entfernung ist die Wasserstoff-Lyman-Alpha-Linie in dessen Spektrum; in diesem Fall war sie von ihrer fernen ultravioletten Wellenlänge bei 1216 Ångström in den sichtbaren Spektralbereich, oder besser, ins nahe Infrarot verschoben. Die Arbeit der britischen Astronomen wurde durch ein neuartiges Instrument unterstützt, das den Namen »Automatic Plate Monitoring Facility« (APM; Automatisches Plattenüberwachungssystem) trägt und mit einer Laserabtastvorrichtung alle Informationen auf der infrarotempfindlichen Photoplatte durchsiebt; mit Hilfe eines Rechners identifiziert das APM die verschiedenen Objektklassen. Aus einem Feld mit ungefähr einer Viertelmillion sternartiger Objekte pickte das APM den stark rotverschobenen Quasar bei einer Wellenlänge von 6000 Ångström heraus. Seine Helligkeit lag bei 19,8 Größenklassen. Das Licht, das wir heute empfangen, wurde auf die Reise geschickt, als das Universum knapp 1% des gegenwärtigen Volumens besaß. Doch auch dieser Rekord ist inzwischen mehrere Male gebrochen worden. Im September 1987 gaben Astronomen der Universität Cambridge eine Marke von 4,43 bekannt. Normale Galaxien sind dadurch gekennzeichnet, daß sie etwa hundertmal schwächer sind als Quasare, und bis vor kurzem lagen die entferntesten Galaxien, die man beobachten konnte, bei Rotverschiebungen von knapp unterhalb 2. Hyron Spinrad und sein Schüler Stanislaus Djorgowski entdeckten 1986 eine Galaxis mit $z = 3{,}218$ (z steht für die Rotverschiebung). Das entspricht ungefähr einem Zehntel des Alters der Milchstraße. Man nimmt allgemein an, daß sich die Galaxien bei z-Werten von etwa 4 oder 5 gebildet haben. Spinrads Untersuchungen führen uns also in eine Zeit zurück, die nicht fern ist von jener, in der wir den Prozeß der Galaxienentstehung und vielleicht sogar deren Verbindung mit dem Sonderfall des Ursprungs der Quasare beobachten könnten. Die Größenklasse der

Galaxis Spinrads betrug lediglich 24,5; dies entspricht der Helligkeit einer Kerze in einer Entfernung von ungefähr 16000 Kilometern. Es nimmt somit nicht wunder, daß die Astronomen so große Hoffnungen auf das HST setzen.

Während sich die Suche beschleunigt, gibt es immer neue, aufregende Hinweise auf sehr junge, sich soeben bildende Galaxien bei Rotverschiebungen von größer als 6; sie bringen uns dem Zeitpunkt des Urknalls um über 95% näher. Diese Beobachtungen stammen von einer Arbeitsgruppe von Astronomen der Universität von Arizona unter der Leitung von George Rieke. Da die maßgeblichen kosmologischen Theorien besagten, daß die Epoche der Galaxienentstehung nicht früher als in einer der Rotverschiebung 5 entsprechenden Zeit begonnen haben dürfte, löste die Entdeckung größerer Rotverschiebungen eine nicht geringe Überraschung aus.

Die in Arizona tätigen Astronomen zogen aus neuartigen CCDs großer Wellenlänge Nutzen, einem CCD-Typ, wie er in Kapitel 2 in Zusammenhang mit der optischen Astronomie beschrieben wurde. Diese Instrumente waren eigentlich für militärische Zwekke entwickelt worden und wurden erst in jüngster Vergangenheit für zivile Anwendungen freigegeben. Statt den Himmel Punkt für Punkt abzutasten, kann man nun ein vollständiges Infrarotbild eines Himmelsausschnitts aufnehmen und dabei wie ein optischer Photograph vorgehen. George Rieke kommentiert: »Wenn ich diese Forschungsarbeit mit den Detektoren begonnen hätte, die vor 16 Jahren, als ich mit der Astronomie angefangen habe, zur Verfügung standen, hätte ich für ihren Abschluß buchstäblich die dem Alter des Universums entsprechende Zeit benötigt.«

Gravitation – der kosmische Klebstoff

> Alle Dinge ... sind verbunden, so daß Ihr nicht eine Blume anrühren könnt, ohne einen Stern zu stören.
>
> Francis Thompson,
> *Die Herrin der Vision* (1897)

Das Expansionsgesetz wird in der Sprache der Hubble-Konstante ausgedrückt, also in der Relation Geschwindigkeit pro Entfernungseinheit. Die hierfür gebräuchlichste Maßeinheit lautet Kilometer pro Sekunde pro Megaparsek. Im allgemeinen stimmt man heute darin überein, daß die Konstante irgendwo zwischen 50 und 100 liegen dürfte, doch um den Anforderungen der Kosmologen zu genügen, muß sie noch viel präziser festgelegt werden. Die Zeit, die seit dem Urknall, und damit dem Beginn der Expansion des Universums verstrichen ist, bildet den Kehrwert der Hubble-Konstante: zwischen 10 Milliarden Jahren für H = 100 km/sek/Mpc und 20 Milliarden Jahren für H = 50 km/sec/Mpc. Der untere Wert des Weltalters liegt unangenehm nahe an den besten Schätzungen für das Alter der ältesten Sterne und Galaxien. Nach Hubble fällt das Weltalter immer ein wenig zu groß aus, denn die Gravitation muß im Lauf der Zeit die Expansion abbremsen, so daß H im Vergleich zu früheren Zeiten heute kleiner ist. In welchem Maße sich die Expansion verlangsamt, hängt mit der Gesamtmasse des Universums zusammen. Je größer diese Masse ist, desto stärker wird der hemmende Einfluß der Gravitation auf die Ausdehnungsbewegung. Jedes Masseteilchen im Weltall wirkt auf jedes andere Partikel ein und hält damit das Universum zusammen.

Die Krümmung des Universums hängt einzig von seiner Dichte ab. Es gibt eine kritische Dichte bei ungefähr 10^{-29} g/cm^3 (etwa drei Wasserstoffatome pro Kubikzentimeter), die ein ebenes Universum definiert, das nur ganz knapp dem Zusammenbruch entgehen kann und in die Ewigkeit ausläuft. Eine höhere Dichte führt zu einem geschlossenen Universum; eine geringere Dichte hat ein schnell expandierendes, offenes Universum zur Folge. Das Verhältnis der Energiedichte des Universums zur kritischen Dichte ist die Größe, die die Kosmologen mit dem griechischen Buchstaben Omega (Ω) kennzeichnen. Sollte $\Omega = 1$ sein, ist das Universum eben; $\Omega > 1$ steht für ein geschlossenes Universum, und $\Omega < 1$ beschreibt ein offenes Universum. Alle sichtbaren Sterne in sämtlichen Galaxien summieren sich nur zu einem kleinen Teil – weniger als 10% – der kritischen Masse des Universums. Zur Zeit wird von den Astronomen eine intensive Suchaktion durchgeführt, um den Anteil der unsichtbaren Materie abzuschätzen, so daß ein genaueres Masse-Budget des Universums erstellt und auf diese Weise der Schlüssel für seine Form gefunden werden kann: geschlossen, offen oder eben.

Robert H. Dicke und P. James E. Peebles von der Universität

Princeton schlugen 1979 etwas vor, was unter dem Namen »Flatness Theorem« (Lehrsatz von der ebenen Beschaffenheit) bekanntgeworden ist. Sie zeigten auf, daß der Unterschied in Abhängigkeit von der Zeit unerbittlich anwachsen würde, wenn Omega unmittelbar nach dem Urknall um einen noch so geringen Betrag von 1 abgewichen wäre. Wenn das Universum nicht gleich zu Beginn beinahe perfekt eben gewesen wäre, hätte es unverzüglich wieder in sich zusammenstürzen müssen, oder es hätte sich viel zu schnell aufgebläht, ohne den Galaxien und Sternen eine Chance zu geben, sich zu bilden. Angesichts der momentanen Beweislage könnte Omega alle Werte von 0,1 bis 2 aufweisen. Damit es sich wenigstens auf diesen Bereich eingrenzen läßt, muß sich Omega eine Sekunde nach dem Urknall innerhalb einer Toleranz von höchstens 1:1000 Billionen in der Nähe des Betrags 1 bewegt haben. Wäre Omega von Anfang an exakt gleich 1 gewesen, würde es für alle Zeiten gleich 1 bleiben.

Wenn die Astronomen über die Größe des Weltalls sprechen, meinen sie damit das »beobachtbare Universum«. Wenn das Alter des Universums etwa 15 Milliarden Jahre beträgt, kann das älteste Licht, das unsere Fernrohre erreicht, nicht weiter als 15 Milliarden Lichtjahre gereist sein. Dies ist die Entfernung des Randes des beobachtbaren Universums, und es ist völlig gleichgültig, wie groß unsere Fernrohre sind und ob das Universum unendlich ist oder nicht. Ein Rand des Weltalls existiert deshalb in zeitlicher Hinsicht, wenn es ihn schon in räumlicher Hinsicht nicht geben sollte. Wenn wir direkt bis zum Rand sehen könnten, wären wir Zeugen der Geburt des Universums. Die Standardtheorie des Urknalls nimmt zwischen der Zeit, in der die Expansion des Universums begann, und dem Moment, in dem die Galaxien mit ihren leuchtenden Sternen zu entstehen anfangen, ein Zeitintervall an. Vor der Ankunft des Sternenlichts war das Universum – mit Ausnahme des vom Urknall herrührenden Lichtblitzes und dessen Nachglühen – finster. Die Theorie vermag den Zeitraum der Dunkelheit nur sehr grob zu bestimmen: zwischen 10 Millionen und 2 Milliarden Jahren. Sollten die ersten Sterne und Quasare vor 15 Milliarden Jahren erschienen sein, liegt die Grenze des sichtbaren Universums bei 15 Milliarden Lichtjahren. Blickt man noch weiter hinaus, sieht man nur noch Dunkelheit, denn in den frühesten Zeiten gab es noch nichts Sichtbares.

Das unendliche Universum

Die klassischen Gelehrten mühten sich mit einer Theorie der Grenzen des Weltalls ab. Im ersten Jahrhundert v. Chr. argumentierte der römische Dichter Lukrez folgendermaßen:

Wenn augenblicklich das gesamte existierende Weltall für begrenzt gehalten wird und wenn man annimmt, ein Mann gehe hinaus zu dessen Grenzen und stehe am äußersten Rand und werfe einen geflügelten Speer, ziehst du es dann vor, daß nämlicher, wenn er mit heftiger Wucht geschleudert wird, an den Ort eilt, zu dem er geschickt wurde, und daß er eine Strecke weit fliegt, oder entscheidest du dich dafür, daß sich ihm etwas in den Weg zu stellen vermag und ihn aufhält?

Denn du mußt einen der beiden Vorschläge zulassen und dir zu eigen machen; alle beide gestatten keine Ausflucht und zwingen dich zuzugestehen, daß das Universum kein Ende hat. Denn ob es irgend etwas gibt, das sich ihm in den Weg stellt und ihn daran hindert, an den Ort zu gelangen, zu dem er gesandt wurde, und dort niederzugehen, oder ob er weitergetragen wird - in beiden Fällen hat der Flug seinen Anfang nicht am Ende genommen. In der Art möchte ich fortfahren, und ich werde, wo auch immer du die äußeren Grenzen ziehen magst, fragen, was wohl aus dem Speer wird. Das Ergebnis wird sein, daß ein Ende nirgendwo festgelegt werden kann, und daß der Raum, welcher dem Flug gegeben ist, diesen verlängert.

Über die Natur der Dinge (50 v. Chr.)

Das dunkle Universum der unsichtbaren Materie

Im Jahr 1974 versuchten vier Vertreter der jüngeren Astronomiegeneration, J. Richard Gott und James Gunn vom Caltech sowie David Schramm und Beatrice Tinsley von der Universität von Texas, die Theorie eines offenen Universums durchzusetzen. Sie gingen den einschlägigen Hinweisen in allen greifbaren Veröffentlichungen nach. Als sie die gesamte sichtbare Masse des Universums aufaddiert hatten, erreichte diese nur Werte zwischen 0,01 und 0,1 der für eine Schließung des Weltalls erforderlichen Dichte. Voller Zuversicht kamen sie zu dem Schluß, daß das Beweismaterial für ein Universum, das sich in ewiger Expansion befindet, erdrückend sei. Damit war die Kontroverse jedoch keineswegs beendet. Vielmehr gingen fast alle nachfolgenden Beobachtungen und theoretischen Überlegungen von der Annahme aus, das Weltall sei eben (Omega = 1). Wir werden später in diesem Kapitel untersuchen, warum heute so viele Theoretiker die Auffassung vertreten, daß das Universum eben ist, und warum etliche Astronomen nach einem Beweis für die Existenz dunkler Materie fahnden, von der sie glauben, das Universum bestünde zu 90% aus ihr.

Zu Beginn des Jahrhunderts dachten die Astronomen, die Verteilung des Lichts würde entschleiern, wo sich die Masse im Universum aufhält. Heute hegen wir den Verdacht, daß nur ein paar Prozent der Masse im Weltall auf irgendwelchen Wellenlängen Strahlung aussenden, die dann von der Erdoberfläche oder vom Raum aus geortet werden kann. Die unsichtbare Materie könnte in Form von extrem kleinen, lichtschwachen Sternen, von jupiterähnlichen Planeten, Schwarzen Löchern, Neutrinos oder neuartigen, hypothetischen Partikeln wie Photinos, Axionen und Gravitonen, von denen bis jetzt nicht eines nachgewiesen werden konnte, existieren.

Die in Haufen angeordneten Galaxien schwärmen infolge der zwischen allen Haufenmitgliedern wirkenden Anziehungskräfte um ein gemeinsames Gravitationszentrum herum. Wäre es anders, würden sich die Haufen zerstreuen. Doch vor beinahe fünfzig Jahren beobachteten Fritz Zwicky und Sinclair Smith vom Caltech, daß die Relativgeschwindigkeiten einzelner Galaxien innerhalb eines großen Haufens nicht in das simple Konzept einer gravitationsbedingten Verknüpfung paßten. Die einzelnen Mitglieder bewegten sich so schnell dahin, daß sie eigentlich hätten auseinanderfliegen und damit zu einer Auflösung des Haufens beitragen müssen. Zwicky und Smith folgerten, daß im Inneren des Haufens mehr dunkle Materie enthalten sein muß als die in den sichtbaren Sternen gebundene Masse - eine *missing mass* (»fehlende Masse«), wie sie von Zwicky genannt wurde.

Seit der Pionierarbeit Zwickys und Smiths sind andere Astronomen ihrem Vorbild gefolgt und haben nach gravitationsbezogenen Hinweisen für nichtleuchtende Masse in Spiralgalaxien, Galaxienpaaren und Galaxienhaufen gesucht. Alle Befunde deuten auf einen großen Bestand einer allgegenwärtigen, unsichtbaren Masse hin. In den vergangenen Jahren haben sorgfältige Untersuchungen der Rotation der Riesenspirale in der Andromeda und anderen Galaxien einen ganz klaren Beweis dafür geliefert, daß es weit jenseits der sichtbaren äußeren Begrenzungen umfangreiche Vorkommen einer dunklen Masse gibt.

Im Sonnensystem, wo die Planeten von der Anziehungskraft der Sonne auf ihren Umlaufbahnen gehalten werden, nehmen die Umlaufgeschwindigkeiten nach außen hin gemäß dem Kehrwert des radialen Abstandsquadrats ab. Der der Sonne am nächsten befindliche Planet, der Merkur, rast um diese mit 173 000 km/h dahin. Dieses Verhalten leitet sich ganz einfach vom Gleichgewicht der Newtonschen Gravitation mit der Zentrifugalkraft ab, die zuerst in den Keplerschen Gesetzen der Planetenbewegung ihren Ausdruck gefunden hatte. In der Spiralgalaxis paradieren die Sterne, das Gas und die Staubwolken gemäß den gleichen Gesetzen um das galaktische Zentrum herum. Bei jeder beliebigen Entfernung zum Zentrum übt die gesamte innerhalb des Radius der entsprechenden Umlaufbahn befindliche Masse ihre Anziehungskraft so aus, als wäre sie im Zentrum vereinigt. Die Masse, die außerhalb der Umlaufbahn des Partikels bleibt, löst keinen Effekt aus. Die optische Helligkeit einer Galaxis nimmt zum Kern hin normalerweise stark zu und verringert sich mit der radialen Distanz sehr rasch. Vor zehn Jahren fand man zur allgemeinen Überraschung heraus, daß die Masse nicht in derselben Weise verteilt ist wie die Leuchtkraft. Die weiter vom Zentrum entfernten Sterne wiesen keine geringeren Keplerschen Geschwindigkeiten auf. Bis vor ein paar Jahren war es außerordentlich schwierig, in den Außenregionen von Galaxien Geschwindigkeiten zu messen, um das Rotationsverhalten bei größeren Radialabständen zu bestimmen. Als man im Andromedasystem Radiomessungen am neutralen Wasserstoff durchführte, zeigte die Rotationskurve an der Stelle, an der man auf Grund des optischen Augenscheins den Rand der Galaxis vermutet, keine abnehmende Tendenz. Das nahe der äußeren Begrenzung rotierende Gas bewegte sich beinahe genauso schnell wie das in unmittelbarer Nachbarschaft des Kerns kreisende. Dieses Verhalten läßt sich nur dann verstehen, wenn in den fernen Abgründen irgendeines unsichtbaren Halos, der die sichtbare Galaxis umfängt, erhebliche Massen verborgen sind.

Vera Rubin und ihre Kollegen von der Carnegie Institution begannen um 1977 mit einer systematischen Studie über die Rotation von Galaxien und bedienten sich dabei der Messung von stellaren Doppler-Geschwindigkeiten. Sie verwendeten die modernsten, hochauflösenden spektrographischen und elektronischen Bildverarbeitungstechniken und große Teleskope. Wenn man eine rotierende Spiralgalaxis bezogen auf die Sichtlinie von der Kante her betrachtet, nähern sich die Sterne der einen Seite an, und ihre Doppler-Verschiebung weist in den blauen Bereich; an der gegenüberliegenden Seite eilen die Sterne davon und erscheinen infolge des Doppler-Effekts rotverschoben. Die Analyse der an mehr als 60 Galaxien durchgeführten Beobachtungen lieferte den erdrükkenden Beweis dafür, daß die Rotationskurven nahezu flach sind oder bis zu den sichtbaren Begrenzungen einer Galaxis ansteigen. Die unausweichliche Konsequenz besteht darin, daß die galaktische Masse der Lichtverteilung einer Galaxis nicht Folge leistet.

Um dieses Verhalten zu erklären, sind die Astronomen allgemein zu der Auffassung gelangt, daß jede Spiralgalaxis vollständig in eine sphärische Wolke oder in einen Halo unsichtbarer Masse eingehüllt ist. Die Theoretiker weisen mit Nachdruck darauf hin, daß eine flache Scheibe dynamisch nicht stabil bleiben und auseinanderbrechen würde, wenn es nicht den kräftigen gravitativen Einfluß eines massereichen Halos gäbe. Dieses ausgedehnte Volumen einer dunklen Masse hält die Umlaufgeschwindigkeit weit über die scheinbare Grenze der sichtbaren Galaxis hinaus konstant. Die hübsche Spiralform der Galaxis ist nur das Gerippe, an dem der umgebende geisterhafte Halo aufgehängt ist.

Leicht spöttisch erklärt Vera Rubin, daß sich in der Astrophysik alles um die Quasare drehte, als sie sich zu Beginn der sechziger Jahre dafür entschied, die Rotationskurven der Galaxien zu untersuchen. Sie erinnert sich, daß »ich mich mit einem Problem befassen wollte, bei dem mir niemand auf die Nerven gehen konnte«. Ihr vermeintlich so ruhiges Studiengebiet, die Suche nach dunkler Materie, hat sich mittlerweile als einer der aktuellsten Problembereiche der Kosmologie erwiesen.

Es gibt noch keine Übereinstimmung darüber, was die dunkle Materie eigentlich ist oder sein könnte. Theorien, die sich mit kalter Dunkelmaterie befassen, haben enge Verbindungen zwischen der Kosmologie und der Teilchenphysik geknüpft. Immer dann, wenn sich die Kosmologen dazu gezwungen sahen, irgendeine Form von Dunkelmaterie zu postulieren, betrachteten die Physiker es als notwendig, sich innerhalb des Gerüsts der GUT aller physikalischen Kräfte neue, exotische Teilchen auszudenken. Eine Reihe dieser hypothetischen Teilchen könnte auf plausible Weise den kosmologischen Bedarf an dunkler Materie dekken. Betrüblicherweise aber sind die neuen Partikel nur theoretische Konstrukte, und direkte Entdeckungen sind noch nicht gemacht worden. Die Tatsache freilich, daß diese Teilchen von den Physikern unabhängig von der kosmologischen Theorie postuliert wurden, gibt zu einer gewissen Hoffnung Anlaß. Aus uns unzugänglichen Gründen scheinen sie Eigenschaften zu besitzen, die mit den Vorstellungen von Dunkelmaterie und deren Verhalten gut zusammenpassen.

Was ist Dunkelmaterie?

Zu den hypothetischen Quellen der unsichtbaren Materie gehören viele Kandidaten aus dem Bereich der neuen Physik ebenso wie Variationen des Themas »Schwarze Löcher«. Schwarze Löcher vom Ausmaß einer Sonnenmasse entstehen aus sterbenden Sternen. Haben sie sich einmal gebildet, können sie nie mehr verschwinden, sondern nur noch größer werden. Ihre Anzahl kann die sämtlicher Supernovae - eine Phase, die wiederum nur ein winziger Bruchteil aller Sterne durchmacht -, die sich seit der Entstehung der Galaxien ereignet haben, nicht übersteigen. Während der chaotischen Zustände in den ersten Augenblicken nach dem Urknall könnten jedoch extreme Druckverhältnisse urzeitliche Materie zu allgegenwärtigen »Baby Black Holes« zusammengequetscht haben.

Vom Urknall herrührende Neutrinos und Antineutrinos treten theoretisch gesehen genauso zahlreich auf wie die Lichtphotonen, die eine milliardemal zahlreicher sind als die Kernbausteine der Materie. Sie erfüllen das gesamte Universum. Sollte jedes Neutrino auch nur ein Fünfzigtausendstel der Elektronenmasse aufweisen, so würde ihr Gesamtbeitrag zu Omega dessen Wert auf mindestens 1 bringen. Die Neutrinos wären besonders effektiv in bezug auf den Zusammenhalt der Galaxienhaufen, was jedoch nicht für die einzelnen Galaxien selbst gilt. Obwohl viele Jahre lang in den Laboratorien große Anstrengungen unternommen wurden, um die Frage zu klären, ob die Neutrinos nun eine Masse haben oder nicht, wird nur von sowjetischen Wissenschaftlern Anspruch auf ein positives Ergebnis erhoben, doch der Befund bleibt kontrovers.

Die »Supersymmetrie« bildet ein theoretisches Gerüst, in dem jedes bekannte Teilchen einen zu ihm passenden, supersymmetrischen Partner hat, der ihm, abgesehen vom Spin, in nahezu jeder Hinsicht ähnlich ist. Diese Partikel könnten mit normaler Materie in genau derselben Weise in Wechselwirkung treten, wie dies für schwere Neutrinos postuliert worden ist. Die »Photinos« hat man sich als die supersymmetrischen Partner der Lichtphotonen gedacht, doch sie würden aufgrund der Schwachen Kernkraft und der Gravitation nur in äußerst geringe Wechselwirkungen mit der Materie treten. Die Theoretiker halten es für denkbar, daß Photinos mit der Masse eines Protons oder bis zum Fünfzigfachen dieses Betrags in einem Maß vorhanden sein könnten, daß sich damit das Universum schließen würde. Physiker am CERN-Teilchenbeschleuniger in Genf behaupten, sie hätten ein paar Hinweise auf die Existenz von Photinos gefunden.

Laut der modernen Theorie einer Supergravitation werden Fluktuationen im Gravitationsfeld von Teilchen vermittelt, die man »Gravitinos« nennt, die beinahe mit Lichtgeschwindigkeit dahineilen und dabei eine kleine Masse aufweisen.

Die Theorie der »Axionen« wurde von dem amerikanischen Physiker Frank Wilczek aufgestellt, der damit ein mathematisches Problem im Zusammenhang mit den Quarks umgehen wollte. Sie sollten weniger als ein Millionstel der Elektronenmasse wiegen und sich bereitwillig in den Galaxien zusammenklumpen.

Die kosmischen Strings sind theoretisch als dünne Schläuche aus Raumzeit anzusehen - Risse, die noch aus der frühesten Epoche des Universums stammen. Ihr Durchmesser ist kleiner als der eines Elementarteilchens, doch sie können sich im Kosmos über Millionen von Lichtjahren verknäueln und dahinwinden; sie wiegen an die 10^7 Sonnenmassen pro Lichtjahr. Ihre gravitative Anziehungskraft müßte ungeheuer sein; Galaxien, Haufen und Superhaufen könnten entlang eines Strings gedeihen. (In Kapitel 7 wurde bereits die mögliche Funktion der Strings als Gravitationslinsen erörtert.)

Photinos, Axionen und Gravitinos werden zusammenfassend als Weakly Interactive Massive Particles (WIMPS; »in geringem Maß zu Wechselwirkungen mit einer Masse bereite Teilchen«) bezeichnet. Qualifiziert sie ein solcher Name für die Herrschaft über das Universum? Sie sind für jedes heutzutage verfügbare Instrument unauffindbar, obwohl momentan einige höchst ausgeklügelte Geräte gebaut werden. Solange die WIMPS nicht experimentell nachgewiesen sind, bleiben sie im Bereich wilder Spekulationen.

Steady-State-Kosmologie und kontinuierliche Schöpfung

Am Ende des Zweiten Weltkriegs war die Kosmologie, bedingt durch das Fehlen guter beobachterischer Belege, zum größten Teil eine rein spekulative Angelegenheit. Gewiß, 1946 verschrieben sich George Gamow, Ralph Alpher und Robert Herman dem Entwurf eines »Urknall-Universums«, das aus einem urzeitlichen Feuerball hervorgegangen war, und sie machten sich daran, seine Temperatur, Entwicklung und Elementsynthese zu berechnen. Doch zahlreiche Forscher wurden immer noch von den widersprüchlichen Schätzungen bezüglich des Weltalters verwirrt, die einerseits auf den frühen, auf die Expansionsrate gerichteten Beobachtungen Hubbles und andererseits auf dem Alter der Erde, wie es die Geophysiker berechnet hatten, beruhten. Die Elementarteilchenphysik befand sich mehr oder weniger noch auf Grundschulniveau und schickte sich gerade an, die Kernphysik der stellaren Energie zu erklären. Es fiel äußerst schwer, ein Modell der Physik der Extrembedingungen von Temperatur und Dichte zum Zeitpunkt des Urknalls zu entwerfen.
Hermann Bondi, Thomas Gold und Fred Hoyle, die mit der Entwicklung von Technologien befaßt waren, die mit den britischen Kriegsanstrengungen in Zusammenhang standen, konnten sich nun der Forschung zuwenden. Im Jahr 1948 schlugen sie für die Kosmologie einen kühnen, neuartigen Lösungsansatz vor, indem sie ein Steady-State-Universum postulierten, das keinen Anfang und kein Ende hatte und trotzdem mit der als gegeben anzusehenden universellen Expansion in Einklang stand. Aus dem Nichts heraus sollte sich fortwährend neue Materie bilden, um den für die Expansion nötigen Druck zu liefern und die

konstante universelle Dichte zu wahren. Dafür hätte bereits ein Wasserstoffatom pro Jahr innerhalb eines Volums, das der Größe eines modernen Wolkenkratzers entspricht, genügt. Während die Galaxien auseinanderstrebten, würden neue Milchstraßen den leeren Raum auffüllen – das Universum würde bis in alle Ewigkeit gleich aussehen.

Obwohl die kontinuierliche-Steady-State-Schöpfungs-Kosmologie viele Anhänger gewinnen konnte, war sie doch innerhalb einer Dekade dem Untergang geweiht. Hoyle hegte gegenüber der Urknall-Schöpfung einen philosophischen Widerwillen und versuchte standhaft, das Konzept einer kontinuierlichen Schöpfung zu verteidigen. Ich erinnere mich, daß ich 1959 die Gelegenheit hatte, Hoyle in Cambridge zu besuchen und mit ihm eher vage beobachterische Hinweise auf eine kosmische Röntgenhintergrundstrahlung zu erörtern. Zu jener Zeit war das Steady-State-Modell insofern modifiziert worden, als es nunmehr die Erschaffung von Neutronen erforderte. Mit einer Halbwertszeit von etwa 1000 Sekunden würden die Neutronen zu Protonen und Elektronen zerfallen. Dieser Auflösungsprozeß würde den Partikeln sehr hohe Energien vermitteln und ausreichen, die Temperatur des intergalaktischen Mediums auf Hunderte von Millionen Grad zu steigern. Solch ein kosmisches Hochtemperaturplasma würde in dem Spektralbereich, den wir mit unseren NRL-Raketen beobachtet hatten, einen Hintergrund von Röntgenstrahlung emittieren. Voller Begeisterung stürzte sich Hoyle auf den Vergleich zwischen dem gemessenen Röntgenfluß und der Vorhersage seines Steady-State-Modells, doch zu seiner Enttäuschung waren die Röntgenstrahlen um den Faktor 100 zu schwach, um seine Theorie zu stützen.

Bald schon ergaben Untersuchungen an Radiogalaxien und Quasaren äußerst beweiskräftige Hinweise auf ein evolutionäres, sich veränderndes Universum. 1961 schlossen Martin Ryle und seine Kollegen an der Universität Cambridge eine Durchmusterung von Radioquellen ab, die bis zu acht Milliarden Lichtjahre weit entfernt standen. Sie fanden heraus, daß die Dichte der schwachen Quellen während der früheren Epoche des Universums höher gewesen war. Das Ergebnis der Auszählung der Quellen ließ auf eine evolutionäre Entwicklung des Universums der Radiogalaxien schließen.

Dennis Sciama und Martin Rees, beide ebenfalls von der Universität Cambridge, verglichen im Jahr 1966 Quasare mit starker und geringerer Rotverschiebung. Sie fanden bei größeren Distanzen einen Überschuß an Quasaren, was auf eine schnellere Evolution dieser Quasare im sehr jungen Universum hindeutete. Den letzten Nagel zum Sarg der Steady-State-Theorie bildeten die Entdekkung der kosmischen Mikrowellenhintergrundstrahlung und die nahezu perfekte Übereinstimmung des Spektrums mit der Prophezeiung einer vom Urknall zurückgebliebenen Reststrahlung.

Der »Standard-Urknall«

> Wo alles, was sein mußte, in allem war, was war,
> Wirbelte für Millionen Äonen durch die unendlichen Weiten
> Vergebliche Dämmerung verschwenderisch strudelnden Lichts -
>
> Alfred Lord Tennyson,
> *De Profundis* (1852)

Nach der maßgeblichen Urknalltheorie war das Universum zu Beginn der Zeit unendlich heiß und unendlich klein, eine mathematisch nicht mehr zu beschreibende physikalische Singularität. Man zog in Betracht, daß sich der Schöpfungsakt außerhalb der physikalischen Schranken vollzogen hatte; dies galt in noch stärkerem Maß für die Frage, was dem Urknall vorangegangen sei. Der heilige Augustinus fragte einst: »Was hat Gott gemacht, bevor er Himmel und Erde schuf?« Und er gab selbst die Antwort: »Gott bereitete eine Hölle für all jene, die solche Dinge erforschen.« Die Standard-Urknalltheorie befaßt sich einzig mit der Geschichte dessen, was auf die Erschaffung des am Anfang der Zeit stehenden Feuerballs folgte. Die Theoretiker von heute lassen sich jedoch durch die Warnung des heiligen Augustinus nicht schrecken. Sie scheuen sich nicht, Spekulationen darüber anzustellen, wie die Natur der Dinge vor dem Losbrechen der Explosion der Raumzeit hätte beschaffen sein können, und sie versu- chen, die ersten 10^{-35} Sekunden mit der neuesten von den Physikern erdachten GUT aller physikalischen Kräfte zu verbinden. Im Kapitel 1 haben wir die Entwicklung des Urknalls ausgehend von einem Punkt mit einer Temperatur von ungefähr 100 Billionen Grad skizziert. In

diesem Inferno steckte die gesamte Materie und Photonenenergie des Weltalls. Die Kollisionen und nuklearen Reaktionen gingen so rasch und heftig vor sich, daß jeder elementare Bestandteil der Materie in einem Bad hochenergetischer Strahlung immer und immer wieder neu geschaffen und umgearbeitet wurde. Innerhalb weniger Minuten sank die Temperatur unter eine Billion Grad. Der Energieinhalt der nuklearen Zusammenstöße nahm ab, und die Materie kam in normaleren, vertrauteren Formen zur Ruhe. Aus dem chaotischen Gemetzel ging ein Plasma aus Protonen, Elektronen und Strahlungsphotonen hervor. Im Lauf der nun folgenden paar hunderttausend Jahre bestand das Universum aus einer Melange schneller Teilchen und Photonen, die innerhalb des expandierenden Glutballs überall herumrasten. Die Durchschnittsdichte der Elektronen und Protonen war so hoch, daß die Strahlung höchst wirksam gefangen blieb. So schnell, wie die Photonen emittiert wurden, so schnell wurden sie wieder absorbiert oder gestreut, so daß trotz aller internen Frei- setzung von Lichtstrahlung das Universum undurchsichtig war. Strahlung und Materie waren so eng miteinander »gekoppelt«, daß kein Licht zu entrinnen vermochte.
Während die Expansion andauerte, ging die Temperatur des Universums auf 3000° K zurück. Die Protonen konnten sich nun an die kollidierenden Elektronen klammern, um neutrale Wasserstoffatome zu formen. Unvermittelt wurde das neue Universum des neutralen Gases transparent. Die Strahlung »entkoppelte« sich von der Materie und flutete ungehindert nach außen. Der Weltraum begann überall in einem rötlichen Schimmer zu leuchten. Im Lauf der Zeit verloren die Photonen infolge der Doppler-Rotverschiebung stetig Energie. Vollkommen gleichgültig, an welchem Ort im Universum ein hypothetischer Beobachter gestanden hätte, er wäre von Strahlung aus einem Teil des Kosmos erreicht worden, der in einer Fluchtbewegung begriffen war. Genauso ist es ja heute noch, denn wir sehen die Galaxien und Quasare im expandierenden Universum davoneilen. Die Wellenlänge des Lichts hat sich inzwischen ins Mikrowellenspektrum hinein gedehnt und ist durch eine Temperatur von 2,7° K gekennzeichnet. Es erscheint in sämtlichen Richtungen beinahe perfekt gleichförmig, das heißt »isotrop«. Es bildet das älteste Strahlungssignal aus dem frühen Weltall und geht sogar dem Licht der entferntesten Quasare voraus. Das Mikrowellen-Überbleibsel des Urknalls ist

Abbildung 88. George Gamow (1904–1969). George Gamow wurde in Odessa (UdSSR) geboren und promovierte 1928 an der Universität Leningrad. Unmittelbar danach begann er mit führenden europäischen Physikern (Niels Bohr und Ernest Rutherford) zusammenzuarbeiten. Er entdeckte den »Tunneleffekt«, der aufzeigte, wie Atomkerne durch den Beschuß von Teilchen gespalten werden können, deren Energie weit unter den Bindungsenergien innerhalb dieser Atomkerne liegt. John D. Cockroft und E.T.S. Walton ließen sich von der Theorie Gamows leiten und setzten einen 800-Kilovolt-Teilchenbeschleuniger im Labor von Rutherford ein, um die erste künstliche Spaltung eines Atoms (Lithium) herbeizuführen. Nach seiner Rückkehr in die Sowjetunion wurde die Reisefreiheit Gamows gravierend beschnitten. Er versuchte, mit seiner Frau das Land für immer zu verlassen, und sie brachen während eines Urlaubsaufenthalts in Odessa mit einem Gummiboot auf, um das Schwarze Meer in Richtung Türkei zu überqueren. Ein Sturm trieb sie zurück und spülte sie unweit von Odessa ans Ufer. Im Jahr 1933, als sie an der Solvay-Konferenz in Brüssel teilnahmen, setzten sie sich ab. Seine produktivsten Jahre in den Vereinigten Staaten verbrachte Gamow an der George-Washington-Universität. Gamow vertrat als einer der ersten das Konzept des Urknalls, und er machte sich mit zwei Studenten, Ralph A. Alpher und Robert Herman, daran, eine Theorie der frühzeitlichen Nukleosynthese aller Elemente auszuarbeiten. Diese Bemühungen scheiterten, doch Alpher und Herman erkannten schon früh, daß eine Mikrowellenhintergrundreststrahlung den Urknall überdauert haben mußte. Ihre Berechnungen, die auf einen 5° K-Hintergrund hinausliefen, kamen der zutreffenden Temperatur, die 17 Jahre später von Penzias und Wilson gemessen wurde, bemerkenswert nahe.

im wahrsten Sinn des Wortes als kosmische Hintergrundstrahlung anzusehen.

Ein überzeugender Beleg für den Zusammenhang zwischen der Hintergrundstrahlung und dem Urknall ist deren Übereinstimmung mit dem Strahlungsverhalten eines Schwarzen Körpers. (Die Strahlung, die von einem perfekten Strahler emittiert wird, trägt den Namen »Schwarzkörperstrahlung« und zeigt eine gleichförmige spektrale Gestalt. Die Intensität nimmt zunächst von den größeren Wellenlängen zu den kürzeren hin langsam zu. Nach dem Erreichen eines Maximalwerts bei einer charakteristi-

Abbildung 89. Fred Hoyle (*1915). Im Jahr 1948 veröffentlichten die britischen Astrophysiker Hermann Bondi und Thomas Gold ihre Theorie eines Steady-State-Universums beziehungsweise eines »Weltalls der kontinuierlichen Schöpfung«. Ihre Prämisse lautete, daß das Universum in zeitlicher Hinsicht homogen sein müsse, wenn es im Hinblick auf den Raum homogen ist; weiterhin postulierten sie, daß das Universum in der Vergangenheit genauso ausgesehen haben müsse wie heute und daß dies auch für das zukünftige Weltall zutreffe. Ihre Theorie beruhte zum größten Teil auf Intuition. Ungefähr zu selben Zeit hatte sich Fred Hoyle angeschickt, eine streng mathematische Theorie eines Steady-State-Universums zu entwickeln, die sich in Übereinstimmung mit der Allgemeinen Relativitätstheorie Einsteins befand. Er kam zu dem später widerlegten Ergebnis, daß sich die Entstehungsrate neuer Materie und die Expansionsrate gegenseitig steuern, um eine konstante mittlere Dichte im Weltall aufrechtzuerhalten. Die Erschaffung örtlicher Materie wurde mit der Expansionsenergie des gesamten Universums in Beziehung gebracht. Hoyle prägte den Begriff »Urknall« in spöttischer Absicht. Später zeigten er und R.J. Tayler aufgrund theoretischer Überlegungen, daß der große Heliumüberschuß im gegenwärtigen Universum nicht nur in den Sternen erzeugt worden sein kann, sondern in einem Urknall entstanden ist. Bemerkenswerterweise hat sich Hoyle diese Beweisführung zu eigen gemacht, obwohl sie im Widerspruch zu seinem Steady-State-Modell des Universums steht.

Im Jahr 1957 legte Hoyle zusammen mit E. Margaret Burbidge, Geoffrey Burbidge und William A. Fowler eine Erklärung vor, die die Existenz der Elemente begründet, die schwerer sind als das Helium und das Lithium, das in einem Urknall entstanden ist, und die infolge der Prozesse einer Nukleosynthese schwerer Elemente in den Sternen gebildet wurden. Sie erarbeiteten eine umfassende Theorie der Nukleosynthese aller schweren Elemente im Universum, die sich auf das Einfangen von Neutronen in Supernovae stützt.

Hoyle hat zu den verschiedensten Themen wertvolle Beiträge geliefert. Im Jahr 1955 bediente er sich zusammen mit Martin Schwarzschild erstmals einer Computersimulation, um die Entwicklung eines normalen Sterns bis zur Roten-Riesen-Phase zu verfolgen. Er hat neue Perspektiven in bezug auf mögliche Ursprünge des Lebens eröffnet. Neben seiner beruflichen Arbeit verfaßte Hoyle eine musikalische Komödie und Science-fiction.

schen Maximum-Wellenlänge fällt die Intensität steil zu einer im kurzen Wellenlängenbereich liegenden Grenze ab.) Der Mikrowellenhintergrund erreicht seine spektrale Maximalintensität bei einer Wellenlänge von zwei Millimetern, und dies paßt ganz hervorragend zu der Kurve eines 2,7° K warmen Schwarzen Körpers. Obwohl große Einigkeit darüber herrscht, daß eine enge Beziehung zwischen dem Urknall und dem 2,7° K-Hintergrund besteht, gibt es doch noch ein paar Astronomen, die sich eine gewisse Skepsis bewahrt haben. Fred Hoyle beispielsweise meint, wir könnten rotverschobenes Sternlicht aus anderen Universen, die an unseres angrenzen, sehen. Martin Rees mutmaßt, daß das Universum mit superleuchtkräftigen Sternen angefüllt gewesen ist, als es noch jung war, so zwischen einer und zehn Millionen Jahren. Ihr blaues Licht habe sich innerhalb der dichten Gas- und Staubwolken in Wärme umgeformt; dabei hätten diese Wolken eine Temperatur von ein paar hundert Grad angenommen. Aufgrund der universellen Expansion habe sich die infrarote Wärmestrahlung in genau derselben Weise wie die Hintergrundstrahlung des Urknalls in den Bereich der Mikrowellen hinein rotverschoben.

Der Mikrowellenhintergrund durchdringt das gesamte Weltall. Oft wird die Frage gestellt: Wenn die Hintergrundstrahlung ein Überbleibsel des Urknalls ist, wo liegt dann ihr Mittelpunkt? Die Antwort lautet: Es gibt kein Zentrum. Die Photonen erreichen den Beobachter aus dem Universum der Frühzeit, das vor 15 Milliarden Jahren existierte, und sie treffen aus allen Richtungen in gleicher Zahl ein. Jene Photonen, die hier zur Zeit der Entkopplung gebildet wurden, sind momentan 15 Milliarden Lichtjahre weit entfernt. Wenn wir den Hintergrund beobachten, sehen wir das »Zentrum des Weltalls« überall am Himmel. Die Strahlung erscheint aus allen Richtungen, und es sieht dadurch so aus, als ob wir von einer homogenen »Photosphäre«, von der Schale, in der die Entkopplung stattgefunden hat, umgeben wären.

Können wir durch den Strahlungshintergrund irgendeine Bewegung des Sonnensystems feststellen? Infolge der Doppler-Verschiebung sollte die Strahlung in unserer Bewegungsrichtung ein ganz klein wenig höher als 3° K erscheinen; in der Gegenrichtung müßte sie sich entsprechend kühler zeigen. In der Mitte der sechziger Jahre wurden die Beobachtungen in einem Maße verbessert, daß die Obergrenze des Toleranzbereichs irgendeiner Abweichung von der Gleichförmigkeit des Hintergrunds bei nur einem Promille lag. Die Meßgenauigkeit wurde noch weiter gesteigert, als die Wissenschaftler in den siebziger Jahren ihre Teleskope an Bord von Ballons oder U-2-Aufklärungsflugzeugen über die Atmosphäre hinausschickten. Es ergab sich ein Hinweis auf eine leichte Anisotropie mit einem Betrag von etwa 4:100000. Unser Sonnensystem schien sich mit ungefähr 600 km/sec durch die Hintergrundstrahlung zu bewegen.

> Mit furchtbarer, schreckensreicher Schlagseite
> Auf dem Weg zu anderen Galaxien, ins Unbekannte
> Wendet sich schwerfällig die Milchstraße …
>
> Boris Pasternak,
> »Nacht«, aus: *Wenn es aufklart* (1945-1957)

Wenn man bestimmte Korrekturen an der Umlaufbewegung der Erde und der Bewegung der Sonne um das Zentrum der Milchstraße anbringt, scheint unsere ganze Galaxis in Richtung des Sternbildes Serpens Caput (Schlangenkopf) zu ziehen. Es ist nicht klar, wie viele Galaxien außerhalb der Lokalen Gruppe an dieser allgemeinen Bewegung teilhaben.

Die Infrarotastronomen haben sich, auf die Bewegung der Galaxien der Lokalen Gruppe auf die Hintergrundstrahlung beziehend, des IRAS bedient, um einen neuen Anhaltspunkt für die Häufigkeit von Dunkelmaterie zu erhalten. Michael Rowan-Robinson und David Walker vom Queen Mary College in London sowie Amos Yahill von der Stony-Brook-Staatsuniversität von New York nahmen sich die 60-Mikron-Infrarotbeobachtungen vor, die beinahe vollständig den Galaxien zugeschrieben werden können, und verwendeten sie, um die gravitationsbedingte Anziehungskraft jeder Galaxis zu berechnen. Sie gingen von der plausiblen Annahme aus, daß die Infrarot-Leuchtkraft als Maßstab für die Galaxienmasse anzusehen sei.

Als sie die Schwerkrafteffekte miteinander kombinierten, deutete die Netto-Anziehungskraft, die auf die Lokale Gruppe einwirkt, annähernd in dieselbe Richtung, die auch von ihrer Bewegung bezüglich des Mikrowellenhintergrundes vorgegeben wird. Das Volumen, das IRAS untersucht hat, weist einen Radius von etwa 600 Millionen Lichtjahre auf. Rowan-Robinson und seine Kollegen nahmen daraufhin an, daß die von IRAS analysierte Probe ganz typisch für das Universum als Ganzes gewesen sei; sie rechneten aus, wie groß dort die Masse, die in einer Weise verteilt ist, wie sie IRAS untersucht hat, sein mußte, um der Lokalen Gruppe eine Geschwindigkeit von 600 km/sec in bezug auf den Mikrowellenhintergrund zuzumessen. Ihre Antwort lief auf einen Wert von Omega = 1 mit einer abgeschätzten Unsicherheit von 20% hinaus. Somit scheinen mindestens 90% der galaktischen Masse des infraroten Universums unsichtbar zu sein.

Die Nukleosynthese des Urknalls

In der Einführung zu diesem Buch habe ich den Verlauf der raschen Temperaturabnahme in den ersten Augenblicken nach dem Urknall skizziert. Eine Sekunde nach dem »Zeitpunkt Null« war die Temperatur auf 10 Milliarden Grad Kelvin gefallen; ein paar Minuten später hatte sie mit sinkender Tendenz einige hundert Millionen Grad Kelvin erreicht, einen Temperaturbereich, der auch die Kernfusion in den Zentren der Sterne kennzeichnet. Während der vor einer Sekunde liegenden Zeit rasten die Elementarteilchen mit derart hohen Energien umher, daß ihre Fusion zu Teilchenpaaren nicht möglich war. George Gamow bezeichnete die urzeitliche Suppe mit dem Begriff »YLEM«, ein Wort, das sich auf Aristoteles zurückführen läßt und dessen Wörterbuchdefinition lautet: »die erste Substanz, aus der sich vermutlich die Elemente gebildet haben«.
Sobald die Temperaturen unter ein paar Milliarden Grad Kelvin gesunken waren, konnten die Protonen und Neutronen damit beginnen, aneinander haftenzubleiben. Sie bildeten in der Hauptsache Heliumkerne und erheblich geringere Spurenanteile von Deuterium. Als Gamow, Alpher und Herman den Versuch wagten, ein Modell des Aufbaus schwerer Elemente durch das fortlaufende Einfangen von Neutronen in den ersten Minuten nach dem Urknall zu entwerfen, entdeckten sie, daß beim Atomgewicht des Wertes fünf eine interne Grenze auftrat. Es schien unmöglich zu sein, über das Helium hinaus zum Lithium zu gelangen, und dies trotz verschiedener geistreicher Lösungsansätze von Enrico Fermi und Anthony Turkewitsch von der Universität Chicago sowie von Eugene Wigner von der Universität Princeton. Fred Hoyle, der sich unverändert für das Steady-State-Universum stark machte, wies den Weg aus diesem Dilemma, indem er zu bedenken gab, die Nukleosynthese der schweren Elemente könnte sich im Verlauf der Sternentwicklung abgespielt haben. Hiervon war bereits in Kapitel 6 die Rede.

Die Neue Schöpfungsgeschichte

Am Anfang schuf Gott Strahlung und Ylem. Und Ylem ward ohne Form und Zahl, und die Nukleonen rasten über das Antlitz der Tiefe dahin, wie verrückt. Und Gott sprach: »Es werde die Masse zwei.« Und es ward die Masse zwei. Und Gott sah das Deuterium, und es war gut.

Und Gott sprach: »Es werde die Masse drei.« Und es ward die Masse drei. Und Gott sah das Tritium und das Tralphium, und es war gut. Und Gott fuhr fort, Zahl auf Zahl aufzurufen, bis Er zu den transuranischen Elementen kam. Doch als Er auf Sein Werk zurückblickte, fand Er, daß es nicht gut war. In der Aufregung des Zählens hatte Er es versäumt, die Zahl Fünf aufzurufen, und deshalb konnten sich keine schwereren Elemente bilden.

Gott war sehr enttäuscht und dachte zunächst daran, das Universum zusammenzuziehen, um noch einmal ganz von vorn zu beginnen. Doch dies wäre viel zu simpel gewesen. Deshalb entschied sich Gott in Seiner Allmacht dafür, Seinen Fehler in einer beinahe unmöglichen Weise zu korrigieren.

Und Gott sprach: »Es werde Hoyle.« Und es ward Hoyle. Und Gott betrachtete Hoyle … und sagte zu ihm, er möge die schweren Elemente machen, so wie es ihm beliebte.

Und Hoyle beschloß, die schweren Elemente in den Sternen zu machen und sie durch Supernovaexplosionen auszustreuen. Doch also handelnd, mußte er die nämliche Häufigkeitskurve erhalten, wie sie bei einer im Ylem erfolgten Nukleosynthese entstanden wäre, wenn Gott nicht vergessen hätte, die Masse fünf aufzurufen.

Und so schuf Hoyle mit der Hilfe Gottes die schweren Elemente, freilich auf eine Weise, die so kompliziert war, daß heute weder Hoyle noch Gott, noch sonst irgend jemand herausbekommen kann, wie alles genau abgelaufen ist.

Amen

(Aus: George Gamow, *My Word Line*)

Das Modell eines heißen Urknalls sagt durchaus korrekt eine kosmische Häufigkeit des Wasserstoffs von 75% voraus; nach diesem Modell hat Helium einen Anteil von 25%, dazu kommt noch ein kleiner Bruchteil eines Prozents Deuterium. Es stellte sich heraus, daß die Häufigkeit des Deuteriums einen entscheidenden Indikator für die Dichte des Universums im Alter von einigen Minuten abgibt.

Das Deuterium war der erste Schritt auf dem Weg zur Nukleosynthese schwererer Elemente. Der größte Teil des Deuteriums im Universum muß ungefähr drei Minuten nach dem Urknall entstanden sein. In jenen ersten Minuten war die Häufigkeit der energiereichen, kollisionsbedingten Einfangprozesse, die Protonen mit Neutronen zu Deuteronen fusionierten, von der Teilchendichte abhängig. Nur geringe Spuren dieses Deuteriums haben die Epoche der Heliumfusion überdauert und bestehen im gegenwärtigen Universum fort. Würde die urzeitliche Dichte für ein geschlossenes Universum ausreichen, so wären die Spurenmengen des übriggebliebenen Deuteriums entsprechend gering; ein offenes Universum würde relativ mehr Deuterium enthalten. Vor dem Jahr 1972 gab es nirgendwo im Universum einen Hinweis auf Deuterium, es sei denn, in der Erde. Um Deuterium im interstellaren Raum zu orten, muß man sein ultraviolettes Absorptionsspektrum oberhalb der Erdatmosphäre beobachten. Dieses Kunststück gelang den Princeton-Astronomen mit Hilfe des Copernicus-Satelliten der NASA. Sie beobachteten die Deuterium-Absorptionslinien des interstellaren Mediums gegen das Spektrum des Sterns Beta Centauri und fanden eine Häufigkeit von 1,5 pro 100000; diese Konzentration entspricht einer kosmischen Dichte von ungefähr 10^{-30} Gramm pro Kubikzentimeter. Dies sind weniger als 10% der für ein geschlossenes Universum erforderlichen Dichte. Daraus folgt, daß das Universum offen sein muß, wenn das gesamte beobachtete Deuterium aus der Frühzeit stammt und wenn das Universum aus normaler Materie besteht. Ein geschlossenes Universum würde eine Deuterium-Häufigkeit von nicht mehr als 1 zu 1 Million voraussetzen. Es muß jedoch zweifelsfrei bewiesen werden, daß das gesamte beobachtete Deuterium aus der Frühzeit des Weltalls stammt; das heißt, daß kein wesentlicher Anteil in Sternen erzeugt wurde und ins interstellare Medium hinausgelangt ist, selbst wenn das durch die Kernfusion im Zentrum eines Sterns erzeugte Deuterium beinahe verzögerungsfrei in Helium umgewandelt wird. Sollte der Deuterium-Befund zutreffen und das Universum eben oder geschlossen sein, müßten mindestens 90% seiner Masse aus Dunkelmaterie bestehen.

Faßt man noch einmal zusammen, dann haben drei wichtige Vorhersagen, die das Urknallmodell stützen, durch Beobachtungen eine Bestätigung gefunden. Zunächst stimmt das Modell mit dem Beweis Hubbles für die Expansion des Universums überein. Weiterhin kommt es in bezug auf den kosmischen Mikrowellenhintergrund zu fast genau dem Ergebnis, das auf Grund von Beobachtungen erzielt wurde. Und schließlich prognostiziert die Urknall-Nukleosynthese in zutreffender Weise die kosmischen Häufigkeiten von Helium und von Deuterium, das erzeugt wurde, bevor die stellare Evolution damit begann, das Universum mit schwereren Elementen anzureichern. Diesen Positiva hinsichtlich der ersten Mikrosekunde nach dem Urknall stehen Probleme gegenüber, die sich in bezug auf frühere Zeitpunkte ergeben. Die Schwierigkeit, die bemerkenswerte Homogenität des Mikrowellenhintergrunds zu erklären, nimmt hierbei den ersten Rang ein. Im »Standard-Urknall« wird der thermische Gleichgewichtszustand viel zu schnell erreicht, um den beobachteten Grad an Gleichförmigkeit zu erzielen.

Das Horizontproblem – kosmische Kommunikation mit Lichtgeschwindigkeit

Die Ursache für das Problem der Homogenität ist die endliche Lichtgeschwindigkeit, die der Schnelligkeit, mit der sich die Information über irgendeinen physikalischen Prozeß zu verbreiten vermag, Grenzen setzt. Für jeden Moment des Urknalls gibt es eine maximale Strecke, die »Horizontdistanz«, die ein Lichtsignal seit dem Nullzeitpunkt durchmessen haben kann. Im Chaos des superdichten Feuerballs, aus dem das Weltall hervorgegangen ist, sollten wir eigentlich die Präsenz mikroskopisch kleiner, wahllos verteilter Fluktuationen erwarten. Einige Bereiche könnten ein klein wenig heißer oder kühler als andere Gebiete gewesen sein. Als die Mikrowellenhintergrundstrahlung ihren Anfang nahm, standen die Quellen in gegenüberliegenden Richtungen des Himmels bereits so weit auseinander, daß ihr Abstand die Horizontdistanz vielleicht schon um das Hundertfache übertraf. Wenn diese Gebiete nicht mehr miteinander kommunizieren konnten, wie vermochten sie sich dann in einem solchen nahezu perfekten Gleichgewicht zu entwickeln?

Bereiche, die in der Phase des Urknalls geringfügig unterschiedliche Temperaturen aufwiesen, sollten ihre abweichenden Eigenschaften im Lauf der Expansion eigentlich beibehalten haben. Hinweise darauf würden heute im Mikrowellenhintergrund zu finden sein, und zwar auf leicht unterschiedliche Strahlentemperaturen in weit voneinander entfernt liegenden Raumsektoren. Doch wie wir bereits gesehen haben, erscheint der Mikrowellenhintergrund sehr homogen. Das Urknallmodell schiebt das Horizontproblem einfach mit der Annahme beiseite, daß die Gleichförmigkeit als Bestandteil der Anfangsbedingungen anzusehen ist. Das Universum würde sich demnach gleichförmig entwickeln, dies aber nicht infolge irgendeiner physikalischen Eigenschaft, die aus dem Modell theoretisch abzuleiten wäre.

Inflationskosmologie

> O Gott, ich könnte in eine Nußschale eingesperrt sein und mich für einen König von unermeßlichem Gebiet halten, wenn nur meine bösen Träume nicht wären.
>
> William Shakespeare,
> *Hamlet*, II, 2

Die Theoretiker träumen heute von unendlich vielen Universen, eingebettet in mikroskopische Blasen des Raums. Die modernsten Kosmologien sind Abwandlungen eines Szenarios, das 1979 von Alan Guth von der Cornell-Universität angeregt wurde. Zu einem sehr frühen Zeitpunkt seiner Abkühlung könnte sich das Universum einem Phasenwechsel unterzogen haben, bei dem sich Abkühlung und Kondensation unvermittelt in eine heftige Expansion umkehrten. Als leichtverständliches Analogon mag die Expansion des gefrierenden Wassers dienen. Der Expansionsdruck ist dabei so gewaltig, daß der Behälter platzen kann.

Im Vergleich zur Ausdehnung des Eises war die von Guth angenommene Inflation extrem explosiv. Man vermutet, daß das gesamte beobachtbare Weltall aus einer beinahe unendlich kleinen Raumblase, die nur ein Billionstel der Protonengröße umschloß, herausgewachsen ist. Die Horizontdistanz lag damals erheblich über der Größe der Blase, so daß sie beinahe perfekt gleichförmig gewesen sein muß. Kein Teil der Blase hätte heißer oder kühler sein können als jeder andere beliebige Bereich. Hatte das Blasenuniversum einmal diesen Zustand erreicht, mußte es immer homogen bleiben, unabhängig davon, ob es im Anschluß daran in eine Expansion überging. Hier lag eine Lösung für das »Homogenitätsdilemma« des Urknalls.

Den Hintergrund dieses von Guth erdachten Inflationskonzepts bilden die neuartigen GUTs (»Große vereinheitlichte Theorien«) der Teilchenphysik, die die starken und schwachen Kernkräfte mit dem Elektromagnetismus verknüpfen. Sie umfassen alle bekannten physikalischen Kräfte mit Ausnahme der Gravitation. Zum allerfrühesten Zeitpunkt konnte keine der diskreten Strukturen, die die Materie - Atome wie Moleküle - heutzutage kennzeichnen, in dem Inferno einer superhohen Temperatur existieren. Der junge Kosmos muß einer formlosen Suppe aus wirklich reiner Energie geglichen haben, die später gerann, als sie sich zu Zuständen abgekühlt hatte, die wir heute als Materie kennen. Die GUT-Formeln befassen sich mit Energien, die über 10^{24} Elektronenvolt liegen (10^{15} Gigaelektronenvolt) und behandeln Wechselwirkungen, die über Entfernungen von weniger als 10^{-29} Zentimeter ablaufen. Die Physiker planen augenblicklich einen Beschleuniger, dessen Umfang 80 Kilometer mißt, der den Namen »Superconducting Super-Collider« (SSC; »Supraleitender Super-Kollidierer«) trägt und über vier Milliarden Dollar kosten wird. Um jedoch Energien von 10^{15} Gigaelektronenvolt zu erreichen, muß man sich Beschleunigungsstrecken von einigen Lichtjahren bedienen. Die Wahrscheinlichkeit ist nicht allzu groß, daß irgendwann einmal ein Beschleuniger gebaut wird, der den SSC wesentlich übertrifft. Stets wird das Universum der Superbeschleuniger der Physiker bleiben. Die Energiebereiche und Wechselwirkungsdistanzen, die in den GUTs Anwendung finden, sind dem Universum zu Zeiten von weniger als 10^{-35} Sekunden nach dem Schöpfungsakt hochgradig angemessen. Um den Traum von der großen Vereinigung aller physikalischen Kräfte zu realisieren, ist die Theorie einer »Quantengravitation« erforderlich, die das Universum zu einer Zeit von 10^{-43} Sekunden nach dem Nullzeitpunkt beschreibt. Bis heute hat sich die Gravitation allen Versuchen entzogen, sie in den GUT-Entwurf mit einzubeziehen. Andererseits machte die Teilchenphysik bemerkenswerte Fortschritte, und die nächste Generation der Beschleuniger sollte noch viel tiefer in die Bereiche der Vereinheitlichung vorstoßen, die bisher nur die Kosmologie zu überprüfen vermag. Leon Lederman, der Direktor des großen Beschleunigerprogramms am Fermi-Labor, beschrieb das Ziel der Physiker folgendermaßen: »Wir hoffen, daß wir in der Lage sind, das ganze Universum mit einer einzigen, einfachen Formel zu erklären, die Sie auf Ihrem T-Shirt herumtragen können.«

Die physikalischen Kräfte der Natur

Die Physiker unterscheiden in der Natur vier fundamentale Kräfte. Am vertrautesten ist uns die schwächste Kraft, die Gravitation, die die Planeten auf ihrer Umlaufbahn um die Sonne hält und uns davor bewahrt, von der Erde ins Weltall zu stürzen. An zweiter Stelle steht die elektromagnetische Kraft, die den Fluß elektrischer Ladungen und deren Verhalten in magnetischen Feldern beherrscht. Als drittes folgt die Starke Kraft, die die Atomkerne zusammenhält. Zuletzt kommt die Schwache Kraft, die über noch kürzere Entfernungen als die Starke Kraft wirksam ist und für den radioaktiven Zerfall verantwortlich zeichnet. Sie ist auch die Kraft, die in der Neutrinophysik die beherrschende Rolle spielt. Die Vereinigung der elektromagnetischen und Schwachen Kräfte ist in hochenergetischen Teilchenbeschleunigern experimentell demonstriert worden.
Die Schwerkraft ist eine Billion Billion Milliarden Male schwächer als die elektromagnetische Kraft. Ein kleiner Spielzeugmagnet kann einen Eisennagel leicht emporheben, obwohl die Anziehungskraft der gesamten Erdmasse dagegenwirkt. Wenn jedoch ein massereicher astronomischer Körper zu einem Schwarzen Loch zusammenstürzt, überwältigt die Gravitation alle anderen Kräfte.

Der verstorbene Richard P. Feynman vom Caltech benutzte folgendes Beispiel, um Studenten der Naturwissenschaften in den ersten Semestern einen Eindruck von der Stärke der elektromagnetischen Kraft zu vermitteln: »Wenn Sie um Armeslänge von jemand anderem entfernt stehen und jeder von Ihnen hätte nur 1 % mehr Protonen als Elektronen in seinem Körper, so würde die abstoßende Kraft ausreichen, um ein Gewicht, das dem der ganzen Erde entspricht, anzuheben! In normaler Materie befinden sich Protonen und Elektronen exakt im Gleichgewicht, es entsteht kein Spannungszustand.«

Die Starke Kernkraft bildet den »Klebstoff«, der die Protonen und Neutronen in einem Atomkern zusammenbindet. Sie ist etwa hundertmal stärker als die elektromagnetische Kraft und damit in der Lage zu verhindern, daß die elektrische Abstoßung der positiv geladenen Protonen in einem Atomkern diesen auseinanderfliegen läßt. Die Schwache Kernkraft ist zwar erheblich stärker als die Gravitation, andererseits aber etwa tausendmal schwächer als der Elektromagnetismus und deshalb nur bei extrem kurzen Reichweiten im Atomkern wirksam.

Am Anfang der Zeit lag die Temperatur des Universums so hoch, daß diese Kräfte, die heute in so unterschiedlicher Weise auftreten, zu einer einzigen »vereinigten« Kraft verschmolzen waren. Die Theorien, die diese Verschmelzung definieren, werden »Grand Unified Theories« oder GUTs genannt. Zum Zeitpunkt des billionenbillionenbillionsten Teils einer Mikrosekunde (10^{-42} Sekunden) brach die Gravitation hervor und ließ die Starke, die Schwache und die elektromagnetische Kraft nach wie vor vereinigt zurück.

Aus Nichts kann Nichts entstehen.

William Shakespeare,
König Lear, I, 1

Das Universum könnte der letzte kostenlose Imbiß sein.

Alan Guth (1982)

Alan Guth öffnete den Vorhang zu der Bühne, auf der sich die »inflationäre« Episode im Frühstadium des »Standard-Urknalls« abspielte. Beiträge zur Inflationstheorie lieferten auch Andrej D. Linde und A.A. Starobinski aus der UdSSR, Alexander Vilenkin von der Tufts-Universität und Stephen Hawking aus England. Guths erste Version ging von einer urzeitlichen Suppe aus Materie in einem Zustand chaotischen Durcheinanders aus. Einige örtlich begrenzte Regionen seien dabei heiß und in Expansion begriffen gewesen, andere dagegen kühl und kontrahierend. Innerhalb eines ganz bestimmten Volumens, das für einen kurzen Augenblick aufs höchste erhitzt und in Expansion versetzt wurde, könnte die Inflation ihren Anfang genommen haben. Als Alternative zu diesem Szenario machte Guth den Vorschlag, das Universum könnte sich aus dem Nichts heraus aufgebläht haben. Die Physiker verstehen unter dem Begriff »Nichts« einen hypothetischen quantenmechanischen Vakuumzustand - ein Ozean »virtueller« subatomarer Teilchen, die äußerst kurzlebig sind. Diese elementaren Teilchen treten für einen winzigen Augenblick unvermittelt aus dem Vakuum hervor und verschwinden dann wieder beinahe sofort infolge der Annihilation. Solche kurzen Momente des Auftauchens und Verschwindens von Partikeln nennt man »Vakuumfluktuationen«. Guth vertrat die Ansicht, daß das gesamte Universum - genau wie die elementaren Teilchen - aus dem Vakuum aufgetaucht sein könnte.

Die neue Inflationskosmologie spürt dem Universum bis zu einem Alter von 10^{-39} Sekunden nach, als seine Temperatur bei etwa 10^{30} Grad lag. Eine einzige, vereinigte Kraft, die nur die Gravitation nicht einschloß, wirkte auf alle elementaren Bestandteile der Materie ein, und die hohe Temperatur zwang das Universum zu einer Expansion, die auf ebenmäßige Weise in alle Richtungen erfolgte.

Während jedes hundertfachen Zeitfortschritts wuchs das Volumen des beobachtbaren Universums um den Faktor 10. Da sich das Universum einer Expansion unterzog, kühlte es zugleich ab: Zwischen 10^{-39} und 10^{-35} Sekunden sank die Temperatur auf 10^{28} Grad.
In den GUTs fungiert der Wert 10^{28} Grad als kritische Temperatur, unterhalb der die Partikel, die die vereinigte Kraft tragen, verschwinden; die Starke und die »elektroschwache« Kraft kündigen ihre Partnerschaft auf. Am Ende steht eine unerwartete Entwicklung. Das Universum hatte ungeheuer viel Energie gespeichert, die nicht an Partikel gebunden war, sondern die der Raum selbst enthielt; man bezeichnet dies als das »falsche Vakuum«. Diese Energie konnte abrupt freigesetzt werden, um ein »echtes Vakuum« zu bilden. Als dieser Übergang stattfand, war der Raum mit winzigen Blasen erfüllt, und die Energiefreisetzung löste eine exponentielle Wachstumsphase eines jeden Bläschens aus. Diese Regionen durchliefen innerhalb der nächsten 10^{-30} Sekunden 100 Verdopplungen. Unser spezielles Universum entwickelte sich wie eine dieser Blasen. Es wuchs innerhalb einer wesentlich größeren Blase heran, die eine unbegrenzte Zahl von unserem Weltall gleichenden Blasenuniversen enthielt.
Einige Theoretiker meinen, daß die Symmetrie der »Großen Vereinheitlichung« in einer Weise zerbrach, die der Ausformung von Eisschollen auf einem winterlichen Weiher ähnelt; ein Teich wird eher in der beschriebenen Weise zufrieren, als daß ihn eine gleichmäßige Eisschicht bedeckt. Die irregulären Zonen könnten sich anschließend, während der Expansion des Universums, weiterentwickelt haben, bis sie die Entstehung von Galaxien auslösten. Die Theoretiker mutmaßen, daß sich kosmische »Strings« entlang der Grenzen gebildet haben könnten. Als die »Große Vereinheitlichung« zerbrach, dürften schwere Partikel, die als Vermittler dieser Kraft fungiert hatten, übriggeblieben sein. Möglicherweise existieren sie im heutigen Universum als Dunkelmaterie fort.
Gegen Ende der Inflation war unser beobachtbares Universum so groß wie ein Tennisball. Daran anschließend nahm jede Blase ihre Expansion mit einer Rate auf, die für den »Standard-Urknall« vor der Inflation normal war: eine Verdoppelung pro einem tausendmilliardenmilliardstel Bruchteil einer Sekunde. Während das Weltall weiterhin abkühlte, zerbrach die elektroschwache Kraft innerhalb einer hundertbillionstel Sekunde (10^{-10}) in zwei Kräfte.

Die vier Kräfte, die wir heute im Universum erkennen, waren nun voneinander unabhängig. Kurze Zeit später, bei einer Mikrosekunde, verschwanden die Quarks in den Protonen und Neutronen, und schließlich, bei einem Weltalter von etwa zwei Minuten, verschmolzen Protonen und Neutronen gemäß der vertrauten Kernphysik zu Atomkernen.
Zahlreiche Theoretiker haben sich Guth angeschlossen und verfolgen die Idee einer Inflation im frühen Universum, doch so anziehend das Konzept auch sein mag, es ist immer noch eine nahezu reine Hypothese; es gibt keinen direkten experimentellen Beleg für die Existenz einer GUT-Herrschaft, die der Inflation voranging. Weil die Inflation so schnell vorangeschritten wäre, hätte das Universum beinahe unverzüglich perfekt eben werden und dies bis zum heutigen Tag bleiben müssen. Um diesen Aspekt der Inflationstheorie zu überprüfen, haben die Astronomen der Suche nach einer Masse, die für Omega = 1 ausreicht, eine hohe Priorität verliehen.

> ... der große Architekt
> Handelte voll Weisheit, als er seine Geheimnisse,
> welche diejenigen
> Herausschreien, die sie eher bestaunen sollten, verhüllt,
> Statt sie preiszugeben;
> Wenn sie Verzeichnisse erstellen, um sich in
> Mutmaßungen zu ergeben, hat er seinen Himmelsbau ihren
> Streitigkeiten überlassen, vielleicht um zu lachen
> Über ihre drolligen Ansichten;
> Wenn sie kommen, um den Himmel zu entwerfen
> Und die Sterne berechnen, wie sie das mächtige Bauwerk aufführen,
> Wie sie es abbrechen, zu Ende bringen,
> Um den äußeren Schein zu retten ...
>
> John Milton,
> *Das verlorene Paradies* (1667)

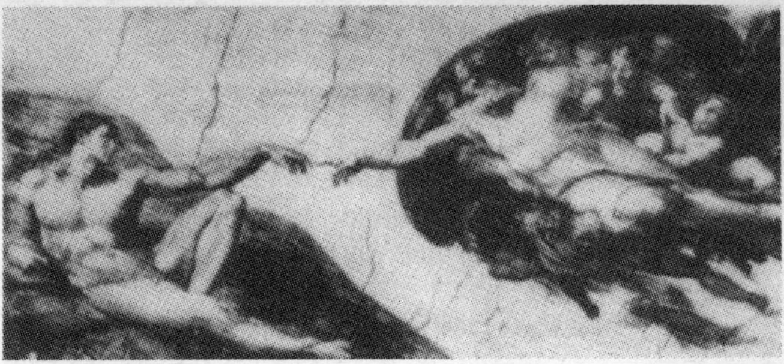

Abbildung 90. *Die Erschaffung des Menschen* von Michelangelo. (Bettmann-Archiv)

9 Die Suche nach Leben im Weltall

Denn was ist der Mensch tatsächlich in der Natur?
Ein Nichts im Vergleich zum Unendlichen,
ein Alles im Vergleich mit dem Nichts,
Ein Mittleres zwischen nichts und allem.

Blaise Pascal,
Pensées (1670)

Die Betrachtungen der Philosophen in bezug auf ein unendliches Universum waren stets verbunden mit Andeutungen, die die Ausbreitung von Leben im gesamten Kosmos zum Inhalt hatten. Lukrez (98–55 v.Chr.) schrieb in *Über die Natur der Dinge:* »Nichts im Universum ist das einzige seiner Art … es muß zahllose Welten und Einwohner darin geben.« In John Miltons *Verlorenem Paradies* spricht der Engel Raphael zu Adam über die Erschaffung der Welt:

Werde zum Zeugen dieser neugemachten Welt,
ein weiterer Himmel
. . . .

Von einer Fülle nahezu ohne Maß, mit Sternen
Zahlreich und ein jeglicher Stern vielleicht eine Welt
Von vorherbestimmter Bewohnbarkeit.

Dann gibt Raphael Adam den Rat:

Träume nicht von anderen Welten, welche Geschöpfe dort leben, in welchem Zustand, unter welchen Bedingungen oder welchen Standes …

Obwohl die menschliche Rasse auf der Erde immer wieder von

extraterrestrischem Leben geträumt und darüber Mutmaßungen angestellt hatte, sind die einzigen Geschöpfe in den Himmeln mythologischer Natur gewesen, und all die bemerkenswerten Instrumente, die in diesem Buch beschrieben wurden, sind daran gescheitert, einen positiven Hinweis auf irgendeine fremde Zivilisation auf irgendwelchen fernen Planeten zu liefern. Sind wir allein? ist eine Fragestellung, die immer noch wissenschaftliche Untersuchungen herausfordert.

Wesentlich mehr weiß man darüber, in welcher Weise sich das Leben so zäh an unseren wäßrigen Planeten klammert. Es ist etwa drei Milliarden Jahre her, daß die primitivsten Lebensformen zum erstenmal auf der Erde erschienen sind. Die Evolution bis hin zu intelligenten Wesen war ein langwieriger, langsamer Prozeß. Zweieinhalb Milliarden Jahre verstrichen, ehe Geschöpfe, die dem maritimen Leben unserer Zeit ähnlich sahen, in den Ozeanen auftraten. Hunderte von Jahrmillionen später fingen Pflanzenformen und Tiere aus dem Meer an, sich auf dem Land auszubreiten. Vor ungefähr 60 Millionen Jahren starben die Dinosaurier und andere Riesenreptilien aus; zurück blieben die Säugetiere und machten sich daran, die Erde zu bevölkern. Vor ein paar Millionen Jahren zeichnete sich der Beginn der Steinzeit ab, als Baumbewohner herabstiegen und aus Felsbrocken Werkzeuge formten. Fertigkeiten in der Jagd und in der Landwirtschaft bildeten sich während der letzten paar Jahrzehntausende heraus. Vor nur etwa zehntausend Jahren lernten die Menschen, Saatpflanzen anzubauen, und seßhafte Zivilisationen fingen damit an, die nomadischen Stämme zurückzudrängen.

Bis zum 18. Jahrhundert entstammte die mechanische Kraft primär dem Einsatz von Tieren und menschlichen Muskeln; erst vor relativ kurzer Zeit wurden diese Mittel durch die Dampfmaschine und die Elektrizität ersetzt. Die erste industrielle Revolution, die die materiellen Segnungen der Massenproduktion und der Transporterleichterungen mit sich brachte, liegt nur ein paar Generationen zurück. In der zweiten Hälfte des letzten Jahrhunderts sind wir Zeugen einer zweiten technologischen Revolution geworden, aus der die Wunderwerke der elektronischen Kommunikation, die Computer und die nukleare Energieerzeugung erwachsen sind. Wenn wir versuchen, die Wahrscheinlichkeit der Existenz einer fremden Zivilisation irgendwo im Kosmos abzuschätzen, müssen wir zur Kenntnis nehmen, daß unsere Zivilisation für ihre

Entwicklung einen großen Teil des Alters der Galaxis gebraucht hat und daß im Laufe unseres Lebens die technologische Leistungsfähigkeit mit atemberaubender Geschwindigkeit zugenommen hat.
Wir dürfen die Evolution nicht als eine Sequenz ansehen, die unausweichlich zu intelligentem Leben führt, sobald die Replikation lebendiger Materie in Gang gekommen ist. Die Evolution ist eher ein Zufallsprozeß, der auf wahllosen Mutationen beruht, die durch die Umwelt angeregt wurden und die einer umweltbedingten Selektion unterworfen sind. Die endgültige Lebensform ist diejenige, die dem Überleben in der Umwelt am besten angepaßt ist. Sie muß nicht notwendigerweise Gedächtnis oder Intelligenz mit einschließen. Freeman Dyson führt dazu aus:

> Ich glaube nicht, daß wir schon genug über die Sterne, die Planeten, das Leben und den Geist wissen, um eine feste Basis zu haben, auf Grund derer wir entscheiden könnten, ob die Existenz von Intelligenz im Universum wahrscheinlich oder unwahrscheinlich ist. Viele Biologen und Chemiker haben, ausgehend von einer unzureichenden Beweislage, geschlossen, daß die Entwicklung intelligenten Lebens in unserer Galaxis ein häufiger Vorgang sein sollte. Ich habe ihre Befunde untersucht und ihre Argumente vernommen, und ich halte es für genauso wahrscheinlich, daß keine intelligente Art außer der unseren je existiert hat. Die Frage läßt sich nur durch unvoreingenommene Beobachtung beantworten.
>
> (»Intelligence in the Universe«, *Mercury*, November/Dezember 1972, S. 9)

Das irdische Leben beruht auf der Chemie des Kohlenstoffs und auf der Verfügbarkeit von Wasser. Die Lebensenergie wird durch die pflanzliche Photosynthese von der Sonne empfangen. Die Bedingungen auf mehreren Planeten des Sonnensystems ähneln denjenigen auf der Erde in einem Maße, daß man zumindest irgendwelche primitiven Lebensformen erwarten dürfte; man hat jedoch keine entdeckt. Unsere Anstrengungen, auf irgendeinem der Planeten, die mit Raumsonden erforscht wurden, so etwas wie eine Mikrobe oder gar einen fossilen Überrest von Leben zu finden, sind bislang ohne Erfolg geblieben.
Die Oberfläche der Venus ist heiß genug, um Blei zu schmelzen,

und ihre Atmosphäre besteht nahezu vollständig aus Kohlendioxid; darüber lagern Wolken, die reichliche Anteile an Schwefelsäure enthalten: insgesamt also eine äußerst lebensfeindliche Umwelt. Der Merkur ist ebenfalls zu heiß, und es fehlt ihm nahezu völlig an irgendeiner nachweisbaren Atmosphäre. Man stellt auch weiterhin Mutmaßungen über die Möglichkeit an, ob es in der Jupiteratmosphäre lebendige Organismen geben könnte, doch die ökologische Zone, innerhalb derer die Bedingungen annehmbar sein könnten, ist sehr schmal. An der Wolkenobergrenze ist die Atmosphäre zu kalt. Zwar erreicht die Temperatur auf dem Weg nach innen ein Niveau, aus dem gemäßigte Bedingungen resultieren müssen, aber weiter unten wird sie rasch zu hoch. Der erträgliche Bereich zwischen dem Kochen und dem Gefrieren wäre sehr eng begrenzt, und eine Zirkulation nach oben oder unten würde sich auf ein eventuelles Leben verheerend auswirken. Ganz anders als die Erde zeigt der Jupiter keinen Hinweis auf eine feste oder flüssige Oberfläche, an die sich Leben klammern könnte.
Unter den Jupitermonden verfügt nur Io über die Wärme und die Atmosphäre, um Leben, wie wir es kennen, hervorbringen zu können; doch er strotzt vor vulkanischer Aktivität, die Lava über seine Oberfläche speit und schweflige Rauchwolken in seine Atmosphäre ausstößt.

Der Mars - ein gescheitertes Lebensexperiment

Unter den Planeten wurde insbesondere der Mars Objekt von zumeist populären Spekulationen, die der Frage galten, ob er als Wohnsitz intelligenter Wesen, die die Merkmale von Erdlingen tragen könnten, anzusehen sei. Heute ähnelt der Mars dem ausgetrockneten Überbleibsel eines ehedem belebten Planeten. Die Astronomen des 19. und des größten Teils des 20. Jahrhunderts beobachteten jahreszeitliche Veränderungen, die sie mit dem Vorrücken und dem Rückzug der polaren Eiskappen in Verbindung brachten. In niedrigeren Breiten zeigte sich die Oberfläche des Mars zergliedert in helle und dunkle Gebiete, die man als Wüsten und *maria* (Meere) bezeichnete. Im Spätfrühling und im Sommer erscheinen die *maria* in einem dunklen Blaugrün; im Herbst und Winter verblaßt die Färbung zu einem staubigen, bräunlichen Ton, um sich im darauffolgenden Frühling aufs neue dunkel zu verfärben. Die jahreszeitlichen Muster auf dem Mars legten es nahe, die Farbe mit dem Wachstum einer Vegetation im Frühling und Sommer sowie mit deren Verschwinden im Herbst und Winter in Beziehung zu bringen.

Die Oberfläche des Mars ist von einem Netz scharfer, gerader Linien überzogen, die sich über Hunderte von Kilometern erstrecken. Die Linien verändern sich farblich im Lauf der Jahreszeiten und verhalten sich damit genauso wie die ausgedehnteren Oberflächenerscheinungen. Giovanni Schiaparelli spekulierte zu Beginn des 19. Jahrhunderts darüber, daß sie das Werk intelligenter Marsianer sein könnten, und bezeichnete sie als *canali* (Kanäle).

Percival Lowell, wohlhabendes Mitglied einer vornehmen, in Neuengland ansässigen Familie (sein Bruder war Präsident der Universität Harvard), war von der Idee Schiaparellis bezüglich der Kanäle, die von den Marsianern gebaut worden sein sollten, dermaßen fasziniert, daß er in Flagstaff, Arizona, das Lowell-Observatorium errichtete und sein Vermögen für die Suche nach einem Beweis für Leben auf dem Mars einsetzte. Als Schriftsteller und in Vorträgen verkündete er unermüdlich seine Überzeugung von der Existenz von Leben auf dem Mars und trug auf diese Weise viel dazu bei, daß sich das öffentliche Interesse auf diesen Planeten richtete.

Lowell erkannte, daß der Mars, abgesehen von den Polkappen, sehr trocken war, betrachtete aber dennoch die jahreszeitlichen Schwankungen der Farbe zwischen den beiden Polkappen als Beweis für den Transport von Wasser von einem Pol zum anderen. Was die *maria* anging, so räumte er ein, daß die Abwesenheit reflektierten Sonnenlichtes die Anwesenheit von flüssigem Wasser ausschloß. Doch Lowell war davon überzeugt, daß der halbjährlich erfolgende Wasseraustausch mit der intensiven Färbung der dunklen Gebiete einherging, was sich nur damit erklären ließ, daß mit der Feuchtigkeit ein Vegetationsschub verbunden war. Ausgehend von dieser Beobachtung zog er den Schluß, daß die *canali* ein gigantisches, künstliches Bewässerungssystem darstellten, das den Planeten bewohnbar machte. In den Augen Lowells gehörten die Marsianer zu einer Rasse, die uns überlegen war und die auf einem sterbenden Planeten in einer lebensfeindlichen Umwelt um ihr Überleben kämpfte.

Lowells Hypothese einer Zivilisation auf dem Mars, die eine starke Anziehungskraft auf die breite Öffentlichkeit ausgeübt hatte, wurde noch vor seinem Tod gründlich widerlegt. Die Kanäle wurden als optische Täuschung entlarvt, die aus beobachterischen Schwierigkeiten erwachsen war, doch die meteorologischen Vorstellungen und das Konzept einer Beziehung zwischen dem Wasseraustausch und der jahreszeitlichen Veränderung der Vegetation schienen überzeugend zu sein. Diese Lowellschen Theorien wurden durch die Nahaufklärung anläßlich der Mariner-Besuche bei diesem Planeten wissenschaftlich endgültig entkräftet.

Die Erforschung des Mars im Zeitalter der Raumfahrt nahm 1965 ihren Anfang, als das NASA-Raumfahrzeug Mariner 4 am Mars vorbeiflog und die atmosphärische Dichte bestimmte. Da die Flugbahn des Raumfahrzeugs hinter dem Planeten vorbeiführte, wurden seine Funkstrahlen zur Erde nahezu eine Stunde lang abgeschattet. Zum Zeitpunkt des Eintritts in die Bedeckung und beim Wiederauftauchen nach der Verfinsterung wurde das Radiosignal von Mariner durch die atmosphärische Refraktion abgelenkt, als er die Oberfläche des Planeten streifte. Aus dem Betrag der Brechung ergab sich ein Druck von nur sechs Millibar (der atmosphärische Druck der Erde beträgt am Boden etwa 1000 Millibar); aufgrund irdischer Beobachtungen war man vorher von 85 Millibar ausgegangen. In Verbindung mit von der Erde aus angestellten spektroskopischen Beobachtungen, die einen Partialdruck des Kohlendioxids von vier Millibar ergaben, zeigten die neuen Daten, daß Kohlendioxid als Hauptbestandteil der Marsatmosphäre anzusehen ist.

Die Raumsonden Mariner 6 und 7 trafen 1969 am Mars ein. Die Ergebnisse der über den Polkappen erfolgten Temperaturmessungen befanden sich eher mit Kohlendioxidschnee in Übereinstimmung als mit Wassereis. Der Beweis dafür, daß die polaren Kappen aus Kohlendioxid zusammengesetzt sind - es ist zu jeder Zeit in der Atmosphäre vorhanden -, weckten Zweifel an dem Modell, das eine jahreszeitlich bedingte Wanderung des Wassers zwischen den Polen angenommen hatte. Doch wie waren ohne Wasser, das eine Vegetation ernährte, die jahreszeitlichen Farbschwankungen zu erklären? Man glaubt heute, daß diese Veränderungen in den dunklen Gebieten von der Umverteilung von Staub herrühren, der durch jahreszeitliche Höhenwinde verfrachtet wird. Wenn der Staub weggeblasen wird, tritt der dunklere Felsenuntergrund zutage.

Die eindeutigste Verneinung der Möglichkeit von Leben auf dem

Mars folgte aus den beiden Viking-Missionen der NASA, die den Mars im Jahr 1976 erreichten. Sobald die Raumfahrzeuge bei dem Planeten angekommen waren, teilte sich jedes von ihnen in ein Landungsgerät und in einen in der Marsumlaufbahn verbleibenden Satelliten. Als die Landemodule auf die Oberfläche niedergingen, photographierten die Orbiter den Planeten aus großer Höhe und führten globale Messungen der Temperatur sowie der atmosphärischen Zusammensetzung durch. Die von den Landemodulen gesammelten Informationen wurden zu den Orbitern gefunkt und von dort zur Erde weitergeleitet. Die Landemodule stellten unbemannte biochemische Laboratorien dar und galten als die fortschrittlichsten Roboter, die je gebaut worden waren.

Die beste Methode, Mikroorganismen zu finden, die auf die Gegenwart von Leben hinweisen, besteht in der Untersuchung von Bodenproben. Der Boden auf der Erde wird von Bakterien, Hefe und Schimmelpilzen bewohnt, und diese Organismen treten in großer Fülle auf; sie sind selbst unter extremen Umweltbedingungen überlebensfähig. Das Viking-Forschungsprojekt bediente sich dreier Instrumente, die darauf ausgelegt waren, metabolische Aktivitäten von im Boden lebenden Mikroorganismen festzustellen. Sobald diese Organismen auf Nahrungszufuhr reagieren und Energie erzeugen, müssen Verdauungsgase freigesetzt werden. Ein mechanischer Arm am Viking-Landemodul erhielt das Kommando, sich auszustrecken und eine Bodenprobe aufzuschürfen; diese wurde dann mit nährstoffhaltigen Chemikalien behandelt, und man hielt Ausschau nach der Entwicklung verräterischer Gasspuren, die als Beweis für lebendige Metabolismen hätten gelten können. Nach dem Urteil der leitenden Forscher dieses Projekts erbrachten die Experimente keinen Hinweis auf organisches Material.

Theoretisch wäre das Hydroxyl-Radikal (OH), das in der Marsatmosphäre durch die ultraviolette Dissoziation von Wasserdampf gebildet werden könnte, ein starkes Oxidationsmittel, das in der Lage wäre, organische Materie zu zerstören. Durch Anwesenheit des Hydroxyls ließe sich darüber hinaus die rote Färbung des Mars als Pigmentierung von Eisenoxiden erklären. Und noch ein weiterer globaler Oxidationsprozeß könnte seine Wirkung mit Macht entfalten. Bei Anwesenheit von ultraviolettem Licht und Titanoxid (es hat am Marsboden den überraschend hohen Anteil von 0,5%) wird der atmosphärische Sauerstoff zu einem sehr

effizienten Reaktionspartner von organischer Materie. Andererseits wurde ins Feld geführt, daß der für die Färbung des Planeten erforderliche Sauerstoff in ausreichendem Maß nur von photosynthetischen Organismen erzeugt werden könne.
Zwar erscheint die Marsatmosphäre gegenwärtig kalt und trokken, aber noch vor einer Milliarde Jahren könnte sie feucht und wärmer gewesen sein. Zu jener Zeit hätte Wasser in Form ergiebiger Niederschläge herunterregnen und in Systemen abgeleitet werden können, die heutigentags wie ausgetrocknete Flußbetten aussehen. Sollte in dieser fernen Vergangenheit Leben existiert haben, dann könnten möglicherweise aus größeren Tiefen und an gut ausgewählten Orten gezogene Bodenproben eine Historie fossilen Lebens enthüllen. Die Planetenforscher schlagen eine Explorationsserie vor, um die Geschichte des Mars zu enträtseln. Hierbei würden Landemodule abgesetzt, um ein Netz geophysikalischer Stationen einzurichten; man würde von dort Erkundungsfahrzeuge aussenden, um von einer Vielzahl geologischer Fundorte Proben einzuholen, die gesammelt und schließlich in Form von Probebohrkernen zur Erde gebracht werden könnten.
Die vergebliche Suche nach irgendwelchen Hinweisen auf Leben auf dem Mars stellte für viele Mitglieder der biowissenschaftlichen Gemeinde eine bittere Enttäuschung dar, und etliche wollten sich mit den negativen Folgerungen nicht abfinden. Wenn es auf dem Mars keine Spur von Leben gibt, so hat das weitreichende Konsequenzen: Die Erde ist der einzige lebenspendende Planet in einer Sonnenumlaufbahn. Wir sind im Sonnensystem allein und müssen die Suche nach Leben auf Bereiche weit jenseits seiner Grenzen ausdehnen.

Ferne Sterne und ihre Planeten

Von den Schwierigkeiten, die sich bei der Einschätzung der möglichen Zahl von Zivilisationen in der Milchstraße ergeben, kann man sich leicht ein Bild machen, wenn man bedenkt, daß wir nicht einmal für ein einziges Planetensystem außerhalb unseres eigenen über einen sicheren Beweis verfügen.
Bei vereinfachender Betrachtungsweise könnte es so aussehen, als würde das Universum von Sternen und dazugehörigen Planeten, die unserem Sonnensystem gleichen, geradezu wimmeln. Es gab

eine Zeit, in der man darüber nachsann, ob die Planeten im Sonnensystem infolge einer streifenden Kollision der Sonne mit einem vorüberziehenden Stern entstanden sein könnten. Hätte es sich so verhalten, wären Planeten äußerst selten, denn derartige Kollisionen sind höchst unwahrscheinlich. Heute herrscht die Ansicht vor, daß die Planeten eine übliche Begleiterscheinung bei der Kondensation sonnenähnlicher Sterne aus großen interstellaren Gaswolken darstellen. Sollte dies zutreffen, so müßte die Milchstraße in der Tat Planeten in großer Zahl enthalten.

Besonderes Augenmerk schenken die Astronomen der Relation zwischen der Masse eines Sterns und seiner Rotationsgeschwindigkeit. Massereiche Sterne drehen sich schneller; kleine Sterne - wie auch unsere Sonne - rotieren langsamer. Bei Sternen, die noch viel kleiner sind als die Sonne, wird es sogar schwierig, überhaupt eine Rotation festzustellen. Während die Sonne langsamer wurde, muß sie dem Material, das sie ausstieß und in einer Umlaufbahn zurückließ, ein Drehmoment vermittelt haben. Heute findet sich nur noch weniger als ein Prozent des Drehmoments unseres Sonnensystems in der Sonne, der gesamte restliche Anteil ist mit den Planeten verbunden. Wenn auf irgendeine Weise die Planeten in die Sonne hineingezogen werden könnten, würde sich die Drehrate der Sonne um einen Faktor von ungefähr 200 steigern und wäre so mit der Rotationsrate massereicherer Sterne vergleichbar. Diese Beziehung spricht dafür, daß alle Sterne unter etwa zwei Sonnenmassen während ihres Entstehungsprozesses langsamer werden, und zwar infolge des Drehmoment-Transfers auf den sie umkreisenden Schutt, aus dem sich später Planeten bilden. Dementsprechend sollte die große Mehrheit der sonnenähnlichen Sterne von Planeten begleitet werden.

Selbst mit Hilfe unserer leistungsfähigsten Teleskope ist es ein kaum zu lösendes Problem, an einem nahe stehenden Stern einen Planeten entdecken zu wollen. Wenn wir die Situation umkehren und uns einige Beobachter auf einem Planeten des uns am nächsten benachbarten Sterns, Alpha Centauri, in einer Distanz von 4,3 Lichtjahren vorstellen, würde ihnen die Sonne als ziemlich heller Stern erscheinen; die Erde hingegen wäre 1,6milliardenmal schwächer und stünde der Sonne so nahe, daß sie in ihrem Glanz verlorenginge. Selbst ein frei im Raum schwebendes Objekt von der Größe des Jupiter ließe sich in einer Entfernung von mehreren Lichtjahren von der Erde aus praktisch nicht orten.

Es gibt jedoch eine indirekte Methode, einen Planeten zu entdekken, der einen anderen Stern umkreist. Während sich der Planet um den Mutterstern herumbewegt, zerrt er den massereichen Körper quer zur Blickrichtung ein wenig hin und her, so daß dessen Flugbahn auf einer photographischen Platte ganz leicht um die Bewegungsrichtung des gemeinsamen Schwerpunkts von Stern und Planet schwankt. Allerdings ist die zu erwartende Bewegung auch im günstigsten Fall sehr klein. Ein Planet von der Größe des Jupiter beispielsweise würde beim Umlauf um einen sonnenähnlichen Stern in einer Entfernung von 25 Lichtjahren eine Schwankung von nur einer Millibogensekunde verursachen (dies entspricht in etwa dem Winkeldurchmesser eines menschlichen Haars in einer Entfernung von fünf Kilometern).
Als am besten untersuchtes Beispiel für diesen dynamischen Effekt gilt der Barnardsche Pfeilstern, ein Roter Zwerg in einer Entfernung von 5,4 Lichtjahren. Mehr als 40 Jahre lang beobachtete ihn Peter van de Kamp mit dem Sproul-Teleskop am Swarthmore College. Innerhalb einiger Jahre belichtete er beinahe 6000 Platten und nutzte das Teleskop während jeder klaren Nacht. Unbeirrt behauptete er, daß sich in der Bahn des Sterns eine Schwankung mit einer Periode von 11,5 Jahren abzeichnete, was einem Planetenpaar zugeordnet werden könnte, dessen Komponenten 0,7 beziehungsweise 0,5 Jupitermassen aufweisen.
Sollten die Planeten des Barnardschen Pfeilsterns wirklich existieren, würden sie unserem Sonnensystem am nächsten stehen und ein mögliches Ziel für unsere ersten interstellaren Raumsonden abgeben. Van de Kamp arbeitete fleißig daran, seine Untersuchungen zu perfektionieren und die Einwände bezüglich technischer Unzulänglichkeiten abzuwehren, doch die gegen seine Entdeckung einer planetarischen Masse gerichteten substantiellen Zweifel halten sich weiterhin hartnäckig. Ausgehend von Beobachtungen mit demselben Sproul-Teleskop, die im Jahr 1973 durchgeführt wurden, veröffentlichte John Hershey die Ergebnisse einer Untersuchung von 12 Sternen. Bei jedem fand er Schwankungen, die denen, die am Barnardschen Pfeilstern entdeckt worden waren, ähnelten. Einen regelrechten Ruck gab es 1949, als für die 60-cm-Objektivlinse eine neue Fassung eingebaut wurde. 1957 wiederum trat ein kleinerer Defekt auf, als an der Objektivlinse Justierungsarbeiten vorgenommen wurden. Ganz eindeutig gab es mit der Stabilität des Sproul-Teleskops Schwierigkeiten, doch van

de Kamp verteidigte seine Ergebnisse mit verbissener Hartnäckigkeit. George Gatewood und Heinrich Eichhorn veröffentlichten 1973 eine Analyse von 241 Platten anderer Beobachtungen und fanden keinerlei Hinweise auf einen planetarischen Begleiter des Barnardschen Pfeilsterns. Da die Leistungskraft des HST weit über der jedes irdischen bilderzeugenden Teleskops liegen wird, besteht für die nächste Dekade in erster Linie die Hoffnung, einen direkten Beweis für ein benachbartes Planetensystem zu finden. Allerdings schätzte van de Kamp die visuelle Helligkeit seiner hypothetischen Planeten auf die 30. Größenklasse, was gerade noch außerhalb der Reichweite des HST liegen dürfte.
Neuartige Instrumente sind ganz besonders zu dem Zweck entworfen worden, durch Planeten induzierte Schwankungen von Sternpositionen zu entdecken, und die Aussichten sind vielversprechend, daß sie sich weit besser bewähren als die traditionellen hochauflösenden Teleskope. Das astrometrische Mehrfachkanalphotometer ist ein solches Gerät. Es wurde an den 75-cm-Refraktor der Allegheny-Sternwarte in Pittsburgh montiert. Es betrachtet durch getrennte glasfaseroptische Lichtleitungen gleichzeitig 12 Sterne in seinem Gesichtsfeld, während ein präzise graviertes Gitter mit vier Linien pro Millimeter in einer äußerst gleichmäßig kontrollierten Bewegung über das Erfassungsfeld hinweggeführt wird. Die Zeiten der daraus resultierenden Intensitätsveränderungen werden von einem Computer analysiert, um die relativen Positionen mit einer Genauigkeit von ungefähr 0,003 Bogensekunden für jede einzelne Beobachtungsnacht zu ermitteln. Beobachtungsdaten bezüglich des Sterns Prokyon, die innerhalb von zwei Wochen zusammengetragen worden waren, enthüllten nicht nur dessen Eigenbewegung, sondern auch ein leichtes Schwanken, das durch seinen Begleiter verursacht wird, der ihn als Weißer Zwerg mit einer vierzigjährigen Umlaufzeit umkreist. Eine solche Genauigkeit übertrifft jede früher erfolgte Astrometrie. Man hat vorgeschlagen, ein speziell für die Astrometrie vorgesehenes Teleskop dieser Bauweise, das ganz besonders für die Entdeckung anderer Planeten ausgelegt ist, an Bord eines Raumfahrzeugs mitfliegen zu lassen oder an einer Raumstation anzubringen. Im Prinzip könnte dieses Instrument eine Auflösung von einem Hunderttausendstel einer Bogensekunde erreichen und damit den Ablenkungseffekt eines Planeten von der Größe des Jupiter auf einer um einen hellen Stern herumführenden Umlaufbahn fest-

stellen. Aber es müßte mehrere Jahrzehnte lang in Betrieb bleiben, um eine unzweideutige Entdeckung zu ermöglichen.

»Raumschiff Enterprise« – Science-fiction oder visionäre Zukunft?

> Krank vom ewigen Kreisen um die Sonne,
> muß man etwas gegen diesen Kummer tun.
> Nachdem wir das Geheimnis des Gewichts
> entdeckt haben,
> ist es auch schon aufs großartigste verschwunden.
> . . . .
> (Unsere Schwerkraft war unser größter Fluch.)
> Wir werden nun den Anker für die Reise ins
> Universum lichten
> . . . .
> und das ganze Menschengeschlecht auf einen
> Ausflug mitnehmen. . . . .
>
> Robert Frost,
> *Die wirkliche Prophezeiung der Propheten*
> *als Mystik ... diejenige der Kommentatoren*
> *beruht einzig auf Statistik* (1962)

Die Möglichkeit einer direkten Kontaktaufnahme mittels Reisen ins All und selbst eine Fernerkundung durch unbemannte, als Botschafter agierende Raumfahrzeuge scheinen in fernster Zukunft zu liegen, doch dies schreckt die Enthusiasten keineswegs ab, sich exotische Antriebsformen für solche Exkursionen auszudenken. In Kapitel 3 haben wir den Verlauf des Fluges von Pioneer 10 über die Umlaufbahn des äußersten Planeten hinaus zu den Sternen beschrieben. Die Ingenieure am Labor für Strahlantriebe (Jet Propulsion Laboratory; JPL) haben errechnet, daß die Sonde in ungefähr 32 600 Jahren an einem von der Erde etwa drei Lichtjahre entfernt stehenden roten Zwergstern in einiger Distanz vorbeifliegen wird. Die Raumsonden Pioneer 11 sowie Voyager 1 und 2 entfernen sich ebenfalls von der Sonne. Den Rechnern des JPL zufolge wird Voyager 2 im Jahre 359 000 dem »Hundsstern« Sirius auf weniger als ein Lichtjahr nahe kommen.

Alle vier Raumfahrzeuge beziehen ihre Energie aus einem Radioisotopen-thermoelektrischen-Generator (RTG), der ausfallen dürfte, bevor die Raumsonden die Heliosphäre erreichen. Die Heliosphäre ist die Grenze zwischen dem Gebiet, das vom Sonnenwind beherrscht wird, und dem Randbereich des interstellaren Raums. Die Raumschiffe werden auf ihrem Weg zu den Sternen stumm und gefühllos sein. Sie werden mit der Erde keine Verbindung mehr haben und kein Funksignal aussenden, das die Aufmerksamkeit intelligenter, extraterrestrischer Lebensformen auf sich ziehen könnte. Die Möglichkeit, daß irgendeine dieser Raumsonden jemals von intelligenten Geschöpfen untersucht werden könnte, ist unvorstellbar gering. Nebenbei gesagt, würde die Signalstärke jedes Raumfahrzeugs mit zunehmender Entfernung rasch dahinschwinden, selbst wenn die RTGs noch wesentlich länger weiterarbeiten könnten. Die Signale von Pioneer 10, die mit der großen 64-m-Bahnverfolgungsantenne der NASA aufgefangen werden, sind bereits bis auf ein milliardstelmilliardstel Watt abgeklungen.

Das Sternschiff »Dädalus«

Wissenschaftler der British Interplanetary Society haben ein imaginäres Sternschiff namens »Dädalus« ersonnen, das über einen nuklearen Antrieb verfügt und sich bei seinem Weg über die Grenzen des Sonnensystems hinaus mit Kernbrennstoff versorgt. Anstelle von Deuterium und Tritium würde die »Dädalus« Deuterium und Helium-3 verwenden. Die hierfür erforderlichen 30000 Tonnen Helium-3 könnten mittels einer ungeheuren Isotopentrennungsaktion der Jupiteratmosphäre entnommen werden; mehr als 100 unbemannte, von Robotern betriebene Raumschiff-Fabriken wären daran beteiligt. Bemannte Brennstoffversorgungsschiffe würden das Helium-3 zu einem Sammeldepot transportieren, das sich in der Umlaufbahn um einen der Jupitermonde befinden könnte.
Hypothetisches Ziel der »Dädalus« ist der Barnardsche Pfeilstern. Um das Triebwerk des Raumschiffs in Gang zu halten, würde man gefrorene Kügelchen aus Deuterium und Helium-3 in die Energiekammer bringen. Sobald die Kügelchen in die Kammer einträten, würden sie von einem Strahl hochenergetischer Elektronen

getroffen, der die Kernfusion auslöst. Jedes Kügelchen könnte die Energie mehrerer Tonnen TNT freisetzen und damit einen ungeheuren Schub sicherstellen. Nach einer zweijährigen kontinuierlichen Verbrennung von Deuterium und Helium-3 würde das Sternschiff 7% der Lichtgeschwindigkeit erreicht haben und dann die massive erste Stufe abwerfen. Im Laufe der nun folgenden 21 Monate würde eine zweite nukleare Antriebsstufe das Schiff auf 12% der Lichtgeschwindigkeit, das sind 36000 km/sec, beschleunigen. Daraufhin würde die »Dädalus« 47 Jahre lang dahinziehen, bis sie am Barnardschen Pfeilstern einträfe.

Sobald die »Dädalus« ihr Zielgebiet erreicht hätte, würden ihre Teleskope jedes in Reichweite stehende Objekt abbilden, während Robotersonden in das Gebiet vorstoßen würden, wo eventuell Planeten zu finden sein könnten. Die »Dädalus« würde ihre Beobachtungen verarbeiten und die aufbereiteten wissenschaftlichen Daten zur Erde funken, wo sie etwa 56 Jahre nach dem Starttermin empfangen werden könnten.

Das Orion-Projekt: Weg mit den Bomben!

Das Konzept eines nuklearen Raketenantriebs für die Erforschung der Außenbereiche des Sonnensystems wurde zwischen 1958 und 1965 ernsthaft geprüft. Obwohl in die Entwurfsstudien sieben Jahre intensiver Bemühungen einer Arbeitsgruppe hochtalentierter Physiker und physikalische Laborexperimente hineingesteckt worden waren, wurde das Orion-Antriebskonzept schließlich aus politischen Gründen aufgegeben. Zum Zeitpunkt des Projektabbruchs war das Team davon überzeugt, ein Fahrzeug entwickeln zu können, das eine achtköpfige Besatzung und eine Nutzlast von 100 Tonnen auf eine kurzzeitige Rundreise zum Mars hätte mitnehmen können.

Das vorgeschlagene Orion-Schubsystem umfaßte kleine Atombomben mit einer Sprengkraft von etwa 30 Kilotonnen, die man *pulse units* (»Impulseinheiten«) nannte und die in externen Behältern mitgeführt werden sollten. Die Bomben wären nach und nach ausgestoßen worden und hinter dem Raumfahrzeug explodiert. Jede Explosion hätte dem Raumschiff über eine Stoßplatte innerhalb des Bruchteils einer Millisekunde einen Impuls vermittelt.

Mehrere schockabsorbierende Gestänge sollten diese Platte mit dem Hauptfahrzeug verbinden.
Im ursprünglichen Entwurfskonzept hätten Saturn-V-Raketen den Aufstieg in eine Erdumlaufbahn sichergestellt; wahrscheinlich wären bis zu drei Lieferungen notwendig gewesen, um Orion, 2000 Impulseinheiten und die Nutzlast hinaufzubringen. Für eine 500tägige Marslandungsexpedition hätte das erforderliche, von der Erde aus zu rechnende Startgewicht 289 920 Kilogramm betragen. Im Prinzip gab es wenig Schwierigkeiten, die Nutzlast- und Bombenantriebsladung auf ein auf die Erdumlaufbahn bezogenes Abfluggewicht von 906 000 Kilogramm zu heben, was für die Durchführung einer Expedition auf der Marsoberfläche und für eine Rückkehr in 200 bis 250 Tagen ausgereicht hätte. Zuletzt hatte man einen »Super-Orion« mit einem Durchmesser von 1600 m ins Auge gefaßt, der sich zu einem benachbarten Stern hinausschießen konnte und dabei eine Million Antriebsbomben mitführte.
Obwohl Orion als eine Antriebsform entworfen worden war, die der eingehenden Untersuchung des Sonnensystems dienen sollte, hegten zahlreiche Raumfahrtenthusiasten noch viel ehrgeizigere Pläne, die sich auf Reisen zu anderen Sternen bezogen. Doch unsere schnellsten Raketen eilen momentan mit nur etwa 0,01 % der Lichtgeschwindigkeit dahin, und sie würden ungefähr 100 000 Jahre brauchen, um die nächststehenden Sterne zu erreichen. Um Entfernungen von ein paar hundert Lichtjahren zu durchmessen, würde man Fahrten von bis zu 10 Millionen Jahren Dauer benötigen. Sollen interstellare Reisen Realität werden, müssen die Antriebssysteme Geschwindigkeiten erzielen, die der Lichtgeschwindigkeit nahe kommen. Die Energiequelle mit der größten Effizienz wäre die Annihilation von Materie und Antimaterie. Im Gegensatz zur Kernfusion, die lediglich 0,7% der Brennstoffmasse in Energie umsetzt, verwandeln Materie-Antimaterie-Kollisionen 100% der Teilchenmasse in Energie. Der Energieinhalt von 35 Milligramm Antimaterie würde ausreichen, um das Space Shuttle der NASA in die Erdumlaufbahn zu bringen. Im Prinzip ist es möglich, Antimaterie herzustellen und zu lagern, doch eine Anwendung dieser Energiequelle liegt noch in weiter Ferne.
Die Produktion und Aufbewahrung von Antiteilchen ist ein Wunderwerk der Beschleunigertechnologie. In den Beschleunigern des CERN unweit von Genf und des Fermilab in Illinois werden Protonenbündel von etwa 10 Billionen Teilchen auf ein Target

gerichtet, um auf der anderen Seite einen Schauer von ein paar Millionen Antiprotonen freizusetzen. Die Antiteilchen werden dann in einen Aufbewahrungsring, in den Antiprotonen-Akkumulator, geführt, wo sie ein paar Kubikmeter Raum füllen. Als nächstes kühlt man die Teilchen und bündelt sie zu einem sehr dünnen Filament. Während sich das erste Bündel abkühlt, trifft das folgende ein. Bündel auf Bündel wird »gestapelt«, bis man Zehntausende solcher Stränge und damit Hunderte von Milliarden Antiprotonen, die im Aufbewahrungsring kreisen, beieinander hat. Das Ganze wiegt immer noch weniger als ein billionstel Gramm. Ein Physiker am CERN drückte es so aus: »Wenn wir diese Antiprotonen in ein Glas voll Wasser werfen würden, damit sie sich mit den Protonen im Wasser annihilieren, würde die dabei entstehende Energie die Temperatur des Wassers um nicht einmal ein Grad steigern.«

Für den praktischen Einsatz als Treibstoff müßte man die Antimaterie innerhalb eines kleinen Volumens aufbewahren. Physiker der Universität von Washington haben einen Behälter konstruiert, der die Partikel mittels elektrischer und magnetischer Felder, die verhindern, daß die Antimaterieteilchen die Wände berühren, in einem sehr kleinen Vakuumgebiet umschließt. Auf diese Weise haben sie schon an die 100 Sekunden Aufbewahrungsdauer erreicht. Als nächstes wäre es notwendig, die Antiprotonen zu winzigen Antiwasserstoffkristallen gefrieren zu lassen, die dann in einem Vakuum aufgehängt werden.

Bei dem technologischen Stand der Beschleuniger unserer Zeit würde es Tausende von Jahren dauern, bis man ein millionstel Gramm Antimaterie hergestellt hätte. Selbst wenn es einmal möglich sein sollte, die Materie-Antimaterie-Annihilation für Antriebszwecke zu nutzen, bräuchte man etliche tausendmal mehr Treibstoffzuladung als Nutzlast, um über interstellare Entfernungen mit nahezu Lichtgeschwindigkeit zu reisen. Gelänge es jedoch, an die Lichtgeschwindigkeit heranzukommen, würde uns die allgemeine Relativität einen Bonus einräumen. Bei 99,5% der Lichtgeschwindigkeit würde ein gemäß irdischer Zeit hundertjähriger Ausflug nach der Uhr eines Reisenden an Bord des Raumschiffs weniger als zehn Jahre dauern.

Um für den Antimaterietreibstoff interessantere Aussichten zu eröffnen, müßte man die Effektivität der Herstellung von Antiprotonen in Teilchenbeschleunigern um den Faktor 100000 verbessern. Man hat spekuliert, daß es vielleicht 10 Millionen Dollar kosten würde, ein Milligramm Antimaterie herzustellen. Diese Menge wäre in der Lage, die Energie von 20 Tonnen flüssigem Sauerstoff-H2 (LOX-H2), dem energiereichsten Treibstoff gegenwärtiger Raketen, freizusetzen. Darüber hinaus würden die 20 Tonnen LOX-H2 noch einmal mindestens 100 Millionen Dollar verschlingen, wenn man sie zu einer für den Weiterstart vorgesehenen Station auf eine niedrige Erdumlaufbahn transportierte.

In der verbleibenden Struktur eines Sternschiffs könnte das Bombardement interstellarer Gasmoleküle die Strahlung auf tödliche Werte hochschnellen lassen. Raumfahrzeuggeschwindigkeiten, die mehr als tausendmal höher liegen als diejenigen, die von den leistungsstärksten Raketen unserer Zeit erreicht werden, geraten nahe an eine natürliche Grenze, die von Überlegungen bezüglich der Strahlungsdosierung gezogen wird. Bei jenen höheren Geschwindigkeiten bombardiert das interplanetarische oder interstellare Gas die Rakete genau mit der Härte, mit der sie auf das Gas trifft; hierbei treten Energien auf, die eine Million Elektronenvolt übertreffen, und dies bei einer Rate von mehr als einer Milliarde Teilchen pro Quadratzentimeter. Die Abschirmung, die nötig ist, um die Astronauten vor den Gefahren der Sonnenflares und der galaktischen kosmischen Strahlen zu schützen, wird nun selbst zur Quelle einer tödlichen Strahlung. Die Partikel regen nukleare Reaktionen an, die wiederum durchdringende nukleare Gammastrahlen und Neutronen in solch einer Fülle auslösen, daß die Strahlungsdosis tödliche Ausmaße annimmt.

Weil unsere leistungsstärksten Raketen augenblicklich die Anforderungen für eine interstellare Reiseaktivität um den Faktor 10000 verfehlen, hört sich ein Gespräch über Sternschiffe nach Sciencefiction an. Doch wie steht es mit Zivilisationen, die der unseren technisch um vieles voraus sind? Ich finde es ausgesprochen phantastisch, das gigantische Antriebssystem des Space Shuttle vor dem Hintergrund meiner Arbeit mit den kleinen (15 cm Durchmesser aufweisenden) Feststoffraketen aus einer Zeit, die nur 30 Jahre zurückliegt, zu betrachten. Sollte das Leben im Universum eine statistisch relevante Erscheinung sein, müßte es Tausende von Zivilisationen in der Milchstraße geben, die schon vor Millionen Jahren unseren aktuellen technologischen Entwicklungsstand durchlaufen haben müßten. Wie weit mag sie ihre

Abbildung 91. Robert H. Goddard in Auburn, Massachusetts, am 16. März 1926, kurz vor dem ersten Flug einer Rakete mit Flüssigkeitstriebwerk.

Fähigkeit, Raumfahrten zu unternehmen, gebracht haben? Könnten sie nicht gerade in der ganzen Galaxis umherschweifen? Ronald Bracewell von der Stanford-Universität hat die Ansicht geäußert, weiter fortgeschrittene Zivilisationen könnten automatische Raumfahrzeuge bereits zu Tausenden von Zielen in der

Milchstraße ausgesandt haben. Nach der Ankunft an einem fremden Stern und nach Eintritt in eine entsprechende Umlaufbahn könnte das Botschafter-Raumschiff seine Energie aus dem Licht des Sterns beziehen. Es würden von dieser Sonde automatisch Radiosendungen für die Planeten dieses Sterns ausgestrahlt werden, und diese dürften der Aufmerksamkeit intelligenter Zuhörer kaum entgehen. Warum haben wir noch keinen Besuch von solchen interstellaren Reisenden erhalten?

Michael H. Hart von der Trinity-Universität und Frank J. Tipler von der Tulane-Universität gehen noch einen Schritt weiter als Bracewell. Sie führen ins Feld, daß innerhalb einiger hundert Millionen Jahre nach dem ersten Hervortreten einer raumfahrttreibenden Intelligenz in unserer Galaxis die Milchstraße vollständig kolonisiert sein müßte. Weil das Alter der Milchstraße so um die 10 Milliarden Jahre liegt und weil das Leben auf der Erde für seine Herausbildung »nur« drei Milliarden Jahre gebraucht hat, blieb in ihrem Szenario reichlich Zeit für Entwicklungen. Doch wieder fragt man sich: Warum haben uns diese Raumfahrer nicht gefunden, wenn sie wirklich existieren?

Einige Wissenschaftler sind der Auffassung, der Forscherdrang sei so tief in der Intelligenz verankert, daß unsere vergeblichen Versuche, extraterrestrische Kontakte herzustellen, keinen anderen Schluß zulassen als den, daß wir die einzige intelligente Lebensform in der Milchstraße sind.

Der sowjetische Astrophysiker Jossif Schklowski zeigte sich von diesem Argument beeindruckt. Er war einer der ersten, die sich bemühten, die Frage nach extraterrestrischem Leben auszuloten. Anläßlich der Zusammenkunft der Internationalen Astronomischen Union in Montreal im Jahr 1980 sollte er den Vorsitz bei einem Symposion zum Thema »Leben im Universum« führen. Doch sein Visum ließ bis einen Tag vor dem geplanten Symposion auf sich warten, und er hatte schon alle Hoffnung, nach Montreal zu gelangen, aufgegeben. Als seine Ausreiseerlaubnis endlich eintraf, raste er in Richtung Montreal und kam gerade noch pünktlich an. Am Ende der Sitzung fragte ihn einer der Teilnehmer: »Dr. Schklowski, was glauben Sie, wie groß ist die Wahrscheinlichkeit, daß es außerirdische Intelligenz gibt?« Er antwortete: »Gestern dachte ich noch, es bestünde für mich nicht die geringste Chance, bei diesem Treffen dabeisein zu können, und doch bin ich hier.« Am gleichen Abend, als er mit mir zusammen beim Essen saß,

bereute er seine schlagfertige Bemerkung und meinte, sein schwarzer Humor bringe ihn immer wieder in Schwierigkeiten mit den Bürokraten daheim und gefährde seine Kontakte mit intelligentem Leben in der westlichen Welt.
Eine interstellare Reise ist der Stoff, aus dem die Träume sind. Für Visionäre wie Konstantin Tsiolkowski, Hermann Oberth und Robert H. Goddard war es nur eine Frage der Zeit, bis sich die Kluft zwischen der Wirklichkeit und den Träumen schließen würde. In seinem Tagebuch spekuliert Goddard am 14. Januar 1918 über die »letzte Völkerwanderung« der menschlichen Rasse an Bord einer Flotte nuklear angetriebener Raketen: »Wenn die Sonne kälter wird, sollten Raketen in alle Gegenden der Milchstraße ausgeschickt werden. ... Jede Expedition müßte so viel an menschlichem Wissen mitführen, wie sie nur kann..., in einer so komprimierten und unzerstörbaren Weise wie irgend möglich, so daß die neue Zivilisation dort beginnen kann, wo die alte endete.« Als Einleitung für eine Biographie Goddards zitierte Charles A. Lindbergh aus dem Chinesischen:

Bin ich ein Mensch, der träumte, er sei ein Schmetterling,
Oder bin ich ein Schmetterling, der träumt, er sei ein Mensch?

Das Belauschen der Galaxis

Man bräuchte 4,3 Jahre, um mit nahezu Lichtgeschwindigkeit den nächsten Stern zu erreichen, und die Reise würde eine Energie verschlingen, die der gesamten elektrischen Energie entspricht, die in den USA während einer Jahrmillion erzeugt wird. Im Gegensatz dazu würde es nur ein paar Watt Leistung erfordern, um leicht zu ortende Funkbotschaften zwischen den Sternen auszustrahlen; sie würden mit Lichtgeschwindigkeit reisen und Entfernungen bis zu ein paar tausend Lichtjahren überbrücken. Könnte das Universum von interstellarer Kommunikation erfüllt sein? Und sind wir bereit, uns auf ein kosmisches Nachrichtennetz aufzuschalten?
Seit der Einführung der funktechnischen Nachrichtenübermittlung haben wir für mehr als 50 Jahre Radiophotonen in den Raum entweichen lassen. Mit dem Aufkommen der Seifenopern im Fernsehen sowie der zivilen und militärischen Radaranlagen hat

sich die Radioverschmutzung des Weltraums ungeheuer verstärkt, und die Photonen folgen ihrer Bahn nahezu ungehindert bis in alle Ewigkeit. Doch das Spektrum des Radiolärms umfaßt einen sehr breiten Frequenzbereich, und das Signal, das sich ein kosmischer Zuhörer auf irgendeiner dieser Wellenlängen einwählen könnte, würde nur einen winzigen Bruchteil des gesamten entweichenden Radiolärms darstellen. Außerdem hat sich die hinaussickernde Radiostrahlung in alle Richtungen ausgebreitet und dadurch hochgradig verdünnt. Nur bei einem vorsätzlichen Versuch, eine Botschaft auf einem Richtstrahl zu einem speziellen Stern zu übertragen, bestünde die begründete Hoffnung, daß sie zur Kenntnis genommen wird. Wenn jedoch jeder hinaushorcht und niemand auf Sendung geht, bleibt eine Lauschkampagne die einzige Möglichkeit für eine Ortung.

Der angenehmste Frequenzbereich für einen funktechnischen Vorstoß liegt zwischen 1000 und 10000 Megahertz. Höhere Frequenzen werden vom Wasserdampf der Atmosphäre absorbiert; niedrigere Frequenzen überdeckt der lärmende Hintergrund der Radioemission unserer Galaxis. Bei 1420 MHz durchflutet die kräftige Strahlung des atomaren Wasserstoffs die Milchstraße. Eine ähnlich starke Emission bei 1620 MHz stammt von den Hydroxyl-Molekülen (OH). Die Frequenzlücke zwischen diesen beiden hervorstechenden Strahlungen heißt »Wasserloch«, und genau sie würden die interstellaren Funker aller Wahrscheinlichkeit nach bei der Aufnahme freundlicher Kontakte auswählen.

Die Wasserstoff-Frequenz erfüllt die Galaxis wie ein kosmisches Leuchtfeuer, doch durch ein Abhören von Frequenzen, die nur ein paar Megahertz daneben liegen, läßt sich der natürliche Störpegel umgehen. Soweit wir wissen, verwenden alle Lebensformen Wasser als Lösungsmittel. H und OH vereinigen sich, um Wasser zu bilden, und jede Zivilisation im Universum würde die besondere Bedeutung dieser Reaktion für das Leben erkennen. Wenn man sich bei der Suchaktion für irgendeine besondere Frequenz entscheiden müßte, würde die Wahl wahrscheinlich auf den Bereich des »Wasserlochs« fallen. Doch selbst dieses schmale Frequenzband eröffnet eine große Anzahl verschiedener Kanäle.

Das Gebiet des »Wasserlochs« umfaßt eine Bandbreite von 200 Megahertz. Jede einzelne Radiofrequenz wird bei ihrer Ausbreitung durch das interstellare Medium infolge atomarer Prozesse eine leichte Verbreiterung erfahren, doch dürfte diese etwa 0,015

Hertz kaum übersteigen. Wenn die 200 Megahertz in 0,1-Hertz-Schritten abgesucht werden sollen, müssen mehrere hundert Millionen Frequenzkanäle abgetastet werden. Glücklicherweise dürfte die Radiotechnologie in Bälde die Möglichkeit bieten, in einer Sekunde Hunderte von Millionen Frequenzkanälen absuchen zu können.

1960 machte sich Frank Drake, damals noch Mitarbeiter der Cornell-Universität, mutig auf die Suche nach Funksignalen, die von extraterrestrischen Intelligenzen hätten stammen können. Als Leiter des National Radio Astronomy Observatory plante er etwa 200 Stunden an einem 24-m-Radioteleskop ein, um nach Signalen von zwei Kandidatensternen zu horchen. Er nannte seine kurze Ausschau »Projekt Ozma« und bezog sich damit auf die Königin des Märchenlandes Oz. Sämtliche Vorgaben sprachen dafür, daß Drake und seine Kollegen erfolglos bleiben würden, und so kam es dann auch. Ihre Aktion war kaum mehr als die berühmte Suche nach der Nadel im Heuhaufen, doch sie hatten wenigstens einen Anfang gemacht und damit begonnen, den geräuschvollen Radiohintergrund zum Zweck eines künstlichen Funkkontakts durchzusieben.

Drake und Carl Sagan, ebenfalls von der Cornell-Universität, fädelten daraufhin den Einsatz der größten Antenne der Erde ein. Es handelte sich hierbei um die 304 m große Parabolantenne von Arecibo, die man in einen großen Krater der Landschaft Puerto Ricos eingepaßt hatte. Die Lauschaktionen wurden größtenteils in den Zeitplan anderer Projekte eingeschmuggelt, denn Geldmittel, speziell für eine Bemühung, deren Erfolgsaussichten derart gering zu sein schienen, standen nicht zur Verfügung.

Neben ihren Abhöraktivitäten strahlten Drake und seine Mitarbeiter am 16. November 1974 eine verschlüsselte Botschaft aus, die von intelligenten Zuhörern in eine umfassende, uns betreffende Beschreibung dechiffriert werden könnte. Der gebündelte Radiostrahl wurde auf den 25000 Lichtjahre von der Erde entfernten Kugelsternhaufen im Sternbild Hercules ausgerichtet. Da die Botschaft ihren Bestimmungsort naturgemäß erst nach 25000 Jahren erreichen wird, können wir vor Ablauf von 50000 Jahren keine Antwort erwarten; für die Menschheit ist dies beinahe eine Ewigkeit, im Leben der Milchstraße jedoch nur ein kleiner Zeitabschnitt.

Diese in Arecibo durchgeführte Unternehmung wurde äußerst

lautstark kritisiert, obwohl sie nur einen Pappenstiel gekostet hat, und als die NASA im Jahr 1978 formell den Vorschlag machte, für die Suche nach extraterrestrischer Intelligenz (»Search for Extraterrestrial Intelligence« = SETI) pro Jahr etwa zwei Millionen Dollar auszugeben, wurde der Behörde von dem früheren Senator William Proxmire der Preis des »Goldcnen Vlieses«, die monatliche Würdigung einer besonders extremen und törichten Verschwendung öffentlicher Gelder, zuerkannt.

Eine ganze Weile gelang es Proxmire, jede finanzielle Unterstützung der NASA für das Projekt SETI zu verhindern. Als er entdeckte, daß die NASA pro Jahr ungefähr eine Million Dollar für eine Technologie aufwandte, die mit SETI in Verbindung stand, brachte er den Kongreß dazu, selbst diese kümmerlichen Bemühungen abzuwürgen. Sagan stellte sich der politischen Herausforderung Proxmires in Form eines entschlossenen Gegenangriffs, der von einer großen Zahl anerkannter Wissenschaftler aus vielen Nationen unterstützt wurde. Die Förderer des SETI-Projekts traten an die Washingtoner Politiker und auch an Senator Proxmire heran und versuchten, sie von der Notwendigkeit des Vorhabens und von dem technologischen Nutzen, der mit einer solchen Anstrengung verbunden wäre, zu überzeugen. Martin Rees von der Universität Cambridge wurde oft mit dem Satz zitiert: »Das Nichtvorhandensein eines Beweises ist kein Beweis für Nichtvorhandensein.«

Im Jahr 1981 erhielt Paul Horowitz, ein junger Radioforscher an der Universität Harvard, eine bescheidene Unterstützung von der Planetary Society, einer weitverzweigten Organisation von etwa 100000 Menschen, die sich für die Erforschung des Weltraums begeistern, unter dem Vorsitz von Sagan. Horowitz machte sich daran, das leistungsfähigste elektronische Suchgerät zu entwerfen, das die gegenwärtige Technologie für das Abtasten des Radiohintergrundspektrums herzustellen vermag. 1983 brachte er seine Neuentwicklung, die er später »Handkoffer-SETI« taufte, zur Überprüfung nach Arecibo. Als er mit seinem Koffer nach Harvard zurückkam, installierte man diesen an einer 26-m-Parabolantenne, die für ein Vorhaben gedacht war, das später als »Projekt Sentinel« (»Wachposten«) bekannt wurde. Ursprünglich war »Sentinel« dafür ausgelegt gewesen, 250000 Funkfrequenzkanäle pro Sekunde abzusuchen, und das Gerät vermochte in einer Minute mehr Signale zu bearbeiten als das »Projekt Ozma« von Drake in 100 Jahren.

Die SETI-Forscher haben die Bedeutung von Doppler-Verschiebungen erkannt, die bei jeder sehr schmalbandigen Frequenz, die in Richtung Erde abgestrahlt wird, auftreten. Die Umlaufbewegung der Erde um die Sonne wie auch ihre Eigendrehung verursachen an einem Signal, das von einem fernen Sender empfangen wird, spürbare Doppler-Verschiebungen. Eine weitere Ursache liegt in der Bewegung des lokalen Galaxienhaufens in bezug auf das Universum als Ganzes, wie sie durch die Asymmetrie der kosmischen Hintergrundstrahlung enthüllt wurde. Wenn eine fremde Zivilisation mit uns exakt auf der Wasserstoff-Frequenz in Kontakt treten wollte, müßten wir etwa 10 Millionen Kanäle absuchen, um die galaktische Doppler-Verschiebung hinsichtlich eines ruhenden kosmischen Rahmens zu kompensieren.
Senator Proxmire ließ sich schließlich erweichen, und der NASA wurde zugebilligt, im Laufe einiger Jahre etwa 12,5 Millionen Dollar auszugeben, um die Technologie für eine radioastronomische Suche voranzubringen. Mit Hilfe einer privaten Spende von Steven Spielberg, dem Produzenten des Films *E.T.*, wurde das »Projekt Sentinel« im Jahr 1985 aufgestockt und kann nun gleichzeitig 8,4 Millionen Kanäle abtasten.
Die großartigen Fortschritte, die beim Absuchen des Radiospektrums erzielt wurden, sind jedoch letztlich nur Ansätze, wenn man an die Untersuchung der vielen Millionen Sterne denkt, die dringend geboten ist, wenn irgendeine Aussicht auf Erfolg bestehen soll. Das neueste Projekt der NASA sieht vor, in einer Sekunde mehrere Millionen Kanäle mit einer erheblich größeren Empfindlichkeit abzusuchen. Die Elektronik, die momentan entwickelt wird, dürfte beinahe mit Sicherheit wesentliche Fortschritte auch auf Gebieten außerhalb des SETI-Projekts mit sich bringen, und dies sollte selbst den Ex-Senator Proxmire zufriedenstellen.
Freeman Dyson bedauert, daß sich die Suche nach künstlichen Signalen intelligenten Lebens beinahe ausschließlich auf das Radiospektrum konzentriert. Er beharrt darauf, daß in jedem Kanal des Spektrums eine mögliche Quelle für einen Hinweis liegen könnte; eine Langstreckensuche nach Leben unterscheidet sich aus diesem Grund nur wenig von einem Forschungsprogramm, wie es in der Astronomie generell üblich ist. Dyson dringt vor allem auf die Verwendung des Infraroten, ein Gebiet, auf dem es extreme Fortschritte gegeben hat, die in der kürzlich abgeschlossenen IRAS-Mission ihren Höhepunkt fanden. Alle bis heute

entdeckten Infrarotquellen lassen sich als natürliche astronomische Objekte erklären, deren Leuchtkraft diejenige der Sonne bei weitem übersteigt. Doch Dyson weist darauf hin, daß jede technologisch fortgeschrittene Art überschüssige Wärme abstrahlen müßte; besonders reichhaltig würde sie im fernen Infrarot ausfallen. Sein Modell einer künstlichen Quelle geht von einem unserer Sonne ähnlichen Stern aus, der in einen Bereich mit bewohnbaren kometenartigen Himmelskörpern eingebettet wäre. Die zukünftige Infrarotastronomie wird in der Lage sein, solche schwachen Quellen zu identifizieren. Der Sinn dieser Suche besteht darin, ein Himmelsobjekt zu finden, das außerhalb unserer geläufigen Erfahrungs- und Erklärungsmuster liegt.

»Sind wir allein?« ist eine der tiefgründigsten Fragen, die menschliche Wesen stellen können. Philip Morrison hat einmal gesagt, die Entdeckung von Leben auf einem anderen Planeten würde ein Wunder in eine statistische Erscheinung verwandeln. Bis heute ist das Wunder unangetastet geblieben. Alles spricht dafür, daß auf keinem anderen Planeten unseres Sonnensystems Leben existiert. Wir müssen unsere Suche auf wesentlich fernere Bereiche konzentrieren. Und sollten wir zu dem Schluß gelangen, daß unser kleiner lebenspendender Planet wirklich einzigartig ist - wird sich die Menschheit dann dazu durchringen, sich ihrer Selbstvernichtung zu widersetzen, unsere fein ausbalancierte Umwelt zu bewahren und auf die irreparable Dummheit eines nuklearen Krieges zu verzichten?

Was wissen wir vom Menschen außer seiner Stelle hier,
Von welcher sei geurteilt, auf welche sich bezogen?
Durch Welten ungezählt, wenn auch dem Herrn bekannt,
Ist unser Trachten, ihm nur in uns selber nachzuspüren.
Er, der die Unermeßlichkeit durchdringen kann,
Sieht Welten über Welten, wie sie sich zum Universum formen,
Betrachtet, wie ein System ins nächste läuft,
Welch andere Planeten um andere Sonnen kreisen,
Welche verschiednen Wesen einen jeden Stern bevölkern,
Und wird vielleicht erzählen, warum der Himmel uns erschaffen hat so, wie wir sind …

Alexander Pope,
Über den Menschen (1733)

Epilog – Reflexionen über Geist und Kosmos

Ich weiß nicht, wie mich die Welt sieht, doch mir selbst scheint es so, daß ich wie ein kleiner Junge war, der am Strand spielt. Ich vertrieb mir die Zeit, indem ich da und dort einen noch glatteren Kieselstein oder eine hübschere Muschel als sonst fand, während der große Ozean der Wahrheit völlig unentdeckt vor mir lag.

Sir Isaac Newton,
zitiert aus *Brewsters Memoirs of Newton*,
Bd. 2, 1855

Andere Sehnsüchte schwinden mit ihrer Befriedigung dahin, doch die Sehnsucht nach dem Wissen nie: Das Auge wird vom Sehen nicht satt, noch füllt sich das Ohr vom Hören. ... Die Summe der Dinge, die man kennen müßte, ist unerschöpflich, und wie lange wir auch lesen mögen, wir werden doch nie ans Ende unseres Geschichtenbuchs kommen.

A. E. Housman,
in: John Carter (Hrsg.), *Selected Prose*, 1961

Die schönste Erfahrung, die wir machen können, ist die des Geheimnisvollen. Dieses Gefühl steht an der Wiege jeder echten Kunst und Wissenschaft.

Albert Einstein,
The World As I See It, 1949
(deutsch: *Mein Weltbild*, 1953)

In meinem ganzen wissenschaftlichen Leben, das sich über fünfundvierzig Jahre erstreckt, war meine erschütterndste Erfahrung die, daß eine exakte Lösung der Gleichungen Einsteins in der Allgemeinen Relativitätstheorie ... die *absolut exakte Darstellung* einer unermeßlichen Zahl von Schwarzen Löchern liefert, die das Universum bevölkern. Dieses »Erschauern vor der Schönheit«, diese unglaubliche Tatsache, daß eine Entdeckung, die auf die Suche nach der Schönheit in der Mathematik zurückging, ihre exakte Entsprechung in der Natur finden sollte, läßt mich voller Überzeugung sagen, daß es die Schönheit ist, worauf der menschliche Geist am stärksten und nachhaltigsten anspricht.

S. Chandrasekhar
(angesichts einer von dem Neuseeländer Roy Kerr
aufgestellten Theorie über rotierende Schwarze Löcher),
Truth and Beauty, 1983

In keinem anderen Forschungszweig … sehen sich die Menschen einem Geheimnis und einer Herausforderung der Größenordnung gegenüber, wie sie sich für die Astronomen während ihrer langen Nachtwachen abzeichnen. Der Astronom weiß es aus erster Hand…, wie unbedeutend unsere Erde, wie klein und vergänglich die Menschheit ist. … Doch mehr als das, er fühlt … die Würde, die dem Geist des Menschen innewohnt, weil dieser Geist in all seiner Geringfügigkeit danach strebt, zu sehen, zu lernen und zumindest einen kleinen Teil der geheimnisvollen Majestät des Universums zu begreifen.

Vannevar Bush,
in: *Science Digest*, Juni 1978

Ich habe ungefähre Antworten, Vermutungen und verschiedene Wahrscheinlichkeitsgrade bezüglich etlicher Dinge, doch ich bin mir bei keiner Sache absolut sicher. Es gibt vieles, wovon ich gar nichts weiß, zum Beispiel, ob die Frage, warum wir hier sind, überhaupt irgendeine Bedeutung hat. Aber ich muß auch gar keine Antwort darauf kennen. Ich spüre keine Furcht, weil ich viele Dinge nicht weiß, weil ich in einem geheimnisvollen Universum ohne jeden Sinn verloren bin, wie es ja, soviel ich sagen kann, wirklich der Fall ist. Es bereitet mir keine Angst.

Richard P. Feynman
in einem Interview im Jahr 1981

Anhang

A Das vollständige Spektralband der elektromagnetischen Strahlung

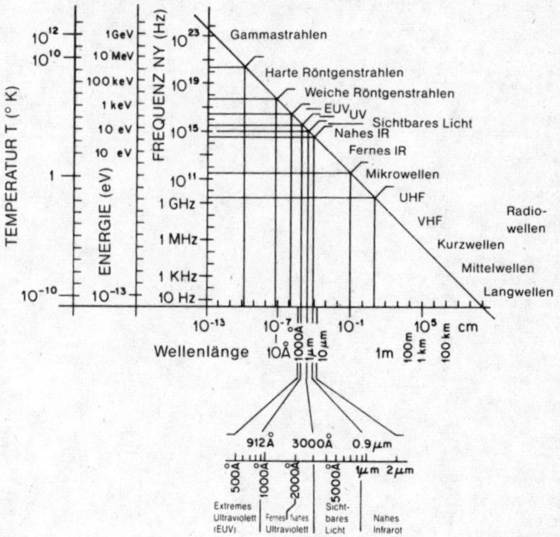

Abbildung 92. Mit Genehmigung von J. L. Culhane und P. W. Sanford, *X-Ray Astronomy*, New York (Scribners) 1981, S. 30

Die senkrechten Skalen zeigen die Frequenzen in Hertz, die äquivalente Quantenenergie in Elektronenvolt und die charakteristische Temperatur in Grad Kelvin. Auf den waagrechten Skalen sind die Wellenlängen in metrischen Einheiten und in Ångström angegeben (1 Ångström = 10^{-8} cm). Die Radiowellenlängen werden in den Einheiten Zentimeter, Meter und Kilometer ausgedrückt; die optischen Wellenlängen und diejenigen des Röntgenbereichs erscheinen in Ångström und Nanometer (1 Nanometer = 10^{-9} Meter); die infraroten Wellenlängen sind in Mikron oder

Mikrometer angegeben (1 Mikron = 10^{-6} Meter). Der optische Spektralbereich ist unten noch einmal vergrößert abgebildet. Die Frequenz ν (in Hertz, Schwingungen pro Sekunde) und die Wellenlänge λ (in Zentimetern) stehen mit der Lichtgeschwindigkeit C (in Zentimeter pro Sekunde) in folgendem Zusammenhang:

$\lambda \nu = C$ (Wellenlänge x Frequenz = Lichtgeschwindigkeit).

B Der Doppler-Effekt

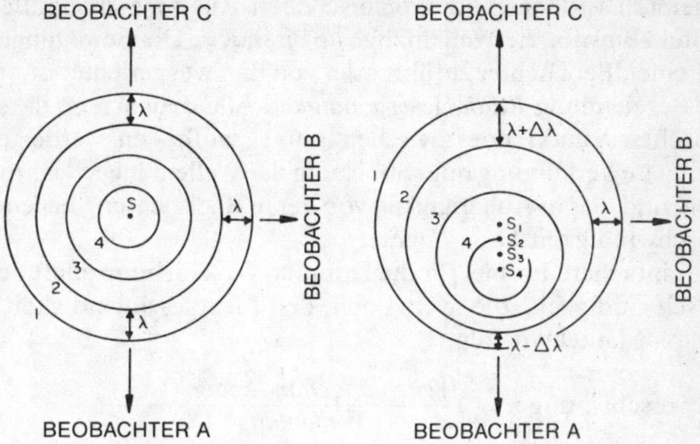

Abbildung 93. Der Doppler-Effekt. (a) Die Lichtquelle s befindet sich in bezug auf den Beobachter in Ruhe. (b) Die Lichtquelle s bewegt sich in bezug auf den Beobachter.

Christian Doppler wies 1842 darauf hin, daß die Lichtwellen enger zusammengedrängt werden, sobald sich eine Lichtquelle einem Beobachter nähert; wenn die Quelle zurückweicht, werden die Wellen gestreckt. Der Effekt ist in ähnlicher Weise bei den Schallwellen anzutreffen. Wenn ein Polizeiauto auf Sie zurast, liegt die Tonhöhe der Sirene über derjenigen, die Sie wahrnehmen, wenn das Auto vorbeigefahren ist und sich entfernt. In Abbildung 93a befindet sich die Lichtquelle in bezug auf den Beobachter in Ruhe. Wie die Wellenkringel, die durch regelmäßig aufprallende Tropfen in einem Wasserkübel entstehen, breiten sich aufeinanderfolgende Wellenkämme gleichförmig in alle Richtungen aus und kommen an einem Beobachter mit einem konstanten Abstand λ, der Wellenlänge, vorüber. Sobald sich jedoch die Quelle bezüglich des Beobachters bewegt, wie dies in Abbildung 93b dargestellt ist, werden die aufeinanderfolgenden Wellen ausgesandt, während sich die Quelle an verschiedenen Orten befindet: S1, S2, S3 und S4. Für den Beobachter A sind die vorbeiziehenden Wellen durch eine Distanz von weniger als λ voneinander getrennt, während der Beobachter C einen Abstand sieht, der größer ist als λ. Die Wellenlänge der Strahlung, die von A betrachtet wird, ist verkürzt oder blauverschoben, bei C erscheint sie verlängert oder rotverschoben. Aus der Sicht des Beobachters B bleibt die Wellenlänge unverändert. Die Bewegung, die auf einen Beobachter zuführt oder von ihm weggerichtet ist, trägt die Bezeichnung *Radialgeschwindigkeit.* Alle Beobachter, die sich zwischen A und B oder zwischen B und C aufhalten, werden eine geringere Verkürzung oder Streckung der Wellenlängen wahrnehmen, und dies in Abhängigkeit von der in Blickrichtung liegenden Geschwindigkeitskomponente.

Die einfachere Formel für die Doppler-Verschiebung gilt für eine Geschwindigkeit, die weit unter der Lichtgeschwindigkeit (c) liegt; sie lautet wie folgt:

$$\text{Rotverschiebung } z = \frac{\textit{Wellenlängenänderung } (\Delta\ \lambda)}{\textit{Wellenlänge } (\lambda)}$$

$$= \frac{\textit{Geschwindigkeit } (v)}{c}$$

Wenn sich ein Stern entfernt, läßt sich seine Radialgeschwindigkeit aus der Rotverschiebung ableiten:

$$v = c\,\Delta\,\lambda\,/\,\lambda.$$

Für Rotverschiebungen, bei denen z über einen Wert von etwa 0,1 ansteigt, muß eine relativistische Doppler-Formel angewandt werden. Die Beziehung zwischen der Rotverschiebung und der Fluchtgeschwindigkeit ist für große Rotverschiebungen in der folgenden Tabelle angegeben:

Rotverschiebung	Fluchtgeschwindigkeit (% c)
0,1	10
1,0	60
10,0	98,5
100,0	99,95

C Das Keck-Teleskop

Das Keck-Teleskop wird nach seiner Fertigstellung, die um 1991 erfolgen dürfte, das größte Fernrohr der Welt sein. Sein 10-m-Spiegel wird aus einem Mosaik von 36 sechseckigen Segmenten bestehen, die jeweils einen Durchmesser von 1,8 m aufweisen und die zu einem wabenartigen Muster zusammengefügt werden. Die Segmente sind nur 7,5 cm dick. Der Komposit-Spiegel und die Teleskopstruktur werden lediglich 158 Tonnen wiegen; dies beläuft sich nur etwa auf ein Drittel des Gewichts des Hale-Teleskops am Mount Palomar, obwohl die Fläche des neuen Fernrohrs viermal so groß ausfallen wird. Der Schliff und die Politur werden mit Hilfe eines ausgeklügelten Verfahrens, das von Jerry Nelson und seinen Mitarbeitern am Lawrence-Berkeley-Labor entwickelt wurde, durchgeführt. Das Verfahren beruht nicht auf der Politur eines Satzes von flachen, »Off-axis«-Paraboloiden, sondern es wird auf die vergleichsweise leichte Aufgabe reduziert, eine konkave, sphärische Oberfläche herauszuarbeiten. Nelson wird hierbei die Technik eines »Stressed Mirror Polishing« anwenden (»Politur eines belasteten Spiegels«). Jeder einzelne 1,8-m-Spiegel wird entlang seines Umfangs mit einem präzise berechneten Betrag belastet und zu einer sphärischen Form geschliffen. Wenn man die Belastung lockert, wird der Spiegel in die gewünschte parabolische Form springen. Das Segment wird daran anschließend im Bereich seiner Außenkante zu einem sechseckigen Umriß zugeschnitten.

Weil sich der vollständig zusammengebaute Spiegel infolge der Schwerkraft, der Temperaturschwankungen und des Windes verformen wird, werden Sensoren am Rand der Segmente einem Computer Anweisungen geben, an die unter jedem Segment angebrachten Steuerkolben Signale weiterzuleiten, mit denen die Position relativ zu den benachbarten Segmenten zweimal pro Sekunde mit einer Genauigkeit von bis unterhalb einer Wellenlänge des sichtbaren Lichts korrigiert wird.

Das Keck-Teleskop wird soeben auf dem Gipfel des Mauna Kea auf Hawaii in einer Höhe von 4200 m aufgestellt. In einer solchen Höhenlage gefriert der Wasserdampf aus der Luft aus, und die Turbulenz ist minimal; dadurch eignet sich dieser Platz für die

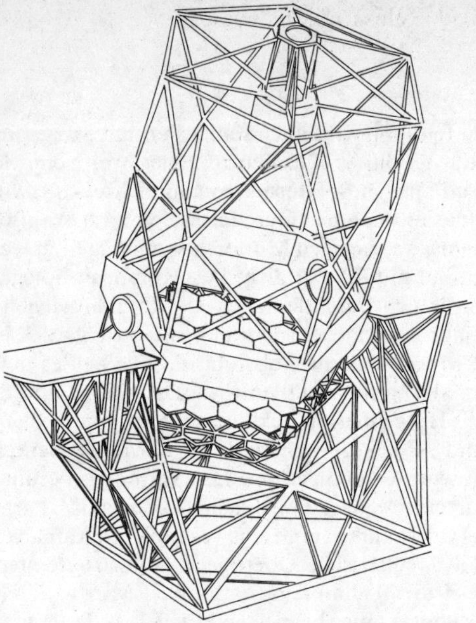

Abbildung 94. Eine schematische Darstellung des Keck-Teleskops. 36 sechseckige Spiegelsegmente sind so ineinandergepaßt, daß sie der Öffnung eines einzigen hyperbolischen Spiegels von 10 Metern Durchmesser entsprechen. (Mit Genehmigung der California Association for Research in Astronomy)

Beobachtung im Infrarot- und Submillimeterbereich wie auch für die optische Astronomie in ganz besonderem Maße. Das Personal wird in 2800 m Höhe schlafen, und die Gebäude auf dem Gipfel werden mit Sauerstoff versorgt, um die Arbeiter vor Sauerstoffmangel zu schützen.

D Das »Very Large Telescope«

An der Europäischen Südsternwarte ESO hat man mit der Arbeit an einem 235 Millionen Dollar teuren »Very Large Telescope« (VLT; »Sehr großes Teleskop«) begonnen. Es soll in Nordchile aufgestellt werden. Es wird aus vier 8-m-Spiegeln gebildet, die auf separaten Montierungen 29,9 m weit auseinanderstehen. Kombiniert man die vier Teleskope miteinander, so können sie als ein »Multiple Mirror Telescope« (MMT, »Mehrfachspiegelteleskop«) fungieren und die einzelnen Bilder mit der Lichtstärke eines einzigen 16-m-Spiegels zur Deckung bringen. Als Alternative hierzu kann man die vier Teleskope als ein Interferometer mit einer bis zu 150 m langen Basislinie einsetzen. Die Spiegel weisen eine Dicke von weniger als 30,48 cm auf und sind somit »biegsam«. Deshalb werden sie über 350 bewegliche Kontaktpunkte fortwährend von einem Computer justiert, um die infolge einer schwerkraftbedingten Durchbiegung und durch Temperaturveränderungen auftretenden Verformungen auszugleichen.

Abbildung 95. Das »Very Large Telescope« (VLT). (Mit Genehmigung der Europäischen Südsternwarte ESO)

Das VLT wird im Freien betrieben werden und nicht in einer Kuppel oder einem kastenförmigen Schutzbau untergebracht sein. Davon erhofft man sich geringere thermische Deformationen. Ein aerodynamischer Windschutz wird einen gleichmäßigen Luftstrom im Bereich des Teleskops aufrechterhalten.

Danksagung

Ich bin zahlreichen Astronomen und wissenschaftlichen Institutionen zu Dank verpflichtet, denn sie haben mir in großzügiger Weise gestattet, Illustrationen aus ihren Sammlungen zu verwenden. Die Quellenangaben befinden sich in den Bildlegenden.
Die von meinem Sohn Jon Friedman angefertigten Porträtzeichnungen beruhen auf Photographien, die ich mir von Kollegen ausgeliehen hatte oder die sich in den Archiven folgender Institute fanden: American Institute of Physics, Astronomical Society of the Pacific, California Institute of Technology, George Washington University, Harvard University, University of Chicago, Lick Observatory; weiterhin standen hierfür die Bestände der Zeitschriften *Mercury* sowie *Sky and Telescope* zur Verfügung.
Antonina Buis stand mir von Beginn an als Lektorin zur Seite; sie stellte die Verbindung zum Redaktionsausschuß des Commonwealth-Fund-Buchprogramms her und half mir, die Struktur des Buches zu entwickeln. Der vorletzte Entwurf wurde von Cheryl Simon betreut, deren sanftes Drängen mich veranlaßte, den Text zu vereinfachen und mögliche Hindernisse für mit dem Thema weniger vertraute Leser abzubauen. Beide ermunterten mich, anekdotisches Material aus meinem persönlichen Erfahrungsschatz in den Text einzuarbeiten und mich durchweg eher eines erzählenden Stils zu befleißigen, als in den Ton eines Lehrbuchs zu verfallen.

Herbert Friedman, im Juni 1989

Weiterführende Literatur

Asimov, I., *Explodierende Sonnen. Geheimnisse der Supernova*, Kiepenheuer & Witsch, Köln 1989.
Bartusiak, M., *Thursday Universe*, Times Books, New York 1986.
Bok, B., und Bok, P.F., *The Milky Way*, Harvard Univ. Press, Cambridge, Mass., 1979.
Ferris, T., *Die rote Grenze. Auf der Suche nach dem Rand des Universums*, Birkhäuser, Basel [2]1986.
Field, G., und Chaisson, E., *Das unsichtbare Universum. An den Grenzen der modernen Astrophysik*, Birkhäuser, Basel 1986.
Friedman, H., *Die Sonne. Aus der Perspektive der Erde*, Spektrum der Wissenschaft, Heidelberg 1987.
- , *The Amazing Universe*, National Geographic Society, Washington, D.C., 1975.
Gamow, G., *A Star Called the Sun*, Viking Press, New York 1964.
Goldsmith, D., *The Evolving Universe*, Benjamin Cummings, 1985.
Greenstein, G., *Der gefrorene Stern. Schwarze Löcher und das Schicksal des Alls*, Econ, Düsseldorf 1985.
Harrison, E.R., *Kosmologie. Die Wissenschaft vom Universum*, Darmstädter Blätter Schwarz & Co., Darmstadt 1983.
Hawking, S., *Eine kurze Geschichte der Zeit. Die Suche nach der Urkraft des Universums*, Rowohlt, Reinbek 1988.
Henbest, N., und Marten, M., *Die neue Astronomie*, Birkhäuser, Basel 1984.
Hodge, P.W., *Galaxies*, Harvard Univ. Press, Cambridge, Mass., 1968.
Horowitz, N.H., *To Utopia and Back*, W.H. Freeman, New York 1968.
Kippenhahn, R., *Licht vom Rande der Welt. Das Universum und sein Anfang*, Piper, München 1987.
- , *Hundert Milliarden Sonnen. Geburt, Leben und Tod der Sterne*, Piper, München [3]1981.
Noyes, R., *The Sun Our Star*, Harvard Univ. Press, Cambridge, Mass., 1983.
Pagels, H.R., *Die Zeit vor der Zeit. Das Universum bis zum Urknall*,

Ullstein, Berlin 1987.
Schklowski, J.S., und Sagan, C., *Intelligent Life in the Universe*, Holden-Day, San Francisco 1966.
Schwinger, J., *Einsteins Erbe. Die Einheit von Raum und Zeit*, Spektrum der Wissenschaft, Heidelberg [2]1988.
Shipman, H.L., *Black Holes, Quasars, and the Universe*, Houghton Mifflin, Boston, Mass., 1980.
Silk, J., *The Big Bang*, W.H. Freeman, San Francisco 1980.
Sullivan, W., *Black Holes*, Doubleday, New York 1979.
- , *We Are Not Alone*, McGraw-Hill, New York 1964.
Tucker, W., und Giacconi, R., *The X-Ray Universe*, Harvard Univ. Press, Cambridge, Mass., 1985.
Weinberg, S., *Die ersten drei Minuten. Der Ursprung des Universums*, Piper, München [6]1986.

Glossar

Absoluter Nullpunkt: Eine Temperatur, bei der ein Gas keine thermische Energie mehr aufweist. Dieser Punkt liegt bei 0° K, bei -273,16° C oder bei -459,69° F.

Absolute Temperatur: Eine Temperatur, die nach der Kelvin-Skala (K) bestimmt wird, die am absoluten Nullpunkt beginnt und in einer der Celsius-Skala entsprechenden Abstufung ansteigt; Wasser gefriert somit bei 273,16° K und erreicht bei 373,16° K seinen Siedepunkt.

Absorptionslinie: Ein schmaler Ausschnitt in einem von Photonen gebildeten Spektrum, innerhalb dessen die Strahlungsintensität geringer ausfällt als in den benachbarten Bereichen.

Akkretion: Ein Phänomen, bei dem Materie auf ein Objekt herabstürzt.

Akkretionsscheibe: Eine Materieansammlung in Gestalt einer spiralförmigen, flachen Scheibe, die sich um ein kompaktes Objekt herum erstreckt.

Alphateilchen: Der Atomkern eines Helium-4-Atoms, der sich aus zwei Protonen und zwei Neutronen zusammensetzt.

Angeregter Zustand: Der Zustand eines Atoms, bei dem mindestens ein Elektron eine Umlaufbahn eingenommen hat, die über dem Orbit mit der geringsten zulässigen Energiestufe liegt. Das Atom kann in seinen Grundzustand zurückkehren, wenn es ein Elektron von einem angeregten Zustand auf eine kleinere Umlaufbahn überführt, wobei ein Photon ausgesandt wird.

Ångström: Eine Maßeinheit für die Wellenlänge, die 10^{-8} Zentimetern entspricht und häufig mit Å abgekürzt wird.

Annihilation: Die Wechselwirkung zwischen einem Materieteilchen und einem Antimateriepartikel, bei der die Masse vollständig in Gammastrahlung umgewandelt wird.

Antimaterie: Materie, die sich aus Antiteilchen zusammensetzt.

Antiteilchen: Die Antimaterie-Entsprechung eines Elementarteilchens, die zwar dieselbe Masse und den gleichen Spin aufweist, doch eine gleich große entgegengesetzte elektrische Ladung trägt.

Apogäum: Wenn ein Objekt auf einer elliptischen Bahn um ein anderes herumläuft, kennzeichnet das Apogäum den Bahnpunkt, an dem der gegenseitige Abstand am größten ist.

Astrometrie: Ein Teilgebiet der Astronomie, das sich mit der präzisen Positionsbestimmung von Himmelsobjekten beschäftigt.

Astronomische Einheit: Der durchschnittliche Abstand zwischen Sonne und Erde. Er entspricht 149 597 900 Kilometern.

Astrophysik: Das Studium der Zusammensetzung und anderer physikalischer Eigenschaften von Himmelsobjekten.

Atomkern: Der zentrale Bereich eines Atoms, der aus einem oder mehreren Protonen besteht; zusätzlich können an seinem Aufbau Neutronen beteiligt sein.

Auflösungsvermögen: Die Fähigkeit eines Fernrohrs, zwei engbenachbarte Sterne nicht als einen einzigen Fleck abzubilden, sondern in zwei nebeneinanderstehende Punkte aufzulösen. Die Auflösung ist direkt proportional zur Teleskopöffnung und indirekt proportional zur Wellenlänge.

Balmer-Serie: Spektrallinien des Wasserstoffatoms, die mit dem zweiten Energieniveau in Verbindung stehen. Die kräftige rote, im sichtbaren Bereich bei 6563 Ångström liegende Emissionslinie geht mit dem Übertritt vom dritten zum zweiten Energieniveau einher.

Bedeckung: Das Vorüberziehen eines Himmelsobjekts vor einem anderen, wie es aus der Sicht eines entfernt stehenden Beobachters erscheint.

Bedeckungsveränderlicher: Ein Doppelsternsystem, bei dem ein Stern vor dem anderen einmal pro Umlauf vorüberzieht und diesen dabei für einige Zeit den irdischen Blicken entzieht.

Bit: Die kleinste Informationseinheit in einem Computer; sie entspricht den Werten Null oder Eins beziehungsweise einer einzigen binären Entscheidung. Bit ist eine Verkürzung des Begriffs *binary digit* (»Binärziffer«).

Blauer Riese: Ein massereicher Stern mit einer hohen Oberflächentemperatur.

Bremsstrahlung: Eine Kontinuumstrahlung, die immer dann ausgesandt wird, wenn zwei geladene Teilchen bei einem Beinahe-Zusammenstoß knapp aneinander vorbeifliegen (dieser

Umstand wird im englischsprachigen Bereich ebenfalls mit dem Begriff »Bremsstrahlung« gekennzeichnet).

Byte: Eine Folge von gewöhnlich acht Bits, die in einem Computer als eine Einheit bearbeitet wird.

cD-Galaxis: Eine extrem massereiche Galaxis, die in der Mitte eines reichhaltigen Galaxienhaufens zu finden ist.

Cepheidenveränderlicher: Ein gigantischer pulsierender Stern, dessen Variabilitätsperiode mit seiner absoluten Helligkeit in Beziehung steht.

Charge coupled Devices (CCD): Gitter winziger elektromagnetischer Strahlungsdetektoren (»Pixels«), die aus Halbleitermaterial gefertigt sind und ausgelesen werden können, um ein Bild zu liefern.

Chromatische Aberration: Ein Linsenfehler, bei dem verschiedene Farben nicht zu ein und demselben Brennpunkt zusammengeführt werden.

Chromosphäre: Ein Bereich in der Atmosphäre unserer Sonne sowie der anderen Sterne – er schließt sich mit einer Höhe von 10000 bis 100000 km unmittelbar an die Photosphäre an –, der in der äußeren Korona aufgeht.

Deuterium: Ein Isotop des Wasserstoffs, bei dem sich der Atomkern aus einem Proton und einem Neutron zusammensetzt.

Doppelstern: Zwei Sterne, die ihr gemeinsames Massenzentrum umkreisen.

Doppler-Effekt: Eine Wellenlängenverschiebung, bei der die Wellenlängen verkürzt erscheinen, wenn sich eine Strahlungsquelle auf einen Beobachter zubewegt, und sich entsprechend vergrößern, sobald die Quelle zurückweicht.

Drehmoment: Ein Maß für den einem Objekt innewohnenden Spin.

Eigenbewegung: Die scheinbare Bewegung eines Sterns vor dem Hintergrund sehr weit entfernter Sterne.

Elektron: Ein Elementarteilchen, das genau eine Einheit negativer elektrischer Ladung trägt und eine Masse von 9,1 mal 10^{-28} Gramm aufweist.

Emissionslinie: Ein Spitzenwert in der Photonenintensität, der auf einen schmalen Wellenlängenbereich beschränkt bleibt.

Ereignishorizont: Eine sphärische Oberfläche, die sich in einem Abstand um ein Schwarzes Loch erstreckt, der dessen Radius entspricht. Jedes innerhalb dieses Radius stattfindende Ereignis kann von außen nicht beobachtet werden, denn kein Signal vermag aus dem Inneren eines Schwarzen Lochs durch den Ereignishorizont hindurchzulaufen.

Erg: Eine metrische Leistungseinheit, die der Arbeit entspricht, die von einer 1 dyne starken Kraft über eine Strecke von 1 cm ausgeführt wird.

Flare: Ein örtlich begrenztes Gebiet auf der Sonne oder auf einem anderen Stern, dessen Helligkeit plötzlich mindestens um den Faktor 10 hochschnellt, und zwar sowohl im Bereich der Röntgenstrahlen und Radiowellen als auch im Spektralband des sichtbaren Lichts.

Fluchtgeschwindigkeit: Die Mindestgeschwindigkeit, die eine Rakete übertreffen muß, um den Planeten, auf dem ihr Start erfolgt war, ohne eine Wiederkehr verlassen zu können.

Fluß: Der Energiestrom pro cm^2, der von einer bestimmten Strahlungsquelle empfangen wird.

Fusion: Ein nuklearer Prozeß, der die schwereren Atomkerne durch eine Verschmelzung von Protonen und Neutronen aufbaut. Hierbei werden ungeheure Energiemengen freigesetzt.

Galaktischer Kannibalismus: Das Einfangen einer kleineren Galaxis durch eine größere als Folge gegenseitiger Gravitationswirkungen.

Galaktische Koordinaten: Objekte, die von der Erde aus betrachtet werden, kennzeichnet man in bezug auf den galaktischen Äquator mit der galaktischen Breite und in bezug auf die Richtung zum galaktischen Zentrum mit der galaktischen Länge. Der Wert 0° beschreibt die Richtung zum galaktischen Zentrum, der Betrag 180° weist in die entgegengesetzte Richtung.

Galaktischer Superhaufen: Eine sehr große Assoziation aus Galaxien, die sich bis über mehrere hundert Millionen Lichtjahre erstreckt und durch ihre Eigengravitation zusammengehalten wird.

Galaxienhaufen: Eine Gruppe von Galaxien, die seit der Zeit ihrer Entstehung durch die Schwerkraft aneinander gebunden sind.

Ein Haufen kann entweder nur ein paar Dutzend oder aber auch mehrere tausend Galaxien umfassen.

Galaxis: Eine große Ansammlung von Sternen, Gas und Staub, die durch deren gegenseitige gravitationsbedingte Anziehungskräfte zusammengehalten wird. Die meisten Galaxien enthalten Sterne in einer Anzahl, die zwischen ein paar Millionen und einer Billion liegt.

Gammastrahlen: Photonen mit dem größten Energieinhalt (der eine Million Elektronenvolt übersteigen kann) und mit der höchsten Frequenz (über 10^{20} Hertz).

Gesetz des inversen Abstandsquadrats: Die scheinbare Helligkeit einer Quelle nimmt direkt proportional zum Quadrat ihrer Entfernung ab. Ein 100 Lichtjahre entfernter Stern sieht nur ein Viertel so hell aus wie ein Stern in 50 Lichtjahren Entfernung.

Grand unified theory (Große vereinheitlichte Theorie): Eine Theorie der elementaren Kräfte, die die »elektroschwache Theorie« der elektromagnetischen und Schwachen Kernkräfte mit der quanten-chromodynamischen Theorie der Starken Kernkräfte vereinigt. Die Gravitation ist dabei immer noch nicht beteiligt. Abkürzung: GUT.

Gravitation: Die Anziehungskraft, die eine Materie auf eine andere Materie ausübt. Sie ist proportional zum Produkt der Massen beider Objekte und indirekt proportional zum Entfernungsquadrat ihres gegenseitigen Abstands.

Gravitationsbedingte Rotverschiebung: Eine Abnahme der Energie von Photonen, die dann in Erscheinung tritt, wenn diese die Oberfläche eines massereichen Objekts verlassen. Die Verschiebung der Wellenlänge in den roten Spektralbereich ist proportional zur Masse des Objekts, dividiert durch den Radius seiner Oberfläche.

Gravitationslinse: Ein massereiches Objekt, das eine ausreichend starke Anziehungskraft ausübt, um Lichtstrahlen von einer fernen Quelle auf einen Brennpunkt hinzukrümmen.

Hauptreihe: Das Band im Hertzsprung-Russell-Diagramm, auf dem sich die Sterne während einer Entwicklungsphase befinden, in der sie ihre Energie aus der in ihrem Zentrum ablaufenden Fusion von Wasserstoff zu Helium beziehen.

Heliosphäre: Das Raumvolumen, das die Sonne bis zu einer Entfernung umgibt, in der der Sonnenwind auf das interstellare Gas trifft.

Heliozentrisch: Auf die Sonne als Mittelpunkt bezogen.

Hertz: Eine Maßeinheit für die Frequenz; sie entspricht einem Zyklus pro Sekunde. Abkürzung: Hz.

Hertzsprung-Russell-Diagramm: Eine graphische Darstellung, in der die absoluten Helligkeiten der Sterne gegen ihre Temperaturen aufgetragen werden.

Himmelsäquator: Der Großkreis an der Himmelskugel, der sich über dem Erdäquator hinzieht und an jedem Punkt von den Himmelspolen gleich weit entfernt ist.

Himmelskugel: Die scheinbare Sphäre des Himmels, deren Mittelpunkt mit demjenigen der Erde zusammenfällt.

Himmelspole: Zwei Punkte an der Himmelskugel, die genau über dem Nord- und Südpol der Erde liegen.

Hubble-Konstante: Die Proportionalitätskonstante, die die Fluchtgeschwindigkeit der Galaxien mit ihrer Entfernung in Beziehung bringt. Die Konstante ist noch nicht präzise festgelegt worden, doch sie liegt im Bereich zwischen 50 und 100 Kilometern pro Sekunde pro Megaparsek.

Impuls: Das Produkt aus der Masse eines Objekts und seiner Geschwindigkeit. Der Impuls strebt danach, die Bewegung des Objekts mit konstanter Geschwindigkeit entlang einer geraden Linie so lange beizubehalten, bis eine externe Kraft auf ihn einwirkt.

Interferometer: Zwei Teleskope, die ihre Signale so miteinander kombinieren, daß die Interferenz der an den Teleskopen eintreffenden Wellen es gestattet, die Einfallsrichtung zu bestimmen und eine Bildauflösung zu erzielen, deren Definition derjenigen eines einzigen Teleskops entspricht, das einen Durchmesser hätte, der dem Abstand der beiden individuellen Teleskope gleicht.

Intergalaktisches Medium: Das Gas im intergalaktischen Raum, das sich jenseits der Grenzen der Galaxien befindet.

Ionisation: Prozeß, bei dem ein Atom mindestens ein Elektron verliert und dabei eine positive elektrische Ladung annimmt.

Ionosphäre: Teil in der oberen Atmosphäre, der von 80 bis 320 km Höhe reicht. Er ist infolge der solaren Ultraviolett- und Röntgenstrahlung elektrisch aufgeladen.

Isotop: Die Nebenform eines chemischen Elements, die durch die Anzahl der Neutronen im Atomkern gekennzeichnet ist. Die Anzahl der Protonen definiert das entsprechende Element.

Isotrop: Die Eigenschaft einer in allen Richtungen anzutreffenden Gleichförmigkeit. Der Radiomikrowellenhintergrund und der diffuse Röntgenhintergrund sind hochgradig isotrop.

Kinetische Energie: Bewegungsenergie. Bei einem Objekt, das sich mit einer Geschwindigkeit bewegt, die weit unter der Lichtgeschwindigkeit liegt, entspricht die kinetische Energie dem halben Produkt aus seiner Masse und dem Quadrat seiner Geschwindigkeit.

Konstellation: Siehe *Sternbild.*

Kontinuierliches Spektrum: Ein Spektrum, in dem die Strahlung über alle Wellenlängen hin gleichmäßig und kontinuierlich verteilt ist.

Korona: Die äußersten Bereiche der Atmosphäre unserer Sonne oder anderer Sterne, die sich über mehrere Millionen Kilometer in den Raum hinaus erstrecken und Temperaturen aufweisen, die in der Größenordnung einiger Millionen Grad liegen.

Kosmischer Mikrowellenhintergrund: Eine Reststrahlung, die noch vom Urknall herrührt. Sie durchdringt heute das gesamte Universum mit der charakteristischen Temperatur von 2,7° K.

Kosmische Strahlen: In der Hauptsache Elektronen, Protonen und Heliumkerne, die sich mit beinahe Lichtgeschwindigkeit durch die Galaxis bewegen.

Kosmologie: Die Wissenschaft vom Aufbau des Universums als Ganzem und von seiner Entwicklung.

Kritische Dichte: Die Durchschnittsdichte der Materie im Universum, die darüber entscheidet, ob das Universum bis in alle Ewigkeit expandieren wird oder irgendwann einmal wieder in sich zusammenstürzt. Der kritische Wert liegt bei 10^{-29} g/cm^3. Eine höhere Dichte führt zur Umkehrung der gegenwärtigen Expansion; eine geringere Dichte mündet in eine Ausdehnungsbewegung ohne Ende.

Kugelsternhaufen: Sphärische Verdichtungen von bis zu 100000 Sternen in örtlich begrenzten Regionen der Milchstraße, die oft weit außerhalb der galaktischen Ebene liegen. Die Konzentration ist so hoch, daß man mehrere Sterne im Volumen eines einzigen Kubiklichtjahrs finden kann. Das typische Alter der Haufensterne entspricht dem der Galaxis.

Leuchtkraft: Die Gesamtenergie, die in Form von Photonen pro Sekunde abgestrahlt wird.

Lichtjahr: Die Distanz, die das Licht im Lauf eines Jahres zurücklegt; sie entspricht einer Entfernung von 9,4605 mal 10^{15} Metern oder knapp zehn Billionen Kilometern.

Lokale Gruppe: Der in der Nachbarschaft unserer Milchstraße stehende Galaxienhaufen mit ungefähr 20 Mitgliedern.

Lyman-Serie: Die Spektrallinien eines Wasserstoffatoms, die dann emittiert werden, wenn ein Elektron von einem angeregten Zustand auf das erste Energieniveau oder in den Grundzustand zurückspringt. Die Lyman-Alpha-Linie bei 1216 Ångström ist die stärkste Linie im Wasserstoffspektrum. Bei der gleichen Wellenlänge ergeben sich Absorptionslinien, wenn ein Elektron Strahlungsenergie im Grundzustand absorbiert und dadurch in einen angeregten Zustand versetzt wird.

Magellansche Wolken: Zwei kleine irreguläre Begleitgalaxien der Milchstraße; sie sind von der Sonne etwa 48 Kiloparsek weit entfernt.

Magnetfeld: Ein Kraftfeld im Raum, das durch einen Magneten oder durch einen Fluß elektrischer Ladungen hervorgerufen wird. Es lenkt die Bahnen geladener Teilchen ab.

Massenzentrum: Der Punkt innerhalb eines Körpers oder in einer Gruppe von Körpern, in dem das Produkt aus Masse und Entfernung in jeder Richtung von diesem Punkt aus gleich groß ist.

Meridian: Ein imaginärer Kreis, der ausgehend vom Nordpunkt eines Beobachters über dessen Zenit zum Südpunkt des Horizonts verläuft.

Meteoroid: Ein vergleichsweise kleines Objekt aus Gestein oder Metall, das die Sonne umkreist und irgendwann einmal mit der Erde zusammenstoßen dürfte.

Mikrowellen: Radiophotonen mit einer Wellenlänge zwischen einem Millimeter und einigen Zentimetern.

Molekulare Riesenwolke: Eine örtlich begrenzte Region des interstellaren Raums, die eine erheblich höhere Dichte kühlen Gases und Staubs aufweist und dabei Material von etwa einer

Million Sonnenmassen in sich birgt. Dies entspricht einer Dichte von ungefähr 10^{-19} g/cm^3 in einem Volumen, das einen Durchmesser von mehreren, ja bis zu einem Dutzend Lichtjahren haben kann.

Mössbauer-Effekt: Die Emission von Gammastrahlung einer äußerst präzisen Frequenz infolge des radioaktiven Zerfalls.

Nebel: Eine diffuse Wolke aus interstellarem Gas und/oder Staub, die häufig durch das ultraviolette Licht der darin eingebetteten Sterne zu einer Lumineszenz angeregt wird. Manchmal wird der Begriff auch gleichbedeutend mit Galaxis gebraucht.

Neutrino: Ein Elementarteilchen ohne Masse beziehungsweise mit einer sehr geringen Ruhemasse, das ohne jede elektrische Ladung mit nahezu Lichtgeschwindigkeit dahineilt; es wird bei Partikelwechselwirkungen, die von der Schwachen Kernkraft gesteuert werden, emittiert oder absorbiert.

Neutron: Ein Elementarteilchen mit einer Masse, die mit der des Protons beinahe identisch ist (1,647 mal 10^{-24} Gramm); es trägt keine elektrische Ladung. Man vermutet, daß das Neutron aus drei Quarks zusammengesetzt ist; in einem Atomkern bleibt es stabil, doch außerhalb des Kerns zerfällt es rasch in ein Proton, ein Elektron und ein Antineutrino.

Neutronenstern: Ein Objekt, das beim Zusammenbruch des Zentrums eines massereichen Sterns gebildet wird; seine Dichte erreicht 400 Millionen Tonnen pro Kubikzentimeter, der Durchmesser liegt zwischen 16 und 24 Kilometern.

Nichtthermische Strahlung: Eine Photonenemission, die dem spektralen Verhalten eines Schwarzen Körpers nicht Folge leistet.

Nova: Man vermutet, daß es sich dabei um eine Komponente eines Doppelsternsystems handelt, die unvermittelt hell erstrahlt, wenn von ihrem Begleiter eine kritische Masse von Protonen auf sie überströmt, die eine nukleare Fusion zünden kann.

Öffnung: Der Durchmesser der Objektivlinse oder des Objektivspiegels in einem Teleskop.

Parallaxenverschiebung: Eine scheinbare Veränderung einer Sternposition an der Himmelskugel, die durch die Bewegung der Erde um die Sonne hervorgerufen wird. Bei der Bestimmung der Sterndistanzen ist die Parallaxenmethode nur bis zu ein paar hundert Lichtjahren genau genug.

Parsek: Eine Entfernungseinheit; sie entspricht 3,262 Lichtjahren und beschreibt die Entfernung eines Objekts, dessen Parallaxenverschiebung eine Bogensekunde beträgt.

Pauli-Prinzip: Die quantenmechanische Regel, die für bestimmte Arten von Elementarteilchen (Elektronen, Protonen und Neutronen) verfügt, daß keine zwei Partikel derselben Art die gleiche Position und dieselbe Geschwindigkeit haben dürfen.

Photoionisation: Eine Ionisation, die durch die Absorption eines Photons bewirkt wird.

Photon: Das Quantum der elektromagnetischen Strahlung; es hat keine Masse und keine elektrische Ladung und bewegt sich mit Lichtgeschwindigkeit.

Photosphäre: Die sichtbare Oberfläche eines Sterns, von der aus der Hauptanteil seiner Strahlung in den Raum entweicht.

Planetarischer Nebel: Eine Gashülle, die von einem Stern ausgestoßen wurde, der am Ende seiner Entwicklung zu einem Roten Riesen steht; sie wird von der ultravioletten Strahlung, die aus dem heißen Zentrum stammt, illuminiert.

Plasma: Ein ionisiertes Gas, in dem die Elektronen aus den Atomen herausgelöst worden sind und frei umherfliegen.

Polarisation: Ausrichtung der Schwingungen einer Lichtwelle auf eine einzige Ebene.

Population-I-Sterne: Eine jüngere Generation von Sternen mit einem Alter zwischen wenigen Millionen und einer Milliarde Jahren und mit einem relativ hohen prozentualen Anteil von Elementen, die schwerer sind als Helium (etwa 1% der Gesamtmasse).

Population-II-Sterne: Eine ältere Generation von Sternen, die ein Alter von bis zu 15 Milliarden Jahren aufweisen. Sie enthalten einen relativ niedrigen Prozentsatz an Elementen, die schwerer sind als Helium (weniger als 1% der Gesamtmasse).

Positron: Ein Teilchen mit der Masse eines Elektrons und einer positiven elektrischen Ladung.

Präzession: Die Taumelbewegung eines rotierenden Festkörpers; als Beispiel sei hier ein Spielzeugkreisel oder ein rotierender Stern angeführt.

Proton: Der Kern eines Wasserstoffatoms; das fundamentale Teilchen mit einer positiven Einheitsladung und einer Masse von 1,6724 mal 10^{-24} Gramm. Es ist aus drei Quarks zusammengesetzt.

Protostern: Ein Stern, der im Entstehen begriffen ist; gekennzeichnet durch eine kollabierende Gaswolke, in der die Kernfusion noch nicht gezündet hat.

Protuberanz: Eine schleifenartige Region aus heißem, glühendem Gas, die sich in Form eines Bogens über die solare Photosphäre zu großen Höhen emporschwingt.

Pulsar: Ein schnell rotierender Neutronenstern, der zwei entgegengesetzt ausgerichtete Bündel aus Radiostrahlung, manchmal auch aus sichtbarem Licht, Röntgen- oder Gammastrahlen aussendet.

Quark: Ein Elementarteilchen, das in mehreren Formen auftritt. Drei Quarks bilden ein Proton oder ein Neutron.

Quasar: Ein ungeheuer dichter galaktischer Kern, der so klein ist, daß er sternartig erscheint – und trotzdem entspricht seine Helligkeit dem Glanz Hunderter normaler Galaxien. Das Spektrum zeigt eine starke Rotverschiebung.

Radiogalaxis: Eine Galaxis, die im Bereich der Radiowellen genausoviel Energie freisetzt wie im sichtbaren Licht.

Radiowellen: Diejenige Art elektromagnetischer Strahlung, die über den niedrigsten Energieinhalt und die größten Wellenlängen verfügt; ihre Photonenenergien liegen unter 10^{-15} erg, und die Wellenlängen sind größer als ein Millimeter.

Radius eines Schwarzen Lochs: Er ist gleich dem Produkt aus dem Wert 3 km und der Masse (in Einheiten der Sonnenmasse).

Raumzeit: In Anlehnung an die Allgemeine Relativitätstheorie Einsteins werden die Ereignisse im physikalischen Universum so betrachtet, als trügen sie sich in einem vierdimensionalen Kontinuum zu, das drei Dimensionen des Raums und eine der Zeit umfaßt.

Referenzrahmen: Ein Koordinatensystem, das dazu dient, Ort und Zeitpunkt eines Ereignisses zuzuordnen.

Reicher Galaxienhaufen: Ein Haufen mit Hunderten oder gar Tausenden Galaxien.

Rekombination: Das Einfangen eines Elektrons durch ein Ion.

Relativistisch: Eine Bewegung, die mit beinahe Lichtgeschwindigkeit erfolgt.

Röntgenstrahlen: Photonen mit Energien, die über denjenigen der ultravioletten Strahlung und unterhalb derjenigen der Gammastrahlung liegen. Ihre Frequenzen umfassen den Bereich von 10^{17} bis 10^{20} Hertz.

Roter Riese: Ein Stern, der die Hauptreihenspur seiner Entwicklung verlassen und sich bis zum Hundertfachen seiner ursprünglichen Größe ausgedehnt hat.

Scheinbare Größenklasse: Die in Größenklasseneinheiten gemessene scheinbare Helligkeit, wobei die Differenz von 5 Größenklassen einem Helligkeitsverhältnis von 1:100 entspricht; jede Größenklasse beschreibt also ein Verhältnis von 1:2,512. Je höher der Wert der Größenklasse, desto geringer die entsprechende Helligkeit.

Scheinbare Helligkeit: Die Helligkeit, mit der ein Himmelsobjekt einem entfernten Beobachter erscheint, somit ein Maß, das vom Abstand zwischen Beobachter und Objekt abhängt.

Schockwelle: Eine unzusammenhängende Druckstörung, die sich mit hoher Geschwindigkeit durch ein Gas bewegt.

Schwache Kraft: Eine der vier fundamentalen Kräfte, die nur zwischen bestimmten Elementarteilchen in einem Atomkern wirksam wird; sie ist für den radioaktiven Zerfall zuständig.

Schwarzer Körper: Ein Objekt, das die gesamte bei ihm eintreffende Strahlungsenergie absorbiert; es sieht infolgedessen schwarz aus.

Schwarzer Zwerg: Ein ausgebrannter Stern, dem keine Energie, mit der er noch Licht aussenden könnte, verblieben ist.

Schwarzes Loch: Ein sphärisches Raumvolumen umschließt ein derart hochverdichtetes Objekt, daß die Raumzeit, die sich darum herum erstreckt, durch dessen Schwerkraft vollständig abgekapselt wird. Weder Photonen noch Partikel können daraus entrinnen.

Schwarzkörperstrahlung: Sie repräsentiert die spektralen Eigenschaften eines »perfekten Strahlers«, der pro Oberflächeneinheit bei einer vorgegebenen Temperatur den maximalen Energiebetrag aussendet und bei 0° K vollkommen schwarz erscheint. Seine Strahlung befindet sich im Zustand eines thermischen Gleichgewichts.

Schwarzschild-Radius: Der Radius eines Schwarzen Lochs.

Schwerkraftwellen: Wellen im Gravitationsfeld, die den Lichtwellen im elektromagnetischen Feld entsprechen. Die Schwerkraftwellen breiten sich mit Lichtgeschwindigkeit aus.

Seyfert-Galaxis: Eine Spiralgalaxis mit einem extrem hellen, kompakten Zentralbereich, dessen Spektrum heftige interne Bewegungen aufzeigt.

Solarer Nebel: Die ursprüngliche Gasscheibe, von der man glaubt, sie hätte die Form einer abgeflachten, rotierenden Scheibe angenommen, innerhalb derer sich später die Sonne, die Planeten mit ihren Satelliten, die Asteroiden und die Kometen gebildet haben.

Sonnenfinsternis: Eine Abdeckung der direkten Sicht auf die Sonnenscheibe, die durch einen genau zwischen der Sonne und der Erde erfolgenden Vorübergang des Mondes verursacht wird.

Sonnenfleck: Ein dunkler, kühler Bereich in der solaren Photosphäre, dessen Temperatur 1000° bis 2000° unter derjenigen der umgebenden Photosphäre liegt.

Sonnenmasse: Die Masse unserer Sonne beträgt 2×10^{33} g.

Sonnenwind: Ströme von Elektronen, Protonen und anderen Ionen, die aus der Sonnenkorona in den interplanetarischen Raum entweichen.

Spektralklasse: Ein bestimmter Typ eines Sternspektrums, der auf der Stärke der Wasserstoffabsorptionslinien im sichtbaren Band des Spektrums und auf den molekularen Absorptionslinien, die die kühleren Sterne kennzeichnen, beruht.

Spektroskopie: Beobachtung und Analyse des Lichtspektrums einer im Labor oder am Himmel strahlenden Quelle.

Spektrum: Die Verteilung der Anzahl von Photonen, die von einer Quelle emittiert oder absorbiert werden, in bezug auf die Wellenlänge oder die Frequenz.

Spikulen: Örtlich begrenzte Gasjets, die sich etwa 10 000 Kilometer in die Chromosphäre der Sonne erheben.

Spin: Das einem Elementarteilchen, beispielsweise dem Proton, dem Neutron oder dem Elektron, innewohnende Drehmoment. Es kann nur ganzzahlige Werte oder halbe Werte der Planckschen Konstanten aufweisen; (6,626 mal 10^{-27} erg pro Sekunde)/2.

Spiralgalaxis: Eine abgeflachte Scheibe aus Milliarden von Sternen mit einer Verdickung in der Mitte. Darum herum erstreckt sich eine große galaktische Korona. Die Spiralarme innerhalb der Scheibe werden von jungen, lichtstarken Sternen konturiert.

Standardkerze: Eine kosmische Quelle mit einer Standardleuchtkraft, die bei der Bestimmung von Sternentfernungen, die auf der Beobachtung der scheinbaren Helligkeit beruht, von großem Nutzen sein kann.

Starke Kraft: Eine der vier fundamentalen Kräfte. Sie wirkt immer als Anziehungskraft und entfaltet ihre Wirkung über Distanzen von lediglich 10^{-13} cm, um die Kernbausteine innerhalb eines Atomkerns zusammenzuhalten.

Steady-State-Theorie: Eine kosmologische Theorie, der zufolge sich die Gesamterscheinung des Universums im Lauf der Zeit nicht ändert. Während das Universum weiter expandiert, wird fortwährend neue Materie erschaffen, um den neuentstandenen Raum zu füllen.

Sternbild: Eine Gruppe von Sternen, die nach einer mythologischen Gestalt, nach einem Gegenstand oder einem Tier benannt ist; es gibt 88 solche Gruppierungen.

Strahlungsdruck: Der Druck, der durch Photonenkollisionen ausgeübt wird.

Supernova: Ein explodierender Stern, der für kurze Zeit die Leuchtkraft einer ganzen Galaxis erreicht und dann in ein paar Wochen oder Monaten verblaßt.

Supernovaüberrest: Eine expandierende Gaswolke, die von einer Supernovaexplosion übriggeblieben ist.

Synchrotronstrahlung: Emission von Photonen, wenn elektrisch geladene Teilchen mit beinahe Lichtgeschwindigkeit in einem Magnetfeld beschleunigt werden.

Thermische Strahlung: Die Emission eines Kontinuums von Photonen, die in der wärmebedingten Bewegung der strahlenden Partikel ihren Ursprung hat.

Totalität: Die Phase einer Sonnenfinsternis, bei der der Mond die Sonnenscheibe vollständig abdeckt.

Tritium: Ein Wasserstoffisotop, dessen Atomkern ein Proton und zwei Neutronen enthält.

Ultraviolett: Der ultraviolette Bereich wird gewöhnlich durch die Photonen definiert, deren Frequenzen über denjenigen des sichtbaren Lichts liegen, und zwar in einer Bandbreite zwischen 10^{15} und 10^{16} Hertz.

Urknall: Eine vor etwa 15 Milliarden Jahren erfolgte uranfängliche Explosion, die die Expansion des Universums eingeleitet hat.

Van-Allen-Gürtel: Weit oberhalb der Erdoberfläche liegende Bereiche, in denen energiereiche Partikel vom Erdmagnetfeld gefangengehalten werden.

Vorübergehende Erscheinung: Eine kurzlebige Emission von Strahlung (englisch *transient*).

Wellenlänge: Der Abstand zwischen zwei aufeinanderfolgenden Wellenkämmen oder Wellentälern in einer Lichtwelle.

Weißer Zwerg: Ein Stern von etwa Erdgröße, der sein Helium zu Kohlenstoff verschmolzen hat und nun über keine nuklearen Fusionsenergiereserven mehr verfügt. Er wird durch den Druck der entarteten Elektronen in seinem Zentrum gestützt.

Winkeldurchmesser: Der Teil eines 360° messenden Kreises, über den sich ein Objekt scheinbar erstreckt; er wird in Grad, Bogenminuten und Bogensekunden gemessen.

X-Strahlen: Siehe *Röntgenstrahlen.*

Zwerggalaxis: Eine sehr kleine Galaxis, normalerweise mit elliptischer Form, die weniger als 100 Millionen Sterne enthält.

Register

3° K-Mikrowellenhintergrundstrahlung 33, 363
3° K-Mikrowellenstrahlungshintergrund 34
»virtueller« subatomarer Teilchen 402

A

Absorption 29
Absorptionslinien 172
Absorptionsspektrum 396
Abstraktionen 365
Acidanalin-Triebwerk 188
Adam, Raphael 406
Adams, John Quincy 57
Adams, Walter S. 159
Adams, Walter Sydney 226
Aero 188
Aerobee-Hi 189
Aerobee-Rakete 86
Aerobee-Raketen 85
Aggregatzustände 27
Airglow 177
Akkretion 296
Akkretionsscheibe 119, 249 - 250, 262
Alar 336
Aldebaran 350
Alkalihaliden 129
Allen, Jim Van 188, 191
Allgemeine Relativitätstheorie 24, 26
Alpha Centauri 414
Alphateilchen 159
Alpher, Ralph A. 33, 386, 390, 394
Aluminiumsilikatfasern 72
Aluminiumtarget 115
Amplitude 165
Anachronismus 75
Analogon 95, 263
Analyse charakteristischer Wellenlängen 17
Anaxagoras 15, 156
Andromedagalaxis 314 - 315, 368, 373
Andromedanebel 21, 64
Andromedanebels 20
Angel, James Roger 70, 72
Angerhofer, P. E. 239
Ångström 376
Ångström, Anders Jonas 157
Anisotropie 393
Annihilation 31, 323, 402, 420
Antares 165, 251
Antielektron 31
Antimaterie 31 - 32
Antineutrinos 384
Äonen 370, 388
Apertursynthese 100
Äqivalentmasse 46
Äquivalenz 159
Argon-37-Isotop 141
Argonisotop 141
Aristarch von Samos 15
Aristoteles 52, 221, 352, 394
Arp, Halton 40, 347, 356 - 357

Asteroiden 318
Astrochemie 19
Astrometrie 416
astrometrische Mehrfachkanal-photometer 416
astrometrisches Teleskop 51
Astronavigation 17
Astronomen 13, 409
Astronomie 11
astronomische Detektoren 88
Astrophysik 11, 17, 61
Astrophysikalischen Observatorium Selentschukskaja 68
Astrophysiker 17
Äthylalkohol 19
Atmosphäre 11, 409
atmosphärische Störungen 90
atmosphärischen Absorptions-spektrum 18
atmosphärischen Schleier 19
Ausschließlichkeitsprinzip 228
Automatic Plate Monitoring Facility 376
Aviatiker 13
Axionen 381, 385

B

Baade, Walter 138, 183, 222 - 224, 266, 326, 374
Baby Black Holes 304, 384
Bahcall, John 245
Bahcall, John N. 40
Balkenspirale 310
Ballot, Christoph Buys 23
Balmer-Alpha-Linie 172
Barber, Edwin 9
Bariumplatincyanid 114
Barnardsche Pfeilstern 415
Bearn, Alexander G. 9
Becquerel, Henri 116 - 117
bee 188
Bell, Jocelyn 38, 263
Bennet, Rawson 198
Bessel, Friedrich 370
Bessel, Friedrich Wilhelm 16, 225 - 226
Beta Centauri 396
Beteigeuze 165, 251, 253
Bethe, Hans 161
Bethe, Hans A. 235
biaxiale Lagekontrolle 181
Biermann, Ludwig 209
Bilderfassungstechnologie 109
Blakeslee, Sandra 69
Blauen Riesen 218, 300
blauen Stern 287
blauen Sterns 288
Blauen Überriesen 290
Blauer Riese 262
Bogenminuten 125
Bohr, Niels 172, 390
Bolometer 109
Bondi, Hermann 267, 273, 386, 391
Boughn, Stephen 145
Bracewell, Ronald 423
Bragg-Kristall-Spektrometer 184
Brahe, Tycho 51 - 53, 220 - 221, 234, 243
Braun, R. 239
Braun, Wernher von 43
Brauner Zwerg 216
Brousseau, Don 202 - 203
Brown, Gerald 235
Browning, Robert 60
Brueckner, Guenter E. 204
Buis, Antonina 441
Bunting, Basil 214
Burbidge, E. Margaret 259, 391

Burbidge, Geoffrey 258 - 259, 391
Burbidge, Geoffrey R. 275
Burbidge, Margaret 258
Burster 295
Bury, John Bagnell 12
Bush, Vannevar 432
Byram, Edward T. 286

C

Carnegie, Andrew 62 - 63
Carpentier, Georges 63
Carrington, Richard C. 189
Carruther, George 86
Carswell, Robert 355
Carter, John 431
Cassiopeia A 95, 266
CCDs 377
Centaurus X-3 290
Cepheiden 371
Cepheidenveränderliche 64
Cepheidenveränderlichen 64, 326
CERN-Teilchenbeschleuniger 385
Chadwick, James 139, 159
Challenger-Unglück 13
Chandrasekhar 299
Chandrasekhar, S. 432
Chandrasekhar, Subrahmanyan 229 - 232
Cheseau, Jean Phillipe de 362 - 363
Chiu, Hong-Yee 277
Chromosphäre 172 - 173
Chubb, Talbot A. 286
Clark, Alvan Graham 226
Clayton, Robert N. 240 - 241
Clearman, Harold E. 181
Cocke, William J. 285
Cockroft, John D. 390
Coma-Haufen 268, 311
Comela, John M. 284 - 285
Commonwealth Fund 9
Commonwealth-Fund-Buchprogramm 9
Compton, Arthur H. 42
Compton-Effekt 128
Compton-Streuung 274
Copernicus-Satelliten 396
Cottingham, E.T. 350
Cowan, Clyde L. 139 - 140
Cowan, J.J. 332
Crab-Nebel 38, 95 - 96, 119, 132, 148, 220, 270
Cristian, S. 358
Critchfield, Charles 161
Crommelin, A.C.D. 350
Crookesschen Röhre 113 - 116
Culhane, J.L. 433
Curtis, Heber D. 20
CURV III 205
Cygni 370
Cygnus A 95 - 96
Cygnus X-1 283, 299
Cygnus X-3 134 - 135, 137 - 138

D

Dädalus 13
Darwin, Charles 68
Darwin, Erasmus 68 - 69
Das Gupta 330
Davidson, C.R. 350
Davis',Raymond 162
Davis, Jr. Raymond 141
Deacon 191
Deacon-Rakete 193
Delta-Cephei-Sterne 372
Detektoren 118, 377

Deuterium 92, 394 - 395, 397, 419
Deuterium-Absorptionslinien 396
Deuteriumkern 161
Deuteriumkernen 30
Dicke, Robert H. 35, 379
diffuse 365
Diffusion 160
dipolartigen 169
Dipolen 38
Dirac, Adrien Maurice 30, 32
Disney, Michael J. 285
Dissoziation 185, 412
Djorgowski, Stanislaus 376
Doppler, Christian 23, 435
Doppler-Effekts 383
Doppler-Geschwindigkeiten 383
Doppler-Verschiebung 383
Doppler-Verschiebungen 429
Dopplereffekts 146
Drake, Frank 427
Dreher, J.W. 332
Drei-Elemente-Interferometer 102
Dressler, Alan 348
Dumand 143
Dunkelmaterie 384
dynamischer Galaxien 12
Dyson, Freeman 408, 429

E

echtes Vakuum 403
Eddington, Arthur 13, 17, 26, 158, 218, 225, 227, 229 - 232, 299, 350 - 351
Edison, Thomas 88 - 89
Edison, Thomas Alva 107
Edlén, Bengt 184
Eichhorn, Heinrich 416
Einstein, Albert 24 - 26, 50, 230 - 231, 349, 351, 431
Eklipse 204
elektrischen Glühentladung 82
elektromagnetischen Spektrum 12
elektromagnetischen Strahlen 113
elektromagnetischen Wellen 116
Elektron 30
Elektron-Positron-Paar 132
Elektronen 27 - 28, 269, 418
elektronische Bilderfassung 78
elektronischen Bildwandler-Spektrographen 86
elektronischen Detektoren 73
Elementarteilchenphysik 28
Eliot, T.S. 229
Elliptizität 53
Emerson, Ralph Waldo 357
Emission 29
Emissionslinien 172
Emulsionspaket 188
energetischen Anforderungen 190
Erathostenes 15
eruptive Protuberanzen 207
eruptiven Protuberanzmaterials 210
Euklid 364, 366
euklidischen Geometrie 364
Evans, Jack 200
Evans, Kenton 125
Evolution 397, 407
Ewen, Harold 319
Exosphäre 177
Expansion 166
Explorationsserie 413
Explorer 119
extraterrestrischem Leben 407

F

Fabricius, David 252
falsche Vakuum 403
Faraday, Michael 13, 169
Feenberg, Eugene 128
Fermi, Enrico 28, 139 - 140, 142, 394
Feynman, Richard P. 401, 432
Field, G.G. 40
Finn, Huckleberry 35
Fixstern 19
Fixsterne 370
Flamsteed, John 170
Flare-Sterne 254
Flares 189, 256
Flatness Theorem 379
Fleming, John A. 175
Fluchtkegel 304
Fluktuation 95
Fluktuationen 397
Fontenelle, Bernard de 361
Fowler, William A. 231, 258 - 259, 391
Frederickson, Donald S. 9
Friedman, Herbert 9, 187, 280, 441
Friedman, Jon 262, 441
Friedmann, Alexander 25 - 26
Friedmann, Alexander Alexandrowitsch 25 - 26
Fritz, Gilbert 286
Frost, Robert 417
Funktelemetrie 78
Furth, Harold 31

G

galaktischen Halo 20
Galaxien 268, 308
Galaxienhaufen 268, 369
Galaxis 20, 263, 408
Galilei 16, 50, 52 - 54, 88, 352
Gallium-71-Detektor 142
Gammaastronomie 44
Gammaphotonen 128, 130
Gammastrahlen 18 - 19, 160, 269, 422
Gammastrahlenteleskope 21
Gammastrahlung 29
Gamow, George 33, 158, 216, 238, 338, 386, 390, 394, 396
Gatewood, George 416
Gauß 169
Gelben Zwerge 254
Gell-Mann, Murray 28
Geminga 131
Geokorona 85
Germanium 110
Giacconi, Riccardo 126, 271 - 272, 289
Gigaelektronenvolt 399
Ginsburg, Vitali 281
Gittertubuskonstruktion 84
Glashow, Sheldon 245
Glasser, Otto 114
Glaukon 49 - 50
Goddard, Robert H. 43, 175, 423, 425
Goddard-Raumflugzentrum 278
Gold, Thomas 267, 273, 386, 391
Gott, J. Richard 380
Goudsmit, Sam 180
Gould, Robert J. 275
Grain Catalysis 321
Grand Unified Theories 401
Granulen 172
Graphitepoxid 84
graphitfaserverstärktes Epoxidharz 83

Grauwertstufe 74
Gravitation 297, 365 - 366
Gravitationseinflüssen 83
Gravitationsenergie 261, 268, 286
Gravitationskollapses 268
Gravitationswellenantenne 147
Gravitationszusammenbrüchen 12
Gravitinos 385
Gravitonen 381
Great Attractor 359
Greenstein, Jesse 339
Gregory, Philip P. 135 - 136
GRO 132, 136
Großen Magellanschen Wolke 36, 219
Großen Wagens 355
Gull, S.F. 239
Gummispiegel 84
Gunn, James 380
Gursky, Herbert 272
GUT 384, 388
Guth, Alan 398, 402, 404

H

Hades-Objekt 268
Hagen, John 195
Halbleiter-Mikrochips 109
Haldane, J. B. S. 11
Hale, George Ellery 60 - 65, 73, 171, 223
Hale-Teleskop 437
Halo 313, 383
Halos 46, 383
Harris, Sidney 76
Hart, Michael H. 424
Hawking, Stephen 307, 402
Hayden Planetarium 15
Haydn, Joseph 360
Haymes, Robert 323
Hazard, Cyril 39, 338, 356 - 357
HD 226868 300
HEAO-1 122, 124
HEAO-2 121, 123, 125
HEAO-2-Teleskopspiegel 121
Heisenberg, Werner 228
Heliosphäre 418
heliozentrischen Planetensystems 54
Helium 17, 397
Helium-3 418
Heliumkerne 394
Heliumkernen 30
Helix-Nebel 256
Helixnebel 253
Helmholtz, Hermann von 156
Hemisphäre 282
Henry, Joseph 60
Henye, Lous G. 94
Hercules 266, 292
Hercules X-1 290
Herman, Robert 33, 386, 390, 394
Herschel, Friedrich Wilhelm 55 - 56, 107, 155 - 156, 309, 363
Herschel, John 309, 363
Hershey, John 415
Hertz, Heinrich 88
Hertzsprung-Russell-Diagramm 371
Hertzsprung-Russell-Farben-helligkeitsdiagramm 215
Hess, Victor Franz 41
Hewish, Antony 38, 99, 263
Hey, J. Stanley 94 - 95
Hey, Stanley 327
Heyd, Suzanne H. 9
High Resolution Imager 126
High-Altitude-Observatory-Instrument 211

Hilger-Spektrographen 177
Hines, D.C. 347
Hipparch 15
Hipparch vom Samos 75
Hjellming, Robert 136
hochenergetischen Universum 118
Hochtemperaturplasma 387
Hodgson, R. 189
Hoerner, Sebastian 98
Holden, E. S. 88
Holmberg, Erik 325
Homogenität 397
Hooker-Fernrohr 64
Hooker-Teleskop 63
Hopfield, John J. 181
Horizontdistanz 397
Horowitz, Paul 428
Housman, A. E. 431
Hoyle, Fred 258 - 259, 267, 273, 386 - 387, 391 - 392, 394
HST 375, 377
HST-Spiegel 127
Hubble, Edwin 21, 24, 26, 60, 63 - 65, 85, 309, 368 - 369
Hubble, Edwin P. 64
Huchra, John 358
Hulburt, Edward Olson 174
Hulst, Hendrik van de 317
Humason, Milton 223, 368
Huxley, Aldous 366
Hyaden 350, 371
Hydroxyl-Radikal (OH) 412
Hydroxylradikale 252
hypothetischen Neutronenstern 289
hypothetischen quantenmechanischen Vakuumzustand 402
Hyron Spinrad 376

I

Ikarus 13
Implosion 301
Infrarot-Cirrusformationen 111
Infrarotastronomie 44
Infrarotdetektor 107
infraroten Spektrum 19
Infrarotspektrum 107
Inoue, M. 333
Interferometer 102, 439
Interferometern 98
Intergalaktische Materie 275
International UV-Explorer 85
interstellaren Gaswolke 414
interstellaren Materie 363
inverse Compton-Effekt 276
Ionisation 117
ionisiert 163
Ionosphäre 18, 89, 117, 174, 177, 263
IR-Detektortechnologie 109
IRAS 393
IRAS-Mission 429
Isotop 141
isotrop 390

J

James, P. 379
Jansky, Karl 88, 90 - 93
Janssen, Pierre 198
Jennison, R.C. 330
Jim Ring 200
Johnson, Lyndon B. 195, 269
Joyce, James 28, 370
Jupiter 409
Jupiteratmosphäre 409
Jupitermonden 409

K

Kakophonie 90
Kamp, Peter van de 415 - 416
Kant, Immanuel 20, 308
Kapteyn, Jacobus Cornelis 19
Kaskade von Schauerteilchen 269
Kathodenstrahl 116
Kathodenstrahlen 113
Kathodenstrahlröhren 113
Keck-Teleskop 437
Keenan Philip C. 94
Kellermann, Kenneth 104
Kelvin 394
Kelvin, Lord 156
Kennelly, Arthur E. 88
Kepler 352
Kepler, Johannes 53, 221, 234, 241, 362
Keplerschen Gesetzen 300
Kerr, Roy 432
kinetische Energie 183
klassische Spektroskopie 19
Kleinen Magellanschen 372
Kohlenmonoxidmoleküle 252
Kokon 155
Kollimator 118
Kolumbus, Christoph 329
Kometen 318
Komposit-Spiegel 437
Kondensation 154
Kontraktion 154 - 155
Kontraktionswirkungen 158
Konvektion 163
Konvulsion 36
konvulsivischen Strahlungsausbrüche 250
Kopernikus 20, 352
Korona 313
Koronium 183
Kosmischen Ei 26
kosmischen Radiowellen 90
Kosmologen 13
Kosmologie 11
kosmologische Gravitationskonstante 24
kosmologische Konstante 25 - 26
Kosmos 406
Koutchmy, Serge 174
Kraft, Robert P. 249
Kreplin, Bob 193
Kugelsternhaufen 316, 427
kumulative 367
Kupperian, Jim 193

L

Lamb, Charles 364
Landau, Lew 232, 361
Lane, Jonathan 156
Laplace, Pierre Simon de 297
Laser-Disketten 75
Laserinterferometer 82
Laue, Max von 116
Leavitt, Henrietta Swan 372 - 373
Lederman, Leon 400
Leewirbel 85
Lelievre, G. 347
Lemaître, George Abbé 26, 33
Leventhals, Marvin 323
Lewin, Walter 296
Lewis, Lee 191
Lichtgeschwindigkeit 362
Lichtphoton 274
Lichtphotonen 384
Lick, James 58 - 60
Lindbergh, Charles A. 425
Linde, Andrej D. 402
Ling, Liu 213

Lingenfelter, Richard E. 324
Lippershey, Hans 52
Lithium 390, 394
Lithiumfluorid 177
Little Green Men 266
Lobatschewskij, Nikolai Iwanowitsch 365
logarithmischen Skala 75
Lokale Gruppe 310
Lovell, Sir, Bernard 97 - 98
Lowell, Percival 410
Lowell-Observatorium 410
Lukrez 380, 406
lunaren Bedeckung 280
Lyman-Alpha-Detektoren 196
Lyman-Alpha-Linie 85
Lyman-Alpha-Spektrallinie 172
Lyman-Alpha-Strahlung 85
Lynden-Bell, Donald 324
Lyot, Bernard 197

M

Maanen, Adrian van 20
MacMath, Robert H. 171
MacQueen, R.M. 210
Magellans, Ferdinand 372
Magellanschen Wolken 23, 310
Magnesiumfluorid 82
Mahoney, Margaret E. 9
Malin, David 256
Margon, Bruce 334
Margulis, Lynn 9
Mars 409
Marsianer 410
Materie 363
Materie-Antimaterie-Annihilation 421
Matter, Carl 71
Maunder, Walter 170
Maunder-Minimum 170
McCarthy, Maclyn 9
Medawar, Jean, Lady 9
Megaparsek 374, 378
Mehrfachspiegelkonzept 70
Mehrfachspiegelteleskop 70
Melange 389
Mendelejews Periodensystem 183
Merkur 300, 352, 409
Meteoroide 182
Michelangelo 405
Michell, John 297
Mikrobe 408
Mikromanagement 186
Mikrosekunde 397
Mikrowellenspektroskopie 252
Milchstraße 269, 312, 413, 422
Millay, Edna St. Vincent 197
Millikan, Robert A. 41 - 42
Millimeterwellen 106
Milton, John 153, 312, 404, 406
Minkowski, Rudolph 223 - 224, 326, 328
Minnaert, Marcel G.I. 317
Missionarsgalaxis 333
moderne Spektroskopie 19
Molekül 28
molekulare Wasserstoff 86
molekularem Wasserstoff 86
Moleküle 19
Molekülen 28
Morrison, Philip 128, 343, 430
Mössbauer-Effekt 301
Moulton, Forest Ray 43
MU Cephei 251
Multiple Mirror Telescope 439
Murray, Steve 239
Myon-Neutrinos 140
Myonen 28, 269

Myriade 369
mythologisch 407

N

NASA 412
NASA-Raumfahrzeug Mariner 4 411
Nelson, Jerry 437
Neptun 19
Neugebauer, Gerry 110
Neutrino 138
Neutrino-Oszillation 141
Neutrinoastronomie 138
Neutrinoblitz 243
Neutrinophysik 141, 400
Neutrinos 28, 138, 269, 313, 381, 384
Neutron 92, 138
Neutronen 27 - 28, 269, 387, 422
Neutronen-Superfluid 37
Neutronendruck 142
Neutronenstern 37 - 39, 261
Neutronensterne 113, 119, 261, 267
Neutronensternen 12, 269
Newcomb, Simon 11, 60 - 61
Newton, Isaac 54 - 55, 77, 349 - 350, 352, 431
Newtons 297
Newtonschen Apfel 297
Newtonschen Gravitation 365, 382
Newtonschen Gravitationsgesetzes 56
Nichols, Bill 193
Nieto, J.-L. 347
Nike-Asp-Raketen 200
Nike-Feststofftreibsatz 194
Nomoto, Ken'Ichi 236
Norton & Company, W.W. 9
Nova 266
NRL-Raketen 387
nukleare Energieerzeugung 407
nuklearer Transmutationen 158
Nuklearsynthese 33
Nukleon 289
Nukleons 288

O

O'Dea, C.P. 333
Oberflächenkatalysatoren 86
Oberth, Hermann 425
Objektivdurchmesser 78
Observatorien 19
Oda, Minoru 287
Ofenfahrer 72
Off-axis«-Paraboloiden 437
Oktant 52
Olbers, Wilhelm 363
Olberssches Paradoxon 363
Omegas 28
Oort, Jan 317
Oort, Jan Hendrik 318
Opazität 164
Operator 368
Oppenheimer, J. Robert 183, 267, 269
Orbiter 412
Orbiting-Solar-Observatory-Satelliten 196
Orion-Antriebskonzept 419
Orionnebel 320
Ortsmeridian 263
Ostriker, Jeremiah 333
oszilliert 162
Owen, F.N. 333, 347

P

Paczynski 358
Paczynski, Bohdan 357
Paolini, Franco R. 272
Parabolantenne 93, 98
Parabolantennen 97 - 98
Parabolspiegel 97 - 98
parallaktischen Drift 370
Parallaxe 370
Parallaxenmethode 370
Parker, Eugene N. 209
Parsek 370
Parsons, William 56
Pascal, Blaise 370, 406
Pasternak, Boris 393
Pasteur, Luis 35
Patch, Blanche 353
Pauli, Wolfgang 138 - 140, 228
Payne, Cecelia 18
Payne, Cecilia 17
Peebles, E. 379
Peloponnes 156
Penzias, Arno 34 - 35, 390
Perihel 352
Perioden-Leuchtkraft-Beziehung 373
Periodizität 170
Perley, R.A. 239, 332
phantastischen Energiequellen 12
Phis 28
Phosphoreszenz 117
Photinos 381, 385
Photographie 73
photographische Spektralaufnahme 368
Photometrie 184
Photomultiplierröhre 129
Photonen 29, 128
Photonenenergie 128, 389
Photonensphäre 303
Photonenzähler 85
Photosphäre 392
Photosphärentemperatur 141
Photosynthese 408
physikalische Mechanismen 17
Pi-Mesonen 130
piezoelektrischen Halbleitern 84
Pioneer 10 211, 417
Pionen 28, 128
Pixel 74
Pixels 74
planetarische Nebel 56, 253
Planetarischen Nebel 167, 253
Planeten 407
Planetensystem 413
Plasma 268
Plasmas 164
Plasmawolken 263
Plumian Chair of Astronomy 159
Pluto 19
Poe, Edgar Allan 362
Pope, Alexander 430
Population I 316
Positron 30, 92, 128
Positronen 28, 269
Pound, Robert V. 301
Pounds, Ken 126
Präsupernova 268
Primakoff, Henry 128
Prokyon 416
Proton 30, 138
Protonen 27 - 28, 269, 387
Protonenbündel 420
Protonengröße 399
Protons 297, 385
Protosonne 154 - 155
Protuberanz 209
Proxima Centauri 19
Proxmire, William 428

Ptolemäus 352
Pulsare 38 - 39
Pulsaren 38
Pulsars 261
Pulsationen 372
Pulsationsquellen 266
Purcell, Edward 319
Pyrexglas 70
Pyrexspiegel 65

Q

Quadrant 51
Quantengravitation 400
Quantentheorie 24
Quark 28
Quarks 385, 404
Quasar 131
Quasar 3C 273 340
Quasar-Assoziationen 40
Quasare 12, 16, 40, 96, 119, 310, 336, 375
Quasaren 38 - 39, 376

R

Radar 94
Radio-, Gamma- und Infrarotbeobachtungen 21
Radio-, Mikrowellen-, Infrarot-, Röntgen- und Gammateleskopen 21
Radio-Parabolantenne 69
Radio-Szintillation 95
Radioastronomie 12, 94, 262 - 263
Radiogalaxien 310
Radiohintergrundstrahlung 34
Radiointerferometer 99
Radioisotopen-thermoelektrischen-Generator (RTG) 418
Radiomikrowellen 107
Radiomikrowellen-Technik 19
Radiophotonen 425
Radiostern-Szintillation 263
Radioteleskope 12
Radiowellen 19
Raiford, William 83
Ramaty, Reuven 324
Raumschiff Voyager 19
Raumsonden 408
Raumzeit-Singularität 47
Rayet, Georges 253
Reber, Grote 92 - 94, 317
Rebka, Glen A. 301
Rees, Martin 388, 428
Refraktion 411
Refraktor 59
Reifenstein, Edward C. 283
Reines, Fred 140
Reines, Frederick 139
Reinkarnation 154, 261
Relativitätstheorie 365
Rhos 28
Richstone, Douglas O. 348
Rieke, George 377
Riemann, Bernhard 365 - 366
Robertson, Howard Percy 26
Robinson 328
Rockoon 191
Röntgen, Wilhelm 113 - 116
Röntgenastronomie 44, 127
Röntgenausbrüche 296
Röntgenhintergrundstrahlung 45
Röntgensternen 38
Röntgenstrahlen-Mikrokanalplatten 126
Röntgenstrahlung 18
ROSAT 113

Rosse, Parsons William 57
Rossi, Bruno 271 - 272
Rote Riese 167
Rote Riesen 215
Roten Riesen 215, 316
Roten Überriesen 217
Roten Zwerge 216
Roter Riese 217
Rotverschiebung 24
Roueché, Berton 9
Rowan-Robinson, Michael 393
Rubin, Vera 383
Rühmkorff-Spule 114
Russell, Henry Norris 77 - 78, 157
Russell, Hulse A. 146
Rutherford, Ernest 158, 390
Ryle, Martin 99 - 100, 102, 387

S

Sacharow, Andrej 32
Sagan, Carl 427
Sagittarius A* 323
Samuilowitsch Schklowski, Jossif 281
Sandage, Allan 374
Sandage, Allan R. 338
Sanduleak, Nicholas 334
Sanford, P.W. 433
Santillana d, Giorgio 54
Satelliten 412
Saturn-V-Raketen 420
Schiaparelli, Giovanni 410
Schild 328
Schklowski, Jossif 279, 424
Schmidt, Maarten 39, 339
Schoenberg, Mario 238
Schramm, David 380
Schucking 328
Schwabe, Heinrich 170
Schwache Wechselwirkung 142
Schwarze Löcher 37, 40, 113
Schwarzen Loch 36
Schwarzen Löcher 12
Schwarzen Löchern 366, 431
Schwarzen Lochs 36
Schwarzer Löcher 268
Schwarzes Loch 21 - 22, 37, 44, 119, 297, 340
Schwarzschild, Karl 366
Schwarzschild, Martin 163, 391
Schwerelosigkeitssimulator 83
schwerere Atomkerne 269
Schwerkraftstrahlungswellen 145
Schwerkraftwellen 145
Schwerkraftwellendetektoren 145, 148
Sciama, Dennis 388
Seitz, Frederick 9
Serpens Caput 393
Servan, B. 347
Sextant 51 - 52
Sextanten 51
Seyfert, Carl 345
Seyfert-Galaxien 119, 310, 345
Shakespeare, William 398, 402
Shapley, Harlow 20 - 21, 63
Shaver, Peter 358
Shaw, George Bernard 351
Shelley, Percy Bysshe 307
Shelton, Ian 241 - 243, 247
Shuttle-Triebwerke 83
Silizium 73 - 74
Silizium-Chip 73
Simon, Cheryl 441
Singularität 296, 301
Sirius A 226
Sirius B 159, 226

Skorpion 273
Skyhook-Ballon 191
Slipher, Vesto Melvin 23, 367 - 368
Smith, F. Graham 327
Smith, Sinclair 381
Smithson, James 60
Sokrates 49 - 50
SOLRAD-Satelliten 196
SOLWIND 211
Sonne 267, 300
Sonnenatmosphäre 17
Sonnenflares 422
Sonnenflecken 168
Sonnenfleckenmaxima 173
Sonnenkorona 170, 271, 276
Sonnensystem 19, 408, 413
Sonnenumlaufbahn 413
Sonnenwind 418
Space Shuttle 79
Spektralbereich 19
Spektralklasse 17
Spektrographen 369
Spektroheliographen 171
Spektroskopie 17 - 18
Spektroskopische 164
spektroskopische Daten 17
spektroskopischen 368, 411
Spekulum-Metall 55
Spekulum-Metallspiegel 57
Spenser, Edmund 360
Spezielle Relativitätstheorie 24
Sphärenklänge 92
sphärischen Halo 22
Spielberg, Steven 429
Spikulen 172
Spin 317, 385
Spiralgalaxien 382
Spiralgalaxis 21
Spiralnebel 20
Spitzer, Lyman 43
Sproul-Teleskop 415
Sputnik 15
Staelin, David H. 283
Stagnationsgrenze 211
Starburst-Galaxien 336
Starobinski, A.A. 402
Steady-State-Modell 387
Stellarastronomie 58
stellare Konzentratione 17
Stephen Hawking 306
Stephenson, C. Bruce 334
Sternatmosphären 17
Sternexplosionen 128
Sternpopulationen 314
Sternschiff 418
Sternspektren 17
Streamers 173
Stressed Mirror Polishing 437
String 357
Strong, John 57
Struve, Otto 93, 95
Submillimeterwellen 106
Super Black Hole 306
Superclustern 311
Superconducting Super-Collider 399
Supernova 36, 375
Supernova-Prozesses 269
Supernovae 268
Supernovaexplosion 261
supraleitender Protonen 37
Swift, Jonathan 170, 322
Synchrotron-Radiowellen 38
Synchrotron-Spektrum 38
Synchrotronstrahlung 277
Szintillation 263
Szintillationszähler 135, 194

T

Tau-Neutrinos 140
Tayler, R.J. 391
Taylor, Donald J. 285
Taylor, Joseph H. 146
Teller, Edward 31
Tennyson, Alfred 308
Terrell, James 341
thermischer Expansionskräfte 158
thermonuklearen Schmelzofens 30
Thomas, Lewis 9
Thompson, Francis 377
Thorne, Kip 240
Thorne, Kip S. 261
Tinsley, Beatrice 380
Tipler, Frank J. 424
Tony Hewish 264
Toomre, Juri 336
Totalabsorptionszähler 135
Tousey, Richard 177, 206
Townes, Charles 325
Tralphium 395
transuranischen 395
Trigonometrie 370
Tritium 395
Tritiumkernen 30
Truman, Harry 195
Tscherenkow, Pawel 133
Tscherenkow-Blitz 133
Tscherenkow-Blitze 133
Tscherenkow-Strahlung 133, 143
Tscherenkow-Strahlungsblitze 137
Tscherenkow-Teleskopen 137
Tscherenkow-Zähler 135
Tsiolkowski, Konstantin 425
Tuffs, R.J. 239
Turkewitsch, Anthony 394
Turner, Edwin 358

U

Ultraviolett 18
ultravioletten Spektrum 19
Universum 11, 406
unkalkulierbaren Implikationen der Quantentheorie 24
Unsöld, Albrecht 94
Updike, John 225, 260
Uransalzkristall 116
Uransalzkristalle 117
Urknall 27, 32 - 33
Urknalls 363

V

Vakuumfluktuationen 402
Vanguard III 196
Vanguard-Satelliten 194
Venus 408
Very Large Telescope 439
Viking-Missionen 412
Vilenkin, Alexander 402
Virgo A 95
Virgo-Galaxienhaufens 345
Virgohaufen 147 - 148
Volkoff, Georg M. 267
Vulpecula 264

W

Walker, David 393
Wallace, Gordon 67
Walsh, Dennis 355
Walton, E.T.S. 390
Washington, George 57
Wasserburg, Gerald 241
Wasserloch 426

Wasserstoff 17
Wasserstoff-Lyman-Alpha-Linie 376
Wasserstoffatome 364
Watson, Dan 72
Watson, Gary 83
Weakly Interactive Massive Particles 386
Weber, Joseph 147
Weiße Zwerg 36
Weiße Zwerge 215
Weißen Zwerge 215, 299
Weißen Zwergs 36
Weißer Zwerg 167, 217, 266, 288
Weizsäcker von, Carl Friedrich 161
Welteninseln 325
Weltraumobservatorien 12
Westphal, Otto 9
Weymann, Ray 355
Wheeler, J. Graig 236
Wheeler, John 47, 297
Whirlpool-Galaxis 337
Wigner, Eugene 394
Wilczek, Frank 385
Wilson, Olin 212
Wilson, Robert 34 - 35, 86, 390
Winthrop Jr., John 57
Wlérick, G. 347
Wobbler 334
Wolf, Charles 253
Wolfe, Thomas 15
Wolley, Richard von der Riet 43
Wolter, Hans 121
Wolter-Teleskop 123
Wood, Robert W. 70
Wright, Helen 61
Wright, Thomas 308

X

X-Strahlen 115 - 116
X-Strahlen-Photographien 116
X-Strahlen-Radiographie 115

Y

Yagoda, Herman 188
Yahill, Amos 393
Yerkes, Charles 61
YLEM 394
Yukawa, Hideki 128

Z

z-Werten 376
Zirin, H. 190
Zodiakallicht 177
Zweiachsen-Stabilisation 181
Zweig, George 28
Zwerge 316
Zwerggalaxien 310
Zwicky, Fritz 182, 222 - 224, 266, 268, 354, 381